J. DANGUY

CONSTRUCTIONS RURALES

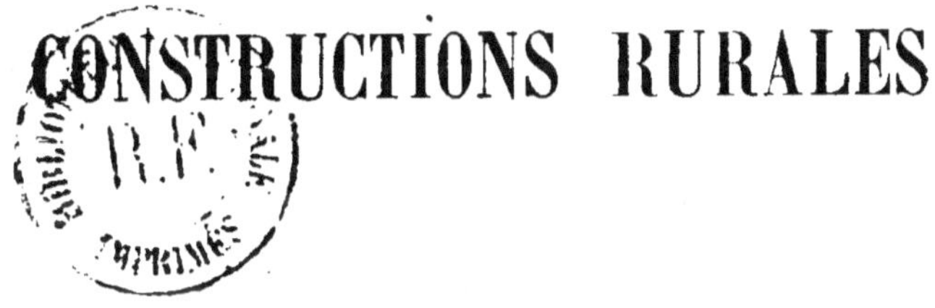

Encyclopédie Agricole

60 volumes in-18 de chacun 400 à 500 pages, illustrés de nombreuses figures.
Chaque volume : broché, 5 fr.; cartonné, 6 fr.

I. — SCIENCES APPLIQUÉES A L'AGRICULTURE.

Botanique agricole................. MM. Schribaux et Nanot, prof. à l'Inst. agron.
Chimie agricole, 2 vol.............. M. André, prof. à l'Inst. agron.
Géologie agricole.................. M. Cord, professeur d'agriculture.
Hydrologie agricole.............. M. Diénert, ingénieur agronome.
Microbiologie agricole........... M. Kayser, maître de conf. à l'Inst. agron.
Zoologie agricole .... }
Entomologie et Parasitologie agric. } M. G. Guénaux, répétiteur à l'Inst. agronomique.
Analyses agricoles, 2 vol........... M. Guillin, dir. du lab. de la S. des agr. de France.

II. — PRODUCTION ET CULTURE DES PLANTES.

Agriculture générale, 2 vol........ M. P. Diffloth, professeur d'agriculture.
Engrais............................ }
Céréales .... } M. Garola, prof. d'agricult. d'Eure-et-Loir.
Prairies et plantes fourragères.... }
Plantes industrielles.............. M. Hitier, maître de conf. à l'Inst. agron.
Cultures potagères................. M. L. Bussard, prof. à l'Ec. d'hort. de Versailles.
Arboriculture fruitière........... MM. L. Bussard et G. Duval.
Sylviculture...................... M. Fron, inspecteur des eaux et forêts.
Viticulture....................... }
Cultures de serres................ } M. Pacottet, chef de lab. à l'Instit. agron.
Cultures méridionales............. MM. Rivière et Lecq, insp. de l'agric., à Alger.
Maladies des plantes cultivées, 2 vol. I. Delacroix. — II. Delacroix et Maublanc.

III. — PRODUCTION ET ÉLEVAGE DES ANIMAUX.

Zootechnie générale.............. }
   —   *spéciale*............. }
   —   *Races bovines*....... }
   —   *Races chevalines*....... } M. P. Diffloth, professeur d'agriculture.
   —   *Moutons, Chèvres, Porcs.* }
   —   *Lapins, Chiens, Chats*.... }
Aviculture........................ M. Voitellier, maître de conf. à l'Inst. agron.
Apiculture........................ M. Hommell, professeur d'apiculture.
Pisciculture...................... M. G. Guénaux, répétiteur à l'Inst. agronomique.
Sériciculture..................... M. Vieil, insp. de la séricic. de l'Indo-Chine.
Alimentation des animaux.......... M. R. Gouin, ing. agronome.
Hygiène et maladies du bétail..... MM. Cagny, méd. vétér., et R. Gouin.
Hygiène de la ferme............... MM. Regnard et Portier.
Élevage et Dressage du Cheval..... M. G. Bonnefont, officier des haras.
Chasse, Élevage du gibier, Piégeage. M. A. de Lesse, ing. agronome.

IV. — GÉNIE RURAL.

Machines agricoles, 2 vol.......... }
Moteurs agricoles................. } M. Coupan, chef de travaux à l'Inst. agronomique.
Matériel viticole .... M. Brunet, Introduction par M. Viala.
Constructions rurales............. M. Danguy, dir. des études de l'École de Grignon.
Arpentage et Nivellement.......... M. Muret, professeur à l'Institut agronomiqu.
Drainage et Irrigations........... MM. Risler et Wery.
Électricité agricole.............. M. Petit, ingénieur agronome.

V. — TECHNOLOGIE AGRICOLE.

Sucrerie, Meunerie, Boulangerie... M. Saillard, prof. à l'École des ind. agr. de Douai.
Industries agric. de fermentation. }
Brasserie......................... } M. Boullanger, chef de lab. à l'Inst. Past. de Lille.
Distillerie....................... }
Pomologie et Cidrerie............. M. Warcollier, dir. de la stat. pomolog. de Caen.
Vinification...................... M. Pacottet, chef de lab. à l'Inst. agron.
Laiterie.......................... M. Ch. Martin, anc. dir. de l'École d'ind. lait.

VI. — ÉCONOMIE ET LÉGISLATION RURALES.

Économie rurale................... }
Législation rurale................ } M. Jouzier, prof. à l'École d'agric. de Rennes.
Comptabilité agricole............. M. Convert, professeur à l'Institut agronomique.
Le Livre de la Fermière........... Mme O. Bussard.
Le Livre agricole des Instituteurs.. }
Lectures agricoles .... } M. Seltensperger, professeur d'agriculture.
Dictionnaire d'agriculture et de vi- }
  ticulture, 2 vol.................. }

CONSTRUCTIONS RURALES

PAR

J. DANGUY

INGÉNIEUR AGRONOME
CHEF DES TRAVAUX DE GÉNIE RURAL
A L'ÉCOLE NATIONALE D'AGRICULTURE DE GRIGNON

Introduction par le Dr P. REGNARD

DIRECTEUR DE L'INSTITUT NATIONAL AGRONOMIQUE
MEMBRE DE LA SOCIÉTÉ N^le D'AGRICULTURE DE FRANCE

Troisième édition revue et augmentée
Avec 300 figures intercalées dans le texte.

6e mille

PARIS

LIBRAIRIE J.-B. BAILLIÈRE ET FILS
19, rue Hautefeuille, près du Boulevard Saint-Germain

1913

L'Institut national agronomique.

INTRODUCTION

Si les choses se passaient en toute justice, ce n'est pas moi qui devrais signer cette préface.

L'honneur en reviendrait plus naturellement à l'un de mes deux éminents prédécesseurs.

A Eugène TISSERAND, que nous devons considérer comme le véritable créateur en France de l'enseignement supérieur de l'agriculture : n'est-ce pas lui qui, pendant de longues années, a pesé de toute sa valeur scientifique sur nos gouvernements et obtenu qu'il fût créé à Paris un Institut agronomique comparable à ceux dont nos voisins se montraient fiers depuis déjà longtemps ?

Eugène RISSLER, lui aussi, aurait dû, plutôt que moi,

présenter au public agricole ses anciens élèves devenus des maîtres. Près de douze cents ingénieurs agronomes, répandus sur le territoire français, ont été façonnés par lui : il est aujourd'hui notre vénéré doyen, et je me souviens toujours avec une douce reconnaissance du jour où j'ai débuté sous ses ordres et de celui, proche encore, où il m'a désigné pour être son successeur (1).

Mais, puisque les éditeurs de cette collection ont voulu que ce fût le directeur en exercice de l'Institut agronomique qui présentât aux lecteurs la nouvelle *Encyclopédie*, je vais tâcher de dire brièvement dans quel esprit elle a été conçue.

Des Ingénieurs agronomes presque tous professeurs d'agriculture, tous anciens élèves de l'Institut national agronomique, se sont donné la mission de résumer, dans une série de volumes, les connaissances pratiques absolument nécessaires aujourd'hui pour la culture rationnelle du sol. Ils ont choisi pour distribuer, régler et diriger la besogne de chacun, Georges WERY, que j'ai le plaisir et la chance d'avoir pour collaborateur et pour ami.

L'idée directrice de l'œuvre commune a été celle-ci : extraire de notre enseignement supérieur la partie immédiatement utilisable par l'exploitant du domaine rural et faire connaître du même coup à celui-ci les données scientifiques définitivement acquises sur lesquelles la pratique actuelle est basée.

Ce ne sont pas de simples Manuels, des Formulaires irraisonnés que nous offrons aux cultivateurs ; ce sont de brefs Traités, dans lesquels les résultats incontestables sont mis en évidence, à côté des bases scientifiques qui ont permis de les assurer.

(1) Depuis que ces lignes ont été écrites, nous avons eu la douleur de perdre notre éminent maître, M. Risler, décédé le 6 août 1905, à Calève (Suisse). Nous tenons à exprimer ici les regrets profonds que nous cause cette perte. M. Eugène Rissler laisse dans la science agronomique une œuvre impérissable.

Je voudrais qu'on puisse dire qu'ils représentent le véritable esprit de notre Institut, avec cette restriction qu'ils ne doivent ni ne peuvent contenir les discussions, les erreurs de route, les rectifications qui ont fini par établir la vérité telle qu'elle est, toutes choses que l'on développe longuement dans notre enseignement, puisque nous ne devons pas seulement faire des praticiens, mais former aussi des intelligences élevées, capables de faire avancer la science au laboratoire et sur le domaine.

Je conseille donc la lecture de ces petits volumes à nos anciens élèves, qui y retrouveront la trace de leur première éducation agricole.

Je la conseille aussi à leurs jeunes camarades actuels, qui trouveront là, condensés en un court espace, bien des notions qui pourront leur servir dans leurs études.

J'imagine que les élèves de nos Écoles nationales d'agriculture pourront y trouver quelque profit et que ceux des Écoles pratiques devront aussi les consulter utilement.

Enfin c'est au grand public agricole, aux cultivateurs, que je les offre avec confiance, ils nous diront, après les avoir parcourus, si, comme on l'a quelquefois prétendu, l'enseignement supérieur agronomique est exclusif de tout esprit pratique. Cette critique, usée, disparaîtra définitivement, je l'espère. Elle n'a d'ailleurs jamais été accueillie par nos rivaux d'Allemagne et d'Angleterre, qui ont si magnifiquement développé chez eux l'enseignement supérieur de l'agriculture.

Successivement, nous mettons sous les yeux du lecteur des volumes qui traitent du sol et des façons qu'il doit subir, de sa nature chimique, de la manière de la corriger ou de la compléter, des plantes comestibles ou industrielles qu'on peut lui faire produire, des animaux qu'il peut nourrir, de ceux qui lui nuisent.

Nous étudions les manipulations et les transformations

que subissent, par notre industrie, les produits de la terre : la vinification, la distillerie, la panification, la fabrication des sucres, des beurres, des fromages.

Nous terminons en nous occupant des lois sociales qui régissent la possession et l'exploitation de la propriété rurale.

Nous avons le ferme espoir que les agriculteurs feront un bon accueil à l'œuvre que nous leur offrons.

Dᵣ PAUL REGNARD,
Membre de la Société nationale
d'agriculture de France,
Directeur de l'Institut national
agronomique.

Cours de M. Regnard à l'Institut national agronomique.

PRÉFACE

Cette nouvelle édition de notre ouvrage sur les *Constructions rurales* n'est, avant tout, qu'une mise à jour consciencieuse de notre premier travail ; nous avons cependant ajouté quelques détails complémentaires et différentes figures, que nous avons exécutées avec le plus grand soin, afin de donner au texte toute la clarté qu'il doit comporter.

Bien que notre deuxième édition fût épuisée depuis plusieurs mois déjà, nous n'avons pas voulu nous contenter d'une revue rapide mais forcément superficielle, et nous avons préféré terminer, en y mettant tout le temps nécessaire, une révision soigneuse commencée depuis longtemps déjà.

Attaché, pendant de nombreuses années, à la chaire de Génie rural de l'École nationale d'agriculture de Grignon, notamment en qualité de répétiteur-préparateur, nous avons réuni des notes très complètes sur le génie rural et, en particulier, sur les constructions rurales, qui présentent un intérêt tout spécial pour les agriculteurs.

Avant d'entrer dans l'étude proprement dite des constructions rurales, nous voulons donner quelques indications sur la manière dont nous l'avons comprise.

Nous avons divisé notre livre en deux parties distinctes : la première relative aux *principes généraux de la construction*, appliqués plus spécialement aux bâtiments ruraux ; la seconde ayant pour objet la *description de chacune des constructions de la ferme*, en signalant les dispositions les plus recommandables.

1.

Nous avons suivi l'ordre des travaux que nous pouvons observer chaque jour dans tous les chantiers de construction ; nous avons commencé par ceux qui précèdent l'établissement des fondations, c'est-à-dire par les *terrassements*, puis nous sommes passé à la *maçonnerie*. Dans chacun de ces deux sujets, comme dans les suivants, nous avons observé l'ordre naturel des travaux ; ainsi, par exemple, nous avons placé au début de l'étude des terrassements celle des moyens employés pour ameublir le sol (fouille), pour l'enlever (jet et transport) et, comme la terre sert souvent à effectuer certains ouvrages, nous avons dit quelques mots des remblais. A propos des terrassements nous avons donné les règles relatives à leur *cubature* et au *mouvement des terres*. Pour la maçonnerie, nous avons observé le même ordre ; nous avons d'abord passé en revue les éléments qui la composent (pierres et mortiers), puis nous avons donné les principes de la *construction*. Après la maçonnerie, nous avons étudié les *charpentes en bois* ainsi que les *charpentes métalliques*, et nous avons terminé cette première série de travaux, que nous avons groupés sous le nom de *gros œuvre*, par les *couvertures*.

Sous la rubrique *petit œuvre*, nous avons donné les règles relatives à la confection des *enduits*, des *carrelages* et des *pavages* ; nous avons indiqué en quoi consistent les travaux de *menuiserie* et de *serrurerie*. Nous terminons cette seconde série de travaux par ceux de *peinture* et de *vitrerie*.

La deuxième partie de notre ouvrage, comme nous l'avons dit, traite des *constructions rurales* suivant leur affectation. Nous avons insisté sur les différences qui existent entre les constructions des campagnes et celles des villes ; puis nous nous sommes occupé de la *disposition des bâtiments* et nous avons parlé de la place qu'ils doivent occuper sur le domaine. Après ces considérations, nous avons étudié l'habitation des ouvriers et de l'exploitant, en donnant les types d'installations les plus commodes.

Pour les bâtiments réservés aux animaux (écuries,

étables, etc.) nous montrons quelles sont les conditions qu'ils doivent remplir et nous donnons les dispositions qu'il faut préférer ; nous avons fait de même pour ceux affectés aux récoltes (granges, hangars, greniers, fenils et silos). Les laiteries sont l'objet des développements nécessaires dans un autre volume de l'*Encyclopédie agricole* rédigé par M. Martin. Les conditions générales que doit remplir un bon cellier sont exposées dans la *Vinification* par M. Pacottet.

Plus loin nous donnons les conditions d'établissement des *remises du matériel*, des *plates-formes* et des *fosses à fumier*, ainsi que des *citernes à purin*.

Les *citernes* et *réservoirs* destinés à recueillir et à conserver les eaux potables, les *serres*, les *clôtures* et les *chemins* (construction et entretien) sont étudiés à part ; nous terminons notre ouvrage par un aperçu sur les *devis* ; à propos des devis, nous avons indiqué comment on peut faire exécuter les travaux de construction.

Les exemples et les modèles que nous donnons ont été choisis parmi les meilleures dispositions que nous avons rencontrées dans les nombreuses exploitations que nous avons visitées depuis une vingtaine d'années ; nous avons spécifié, pour certains, les modifications qu'il serait avantageux d'y apporter.

Nous avons tenu à faire nous-même tous les dessins principaux de notre ouvrage, d'après les croquis que nous avons relevés sur place ; pour les autres, nous tenons à remercier MM. Chouanard, Fontaine, Decauville, Pilter, Perrusson et Desfontaines, la Commission des Ardoisières d'Angers (Larivière et Cie), Louis Michel et plusieurs autres constructeurs qui ont bien voulu mettre à notre disposition les gravures représentant les modèles qui nous ont paru le mieux appropriés à compléter nos descriptions.

En terminant cette courte préface nous tenons à rendre hommage à Grandvoinnet, dont nous avons été l'élève ; à M. Ringelmann, professeur à l'Institut national agronomique ; à M. Charvet, professeur de génie rural à l'École nationale de Grignon ; nous avons été attaché au cours de ces maîtres et nous nous sommes inspiré de leur enseignement. Nous n'avons pas la prétention d'avoir établi un traité complet de construction, mais nous sommes convaincu qu'il serait difficile de réunir, en un si petit volume, un plus grand nombre de données utiles sur les constructions en général, et en particulier sur les bâtiments ruraux ; nous espérons que les conditions particulières dans lesquelles nous nous sommes trouvé pour rédiger ce livre nous auront permis d'écrire un ouvrage utile à tous ceux qui ont des projets à établir, des travaux à faire exécuter ou à conduire ; ils pourront comprendre le langage technique qui caractérise toute science ou toute industrie, sans lequel il n'est pas possible de donner à une entreprise une bonne direction.

J. Danguy.

CONSTRUCTIONS RURALES

PREMIÈRE PARTIE

PRINCIPES GÉNÉRAUX

I. — GROS ŒUVRE

I. — TERRASSEMENTS

Les travaux de terrassement, qui consistent en des déplacements de terre, étant les plus simples de ceux que nous aurons à étudier et en même temps les premiers que l'on exécute lorsqu'on a à établir une construction, feront l'objet du premier chapitre de cet ouvrage.

Les terrassements, quels qu'ils soient, comportent toujours trois sortes de travaux différents, qui sont : la *fouille* du sol, le transport des terres fouillées (travaux de déblai) et la confection des remblais. S'il s'agit de l'établissement d'un chemin ou d'une route, les travaux de déblai et de remblai ont généralement la même importance ; dans la confection des digues, ce sont surtout les remblais qui représentent la partie délicate du travail, tandis que par contre ce sont les déblais qu'il faut soigner quand on a à établir des canaux, des fossés, des citernes ou des fondations.

I. *Déblais.* — Tout travail de terrassement est précédé d'un déblai, soit qu'il s'agisse d'enlever des terres pour s'en débarrasser, soit au contraire qu'on ait à s'en procurer pour établir un ouvrage quelconque ; dans ce second cas il faut encore fouiller le sol pour obtenir la terre nécessaire.

1º *Fouille*. — La *fouille* a pour objet de rendre la terre maniable ou pelletable, c'est-à-dire de la mettre en état d'être chargée à la pelle sur les véhicules qui doivent en effectuer le transport. Le travail qu'elle représente est très variable et dépend essentiellement de la nature du sol, ainsi le sable est immédiatement pelletable, les terres franches ou argileuses doivent être au contraire ameublies au préalable avec des instruments appropriés ; les terrains rocheux nécessitent souvent l'emploi d'explosifs.

Le temps mis par un ouvrier pour ameublir un mètre cube de terrain est par suite, lui aussi, très variable ; le tableau suivant donne, selon la nature du sol, le volume moyen fouillé en une heure de travail par un ouvrier :

Terre végétale ordinaire................	1^{mc},200	environ.
Terre argileuse.......................	0^{mc},900	—
Terre compacte dure..................	0^{mc},740	—
Roc tendre enlevé au pic et au coin.....	0^{mc},220	—

Les outils employés pour ameublir le sol dépendent de sa cohésion ; pour les sables siliceux et les terres végétales légères, la pelle suffit ordinairement. Pour les terres franches et argileuses ainsi que pour les terrains tourbeux, il faut avoir recours à la bêche ou au louchet, avec lesquels on obtient toujours de très bons résultats dans les terrains non pierreux ; la présence des pierres oblige à se servir d'un autre instrument également très bon, la *fourche à bêcher*. La quantité de travail effectuée avec ces outils est toujours très élevée, mais dépend de la manière dont l'ouvrier sait se servir de son outil ; on admet qu'il peut fouiller, sur une profondeur de 0^m,20, une surface variant entre 100 et 200 mètres carrés par journée de dix heures, soit entre 20 et 40 mètres cubes, valeurs beaucoup plus élevées que celles indiquées précédemment, mais qui se justifient lorsqu'on sait que la couche superficielle du sol est beaucoup plus facile et plus commode à travailler que les couches du sous-sol.

La *bêche* employée dans les travaux de terrassement (fig. 1) est formée du *fer*, dont la partie tranchante est rectiligne et aciérée, et d'un manche ayant environ 1 mètre de longueur et 0^m,035 de diamètre, de manière à être bien en main. Le fer, qui a la forme d'un trapèze, mesure 0^m,26 de hauteur et une largeur moyenne de 0^m,18 ; il est légèrement creux, c'est-à-dire qu'il présente longitudinalement et latéralement deux courbures concaves qui lui donnent de la raideur et lui permettent par suite de mieux résister aux efforts de flexion qu'il a à supporter

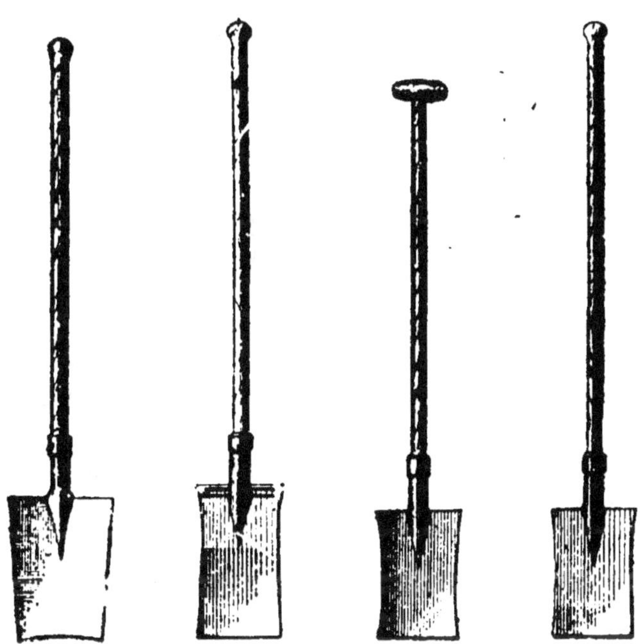

Fig. 1. — Bêche et louchets.

lorsque l'ouvrier, après l'avoir enfoncé dans le sol, abaisse le manche pour détacher la terre ; en outre celle-ci, grâce à cette double concavité, est mieux retenue à sa surface. Le *manche*, en frêne, est ordinairement droit et terminé par une *pomme* peu prononcée, bien que souvent cette dernière soit remplacée par une *béquille* ou encore par une *poignée* ; à moins d'habitudes locales, et sous ce rapport il faut toujours laisser aux ouvriers les outils auxquels ils sont habitués, on doit employer de préférence les manches à poignée dans les terrains très meubles ; dans ce cas la bêche est plus grande et son manche présente une légère coubure, car elle sert alors en même temps de pelle. Le fer possède une *douille* qui permet de l'assembler au manche ; cette douille est souvent fendue afin de pouvoir être serrée par un collier.

A côté de ce type de bêche, qui est le plus communément répandu, il en existe d'autres qui varient avec les régions ; c'est ainsi que dans le Midi et en Italie on emploie beaucoup des bêches à tranchant courbe et parfois même presque pointu. Ces formes facilitent la pénétration de l'outil dans le sol ; elles indiquent que dans les régions où elles sont en usage le sol est plus ou moins pierreux et qu'il serait difficile de le travailler avec des bêches à tranchant droit, qui coupent bien mais écartent mal les obstacles. Dans les pays du Nord on emploie des bêches beaucoup plus grandes et il est facile de constater qu'il existe une relation entre la taille et le tempérament des ouvriers et les dimensions des outils dont ils se servent ; c'est pour cette raison qu'on peut chercher à perfectionner les outils en usage mais qu'on ne doit pas les changer ; du reste dans les chantiers les ouvriers à la tâche apportent toujours leurs outils.

Pour certains travaux, notamment pour ceux relatifs à l'ouverture de tranchées étroites et profondes, on remplace la bêche par le *louchet*, bêche spéciale à fer long et étroit. Dans les terrains cailouteux, les pierres empêchant le tranchant de pénétrer dans le sol, on abandonne la bêche ordinaire et on la remplace par la fourche à bêcher ; cette fourche, qui doit être légère et résistante, et sous ce rapport il en existe d'excellentes de fabrication américaine, est formée de trois ou quatre dents plates ou de section triangulaire, dont les extrémités sont pointues ou tranchantes. La fourche à bêcher est munie d'un manche, légèrement courbe, presque toujours à poignée.

Quand le sol devient plus pierreux et plus tenace encore, on a souvent recours, pour l'ameublir, au pic à pédale dont il existe plusieurs modèles, mais qui, en principe, est formé d'une tige en fer de 25 à 30 millimètres de diamètre terminée d'un côté par une forte pointe et de l'autre par une béquille ; à 35 ou 40 centimètres de la pointe se trouve une pédale qui permet à l'ouvrier, en s'aidant de la poignée, de l'enfoncer plus facilement dans le sol ; il lui suffit alors de l'abaisser pour disloquer le terrain. Cet outil agit donc à la façon d'une pince de carrier.

Les différents outils que nous venons de passer en revue sont les plus recommandables au point de vue de la quantité de travail qu'ils permettent de faire journellement. Les ouvriers cependant leur préfèrent ceux qui agissent par choc, bien qu'ils exigent plus de fatigue et donnent moins de travail pendant le même temps ; leur principal avantage est de pouvoir attaquer presque tous les terrains indistinctement.

Le type de ces outils est la *pioche*, qui permet d'ameublir directement les sols ordinaires sur une profondeur de 10 à 20 centimètres. La pioche est composée d'un fer courbe, symétrique par rapport à son milieu qui présente une douille dans laquelle passe le manche. Le manche a 80 à 90 centimètres de longueur et un diamètre moyen de 35 millimètres ; l'une de ses extrémités est d'un diamètre un peu plus grand que l'autre, de manière à ce que, pour emmancher le fer, il suffise de passer le manche dans la douille et de le frapper ensuite verticalement contre le sol ; l'opération inverse permet de séparer facilement le fer, ce qui est indispensable car, dans les grands travaux, il faut *recharger* relativement souvent les pointes des pioches. Ces pointes sont simplement acérées légèrement et présentent une largeur un peu inférieure à la moitié de la partie tranchante des bêches ; dans les terrains très pierreux il faut recourir aux pioches ayant de véritables pointes formant pic.

La *tournée* (fig. 2), qui est également très employée par les terrassiers, possède les avantages de la pioche et du pic, l'une de ses extrémités étant terminée par une pointe et l'autre par une partie plate

Fig. 2. — Tournée de terrassier.

tranchante de 7 à 8 centimètres de largeur ; selon les difficultés du sol, le terrassier emploie tantôt le pic, tantôt la partie tranchante, d'où le nom de tournée. Les pioches et les tournées, qui sont de différentes forces suivant leur poids, sont particulièrement recommandables pour l'exécution des tranchées, car si leur manœuvre en est pénible lorsqu'il s'agit d'ameublir un sol horizontal, à cause de la faible longueur de leur manche, elles deviennent beaucoup plus maniables quand on a à attaquer une berge verticale ou très inclinée.

Dans les terrains rocheux, on a recours aux explosifs, qui seuls permettent de les ameublir économiquement.

Lorsque la terre a été divisée, fouillée comme on dit vulgairement, on doit l'enlever, et pour cela il faut presque toujours la charger sur des véhicules ; cette opération constitue le *jet* et est effectuée à la *pelle*, par des ouvriers qu'on désigne dans les chantiers sous le nom de *pelleteurs*. La pelle des terrassiers (fig. 3) est formée d'une plaque de tôle légèrement emboutie, afin de lui donner du raide et de l'obliger à mieux retenir la terre à sa surface, présentant un tranchant arrondi ; ses dimensions doivent être telles que le pelleteur, tout en pouvant la manœuvrer facilement, enlève à chaque pelletée le maximum de terre, de manière à s'éviter une fatigue inutile : à chaque mouvement il a en effet à enlever d'une part son outil et d'autre part son contenu ; comme on ne peut pas réduire le poids de l'outil au delà d'une certaine limite, il faut chercher, pour un même volume pelleté, à diminuer le nombre des pelletées ; on donne en général au fer des pelles 30 centimètres

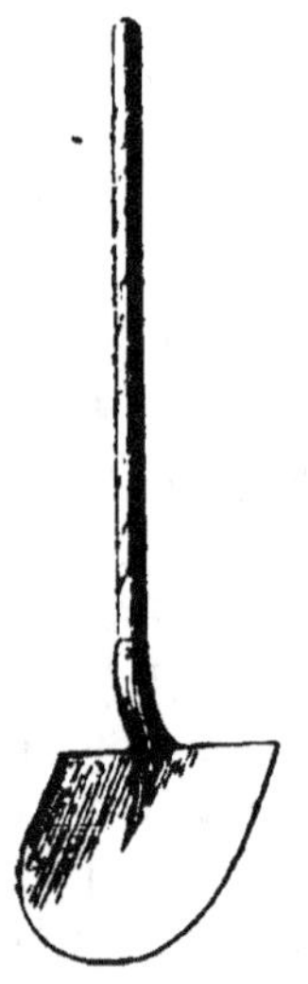

Fig. 3. — Pelle de terrassier.

de largeur et autant de hauteur. Le manche doit avoir une double courbure, de façon que le fer se présente presque horizontalement sans pour cela que l'ouvrier ait à se baisser d'une manière appréciable ; avec un semblable manche il lui suffit de pousser sa pelle dans la terre pour la charger. On fabrique aussi des pelles à douilles longues et courbes qui permettent d'utiliser les manches droits ordinaires. Pour les vases, on est obligé d'employer des pelles spéciales à rebords qui, suivant leurs formes, prennent des noms différents (dragues, écopes, etc.).

En général, dans l'exécution des fouilles, le sol est ameubli par couches successives de 30 à 35 centimètres de profondeur, appelées souvent *plumées*, puis jeté sur les berges, de chaque côté de la fouille ; quelquefois il est chargé directement sur des véhicules. A mesure que la profondeur augmente, les pelleteurs jettent la terre de moins en moins loin, et quand elle atteint 1^m,60 à 2 mètres il faut former un relais, c'est-à-dire établir une banquette sur laquelle la terre est jetée pour être reprise par un autre pelleteur qui l'envoie à la surface du sol ; par chaque profondeur de 1^m,60 environ, on établit un relais semblable et on place autant de pelleteurs sur les banquettes qu'au fond de la fouille. Quand les dimensions de la fouille sont suffisantes, les banquettes sont simplement taillées dans le sol ; dans le cas contraire, elles consistent en de petits planchers étroits, soutenus par de légers échafaudages appuyés contre les parois de la fouille. En procédant ainsi on peut descendre une fouille jusqu'à 4 ou 5 mètres de profondeur au moyen de deux ou trois relais, placés les uns au-dessous des autres, de façon à partager la profondeur en parties égales. Au delà de cette profondeur on se sert d'un treuil, à moins que les dimensions de la fouille ne permettent de ménager, sur l'un des côtés, une rampe suffisamment large pour le passage de brouettes, de wagonnets ou de tombereaux ; pour les tombereaux, la rampe doit avoir au moins 2^m,50 de largeur ; pour les brouettes, il suffit de 1^m,40 afin qu'elles puissent se croiser, et pour les wagonnets cette largeur, qui dépend de celle de la voie, est généralement suffisante.

2° *Transport*. — La pratique a montré que les ouvriers peuvent jeter la terre qu'ils enlèvent dans leurs pelles à une distance de 3 mètres ; donc, quand on n'aura à transporter la terre qu'à cette distance, il faudra avoir recours au jet direct. C'est encore ce mode de transport qu'on emploie généralement lorsque la distance est inférieure à 9 mètres ; les pelleteurs étant répartis en équipes placées à 3 mètres les unes des autres, la première jette la terre à la seconde qui l'envoie à la troisième ; au delà de cette distance, on est obligé de se servir de la brouette. La brouette utilisée dans les travaux de terrassement (fig. 5) peut contenir de 50 à 60 décimètres cubes de terre, soit une charge de 60 à 70 kilogrammes. Pendant le transport, une partie de cette charge est supportée par l'ouvrier, l'autre par la roue, la répartition se faisant sensiblement par parties égales. L'ouvrier, qu'on appelle souvent *rouleur* ou *meneur*, a donc à vaincre d'une part un effort vertical d'une trentaine de kilogrammes et d'autre part la résistance au roulement de la roue sur le sol, ainsi que celle, très faible d'ailleurs, du frottement de la roue sur son axe ; pour vaincre ces deux dernières résistances, en terrain horizontal, le rouleur est obligé de développer un effort horizontal sensiblement égal au dixième de la charge supportée par la roue, soit de 3 kilogrammes environ. On a cherché à réduire le plus possible cette résistance au roulement, variable du reste avec la nature du sol, en plaçant de mauvaises planches ou des *dosses* sur lesquelles les rouleurs poussent leurs brouettes ; dans le même but on a augmenté le plus possible le diamètre de la roue,

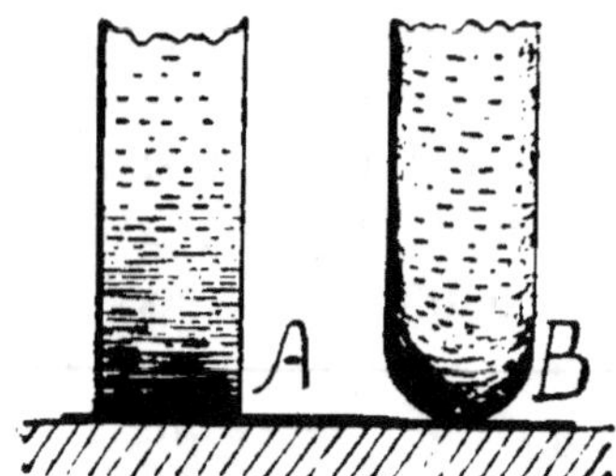

Fig. 4. — Roues de brouettes.

la résistance au roulement, pour les roues de grand diamètre, étant moindre que pour celles de petit diamètre, et on est arrivé à établir, pour cette raison, un autre type de brouette appelée *brouette anglaise* (fig. 6). Enfin la résistance au roulement étant représentée surtout par la suite des efforts nécessités par la roue pour franchir les obstacles qu'elle rencontre, on a cherché à réduire leur nombre en donnant à son *bandage* un profil B (fig. 4) qui écarte les pierres, au lieu du profil A ordinairement adopté ; il est évident qu'avec ce profil, le nombre d'obstacles rencontrés est moindre, puisque la surface de roulement est plus faible et qu'une partie des obstacles sont écartés ; mais comme ce profil facilite l'enfoncement dans les sols meubles, il faut que la roue roule sur une surface résistante, en planches par exemple.

On préfère pour les travaux de terrassement les brouettes en bois aux brouettes en fer et en tôle que l'on emploie quelquefois, parce qu'elles sont moins coûteuses et d'un entretien plus facile ; la membrure doit être en bois durs (orme ou chêne) et le coffre en bois blancs.

La brouette ordinaire ou *française* (fig. 5), dont le diamètre de la roue n'est que de 50 centimètres en moyenne, a les

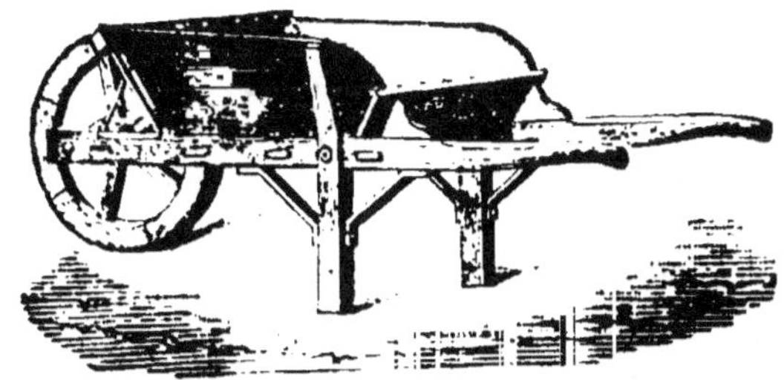

Fig. 5. — Brouette française.

parois du coffre presque verticales, de sorte qu'il faut la basculer sur elle-même pour la vider complètement ; la brouette anglaise (fig. 6) a une roue beaucoup plus grande et des parois de coffre très inclinées, elle est donc, par cela même, plus facile à décharger et plus roulante. On a enfin établi des brouettes dans lesquelles on peut déplacer la roue de manière à faire

Fig. 6. — Brouette anglaise.

varier la répartition de la charge entre cette dernière et les bras de l'ouvrier (brouette Aubry). En principe, une brouette est d'autant plus stable que la charge sur les poignées est plus grande et que le coffre est plus bas ; inversement elle l'est d'autant moins que la charge est reportée davantage sur la roue et que le coffre est plus haut. Pour le transport des pierres

à bâtir on se sert de brouettes n'ayant pas de *ridelles*, du type
de celle représentée par la figure 7.

La vitesse du rouleur varie entre 3 et 4 kilomètres à l'heure ;
quant aux rampes conduisant dans les fouilles, on leur donne
des pentes ne dépassant pas 7 à 8 centimètres par mètre.
Les transports à la brouette doivent être divisés en parcours
élémentaires de 30 mètres qu'on appelle *relais* ; chaque relais
est parcouru par un rouleur qui fait le trajet, à l'aller, avec
une brouette pleine et au retour avec une vide que lui donne

Fig. 7. — Brouette à barres.

le rouleur du relais suivant ; ce dernier prend en échange celle
qui lui est amenée. Cette distance de 30 mètres a été prise
comme unité de parcours parce qu'elle correspond au temps
mis par un pelleteur pour charger une brouette et par un
piocheur pour fouiller, en terrain ordinaire, la terre nécessaire
à son chargement ; dans ces conditions il n'y a aucune perte
de temps et ces trois ouvriers *s'entretiennent* constamment.
Une terre permettant de réaliser ce cycle est dite *à un homme* ;
s'il est nécessaire d'avoir deux fouilleurs et deux pelleteurs pour
entretenir un rouleur, la terre est dite *à deux hommes* ; ces
expressions permettent de se rendre compte des difficultés des
déblais exécutés. Dans l'organisation d'un chantier, on voit
donc qu'il faut prendre comme principe que les piocheurs
ameublissent assez de terre pour que les pelleteurs puissent
constamment charger les brouettes amenées et que les rouleurs n'aient qu'à échanger immédiatement leurs brouettes
vides contre des pleines.

Puisque les relais doivent être d'une trentaine de mètres,

pour des parcours de 60, 90 et 120 mètres, il en faudra deux,
trois ou quatre. On a reconnu qu'à partir d'une centaine de
mètres il y avait économie, dans la plupart des cas, à remplacer ces appareils de transport par des tombereaux (fig. 8),
un homme et un cheval remplaçant trois relais ; pour les
distances de quelques centaines de mètres on se sert de petits
tombereaux légers à un cheval, auxquels on en substitue de
plus grands, à deux ou trois chevaux, pour des parcours
plus considérables.

Fig. 8. — Tombereau à terrasse.

Pour les transports importants et de quelque durée, on préfère les chemins de fer à voie étroite ; un homme peut rouler
en palier, avec un effort d'une dizaine de kilogrammes, une
charge de 1 000 kilos, la résistance au roulement des wagonnets sur les voies employées n'étant guère que du $\frac{1}{100}$ de la
charge. Par suite des conditions des installations, qui sont
toujours provisoires, les voies les plus recommandables consistent en travées de 4 à 5 mètres de longueur, composées
de rails à patin réunis par des traverses en fer plat, ou mieux
embouti (fig. 9), auxquelles ils sont rivés ; le prix de ces
travées varie avec le cours des fers, leur poids et l'écartement
des voies : en voies Decauville, il était, il y a quelques années,
de 3 fr. 80 par mètre pour les voies de 40 centimètres d'écartement en rails pesant 4^{kg},500 le mètre, et de 5 fr. 70 pour

celles de 60 centimètres en rails de 7 kilogrammes ; les premières conviennent pour des charges maxima de 500 kilogrammes par essieu et les secondes pour des charges pouvant aller jusqu'à 1 000 kilogrammes quand la voie est bien établie.

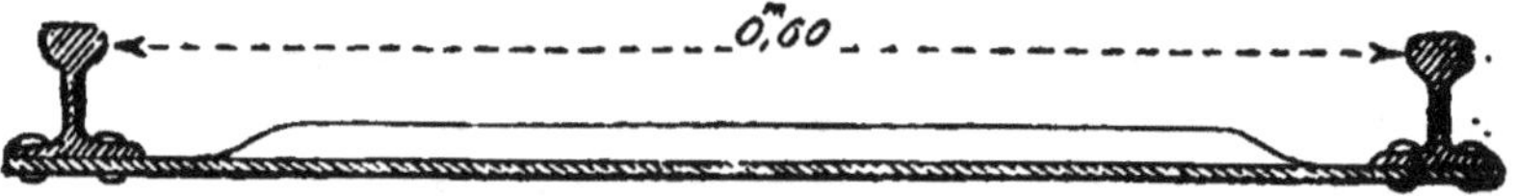

Fig. 9. — Voie démontable Decauville.

Ces travées, qui s'assemblent facilement au moyen d'éclisses et de boulons (fig. 10), permettent l'installation de courbes, aiguilles, plaques tournantes, etc. Les wagonnets sont presque toujours en fer et en tôle ; ils comprennent un coffre pouvant basculer à droite ou à gauche de la voie comme le montre la figure 11, et par suite sont très faciles à décharger ; leur

Fig. 01. — Mode d'assemblage des voies Decauville.

contenance varie entre 150 et 2 000 litres. Pour les travaux importants de terrassement on emploie des wagons en bois beaucoup plus grands, très lourds et ne pouvant basculer que d'un côté, mais utilisant la voie à écartement normal (1ᵐ,45) ; comme alors la traction en est faite par des chevaux ou des locomotives et que les conditions de roulement sont meilleures, l'inconvénient d'un supplément de tirage est peu appréciable.

Dans certains travaux on a recours à des wagonnets, à caisse fixe ou pivotante, vidant en bout des voies.

II. *Remblais*. — Lorsque la terre extraite doit servir à l'exécution d'un remblai, il faut observer certaines règles que nous allons examiner.

Afin que le remblai fasse bien corps avec le sol naturel, on commence par en enlever la couche superficielle, formée généralement de terre végétale ; on la met en dépôt ou en *cavalier* sur les côtés de la fouille pour l'utiliser, lorsque le travail

Fig. 11. — Wagonnets.

est terminé, à faire un parement au remblai ; ce parement facilitera l'engazonnement et la reprise des plantations qui pourront être faites ultérieurement pour le protéger. La terre est alors amenée au moyen des appareils de transport que nous venons de voir (brouette, tombereau, wagonnet) et disposée régulièrement en petits tas, qui sont ensuite abattus et nivelés de manière à former une première couche d'épaisseur uniforme ; cette dernière opération constitue le *régalage*. Le régaleur, qui se sert ordinairement d'une houe fourchue, termine quelquefois son travail par un coup de râteau lorsqu'il y a des pierres et qu'il est nécessaire d'avoir une grande homogénéité sur toute la hauteur du remblai, comme quand il s'agit de digues d'étangs ou de bassins de retenue ; les couches suivantes s'établissent de la même manière. Dans les travaux soignés, chaque couche est l'objet d'un pilonnage ; ce pilonnage est fait à la *batte*, outil formé d'une lourde planche carrée mesurant 30 centimètres de côté, munie d'un manche courbe assez court ; l'ouvrier élève sa batte et la projette avec violence sur le sol, en laissant glisser le manche dans ses mains. On peut se servir également de la *demoiselle*, *hie* ou pilon, qui donne un damage beaucoup plus énergique ; cet outil rappelle celui employé par les paveurs pour damer les pavés.

Il faut enfin toujours prévoir, dans la confection des remblais, un certain tassement qui oblige à leur donner, lors de leur confection, une hauteur plus grande que celle qu'ils devront avoir plus tard ; ce tassement, qui est très variable, est d'environ 1/5 dans les terres légères.

Quand la terre employée dans la construction d'un remblai n'est pas homogène, on doit autant que possible mener le travail de façon que chacune des couches soit formée d'une même nature de terre ; il est bon en effet que le tassement s'effectue partout uniformément, ce qu'on n'obtient qu'à la condition que chaque couche ait la même épaisseur et soit homogène.

Les *talus*, c'est-à-dire les surfaces des remblais, ont des pentes différentes suivant la nature des terres qui les composent ; leur inclinaison varie ordinairement entre 30° et 50°. On ne devra adopter une pente pour un remblai que lorsqu'on connaîtra la nature de la terre qui sera employée à sa confection, à moins qu'on ne prenne une pente très faible ; dans ce dernier cas on donne au remblai une section plus grande que celle qui est nécessaire et par suite on augmente son prix de revient. Le tableau ci-dessous indique, pour quelques terres, les pentes qu'il y a lieu d'adopter :

Roches tendres...... 1 de base pour 3,0 de hauteur soit 71 degrés 1/2
Sables et graviers.. 1   —   1,5   —   56   —   1/2
Terres franches et
   légères 1   —   1,0   —   45   —
Argiles 1   —   0,5   —   26   —   1/2

On donne généralement une pente plus faible aux talus

des remblais, qui sont en terre rapportée, qu'aux talus d'*excavation*, taillés dans le sol naturel.

La figure 12 représente le profil en travers d'une route établie à flanc de coteau avec, en pointillé, celui du sol naturel avant l'établissement de la route ; on a donné aux talus, du côté

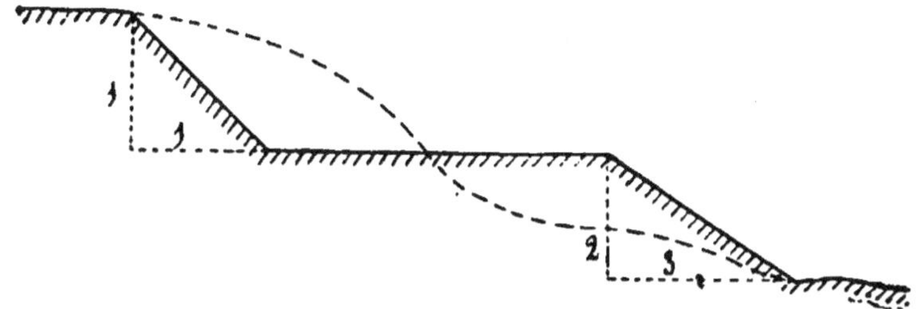

Fig. 12. — Profil en travers.

des remblais, une pente ayant 3 de base pour 2 de hauteur et seulement 1 de base pour 1 de hauteur du côté des déblais (talus d'excavation).

Le *talutage* a pour objet de *dresser* les talus ; cette opération est plus ou moins difficile suivant que les parties à régulariser sont plus ou moins inclinées et qu'elles sont planes ou gauches. Elle nécessite une grande habitude et un œil exercé ; les ouvriers qui en sont chargés s'aident d'un cordeau et de piquets nivelés au préalable. Comme outils la pelle et le râteau suffisent habituellement pour ce travail.

Lorsque les talus ont été ainsi dressés, on les gazonne souvent pour qu'ils résistent mieux aux ravinements que les pluies pourraient leur causer ; parfois même on y plante certaines essences qui fixent les terres par leurs racines.

Le gazonnement peut être obtenu par semis ou par gazonnement direct ; dans le premier cas il suffit de répandre sur les talus des graines de gazon ou, à la rigueur, des bourres de foin et de les enfouir au râteau ; si le talus présente une pente très forte, il est bon de creuser à sa surface, à une cinquantaine de centimètres d'écartement, de petits sillons ayant quelques centimètres de profondeur et disposés horizontalement, les graines sont mieux retenues sur le talus et le gazon forme, dès sa levée, des lignes qui empêchent les ravinements causés par la pluie. Le semis a l'inconvénient de laisser les talus pendant plusieurs mois sans protection efficace, aussi faut-il avoir recours au gazonnement direct dans bien des cas, notamment pour les talus à forte pente ; autrement on est exposé à avoir à les refaire partiellement après l'hiver. Le gazonnement se fait au moyen de gazon provenant d'une prairie, qui a pu être louée spécialement pour cet usage. Les ouvriers découpent la prairie en bandes de 25 centimètres de largeur en se servant de bêches et en s'aidant de cordeaux ; s'ils sont habiles, ils décollent ensuite avec leurs bêches ces bandes qu'ils soulèvent et roulent sur elles-mêmes ; lorsque les rouleaux ainsi formés ont un diamètre suffisant, en passant au milieu de chacun d'eux un manche en bois, deux d'entre eux peuvent facilement les enlever pour les transporter. Quand on ne peut disposer que d'ouvriers peu expérimentés, ou lorsque l'état du gazon ne permet pas de l'enlever en bandes, on est obligé de le découper en plaques carrées ayant 25 centimètres de côté. Il n'est pas utile, pour obtenir un bon gazonnement et une protection efficace des talus, de les recouvrir entièrement de gazon, il suffit de disposer celui-ci en lignes horizontales en laissant 10 ou 15 centimètres d'écartement entre les lignes de plaques, de manière à engazonner environ 70 mètres superficiels de talus avec 50 mètres carrés de gazon ; il faut seulement avoir soin de commencer le travail par la partie inférieure des remblais et de croiser les joints des plaques pour empêcher l'eau de ruisseler facilement entre elles. Enfin, pour en faciliter la reprise, il est bon de tasser à la batte les carrés de gazon et parfois même de les arroser ; on peut également augmenter la vigueur du jeune gazon en répandant à sa surface un peu de terreau.

Lorsque le remblai est destiné à former un barrage ou une digue, on est quelquefois obligé, pour le rendre étanche, de faire un *corroi* d'argile, et, du côté de l'eau, une *pierrée* pour le protéger contre le *batillage* de l'eau. Le corroyage d'une digue est une opération coûteuse et délicate, aussi préfère-t-on souvent le remplacer par un revêtement en maçonnerie : il se fait en ménageant dans l'épaisseur du remblai, et dans toute sa longueur, une fosse dans laquelle on dispose des couches soigneusement pilonnées de bonne argile ; le corroi d'argile doit descendre jusqu'au sol imperméable, mais il n'est pas nécessaire qu'il vienne jusqu'à la partie supérieure du remblai, il est même préférable que l'argile soit recouverte d'une couche d'au moins 30 centimètres de terre, afin d'en empêcher la dessiccation et par suite le fendillement. On peut, en opérant ainsi, non seulement rendre étanche une digue ou un bassin de retenue, mais, inversement, on peut protéger une fosse ou un silo contre les infiltrations du sol.

III. *Organisation des chantiers et prix de revient des terrassements.* — Prenons comme exemple l'établissement d'une digue. Nous aurons à exécuter successivement les déblais nécessaires pour nous procurer la terre (fouille, jet et transport), puis les remblais (régalage, pilonnage, talutage et gazonnement). Nous devrons faire, en premier lieu, choix d'un terrain où la terre présentera les qualités nécessaires à la confection de notre digue (terre franche légèrement argileuse), et nous ferons un *emprunt* en cet endroit.

La base de l'ouvrage étant tracée au moyen d'un piquetage fait au préalable, nous enlèverons la terre végétale, et nous la placerons en cavalier sur l'un des bords de la fouille, dont nous nivellerons avec soin le fond ; puis nous confectionnerons la digue comme nous l'avons vu à propos des remblais, en opérant par couches successives d'épaisseur constante ; nous procéderons enfin au talutage, à l'engazonnement de l'un des talus et au revêtement de l'autre, leurs pentes ayant été déterminées d'après la nature des terres et la hauteur de l'eau.

Pendant tous ces travaux on aura soin que les divers chantiers ne chôment pas, c'est-à-dire qu'ils *s'entretiennent* les uns les autres, ce qui est la base fondamentale de l'organisation de tout chantier important. Il est indispensable pour cela de connaître les temps respectifs des fouilles, du jet et des transports pour obtenir le nombre de pelleteurs et de meneurs qu'il faudra par fouilleur ; il suffira ensuite d'avoir un plus ou moins grand nombre de ces équipes élémentaires, suivant l'importance du travail et le temps dans lequel il devra être exécuté.

2.

Les terrassements doivent être autant que possible exécutés en automne ou au commencement de l'hiver, la main-d'œuvre étant moins chère et plus commune à cette époque de l'année où, en outre, les travaux s'effectuent mieux et moins péniblement.

Il nous reste maintenant, pour terminer les terrassements, à étudier ce qui est relatif à l'évaluation des volumes remués et à leur mouvement. Nous avons établi, dans les deux paragraphes suivants, les formules relatives à ces évaluations, en prenant un cas particulier qu'on rencontre très souvent, celui de l'établissement d'un chemin ou d'un canal ; comme les formules trouvées sont absolument générales, on pourra les appliquer à n'importe quel déplacement de terre.

IV. *Cubature des terrassements.* — Dans les avant-projets ayant pour objet des *mouvements* de terrain, tels que ceux relatifs à l'établissement de routes, de chemins ou de canaux, il faut connaître en premier lieu le volume de terre à remuer. On doit toujours choisir un tracé pour lequel ce volume est le moindre, et pour lequel également le cube des déblais est autant que possible égal à celui des remblais, de manière à réduire au minimum le mouvement des terres et à n'avoir à effectuer aucun emprunt ni dépôt.

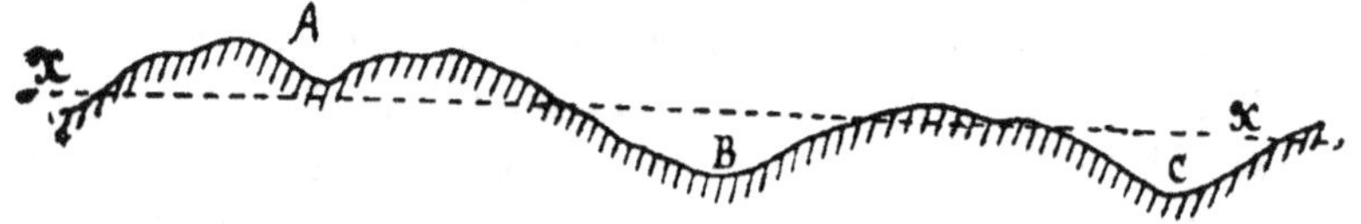

Fig. 13. — Profil en long.

1° *Profils.* — Supposons qu'il s'agisse du tracé d'une route ; nous relèverons d'abord le profil du sol suivant l'axe de la route (profil en long) et suivant des plans perpendiculaires à cet axe (profils en travers), ces derniers devant être d'autant plus rapprochés que le terrain est plus accidenté. Si ABC (fig. 13) représente le profil en long du sol sur une certaine longueur, il faudra chercher à donner à la route un niveau xx, tel que le volume de terre à enlever, situé au-dessus de ce niveau, soit précisément égal à celui à rapporter ; les profils

en travers nous serviront à calculer ces volumes. La première
opération consistera donc à faire le piquetage de la route et à
relever les profils ; ceux-ci, mis ensuite au net à une certaine
échelle, permettront de déterminer les fouilles et remblais à
effectuer en cherchant à réaliser les conditions indiquées plus
haut (mouvement minimum, égalité entre les volumes en
remblais et en déblais) ; si ces conditions ne sont pas remplies,
on modifiera le piquetage, ainsi du reste que dans le cas où
elles ne le seraient qu'en donnant des pentes excessives. Ces
considérations sont très importantes à faire intervenir dans le
tracé des canaux où les pentes sont généralement données
d'avance.

Le nivellement de l'axe de la route, qui donne le profil en
long, doit être exécuté avec le plus grand soin ; il faut donc
mesurer très rigoureusement les distances respectives des
points nivelés, et déterminer leurs cotes en employant la
méthode de la double visée d'Egault. Pour les profils en travers
la même précision est moins nécessaire, parce qu'un manque
d'exactitude n'entraîne qu'à des erreurs locales ; une simple
visée suffira donc pour les cotes, et les longueurs pourront
êtres déterminées, à la rigueur, à la stadia.

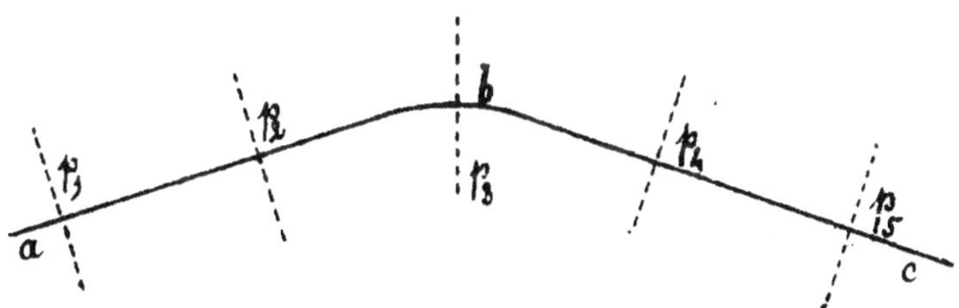

Fig. 14. — Tracé d'une route.

On peut aussi construire très rapidement les profils si le
terrain est déjà représenté par ses courbes de niveau. Soit *abc*
(fig. 14) l'axe, en plan, d'une partie de la route composée de
deux portions rectilignes réunies par une partie courbe ;
nous relèverons de distance en distance, tous les 50 mètres
par exemple si le terrain est peu accidenté, des profils en travers p_1, p_2, p_3, etc., que nous construirons ensuite sur une

feuille de papier sans fin de largeur convenable (en général de 30 centimètres environ). Ces profils seront disposés les uns au-dessous des autres, à une certaine échelle et en conservant leurs distances respectives, réduites aussi à une échelle qui sera ordinairement différente de celle des cotes.

Si le terrain est représenté par ses courbes de niveau, la construction des profils se fait sur les côtés mêmes du dessin, mais il est bon, pour les profils en travers, de prendre des encres de couleurs différentes pour chacun d'eux afin qu'ils

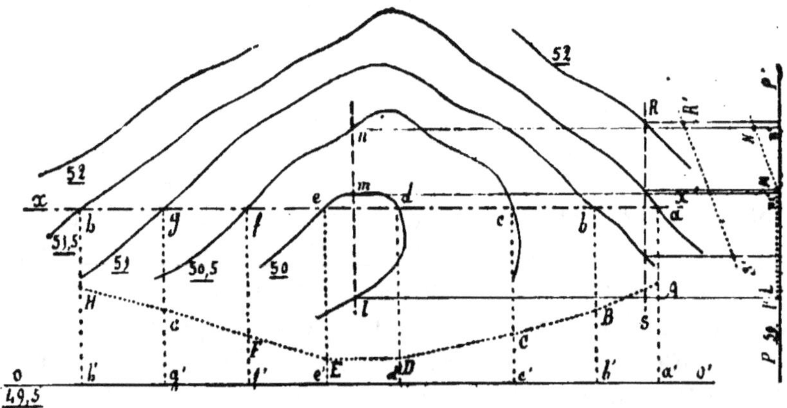

Fig. 15. — Tracé d'une route (construction des profils).

ne se confondent pas. La figure 15 montre, d'une part, les courbes de niveau du plan avec leurs cotes respectives, d'autre part, en bas, le profil en long du sol suivant le tracé d'une route ayant xx' pour axe et, à droite, deux profils en travers. Examinons comment on peut construire ces profils ; chaque fois que l'axe xx' rencontre une courbe de niveau, le point d'intersection se trouve coté ; il suffit de reporter ce point, par une ligne de rappel, sur une droite représentant la *trace* du plan de comparaison et d'élever une ordonnée égale à la cote pour avoir un point du profil. Pour les profils en travers, on opère de même. Ainsi, donnons au plan de comparaison oo' la cote 49,5, nous ramènerons le point a, dont la cote est 51,5, en a', puis nous prendrons une hauteur Aa' égale, à l'échelle, à 2 ; nous obtiendrons de même le point B ayant pour cote 51, les points C et F ayant pour cote 50,5, etc. ; tous ces points

réunis par une ligne continue nous donneront le profil en long.
Pour les profils en travers, la *trace* du plan de comparaison
auquel nous avons donné la cote 50 sera en PP′, et chacun des
points de chaque profil s'obtiendra de la même manière.

Nous voyons, dans ce procédé, qu'on suppose la pente
régulière entre chaque point successif ; en réalité il n'en est

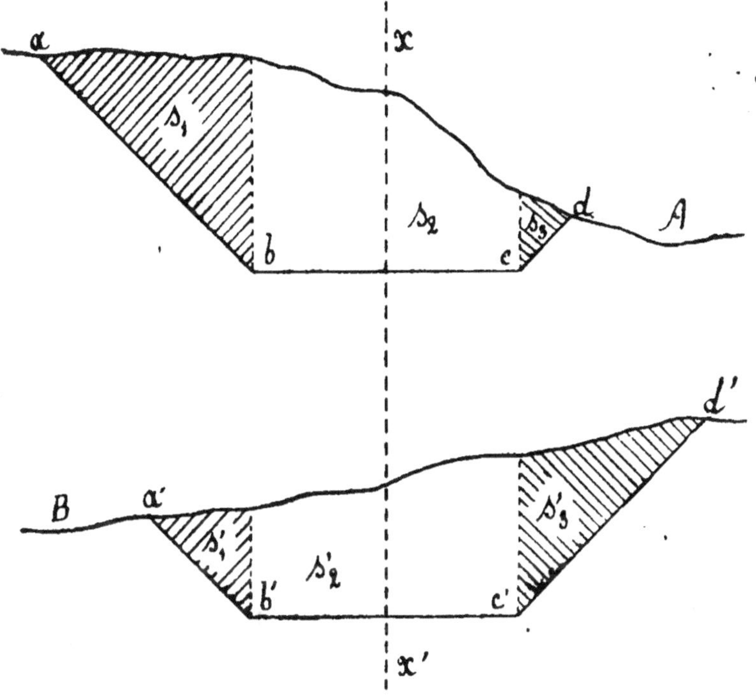

Fig. 16. — Détermination des volumes.

généralement pas ainsi, mais on commet de cette façon une
erreur qui est presque toujours négligeable ; on peut du reste
réduire cette erreur en déterminant un plus grand nombre
de points, c'est-à-dire en rapprochant les courbes de niveau.

Lorsqu'il ne s'agit que d'avoir quelques points supplé-
mentaires, on obtient leurs cotes en supposant qu'elles sont
proportionnelles à leurs distances aux deux courbes entre
lesquelles ils se trouvent ; la cote d'un point à égale distance
des deux courbes 51 et 51,50 serait donc 51,25.

2° *Calcul des volumes.* — Soient xx' (fig. 16) l'axe de la

route, A et B deux profils en travers successifs du sol et *abcd*,
a'b'c'd' les deux profils correspondants du chemin à établir ;
nous décomposerons la partie du terrain comprise entre ces
deux profils en troncs de prisme à base quadrangulaire ou
triangulaire. Il nous suffira alors de prendre les surfaces comprises entre les profils primitifs et les profils transformés
pour obtenir, en multipliant la demi-somme de ces surfaces
par la distance l qui les sépare, le volume du terrain à enlever.
Soient s_1 et s_1', s_2 et s_2', etc., chacune des surfaces correspon-
dantes appartenant aux deux profils, les volumes V_1, V_2, V_3 de
chaque prisme auront respectivement pour expression :

$$V_1 = \frac{s_1 + s_1'}{2} \times l$$

$$V_2 = \frac{s_2 + s_2'}{2} \times l$$

$$V_3 = \frac{s_3 + s_3'}{2} \times l$$

et le volume total V sera égal à la somme de tous ces volumes,

$$V = (s_1 + s_1' + s_2 + s_2' + s_3 + s_3')\frac{l}{2} \text{ ou}$$

$$V = [(s_1 + s_2 + \dots) + (s_1' + s_2' + \dots)]\frac{l}{2}.$$

La somme des termes non primés représente l'une des surfaces, soit S, la somme des termes primés l'autre surface,
soit S' ; nous aurons donc simplement à calculer chacune de
ces surfaces pour obtenir, par la formule $V = (S + S')\frac{l}{2}$ le volume cherché. Ce volume peut être représenté graphiquement
en élevant sur une droite AB (fig. 17) deux perpendiculaires
égales respectivement à S et S' et distantes de la longueur l ;
elles déterminent en effet un trapèze dont la surface est précisément égale au volume V, ($V = \frac{S + S'}{2} \times l$). Cette formule
suppose, ce qu'on admet en pratique, que les surfaces des
sections droites (profils) varient proportionnellement à leurs
distances aux profils extrêmes; aussi, quand le terrain est trop
irrégulier, il faut rapprocher ces profils.

Pour les volumes en remblais, la formule est la même et
s'établit identiquement de la même façon ; le graphique du
volume serait analogue à celui de la figure précédente, mais
construit au-dessous de AB. Enfin, il arrive souvent que l'un
des profils est en remblais et l'autre en déblais ; si D représente
la surface en déblais pour l'un des profils et R celle en

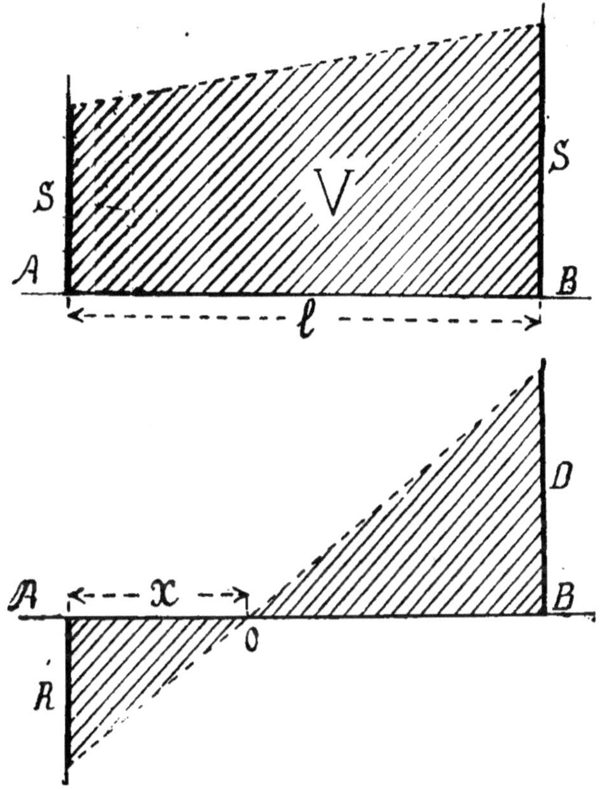

Fig. 17. — Représentation graphique des volumes.

remblais pour l'autre, nous pourrons représenter, comme précédemment, le volume à remuer par une surface obtenue en
élevant sur une droite AB (fig. 17), deux perpendiculaires
respectivement égales à D et à R, mais l'une en dessus et
l'autre en dessous ; le volume V_R en remblais aura pour expres-
sion $\dfrac{R \times x}{2}$, celui en déblais $\dfrac{D}{2}(l\text{-}x)$. En remplaçant x par sa

valeur, calculée en utilisant la similitude des deux triangles, les deux formules précédentes deviennent :

$$V_R = \frac{R^2}{D + R} \times \frac{l}{2}$$

$$V_D = \frac{D^2}{D + R} \times \frac{l}{2}$$

En pratique il est inutile de déterminer le *point de passage* O, des remblais aux déblais. Le calcul des volumes est donc très simple dès qu'on connaît les surfaces S et S′, ou D et R.

3º *Détermination des surfaces.* — Le procédé le plus rapide consiste à construire ces surfaces à une échelle déterminée et à les calculer au planimètre, appareil qui donne directe-

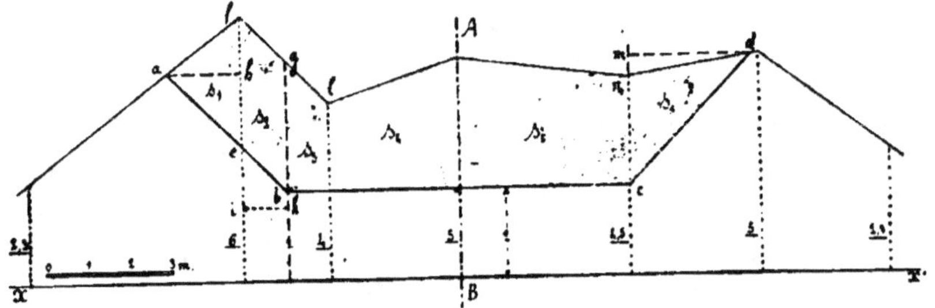

Fig. 18. — Méthode générale de calcul des surfaces.

ment, par une simple lecture, les surfaces cherchées. On peut, à la rigueur, employer la méthode des pesées, dont on a fait usage autrefois dans le calcul des diagrammes, ou mieux celle qui consiste à superposer au profil un calque quadrillé et à compter le nombre de carrés qui le recouvrent ; on obtient de cette façon la surface cherchée, chaque carré ayant une surface connue, par exemple 1 centimètre. Quand on ne dispose pas d'un planimètre et qu'on tient à avoir une grande exactitude, il faut avoir recours au calcul direct.

Voici en quoi consiste ce calcul, appliqué au profil représenté figure 18 : ce profil ayant été construit à l'échelle, au moyen des cotes relevées sur le terrain et en prenant un plan déterminé pour origine, on trace le profil de la route ou du canal à établir, soit *a b c d*, qui se trouve à une certaine cote, par exemple à 2 mètres au-dessus du plan de comparaison, dont la trace est représentée en xx' ; les différents points du profil de la route se trouvent au-dessus de cette ligne, à des hauteurs indiquées par des cotes inscrites sur la figure, distantes respectivement entre elles de 3, 2 et 5 mètres, pour celles situées à gauche de l'axe AB du chemin, et de 4, 3 et 3 mètres pour celles situées à droite. Pour calculer la surface comprise entre le profil de la route et celui du sol, nous la diviserons en trapèzes et en triangles en menant des ordonnées par tous les points où il y a des changements de pente. Cherchons à calculer la surface S_1 du triangle aef ; elle est égale au produit $\dfrac{ef \times ah}{2}$, il nous faut donc connaître les valeurs de ef et ah. La pente des talus de la route étant de 1 pour 1 (45°), il est facile de calculer la cote du point e ; la distance entre b et e, mesurée sur xx' est égale à $(3 + 2) - 4$ (la route ayant 8 mètres de largeur), soit 1 mètre, par suite e est à 1 mètre au-dessus de b, il a donc pour cote $(2 + 1) = 3$; mais comme d'autre part la cote de f est 6, la longueur ef aura pour valeur $(6 - 3)$ ou 3 mètres. Pour déterminer ah, il nous suffit de connaître la pente entre a et f, car ah est égal à $\dfrac{ef}{p + p'}$, en appelant p et p' les pentes suivant af et ae (1) ; nous ne nous occuperons pas de la pente ae qui est connue ; quant à celle suivant af, elle est égale à $\dfrac{6 - 2.30}{5} = 0.74$, donc $ah = \dfrac{3}{1 + 0.74} = 1.72$ et par suite :

$$ s_1 = \frac{3 \times 1.72}{2} = 2^{\mathrm{m}},58. $$

Cherchons à évaluer la surface suivante S_2, celle du trapèze

(1) Cette formule se démontre de la manière suivante : dans le triangle ahf $hf = ah.tg\ fah$, dans le triangle aeh $eh = ah.tg\ eah$ donc en ajoutant ces deux égalités on obtient $eh + hf$ ou $ef = ah$ $(tg\ fah + tg\ eah)$ et comme $tg\ fah$ et $tg\ eah$ sont précisément les pentes p et p' de af et de ae on peut écrire $ef = ah\ (p + p')$ ou $ah = \dfrac{ef}{p + p'}$.

efgb, dont l'expression est $\dfrac{ef + bg}{2} \times ik$; nous connaissons déjà *ef*, ainsi que la hauteur de ce trapèze, il ne nous reste plus qu'à déterminer *bg*. La pente suivant *lf* est égale à $\dfrac{6 - 4}{2} = 1$, or la distance horizontale entre *l* et *g* étant de (4 — 3) ou 1 mètre, *g* se trouve à 1 mètre au-dessus de *l*, sa cote est donc 5 mètres ; par suite $bg = 5 - 2 = 3$ mètres, donc :

$$s_2 = \frac{3 + 3}{2} \times 1 = 3 \text{ mètres carrés.}$$

Les autres surfaces se calculeraient de la même façon :

$$s_3 = \frac{3 + 2}{2} \times 1 = 2^{mc},500,$$

$$s_4 = \frac{2 + 3}{2} \times 3 = 7^{mc},500,$$

$$s_5 = \frac{3 + 2,50}{2} \times 4 = 11 \text{ mètres carrés.}$$

Comme $s_6 = \dfrac{2.50 \times dm}{2}$ il nous suffit de déterminer *dm*, calcul que nous avons déjà fait pour s_1 ; la pente suivant *cd* est de 1 pour 1, suivant *dn* elle est de $\left(\dfrac{5 - 4,50}{3} \right) = 0,16$, donc $md = \dfrac{2.50}{1 + 0.16} = 2^{mc},15$ et

$$s_6 = \frac{2,50 \times 2,15}{2} = 2^{mc},687.$$

La surface totale S, comprise entre les deux profils, vaut donc

$$S = s_1 + s_2 + s_3 + s_4 + s_5 + s_6 = 29 \text{ mètres carrés 267.}$$

On calculerait de même la surface du deuxième profil, et, en nous servant des formules précédentes, nous aurions le volume à remuer.

4° *Mouvement des terres.* — Pour pouvoir se rendre compte du prix de revient des terrassements, il faut connaître non seulement le cube de terre à remuer, mais aussi la distance des transports. On remplace ordinairement les calculs, pour cette détermination, par des méthodes graphiques qui sont très suffisamment exactes, bien qu'elles ne donnent les résultats cherchés qu'avec une certaine approximation. Voici le principe de ces méthodes : sur une droite indéfinie nous menons des perpendiculaires distantes entre elles de longueurs respectivement égales, à une certaine échelle, à celles qui séparent sur le terrain les profils successifs ; sur chacune d'elles et à partir de la droite indéfinie, nous prenons des longueurs propor-

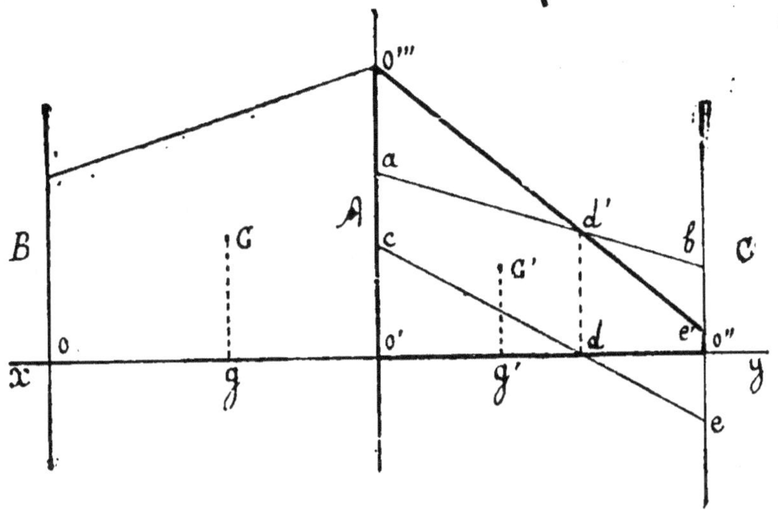

Fig. 19. — Représentation graphique du mouvement des terres.

tionnelles aux surfaces en remblais et en déblais des profils qu'elles représentent, mais en ayant soin de compter les premières en dessus de la droite et les secondes en dessous. En joignant les extrémités de chacune de ces longueurs, en ayant soin qu'elles se correspondent, nous déterminerons une série de surfaces qui représenteront les volumes en déblais et en remblais ; si pour un même profil il y a des déblais et des remblais, nous déduirons, par une construction graphique, la plus petite surface de la plus grande. Les distances des centres de gravité des figures finales, prises deux à deux et mesurées sur la droite indéfinie, représenteront le mouvement des terres pour les entre-profils successifs. Le graphique ainsi construit permettra de se rendre compte s'il est nécessaire de déplacer la route pour modifier l'importance respective des remblais et des déblais.

Comme application, considérons deux profils A et B (fig. 19) espacés de 50 mètres et supposons que pour ces deux profils les surfaces S et S′ soient toutes deux en déblais, la première étant égale à 8 et la seconde à 13 mètres carrés ; nous mènerons sur un axe xy deux perpendiculaires espacées d'une distance représentant à l'échelle du dessin 50 mètres et sur chacune d'elles nous prendrons au-dessus de xy des longueurs représentant 8 mètres carrés et 13 mètres carrés, nous joindrons les extrémités de ces deux longueurs et le trapèze ainsi formé représentera le volume de terre à enlever. Pour l'entre-profil suivant, nous opérerons de même.

Nous pouvons avoir aussi des surfaces en déblais et en remblais ; nous séparerons alors les surfaces qui sont à la fois en remblais sur les deux profils, de celles qui sont en remblais sur l'un et en déblais sur l'autre. S'il y a une surface de 4 mètres carrés en déblais et une de 3 mètres carrés en remblais nous chercherons, sur le profil précédent, les surfaces qui correspondent à ces deux dernières, soient 8 et 5 par exemple, nous construirons alors une surface $abo''o'$ entièrement en déblais ; puis des surfaces de $o'cd$, $o''ed$ en déblais et en remblais ; nous ajouterons ensemble les surfaces en déblais en portant d en d' et en prenant ao''' égal à co' ; nous retrancherons ensuite la surface en remblais $o''de$ en prenant be' égal à $o''e$ et en joignant e' à d', et il ne nous restera plus finalement que la surface limitée par le contour $o'\ o'''\ d'\ e'\ o''$. La distance $g'g$ des centres de gravité G′ et G de cette figure et du trapèze précédent, mesurée sur xy, représentera le mouvement des terres pour les deux entre-profils considérés.

On opérerait de même pour les entre-profils suivants.

II. — MAÇONNERIE

La maçonnerie a pour objet la confection d'ouvrages, généralement des murs, résultant de la liaison de matériaux solides (pierres, briques, etc.) par des mortiers ; il y a cependant quelques exceptions à cette définition générale, notamment pour les murs en pierres sèches, dans lesquels on n'emploie pas de mortiers, et les murs en pisé, formés exclusivement d'un mortier spécial à base de terre. Nous aurons donc à traiter successivement des pierres, des mortiers et des règles qu'il faut observer dans leur mise en œuvre.

Les pierres employées dans les constructions doivent satisfaire aux conditions suivantes :

1º Présenter une résistance suffisante ;

2º Ne pas s'altérer sous l'action des agents extérieurs ;

3º Adhérer convenablement au mortier ;

4º Être d'un emploi économique.

Pour en faciliter l'étude on les a groupées en deux catégories : les *pierres naturelles* et les *pierres artificielles*.

I. *Pierres naturelles.* — Les pierres naturelles sont des fragments plus ou moins gros de roches, présentant des qualités très différentes suivant la nature de ces dernières. Comme le transport des pierres augmente considérablement leur prix de revient, on emploie presque toujours, dans les constructions rurales, celles que l'on trouve sur place, et c'est pour cela qu'on a dit avec raison que les *matériaux employés dans les constructions des campagnes fournissaient toujours des indications précieuses sur la constitution géologique du sol.* Il y a une différence capitale entre les constructions urbaines et les constructions rurales ; dans les constructions urbaines le prix élevé du terrain oblige à étager les logements et aussi à employer des matériaux de premier choix, afin de réduire au minimum les surfaces perdues par l'épaisseur des murs et des planchers ; dans les constructions rurales, au contraire, on peut donner aux bâtiments toute l'étendue superficielle nécessaire par suite du bas prix du sol, on peut également donner aux murs les dimensions exigées par les matériaux trouvés sur place, sans chercher à réduire leur épaisseur par l'emploi de matériaux de choix, apportés parfois de fort loin et par suite très coûteux.

Il faut, dans les constructions rurales, prendre non seulement les matériaux les plus durables mais en même temps les moins coûteux, car on doit toujours chercher à réduire au minimum le capital absorbé par les bâtiments ; il est d'autre part évident qu'un bâtiment demandera d'autant moins d'entretien qu'il sera plus simple, toutes choses égales d'ailleurs.

Les pierres naturelles ont été divisées en un certain nombre de catégories suivant leur origine, et on a groupé, dans une même catégorie, celles ayant sensiblement la même composition et les mêmes propriétés. Nous commencerons par les pierres calcaires qui jouent un rôle si important dans les constructions.

1° *Pierres calcaires.* — On comprend dans ces pierres toutes celles qui donnent de la chaux par la cuisson, chaux qui fuse plus ou moins suivant le degré de pureté du calcaire dont elle provient. La dureté des pierres calcaires varie beaucoup, puisqu'elles comprennent les craies, qui n'ont aucune consistance, et les marbres les plus durs ; leur aspect et leur coloration varient également à l'infini. Elles sont souvent poreuses et par suite gélives, mais beaucoup d'entre elles présentent le grand avantage d'être tendres, d'un travail facile et économique lorsqu'elles sortent des carrières, puis ensuite de durcir peu à peu à l'air où on les laisse une ou deux années avant de les employer ; c'est pendant cette période que ces pierres perdent leur *eau de carrière* et prennent de la dureté. La plupart des constructions parisiennes sont en calcaires provenant des couches de ce niveau géologique qu'on appelle calcaire grossier ; lors de leur extraction ces calcaires sont particulièrement tendres, et c'est pour cette raison qu'on les emploie si communément en gros blocs dans la construction des façades et qu'on peut aisément les travailler sur place. Les calcaires tendres ont en outre presque toujours l'avantage de s'effriter moins facilement que les calcaires durs.

Dans la banlieue parisienne il existe un grand nombre de carrières qui fournissent des calcaires de toutes natures, au point de vue de la dureté, de la finesse du grain et de la porosité ; chacun d'eux trouve, dans les constructions, une utilisation plus spéciale (dalles, marches d'escalier, murs, bassins, etc.), non seulement suivant sa nature mais aussi suivant l'épaisseur du banc dont il provient.

2º *Pierres siliceuses.* — Ces pierres, appelées par Rondelet pierres *scintillantes*, ont pour type les silex employés dans la confection des bétons ; outre les silex proprement dits, qui, prenant mal le mortier, sont peu utilisés dans les constructions, elles comprennent d'autres pierres très importantes, notamment les grès, dont on se sert beaucoup pour faire des pavés ou des bordures de trottoir, les granits et les meulières ; ces dernières sont très résistantes et leur structure caverneuse leur permet de prendre très bien le mortier. Il existe aussi des meulières compactes très dures, généralement en bancs importants, qu'on n'utilise pas dans les constructions parce qu'elles prennent mal le mortier, mais qui sont très recherchées pour la confection des meules des moulins, l'empierrement des routes et la fabrication des bétons. On trouve enfin des meulières poreuses et relativement tendres, susceptibles d'être taillées pour faire des parements. L'emploi si commun de la meulière dans la confection des fosses et des égouts provient des avantages que nous venons d'indiquer et surtout de celui de donner presque immédiatement, avec les mortiers hydrauliques, des maçonneries incompressibles.

Les *grès* sont toujours formés par des sables siliceux agglomérés par des ciments de composition variable ; on distingue sous ce rapport les grès siliceux, calcaires et argileux. Les grès tendres servent dans les constructions et les plus durs sont utilisés comme pavés après avoir été débités par le *fendage*.

Dans les roches granitoïdes, les géologues distinguent de nombreuses variétés (granits proprement dits, gneiss, granulites, etc.), que l'on désigne communément sous le nom de granits. Les granits présentent des qualités différentes suivant les proportions des trois éléments principaux qui les constituent et qui sont le felspath, le mica et le quartz ; ils sont d'autant plus durs que le quartz est en plus grande quantité et en particules plus fines. Les granits donnent d'excellentes pierres, mais ont le grave inconvénient d'être d'une taille pénible et coûteuse. Leur dureté les fait rechercher pour le confection des parements, des bordures de routes et des seuils, ainsi que pour les pavages ; comme ils ont le défaut de se polir avec le temps et de devenir glissants, on doit, pour les pavages, les employer en échantillons de petites dimensions, afin de multiplier le nombre des joints. Les granits sont aussi utilisés avantageusement pour l'empierrement des chemins.

Les *porphyres* sont peu employés à cause de leur dureté qui en rend la taille très coûteuse; il en est de même d'autres roches de même origine, telles que les trachytes et les basaltes.

3° *Pierres argileuses.* — Dans ce groupe, il faut ranger les schistes; les plus importants pour nous sont les schistes ardoisiers dont on se sert pour les couvertures et que nous étudions plus loin.

4° *Pierres gypseuses.* — Ce sont des pierres qui, par la calcination, donnent le plâtre lorsqu'elles sont pures ; si elles contiennent des matières étrangères, elles peuvent fournir de mauvaises pierres de construction, tout au plus bonnes pour bâtir des murs peu élevés n'ayant aucune charge à supporter, des murs de clôture par exemple ; ces pierres sont en effet peu résistantes et se décomposent facilement.

A côté des différentes pierres dont nous venons de parler, qui ont des propriétés connues et à peu près constantes, il en existe d'autres, employées occasionnellement, formées d'éléments divers.

Les qualités de ces pierres sont naturellement variables ; elles dépendent de leur nature et il ne faudrait pas les utiliser pour des constructions importantes sans en bien connaître les propriétés.

5° *Propriétés des pierres naturelles employées dans les constructions.* — La résistance des pierres à l'écrasement varie dans des proportions considérables ; c'est ainsi que certains porphyres supportent des pressions pouvant atteindre jusqu'à 2 500 kilogrammes par centimètre carré, tandis que les grès tendres s'écrasent sous un effort de 4 kilogrammes seulement. En général, les pierres sont d'autant plus résistantes qu'elles sont plus denses et ont par suite un poids plus élevé au mètre cube ; le tableau suivant donne quelques indications à ce sujet :

Nature des pierres.	Poids du mètre cube.
Craie..	1 249 kilogr.
Pierre à plâtre ordinaire.................	2 168 —
Meulière.............................	2 484 —
Ardoise.....	2 600 —
Granit...	2 656 —
Marbres..	2 717 —
Porphyre......................................	2 841 —

Ces densités ne sont données qu'à titre d'indications générales, car, pour une même nature de pierres, on trouve des
variations très appréciables dans leurs densités.

La résistance des pierres dépend en outre de leur provenance et souvent même du temps depuis lequel elles ont été
extraites. Certaines n'offrent de résistance que dans un sens
déterminé, comme toutes celles qui proviennent de roches
sédimentaires ; ces dernières doivent donc toujours être disposées de manière que les pressions qu'elles supportent s'exercent normalement à leur *lit de carrière*, c'est-à-dire à leur plan
de stratification. Les granits et les porphyres, par exemple,
résistent indifféremment dans tous les sens aux pressions auxquelles on les soumet; presque tous les calcaires'au contraire présentent une résistance beaucoup plus grande dans un sens
que dans tout autre.

Dans certains travaux on fait travailler les pierres à la flexion
et même à la traction ; comme elles résistent très mal à ces
sortes d'efforts, nous devrons, dans ces deux cas, les remplacer
par d'autres matériaux.

Les pierres peuvent en outre être *gélives* ou *gélisses* ; on
appelle ainsi celles qui se désagrègent sous l'action de la gelée.
Ce phénomène ne se produit que chez celles qui renferment
une certaine proportion d'eau, appelée *eau de carrière* ; cette
proportion varie beaucoup, mais toutes les pierres contiennent
de l'eau, même les silex les plus durs qui en renferment
7 à 8 p. 100. Cette eau tient en dissolution des principes qui
dépendent des roches traversées et qui forment, lorsqu'elle
s'évapore, une sorte de ciment qui agglomère ensemble les
éléments de la pierre, augmentant sa dureté et en rendant la
taille plus difficile ; quelquefois, mais beaucoup plus rarement,
la pierre se désagrège en perdant son eau de carrière ; d'une

3.

manière générale on peut admettre que celles qui n'ont pas perdu leur eau de carrière sont gélives. Comme il faut attendre plusieurs années pour savoir, lorsqu'on commence l'exploitation d'une carrière, si les pierres extraites sont gélives, on a recours à un procédé spécial qui permet de reconnaître ce défaut et qui consiste à les soumettre à des pressions intérieures analogues à celles produites par la gelée, en faisant cristalliser certains sels dans leurs pores. Ce procédé, imaginé par l'ingénieur Brard, a été légèrement modifié par Héricard de Thury ; voici en quoi il consiste : les pierres à essayer sont sciées en cubes de $0^m,05$ de côté et non taillées au marteau, les chocs pouvant déterminer la formation de fragments qui se détacheraient ensuite spontanément pendant l'épreuve ; on fait bouillir les échantillons à éprouver pendant une demi-heure dans une dissolution saturée à froid de sulfate de soude, puis on les suspend dans une chambre maintenue à une température de 12° à 15°. Au bout de vingt-quatre heures environ on fait disparaître les efflorescences dont les pierres se sont couvertes en les plongeant dans la dissolution de sulfate de soude, et on les expose de nouveau à l'air ; on recommence cette opération pendant cinq à six jours, puis on lave à grande eau les échantillons essayés. Dans les expériences de Brard les pierres très gélives se sont détériorées en trois jours ; celles de qualite médiocre ont résisté cinq jours ; presque aucun calcaire n'a pu résister vingt jours. Ce procédé est rapide, mais malheureusement les résultats fournis sont quelquefois entachés d'erreurs.

Les pierres poreuses absorbent facilement l'eau et sont généralement gélives, ainsi que celles qui n'ont pas eu le temps de perdre leur eau de carrière. Il faut autant que possible ne pas employer de semblables pierres et, si on y est contraint, on doit les réserver pour les parties des constructions à l'abri du froid, telles que les murs intérieurs ou les fondations.

La présence du fer dans certaines pierres fait dire qu'elles *rouillent* ; ces pierres peuvent être aussi résistantes que les autres, mais comme elles sont d'un effet disgracieux, on les réserve, comme les précédentes, pour les murs intérieurs et es parties à l'abri de l'humidité.

Quelquefois les pierres présentent des *fils*, des *moyes* (trous remplis de terre) ou d'autres défauts, qui les rendent impropres à la construction ; on doit les rejeter et n'employer que des pierres homogènes, surtout dans les parties des constructions qui fatiguent le plus.

II. *Pierres artificielles.* — Lorsqu'on ne dispose pas sur place de pierres naturelles et qu'il faut les faire venir à grands frais de localités éloignées, on est obligé d'avoir recours aux pierres artificielles. Ces pierres, dont la fabrication est maintenant très perfectionnée, permettent d'obtenir certains effets décoratifs, aussi les emploie-t-on souvent pour les façades ; les plus répandues sont les briques.

1° *Briques.* — On désigne sous ce nom des parallélipipèdes d'argile durcie ; suivant que ces parallélipipèdes ont été séchés à l'air et au soleil ou passés au feu, on les appelle *briques crues* ou *briques cuites.*

Comme les argiles dont on se sert pour fabriquer ces sortes de pierres artificielles ont des compositions très différentes suivant leur origine, il en résulte que les briques présentent de grandes variations dans leur qualité.

Briques crues. — Les briques crues ont été employées dans l'antiquité et on retrouve encore actuellement, en Égypte notamment, des constructions en briques crues qui remontent à l'époque de l'occupation romaine; ces briques ont donc une résistance suffisante et une grande durée dans les climats chauds et secs, par suite elles peuvent être souvent recommandées dans les pays méridionaux. Si les pluies sont fréquentes, elles se désagrègent et durent peu, à moins qu'on n'ait soin de les préserver de l'action de l'eau par un revêtement ; on peut cependant les employer avantageusement, et sans précautions spéciales, pour des constructions provisoires ou peu importantes. Il ne faut jamais s'en servir avant qu'elles soient complètement sèches, ce qui exige plusieurs mois au moins, la dessiccation devant s'en faire lentement et très régulièrement. Les bonnes briques crues, qu'on fabrique dans des moules, sont en argile mélangée de sable ; on y incorpore quelquefois aussi des menues pailles, du foin haché ou des bourres de poils, afin d'éviter les fendillements qui se produisent pendant le séchage et qui tiennent surtout à une dessiccation trop rapide.

A part les cas que nous venons de signaler, les briques crues sont peu recommandables et, si on les emploie encore souvent, c'est uniquement par raison d'économie, à cause de leur bas prix qui varie entre la moitié et le cinquième de celui des briques cuites.

Briques cuites. — Les briques cuites ont une composition analogue à celle des briques crues (argile et sable), mais, ayant été soumises à la cuisson, elles sont beaucoup plus dures et résistent à l'action dégradante des pluies. Les Romains employaient couramment les briques cuites, et on retrouve aujourd'hui un peu partout des monuments, construits avec ces matériaux, remontant à l'époque romaine, notamment en Tunisie ; à Paris même, les *Thermes* de Julien (Musée de Cluny), offrent un bel exemple de ces sortes de constructions.

Les argiles employées à la fabrication des briques sont soigneusement mélangées et broyées, puis moulées, le plus souvent au moyen de machines ; après une première dessiccation elles sont cuites, presque toujours maintenant dans des fours à feu continu. Les dimensions des briques varient suivant leur provenance : les briques dites de Bourgogne, qui ont une réputation justifiée, ont 22 centimètres de long, 10,8 centimètres de large et 55 millimètres de hauteur ; en principe on leur donne une largeur sensiblement égale au double de la hauteur augmentée de l'épaisseur du joint.

La qualité des briques dépend non seulement de la composition des argiles employées, mais aussi de la manière dont elles sont cuites ; comme la cuisson ne se fait pas uniformément dans toutes les parties du four, il en résulte dans chaque fournée différentes qualités qui sont classées en catégories. Les meilleures ne doivent pas avoir été déformées par la cuisson, elles doivent avoir un son clair et une densité élevée, les plus cuites pesant jusqu'à 2 200 kilogrammes au mètre cube et les moins cuites 1 500 seulement ; il faut en outre qu'elles absorbent mal l'eau et puissent se tailler ; la quantité d'eau absorbée par 100 kilogrammes de briques est, d'après Salvétat, de 13^{kg},11. En général celles qui en absorbent beaucoup sont peu résistantes et gélives ; le procédé Brard, décrit plus haut (page 46), s'applique également aux briques et permet de reconnaître en quelques jours leur degré de *gélivité*. A côté de ces briques on en trouve d'autres qui ont subi un excès de cuisson et qu'on désigne parfois sous le nom de *biscuites*; elles sont presque toujours déformées, parfois brisées, et ont subi un commencement de vitrification, aussi sont-elles très dures et n'absorbent-elles que très peu d'eau. Enfin une dernière catégorie comprend les *incuites* ou mal cuites, qui sont gélives, friables et peu résistantes. Les briques de bonne qualité sont d'une couleur généralement brun rouge, avec quelquefois des taches violacées, et présentent une cassure nette et sèche ; elles sont en outre homogènes dans toute leur épaisseur et ont un son métallique.

Les briques qui, dans la construction des façades, doivent rester apparentes sont d'une fabrication plus soignée, leurs arêtes sont vives et leur surface régulière ; avant la cuisson, mais après avoir subi une première dessiccation, on les repasse à la presse. Ces briques, appelées briques de *parement*, sont toujours d'un prix plus élevé ; tandis que le prix des briques ordinaires s'abaisse à 35 francs le mille, le prix des briques *pressées* de qualité supérieure s'élève jusqu'à 120 ou 130 francs. Les briques de dimensions courantes $(0,22 \times 0,11 \times 0,055)$ pèsent entre $2^{kg},600$ et $2^{kg},700$.

Briques creuses. — Les briques creuses présentent des trous rectangulaires suivant leur longueur ; elles conviennent pour les constructions légères et les cloisons, et ont, sur les briques pleines, de nombreux avantages qui font qu'elles sont très employées. Elles sont résistantes, d'un prix peu élevé et transmettent mal la chaleur et le son, elles sont donc chaudes, sourdes et légères ; leur bas prix tient à ce que le volume des vides étant sensiblement égal au volume des pleins, la quantité d'argile à extraire et à travailler est beaucoup plus faible par brique creuse que par brique pleine ; le séchage se fait en outre plus rapidement et la cuisson exige moins de charbon. Leurs dimensions sont très variables, elles dépendent du nombre et de la forme des trous ; le tableau suivant donne quelques indications à ce sujet :

Longueur.	Largeur.	Hauteur.	Nombre de trous.	Poids.
0,22	0,11	0,055	2	1^{kg},400
0,22	0,11	0,065	6	2 kilogr.
0,26	0,12	0,045	3	1^{kg},500 à 2 kilogr.
0,30	0,16	0,085	4	4 kilogr.

On emploie beaucoup d'autres sortes de briques creuses, mais celles ci-dessus sont très en usage. Le prix des briques creuses dépend de leur poids et de leur qualité ; il varie entre 20 et 90 ou 100 francs le mille ; celles de 0,22 × 0,11 × 0,055 coûtent communément 30 ou 40 francs le mille.

Il existe enfin des modèles spéciaux de briques creuses pour l'établissement des planchers (*hourdis*) dont nous parlerons plus loin à propos des planchers en fer.

Briques réfractaires. — Les briques réfractaires sont en argile pure préparée spécialement ; on s'en sert très peu dans les constructions, excepté pour les parties exposées au feu, comme les cheminées, les fours et les fourneaux. D'une couleur jaune très clair, elles mesurent 22 centimètres sur 11 et ont une épaisseur qui le plus souvent est de 55 millimètres ; leur prix de vente varie entre 35 et 120 francs le mille, avec une moyenne de 55 francs environ.

2° *Carreaux de plâtre.* —Les carreaux en plâtre, fabriqués presque toujours dans les plâtrières avec des plâtres grossiers et même des plâtras, sont employés pour les constructions légères et surtout pour les cloisons. Ils mesurent en général de 48 à 50 centimètres de hauteur sur 30 ou 32 centimètres de largeur, leur épaisseur variant ordinairement entre 5 et 10 centimètres.

Afin de permettre d'assembler facilement ces carreaux, leurs bords présentent une véritable feuillure, ou un assemblage à gueule de loup, et il suffit d'un peu de mortier de plâtre pour tenir le joint. On fabrique également des carreaux creux, d'une épaisseur plus grande ; moins résistants que les premiers ils conduisent mal la chaleur et le son, aussi les emploie-t-on souvent dans la confection des cloisons. D'une manière générale les matériaux (carreaux, briques, etc.) qui emprisonnent un matelas d'air sont chauds et sourds.

Comme autres pierres artificielles, nous mentionnerons

celles que l'on fabrique avec du gros gravier aggl1méré par un mortier hydraulique et celles en béton de gros cailloux, avec revêtement en ciment ; on fait ainsi des bordures d'allées, des seuils de porte et des marches d'escalier.

Parmi les pierres artificielles les plus réputées, nous signalerons celles de Coignet et celles de Cuel, désignées, les premières sous le nom de *pierres moulées*, les secondes de *pierres agglomérées*. La résistance de ces pierres à l'écrasement est considérable et leur résistance à l'usure très suffisante ; quant à leur aspect, il rappelle complètement celui d'un grand nombre de pierres naturelles avec lesquelles on les confond presque toujours. Ces sortes de pierres sont très recommandables dans les bâtiments ruraux parce que, étudiées avec soin pour les ouvrages auxquels elles sont destinées, elles permettent d'obtenir, économiquement et sans le secours d'ouvriers spéciaux, des constructions solides et très soignées.

Dans les ports, pour protéger les jetées et les digues, on fabrique sur place, avec des pierres ordinaires, de véritables blocs de rocher qu'on immerge ensuite et qui servent à briser les vagues; ces blocs mesurent souvent deux mètres en tout sens et même plus.

Les pierres en béton atteignent une très grande dureté, mais, étant monolithes, ne peuvent pas subir de déformation sans se rompre.

III. *Mortiers.* — Les pierres sont assemblées avec des matériaux plastiques, destinés à produire leur liaison, composés essentiellement de chaux, de sable et d'eau, qu'on appelle *mortiers* ; il y a quelques exceptions à cette définition, c'est ainsi que lorsqu'on gâche du plâtre, bien qu'on n'y ajoute pas de sable, on dit qu'on fait du mortier de plâtre. Nous allons traiter successivement des deux éléments du mortier proprement dit : la chaux et le sable.

1° *Chaux.* — Les chaux proviennent de la calcination de carbonates de chaux ou calcaires plus ou moins purs, obtenue dans des fours spéciaux (fig. 20) (un carbonate absolument pur donnerait de la chaux caustique). Elles ont la propriété, au contact de l'eau, de *foisonner* et de *s'éteindre* (augmenter de volume en dégageant de la chaleur) en formant une pâte plastique ; à l'air, elles s'éteignent spontanément en absorbant l'humidité atmosphérique.

On distingue plusieurs sortes de chaux qui doivent leurs propriétés à la composition des calcaires qui ont servi à leur fabrication. Si le calcaire employé renferme moins de 10 p. 100 de matières étrangères, la chaux est dite *grasse* et foisonne en s'éteignant ; la chaux grasse ordinaire augmente deux fois de volume et la chaux très grasse trois fois (1).

Les chaux obtenues par la calcination de calcaires renfermant plus de 10 p. 100 de matières étrangères sont dites *maigres* et foisonnent peu ; celles tout à fait maigres ne foisonnent pas et sont impropres à la construction. Les chaux

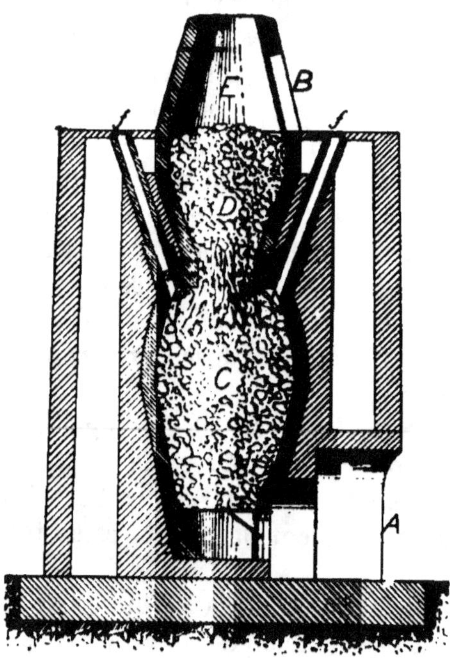

Fig. 20. — Four Schœfer.

maigres comprennent les *chaux hydrauliques*, dont les propriétés, étudiées par Vicat, tiennent à la présence d'une certaine proportion d'alumine très divisée, ou de silice à l'état gélatineux, ou encore de silicate d'alumine à l'état d'argile. Suivant les proportions de ces dernières matières, on obtient des chaux plus ou moins hydrauliques : si dans le calcaire les matières siliceuses ou l'alumine, sous forme convenable, figurent pour 20 p. 100, la chaux obtenue est peu hydraulique ; si cette proportion passe à 36 p. 100, la chaux est éminemment hydraulique, et si elle atteint 50 ou 60 p. 100, on obtient des *ciments*

(1) Pour plus de détails, voy. le livre de Leduc, *Chaux et ciment*, Paris, 1902.

hydrauliques comme ceux de Pouilly, de Vassy ou de Portland. Enfin, quand un calcaire renferme neuf dixièmes d'argile, on a un produit spécial appelé *pouzzolane*, qui a la propriété de rendre hydraulique la chaux grasse. Ce produit se trouve à l'état naturel près de Pouzzoles, en Italie; c'est en somme une argile cuite, finement pulvérisée, d'origine volcanique.

Les ciments diffèrent beaucoup de composition et de propriétés ; ils peuvent être à prise lente et demander au moins une demi-journée pour se solidifier, ou à prise rapide et prendre presque immédiatement, comme les ciments de Vassy. Le ciment romain est un ciment éminemment hydraulique, qui n'est employé que depuis une quarantaine d'années et résulte de la calcination de certains calcaires marneux ou argileux ; il fait prise très rapidement à l'air ou sous l'eau et acquiert une très grande dureté. Ce ciment ne remonte pas à l'époque romaine, comme son nom pourrait le laisser croire ; les Romains ne connaissaient pas les ciments proprement dits, mais rendaient hydrauliques les mortiers qu'ils employaient en y ajoutant de la pouzzolane ou des matières analogues. Le ciment a l'avantage de donner des constructions imperméables à l'eau et presque immédiatement incompressibles.

Vicat, qui a beaucoup étudié les chaux, a donné des formules qui permettent d'obtenir artificiellement un degré d'hydraulicité déterminé. En mélangeant, à l'état pulvérulent et sous l'eau, de l'argile et de la craie, on obtient des calcaires qui, séchés au soleil, donnent après cuisson et broyage des chaux hydrauliques artificielles, des ciments, des pouzzolanes. Grâce aux travaux de Vicat, on connaît maintenant les proportions à observer pour que les produits fabriqués aient des propriétés déterminées.

Suivant leur degré d'hydraulicité, les chaux *prennent* plus ou moins rapidement ; une chaux très hydraulique durcit du deuxième au sixième jour, une chaux moyennement hydraulique demande six à neuf jours pour prendre et une chaux peu hydraulique ne durcira qu'au bout de quinze jours. Les essais de prise se font dans les laboratoires au moyen de l'appareil représenté par la figure 21 et dérivé de l'*aiguille de Vicat* ; on dit qu'une chaux est prise quand l'aiguille,

dont le diamètre est de 1,2 millimètre et l'extrémité plane,
n'enfonce plus dans la pâte sous une charge de 0^{kg},300 placée
sur le plateau de l'instrument, la pâte de la chaux à essayer se trouvant dans le vase rempli d'eau, que nous voyons à la partie inférieure de la figure. La prise de certaines chaux peut être très lente et demander même plusieurs années lorsqu'elles se trouvent à l'abri de l'air, la réaction qui détermine la prise ne pouvant se faire. Nous indiquerons plus loin, à propos des mortiers, les phénomènes qui déterminent leur prise.

2° *Sables*. — Le deuxième élément constitutif des mortiers est le sable. On distingue, au point de vue de leur provenance, deux espèces de sables : le sable de mines ou de carrières et le sable de rivière. Comme les sables résultent de la désagrégation de roches, leur nature varie avec celle des roches dont ils proviennent.

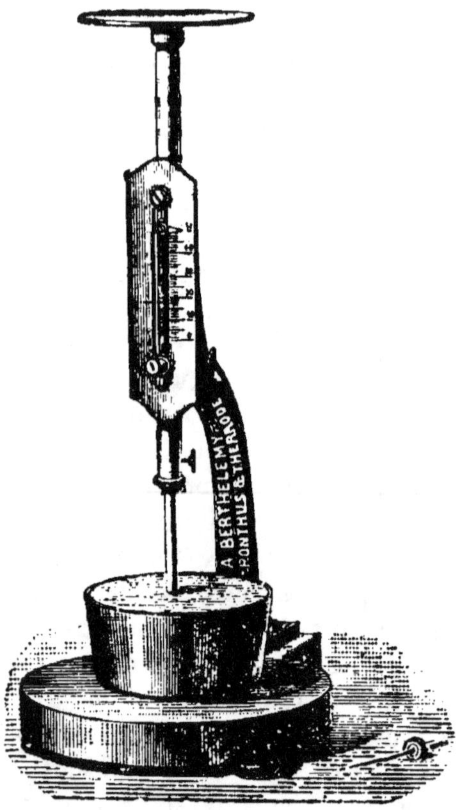

Fig. 21. — Aiguille de Vicat modifiée.

Les sables de carrières se trouvent un peu partout et présentent toute espèce de composition ; les uns sont siliceux, comme les sables de Fontainebleau, d'autres calcaires ou quartzeux ; en général, ils sont inférieurs aux sables de rivière, mais comme les éléments qui les composent sont plus anguleux, ils donnent des mortiers ayant beaucoup de cohésion. Ce sont presque toujours des sables à grains fins, c'est-à-dire n'ayant

au maximum qu'un millimètre de diamètre ; on les extrait de
carrières à ciel ouvert où on vient les charger directement
sur des tombereaux. En général les sables siliceux sont préférés
aux sables calcaires.

Les sables de rivière se trouvent ordinairement sur les rives
des cours d'eau, où ils ont été abandonnés par les eaux.
Ils se déposent d'autant plus rapidement que leurs éléments
sont plus volumineux ou que le courant est moins rapide ; il en
résulte que, comme presque toujours la vitesse du courant
d'un cours d'eau n'est pas la même partout, on y trouve des
dépôts de matières plus ou moins fines ; les gros sables, qui ont de
1 à 3 millimètres de diamètre, se déposeront les premiers,
puis ensuite les sables fins. Quand les sables qui se déposent
ont plus de 3 millimètres de diamètre, on les désigne sous le
nom de *graviers*. Les sables de rivière sont généralement
bien lavés et donnent de bons mortiers ; on préfère les sables
fins pour les mortiers hydrauliques et les gros sables pour les
mortiers de chaux grasse.

Le bon sable doit être propre, c'est-à-dire ne pas contenir
de particules terreuses (on reconnaît cette qualité à ce que, en
le remuant dans un verre d'eau, l'eau ne se trouble pas) ; il
doit être formé d'éléments à arêtes vives et crier lorsqu'on le
malaxe entre les doigts.

Dans les contrées où le sable est rare, on le remplace quelquefois, dans les constructions peu importantes, par des matières
inertes telles que des briques cassées ou du mâchefer broyé.
Enfin, dans certaines régions, on trouve un sable quartzeux
spécial renfermant de l'argile, qu'on appelle *arène*. Ce sable
possède, mais à un faible degré, les propriétés de la pouzzolane.

Le sable de mer est toujours imprégné de chlorures et d'autres sels déliquescents qui ne nuisent en aucune manière à la
cohésion du mortier mais rendent humides et malsaines les
constructions dans lesquelles il a été employé ; pour le débarrasser de ces sels il faut l'exposer quelques mois à l'action des
pluies.

Le rôle du sable, dans les mortiers, est de diminuer la quantité de chaux employée, d'en augmenter la rapidité de prise

en facilitant l'introduction de l'acide carbonique et de leur donner une cohésion plus grande.

3° *Fabrication des mortiers*. — Le mortier, comme nous l'avons dit, est le résultat du mélange intime de la chaux et du sable en présence de l'eau. Les proportions doivent être établies de telle sorte que le volume de la chaux en pâte soit égal à celui laissé par les vides du sable, et par suite que la chaux ne serve uniquement qu'à faire adhérer les grains de sable entre eux. Pour déterminer le volume des vides qui existent entre les grains de sable, il suffit de remplir exactement un vase de volume connu avec le sable à essayer, puis d'y verser de l'eau jusqu'à ce qu'elle apparaisse à la partie supérieure ; le volume d'eau ainsi versée, ou son poids, représente le volume des vides ; il varie presque toujours entre 30 et 38 p. 100 du volume total. En pratique, on met toujours un excès de chaux, mais dans les grands travaux on règle d'avance la nature et les proportions des produits à employer.

Suivant les quantités nécessaires, les mortiers sont fabriqués à la main ou à la machine. A la main, l'opération se fait sur une aire plane, généralement carrée, en planche ou en tôle, ayant 3 à 4 mètres de côté, sur laquelle on place d'abord le sable en bourrelet circulaire, contre lequel on dispose ensuite la chaux. Le sable et la chaux sont alors soigneusement mélangés, et on verse lentement l'eau au milieu ; le travail est fait avec une sorte de houe à long manche appelée *rabot* ou *broyon*, qu'un ouvrier pousse et tire dans la masse, pendant qu'un autre, avec une pelle, relève constamment le tas qui tend à s'étaler. Cette opération est longue et pénible, le mortier étant d'autant meilleur qu'il est plus sec ; il faut surveiller avec soin cette fabrication, car les ouvriers tendent toujours à mettre un excès d'eau, de façon à rendre le mélange plus facile. Les proportions de sable et de chaux sont données par le nombre de brouettées amenées ; pour un mortier un peu maigre, on met une brouettée de chaux pour trois de sable, et pour un mortier plutôt gras, il faut trois brouettées de chaux pour huit de sable. D'une manière générale, un excès de chaux donne un mortier gras et un excès de sable un mortier maigre. On dose encore la chaux au nombre de sacs et le sable au

moyen d'un grand coffre sans fond en bois, muni de poignées ;
on place le coffre sur l'aire à faire le mortier et on le remplit
complètement de sable, puis on l'enlève, le sable forme alors
un tas de volume égal à celui du coffre.

Pour les grands travaux, le mélange du sable et de la chaux
s'obtient plus économiquement avec des machines mues par
un manège ou un moteur quelconque. Ces machines sont
analogues à certaines *bétonnières,* ou encore aux appareils
employés pour le malaxage des terres à briques ; ce sont, en
principe, de grands cy-
lindres verticaux en
tôle dans lesquels
tourne un arbre muni
de palettes ; l'arbre est
commandé par l'inter-
médiaire d'un axe ho-
rizontal et de deux
roues d'angle, au
moyen d'une courroie
qui passe sur une poulie
clavetée sur l'axe hori-
zontal, à côté de la-
quelle se trouve sou-
vent une poulie folle,
qui permet d'arrêter la
machine sans arrêter le

Fig. 22. — Malaxeur à bras
ou à manège.

moteur ; ce mode de commande permet d'amener facilement le
sable et la chaux et d'emporter le mortier. Dans les machines à
manège (fig. 22), l'arbre est commandé directement par la
flèche du manège et les animaux tournent autour de la machine
dont ils gênent dans une certaine mesure le service. L'eau arrive
d'une manière continue à la partie supérieure de l'appareil
au moyen d'une canalisation dont le débit est réglé par un
robinet ; la chaux et le sable sont jetés régulièrement et en proportions déterminées, tandis que le mortier s'écoule à la
partie inférieure par un orifice dont on règle l'ouverture à
l'aide d'une trappe, de façon que le mortier séjourne dans le
cylindre le temps nécessaire pour que le mélange soit bien

homogène. A la sortie de la machine le mortier est chargé dans des brouettes ou sur de petits wagonnets et distribué dans les divers chantiers desservis par le malaxeur.

Les mortiers, quelle que soit leur fabrication, peuvent être conservés plusieurs jours, mais il faut alors les mettre à l'abr de l'air en les recouvrant d'une couche de sable ; de plus, on devra les *rebattre* au moment de leur emploi. Si, dans la fabrication, le mélange a été formé de chaux grasse éteinte et de sable, le mortier obtenu est dit *ordinaire* ou *aérien* ; ce mortier se solidifie lentement au contact de l'air et acquiert une grande dureté, mais il résiste mal à l'action prolongée de l'eau. Pour obtenir des mortiers hydrauliques, faisant prise sous l'eau on remplace la chaux grasse éteinte par de la chaux hydraulique ou de la chaux grasse additionnée de pouzzolane ou de matières argileuses cuites et finement pulvérisées (tuiles, poteries, briques, etc.), afin de la rendre hydraulique ; mais l'emploi de la chaux hydraulique est plus simple et donne des résultats plus réguliers.

Les mortiers de ciment doivent être, comme ceux de plâtre dont nous parlerons plus loin, préparés au fur et à mesure des besoins, à cause de leur prise relativement rapide. La fabrication s'en fait sur de petites tables, appelées *gâchoirs*, formant des sortes d'auges ouvertes par devant (fig. 23), sur lesquelles l'ouvrier triture le mortier avec une truelle en commençant par bien mélanger le sable au ciment avant d'y ajouter l'eau. Ce mode de préparation est celui qu'on emploie pour fabriquer des quantités importantes de mortier ; lorsqu'il s'agit de petites quantités on se sert d'auges rappelant celles à plâtre.

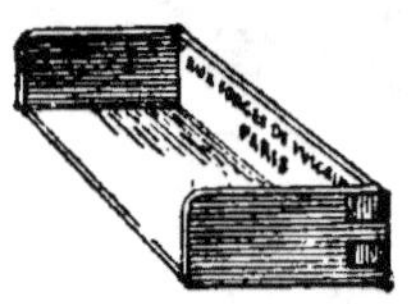

Fig. 23. — Gâchoir à ciment.

Pour certains travaux le ciment est utilisé pur, mais ordinairement il est additionné de sable, dans des proportions qui varient de $\frac{1}{3}$ à 5 de sable pour 1 de ciment. La prise est d'autant plus rapide que le mortier renferme plus de ciment; aussi, dans les maçonneries en mortier de ciment, on ajoute du sable en quantité d'autant plus grande que la prise n'a pas besoin d'être rapide. Pour les enduits étanches des fosses et des citernes on mélangera le sable et le ciment par parties égales ou en mettant un peu plus de ciment que de sable ; pour les murs, s'ils sont en meulières, on pourra mettre de 3 à 5 de sable pour 1 de ciment.

4° *Prise des mortiers.* — La prise des *mortiers aériens*, c'est-à-dire leur solidification, provient de l'action de l'acide carbonique de l'air, qui transforme lentement la chaux hydratée du mortier en un carbonate insoluble ; il se manifeste pendant cette transformation une sorte de contraction qui détermine une grande adhérence entre les grains de sable; ces derniers, étant inertes, empêchent le retrait de la masse. La réaction ne s'effectuant qu'en présence de l'air, la dessiccation du mortier doit se faire lentement afin de laisser à l'acide carbonique le temps d'agir. Cela explique pourquoi la prise des mortiers ordinaires est si lente dans les maçonneries épaisses; en effet, dès qu'il y a une croûte solide d'une certaine épaisseur formée à leur surface, le passage de l'air devient très difficile ; pour des murs d'un mètre et plus d'épaisseur, on trouve souvent au milieu, au bout de plusieurs années, du mortier non encore pris ; lorsqu'on est obligé d'établir de semblables murs, il faut absolument employer des mortiers hydrauliques, à moins qu'ils n'aient aucune charge à supporter.

La prise des mortiers, confectionnés avec des chaux hydrauliques, est déterminée par une véritable réaction chimique : en présence de l'eau et de la chaux, l'argile tend à s'hydrater et à se combiner à la chaux pour former un silicate double d'alumine et de chaux, ou un silicate de chaux et un aluminate de chaux, composés insolubles qui acquièrent une très grande dureté.

5° *Résistance des mortiers.* — Les mortiers employés dans les grands travaux sont l'objet d'essais ayant pour but de déterminer leur résistance. Au moyen de moules spéciaux on confectionne, avec les mortiers à essayer, de petits solides N (fig. 24) ayant le profil d'un rail de chemin de fer à double champignon et présentant au milieu une section déterminée ; ces solides sont pris par leurs parties larges dans des anneaux ouverts G et G′, attachés d'une part à un point fixe et d'autre part au fléau d'une sorte de balance, auquel est accroché un seau Z pouvant recevoir une charge composée de plomb de chasse ; ce plomb s'écoule lentement dans le seau, la charge augmente progressivement et, lorsqu'il y a rupture du mortier, une vanne V, commandée automatiquement par l'intermédiaire d'un levier A actionné par la chute du seau, ferme automatiquement l'arrivée du plomb ; la quantité de plomb dans le seau permet de calculer très facilement sous quel effort la

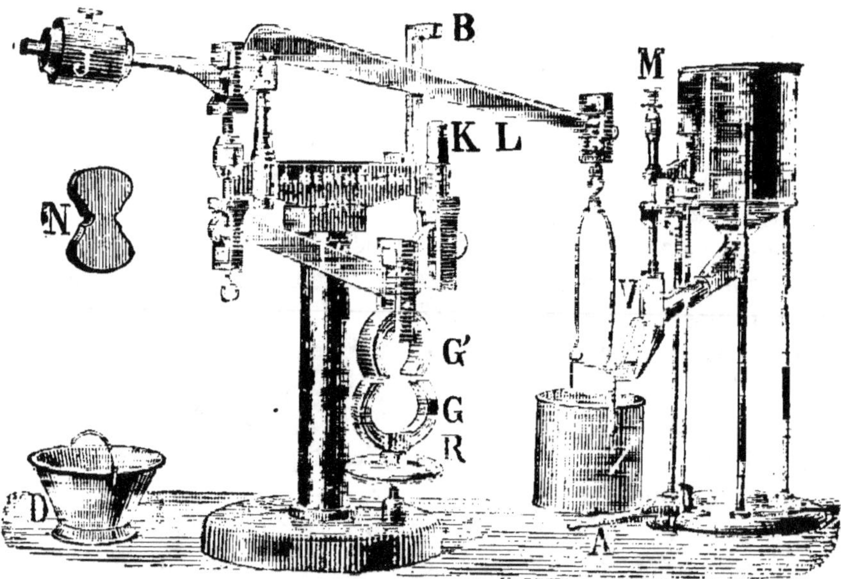

Fig. 24. — Machine pour l'essai des mortiers.

rupture s'est produite ; la figure 24 représente un de ces appareils, appareil qui du reste peut servir à déterminer la résistance à la rupture d'autres matériaux. Pour les bâtiments ruraux, ces essais n'ont qu'un intérêt très relatif, car on donne toujours à leurs différentes parties des dimensions qui sont supérieures à celles qui leur seraient nécessaires pour résister aux charges que ces constructions sont destinées à supporter.

Nous sommes obligés d'étudier, à la suite des mortiers, d'autres produits qui les remplacent très souvent, parmi lesquels le plus important est le plâtre.

IV. *Plâtre*. — Le plâtre résulte de la calcination de la

pierre à plâtre ou gypse (sulfate de chaux) dans des conditions bien déterminées ; cette opération a pour but de faire perdre à cette pierre son eau de cristallisation afin de permettre ensuite de la réduire facilement, par le broyage, en une poudre fine.

La qualité du plâtre dépend de celle du gypse employé et de la manière dont la cuisson a été conduite ; trop cuit, il absorbe mal l'eau, est sec et d'une couleur jaunâtre ; le bon plâtre, au contraire, d'un blanc spécial, est onctueux au toucher. Après le broyage, on le tamise plus ou moins finement suivant les usages auxquels on le destine : le plus grossier, dit *plâtre au panier*, est simplement passé dans des paniers et sert pour les hourdis, ou les ouvrages analogues ; le plus fin, appelé *plâtre au sas*, tamisé convenablement, est réservé pour les enduits, les plafonds et les travaux soignés. Les mouchettes, qui sont les résidus restant sur les tamis, sont utilisées pour les ouvrages grossiers.

Le mortier de plâtre se prépare toujours par petite quantité, au fur et à mesure des besoins, dans des auges en bois dans lesquelles on le mélange intimement avec l'eau au moyen d'une spatule spéciale appelée *truelle* (fig. 25), généralement en cuivre afin d'éviter la rouille qui colorerait le mortier ; cette opération constitue le *gâchage* et suivant qu'on emploie plus ou moins d'eau, le plâtre est *gâché clair* ou *gâché*

Fig. 25. — Truelle de maçon.

serré ; elle est faite par des apprentis appelés *manœuvres, garçons-maçons, cadets*, etc., qui déplacent leur truelle dans l'auge, contenant l'eau et le plâtre, de manière à lui faire décrire un mouvement rappelant la forme du chiffre 8. Aussitôt gâché, le plâtre doit être utilisé, car il prend très rapidement ; on peut en retarder la prise, aux dépens de sa qualité, en y incorporant des matières inertes, telles que du sable ou des poussières.

Le plâtre remplace souvent la chaux, mais il est surtout réservé pour les enduits, les plafonds, les moulures qui doivent avoir une grande finesse à cause des peintures qui y seront appliquées ultérieurement. Si le plâtre n'est pas utilisé rapidement, il faut le conserver au sec car il craint l'humidité.

V. *Terre*. — On confectionne avec certaines terres, principalement avec les terres franches plus ou moins argileuses, des mortiers qu'on utilise pour les constructions rurales dans les pays où la chaux et le plâtre sont rares. Comme la résistance de semblables ouvrages est faible, on réserve ces mortiers pour les murs de clôture, qui n'ont à résister à aucun effort, ou pour les murs de certains bâtiments qui ne fatiguent pas et n'ont pas de fortes charges à supporter. Avant d'être employée, la terre doit être débarrassée des pierres et des débris végétaux qu'elle peut contenir, puis arrosée, de manière à former une pâte ayant assez de consistance pour conserver la forme qu'on lui donne. En séchant, le mortier de terre subit toujours un certain retrait qu'on a cherché à diminuer en y incorporant des matières inertes imputrescibles, de la paille brisée, du foin haché, des bourres de poils ou d'autres substances analogues.

VI. *Bétons*. — Le béton est le résultat du mélange intime de mortiers et de cailloux; le mortier joue dans le béton le même rôle que la chaux dans le mortier, il sert à agglomérer entre eux les cailloux. Selon que la quantité de mortier employée est au moins égale au volume des vides laissés entre les cailloux ou moindre, le béton est dit *gras* ou *maigre*. Enfin, suivant la nature du mortier, le béton est aérien ou hydraulique, mais on n'emploie presque toujours que des bétons hydrauliques. Lorsque la maçonnerie de béton doit résister non seulement à de fortes charges, mais aussi à l'action de l'eau, il faut mettre un excès de mortier afin qu'il n'y ait pas de vides dans la masse ; le volume des vides se détermine par un procédé analogue à celui que nous avons signalé à propos du sable dans les mortiers ; voici, à ce sujet, quelques proportions observées :

pour les réservoirs, radiers, etc. (béton gras), $0^{mc},55$ de mortier pour $0^{mc},77$ de cailloux ;

pour les ouvrages en maçonnerie dans l'eau (piles de pont, quais, etc.) (béton ordinaire), $0^{mc},49$ de mortier pour $0^{mc},85$ de cailloux ;

pour les massifs de fondations sur terrain humide (béton maigre), $0^{mc},20$ de mortier pour $0^{mc},90$ de cailloux ;

pour les massifs de fondations sur terrain sec (béton très maigre), 0^{mc},20 de mortier pour un mètre cube de cailloux.

Le béton se fabrique d'une manière analogue à celle du mortier, c'est-à-dire soit à bras sur une aire plane en planche ou en tôle, soit à la machine dans une *bétonnière* ; dans le premier cas les ouvriers remplacent le *broyon* par une houe fourchue pour étaler le mélange qu'ils relèvent ensuite à la pelle. Les cailloux sont généralement mesurés en employant une caisse sans fond, de volume connu (comme pour le sable dans la fabrication des mortiers), et chacun d'eux ne doit pas avoir plus de 4 à 5 centimètres en tous sens ; ils doivent être propres, c'est-à-dire n'être pas entourés de matières terreuses et il faut avoir soin de les mouiller pour que le mortier adhère bien après.

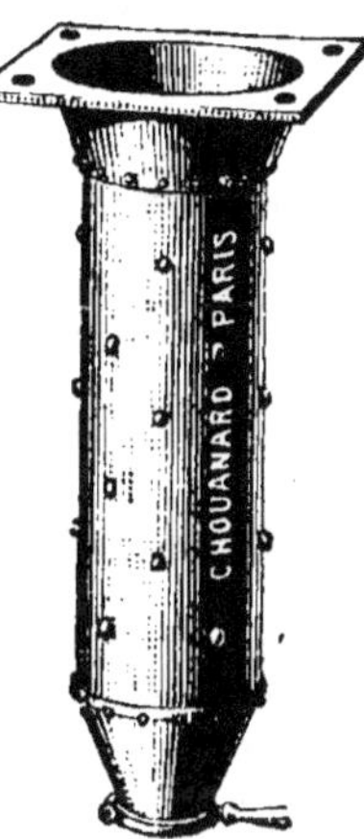

Fig. 26. — Bétonnière.

On se sert aussi de bétonnières dont il existe deux types communément employés. La bétonnière la plus simple (fig. 26) consiste en un grand cylindre en tôle de 2 mètres ou 2^m,50 de hauteur et de 50 à 60 centimètres de diamètre, fixé par sa partie supérieure à un plancher auquel on accède au moyen d'un plan incliné; ce cylindre est terminé à sa partie inférieure par un tronc de cône fermé par une trappe ; à l'intérieur des broches en fer sont placées en chicane. Le mortier et les cailloux sont amenés sur le plancher supérieur et jetés à la pelle dans le cylindre, en même temps et en proportions déterminées ; les broches les obligent à se mélanger intimement. Au fur et à mesure des besoins, il suffit d'ouvrir la trappe inférieure pour que le béton s'écoule et tombe soit dans des brouettes, soit plus souvent encore dans de petits wagonnets qui permettent de le distribuer dans les chantiers ; le mouvement de descente du béton dans le cylindre, grâce à la présence des broches, détermine un nouveau brassage du mélange.

L'autre type de bétonnière est analogue à la machine que nous avons décrite à propos de la fabrication des mortiers (fig. 22, p. 57); ce second modèle est moins en usage que le précédent parce qu'il nécessite l'emploi d'un moteur.

C'est avec certains bétons qu'on fabrique les pierres artificielles dont nous avons parlé plus haut.

VII. *Murs*. — La première question à étudier dans la construction des murs, dont nous connaissons maintenant les matériaux, est celle de leurs fondations.

1° *Fondations*. — Elles représentent la partie la plus importante des constructions, ces dernières se détruisant en effet presque toujours par suite des déplacements ou des tassements qui se manifestent dans leurs fondations.

L'établissement des fondations est subordonné à plusieurs conditions dont les principales sont la nature du sol et du sous-sol, ainsi que la charge à supporter. Dans les sols ordinaires, de bonne qualité, il suffit d'ouvrir une tranchée de largeur uniforme, sensiblement égale à celles des murs à élever, de manière à réduire au minimum le cube de terre à remuer, puis d'en niveler soigneusement le fond. Pendant ce travail on soutient la terre, si on craint qu'elle n'éboule, avec quelques mauvaises planches, généralement des *croûtes* ou des *dosses* sur lesquelles on place en travers des *chandelles* maintenues à leur tour par des *étrésillons* que l'on cale souvent, afin de les empêcher de glisser, avec des *chantignoles*. La figure 27 représente ce boisage, appelé *étrésillonnement*, établi avec beaucoup plus de soins qu'on ne le fait ordinairement et en employant de bonnes planches formant une surface continue ; on ne s'est pas servi de chantignoles et les étrésillons sont simplement coincés sur les chandelles. Ce procédé de soutien des terres est général et est appliqué chaque fois qu'on est obligé de donner aux parois d'une fouille une pente plus grande que celle qui correspond à l'équilibre naturel du sol ; suivant la profondeur de la fouille le travail est exécuté avec plus ou moins de soin, mais, pour les tranchées ordinaires, il est fait d'une manière très rudimentaire.

Le fond des fouilles doit être horizontal ; on s'en assure en déterminant au niveau quelques points et en nivelant les points intermédiaires avec des nivelettes.

Quand le sol présente une certaine pente, on est obligé

d'effectuer les fondations en gradins, par assises horizontales successives, afin de n'avoir pas à leur donner en amont une profondeur excessive et inutile. La figure 28 montre un mur de clôture construit sur un coteau avec fondations en gradins ; c'est en effet surtout pour ces murs que cette disposition est employée, leur grande longueur obligeant à changer souvent le niveau de leurs fondations par suite des inégali-

Fig. 27. — Étaiement d'une tranchée.

tés inévitables du sol. Dans les bâtiments la longueur des murs est toujours relativement faible, et, comme les charges à supporter sont très appréciables, les fondations sont poussées beaucoup plus bas ; aussi on ne leur donne généralement qu'un même niveau, à moins cependant que le sol ne soit particulièrement accidenté.

Le prix des fouilles, avec jet sur berge ou sur brouette, varie beaucoup suivant la nature des terres ; quant au prix

4.

de leur transport, il dépend de la distance à laquelle on doit
les conduire.

La première opération à effectuer, dans tout travail de
construction, est de reporter sur le terrain choisi, en vraie
grandeur, le plan exécuté à une certaine échelle sur le papier;
cette opération constitue le *tracé des fondations*.

Avant de nous occuper de cette question nous rappellerons ici quelques-unes des règles observées dans l'exécution
des plans de bâtiments et de terrassements, afin, étant en

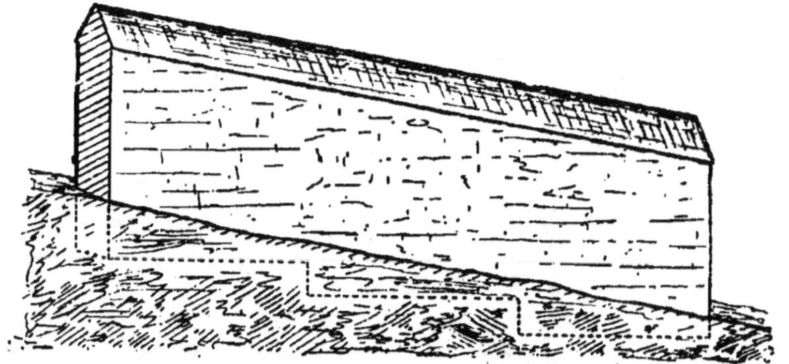

Fig. 28. — Fondation d'un mur en coteau.

possession de semblables plans, de pouvoir bien nous rendre
compte de ce qu'on a voulu représenter.

Du dessin des bâtiments. — Les dispositions et dimensions
des bâtiments sont représentées sous forme de dessins (dessin
géométral); ces dessins en indiquent les diverses parties,
tout en conservant les rapports (à une certaine échelle construite sur le papier) qui existent entre leurs dimensions vraies.
Les dessins qui représentent les projections des bâtiments
sur un plan horizontal, appelé sol, constituent les *plans* proprement dits; il faut autant de plans qu'il y a d'étages, à
moins que la même disposition ne soit conservée pour tous
les étages. Sur chacun des plans est dessiné tout ce qui est
vu et compris entre un plan horizontal, coupant le bâtiment à une hauteur déterminée, et le niveau de l'étage.

Ces vues ne suffisent pas toujours et on est souvent obligé
de les compléter par d'autres, appelées *coupes*, représentant tout

ce qui est compris entre un plan vertical convenablement choisi, passant par la construction, et le mur le plus voisin. Enfin, si on veut avoir une idée de l'aspect de la construction dans son ensemble, on doit en faire l'*élévation* longitudinale et latérale (projections de la construction sur des plans verticaux parallèles aux façades, mais ne rencontrant aucun de leurs points).

Dans les plans, à moins de conventions spéciales, on fait les coupes : pour les caves, à la naissance des voûtes ; pour les rez-de-chaussées et les étages, à un mètre au-dessus de l'appui des fenêtres ; pour les greniers, à 50 centimètres au-dessus des sablières et pour les faux greniers, à la surface des planchers.

Pour les *coupes*, les sections doivent être faites de manière à permettre de représenter les détails les plus intéressants ; il n'y a pas de conventions spéciales à leur sujet, aussi doit-on indiquer leurs *traces* sur les plans. Dans les terrassements les coupes s'appellent, comme nous l'avons dit plus haut, des *profils*.

Au point de vue de la valeur des traits des dessins, on indique, par des lignes pleines, tous les contours des parties vues et comprises entre le plan de coupe et le sol ; on repréente par des lignes pointillées (.......) les contours des parties présentant un intérêt qui se trouvent au-dessus du plan de coupe, et par des lignes ponctuées (.......) celles comprises entre les plans de coupe et de projection, ayant quelque importance mais qui sont cachées. Pour donner du relief au dessin, on donne plus de largeur aux traits séparant une surface dans l'ombre (traits de force), les rayons lumineux étant dirigés, par convention, sous un angle de 45° par rapport au grand axe du dessin, de haut en bas et de gauche à droite dans les élévations et les coupes, et de bas en haut et de gauche à droite également, dans les plans.

La figure 29 montre comment on dispose sur la feuille de papier les différentes vues d'un dessin ainsi que la direction conventionnelle des rayons lumineux ; l'*élévation principale ou longitudinale* E est placée au-dessus du plan P, ces deux figures occupant la partie gauche de la feuille de papier ;

l'élévation *transversale* ou *latérale* est dessinée en C à côté de l'élévation principale et on réserve la partie D pour certains détails ou, plus souvent, pour le titre, les légendes et l'échelle. Le plan et les élévations sont à la même échelle et en concordance de hauteur et de largeur ; les détails sont toujours à une échelle plus grande. Lorsque les figures sont représentées en coupes au lieu

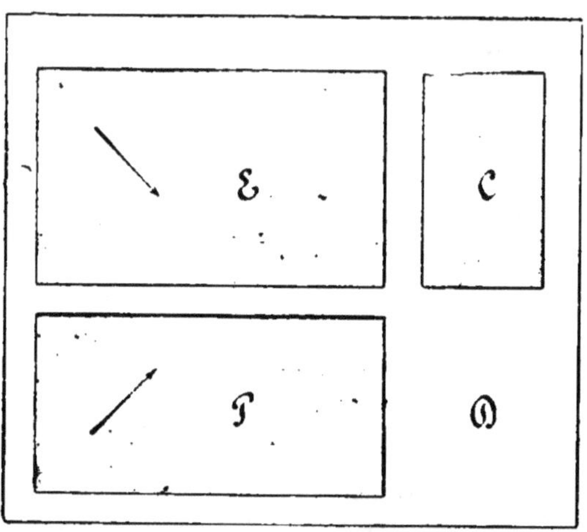

Fig. 29. — Disposition des figures d'un dessin.

de l'être en projections on conserve la même disposition : E devient la coupe principale et C la coupe transversale, le plan étant en P. Enfin quand les figures présentent des axes de symétrie on les ndique par des lig es mixtes (‑—‑—‑—‑—‑) et, afin d'avoir le maximum d'indications, en E on représente d'un côté de l'axe de symétrie une *demi-coupe* et de l'autre une *demi-élévation* concordant

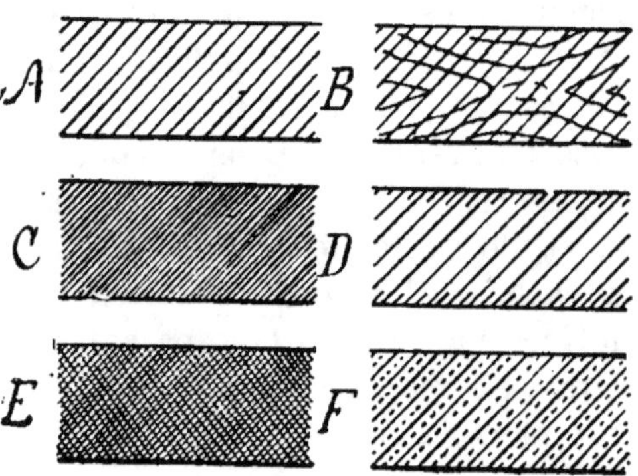

Fig. 30. — Hachures conventionnelles :

A, pierre ; B, bois ; C, fer ; D, fonte ; E, acier ; F, bronze et cuivre.

avec deux demi-plans placés en dessous et pris à des niveaux différents indiqués sur la figure ; C donne également une *demi-coupe* et une *demi-élévation* transversales. Pour les figures symétriques par rapport à deux axes, il suffit, pour avoir tous les détails d'un même genre de vue, de donner, en élévation principale, une demi-élévation ou une demi-coupe, en plan un quart de plan, et en élévation transversale une demi-élévation ou une demi-coupe.

Les élévations et les coupes principales donnent les *hauteurs*, les *longueurs* et les *épaisseurs* ; les élévations et les coupes transversales permettent d'avoir les *largeurs* ou *profondeurs*, les *hauteurs* et aussi les *épaisseurs* ; quant aux plans, ils donnent les *longueurs*, les *largeurs* et les *épaisseurs*.

On construit sur le dessin lui-même son échelle afin d'avoir immédiatement, avec un compas, la valeur d'une dimension quelconque et surtout afin que les variations de dimensions subies par le papier, lorsqu'on l'enlève de la planchette, le soient également par l'échelle du dessin.

Les parties rencontrées par les plans de coupe sont recouvertes de hachures ou colorées suivant des teintes conventionnelles ; celles non coupées sont laissées en blanc, le plan de coupe passant au-dessus, ou teintées comme les coupes mais avec une teinte plus claire. La figure 30 représente quelques-unes des hachures conventionnelles employées pour représenter certains matériaux. Si on a des modifications à apporter dans les dispositions d'un bâtiment, on indique les parties à remanier au moyen de teintes différentes des teintes conventionnelles.

Voici la composition de quelques-unes des teintes employées dans les travaux publics :

	Élévations.	Coupes.
Pierres de taille......	Gomme-gutte et terre de Sienne.	Carmin foncé.
Moellons d'appareil..	Même teinte que ci-dessus mais plus claire.	Même teinte que ci-dessus mais plus claire.
Maçonnerie ordinaire.	Même teinte que ci-dessus mais plus claire.	Même teinte que ci-dessus mais plus claire.
Briques............	Gomme-gutte, terre de Sienne et vermillon.	Vermillon, carmin, terre de Sienne et encre de Chine.

Fers................	Bleu de Prusse et encre de Chine.	Même teinte que l'élévation mais plus foncée.
Fontes.............	Bleu de Prusse, encre de Chine et un peu de carmin.	Même teinte que ci-contre mais plus foncée.
Charpentes.........	Terre de Sienne, carmin et encre de Chine.	Même teinte que ci-contre mais plus foncée.
Béton	Terre de Sienne faible.	Carmin, teinte claire, avec quelques pierres cassées.

Pour le bois, on indique sur les teintes les mailles du bois par quelques traits de plume ; le béton se représente de la même façon en plan qu'en élévation. Les *chapes* sont indiquées en plan par une teinte violette pâle et en coupe par une nuance carmin foncé ; les terrains en coupe sont représentés par quelques hachures et une teinte terre de Sienne et encre de Chine ou sépia ; les talus gazonnés sont en vert ou passés avec une teinte terre de Sienne et bleu de Prusse. Pour les murs en maçonnerie on voit, en consultant le tableau ci-dessus, que la teinte est d'autant plus foncée qu'elle correspond à une construction plus soignée, en matériaux plus chers.

Bien que les plans soient toujours exécutés à une échelle bien déterminée, on en inscrit cependant les principales cotes afin d'en rendre la lecture plus facile.

A côté des plans principaux, il est souvent nécessaire d'avoir des plans de détail, à grande échelle, pour les parties plus compliquées, comme les escaliers, les embrasures des des fenêtres, etc. Enfin nous rappellerons que la droite et la gauche d'un plan ou d'un bâtiment sont la droite et la gauche de l'observateur qui le regarde.

Tracé des fondations. — Les procédés employés doivent permettre d'exécuter les travaux de fouille et de transport, sans que les indications du tracé disparaissent. Pour tracer un mur, on enfonce en terre ou, si le travail est plus important, on scelle avec de la maçonnerie, à chacune de ses extrémités et à 50 centimètres ou un mètre en dehors de ses limites, des pieux p et p' (fig. 31) en travers desquels on cloue une planche P à quelques décimètres au-dessus du sol. Sur cette

planche on indique l'axe du mur, puis, à droite et à gauche,
on porte sa demi-épaisseur, ce qui donne les alignements de
ses deux faces
latérales ; ces
points sont mar-
qués par des
entailles a et a',
dans lesquelles
passeront plus
tard des cor-
deaux qui per-
mettront de tra-
cer sur le sol, à
la bêche ou à la
pioche, l'empla-

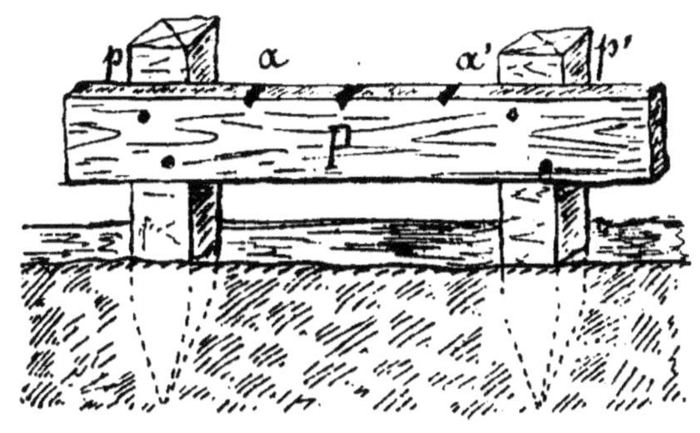

Fig. 31. — Piquetage des fondations.

cement du mur. L'écartement des cordeaux correspond
à l'épaisseur des fondations du mur et donne la largeur du
fond de la fouille. Comme les pieux extrêmes resteront pendant toute la durée des travaux, il sera toujours facile de
s'assurer des alignements dans le cas où les cordeaux viens
draient à être enlevés ou simplement dérangés. Dans les travaux importants, la traverse P est remplacée par un solide
madrier scellé dans le sol, afin qu'il ne puisse pas être déplacé.

Si le tracé comporte deux murs d'équerre, le second s'indique comme nous venons de le voir pour le premier, mais
en prenant quelques précautions afin que les deux murs
soient bien rigoureusement perpendiculaires. Les maçons
se servent, pour les constructions peu importantes, d'une
simple équerre en bois composée de deux branches ayant
environ un mètre ; cet instrument ne donne pas une grande
exactitude et ne doit être adopté que pour le tracé de murs
de faible longueur, pour lesquels une légère erreur n'a pas
une grande importance. On peut remplacer cet instrument
par un procédé beaucoup plus exact, qui est employé par les
charpentiers dans le tracé des charpentes : il consiste à construire sur le sol un triangle rectangle dont les deux côtés
de l'angle droit ont respectivement 3 mètres et 4 mètres et
l'hypoténuse 5 mètres, nombres qui satisfont au théorème

relatif au carré de l'hypoténuse($3^2+4^2=5^2$) ; on se sert aussi des nombres 6, 8 et 10 qui donnent encore une plus grande précision puisque les erreurs qui pourraient être commises, portant sur des longueurs plus grandes, seraient plus faibles. Ces tracés se font pas tâtonnement, en employant un mètre ou mieux une chaîne d'arpenteur ou un ruban ; ils donnent les angles droits avec exactitude. On peut enfin employer l'équerre d'arpenteur. La figure 32 représente l'ensemble des opérations que nous venons de décrire en détail.

Lorsque le tracé est terminé, on procède à l'ouverture des tranchées comme nous l'avons indiqué plus haut. On doit creuser ces dernières jusqu'à ce qu'on trouve un sol ayant une consistance suffisante pour résister à la charge qu'il aura à soutenir, charge qui est représentée par le poids de la construction augmenté de celui des produits ou instruments qu'elle est destinée à renfermer ; pour les constructions rurales, on admet très souvent qu'une résistance de 10 kilogrammes par centimètre carré est suffisante. On peut du reste vérifier expérimentalement la résistance d'un sol, en plaçant au fond de la fouille un solide de surface connue, une brique par exemple, qu'on charge à raison de 10 kilogrammes par centimètre carré, si on n'a pas d'indications spéciales sur la construction, ou d'un poids moindre si on connaît la charge à laquelle le sol aura à résister ; la tranchée étant alors recouverte d'un abri, afin d'éviter son envahissement par les eaux de pluie, on étudie, pendant quelque temps, comment la terre se comporte.

Pour donner plus de stabilité à la construction et pour réduire la pression par unité de surface sur le sol (on n'a jamais intérêt à se rapprocher de la charge limite, car alors il pourrait se produire des tassements), on donne toujours aux murs une plus grande section à la base ; cette disposition est en outre avantageuse, car la partie inférieure des murs est exposée à de nombreuses causes de détérioration dont les principales sont les heurts et l'humidité. Il faut seulement avoir soin que l'augmentation de section se fasse progressivement, de manière que les fondations ne viennent pas à se disloquer, comme le montre la figure 33. Presque toujours

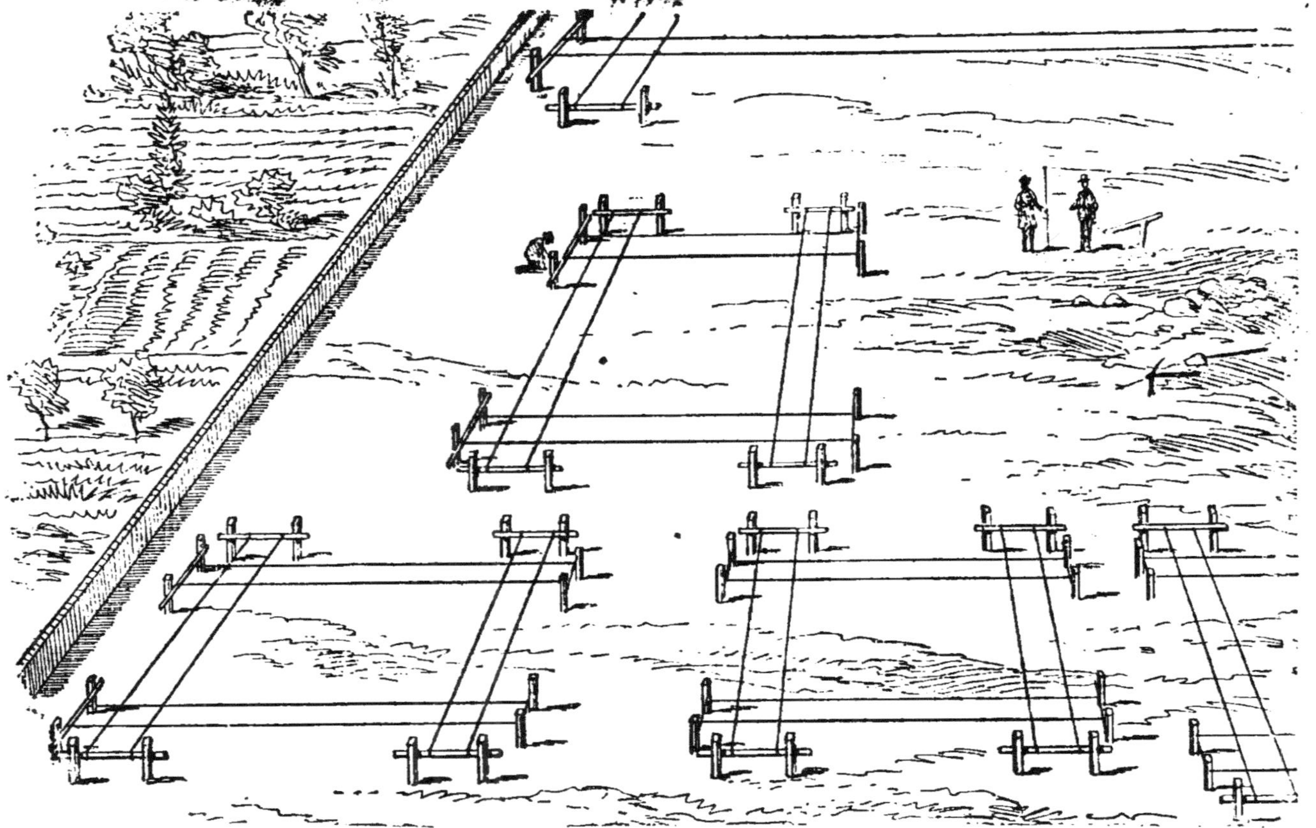

Fig. 32. — Tracé des fondations d'une construction.

on adopte la] disposition de la figure 34, c'est-à-dire de larges

Fig. 33. — Destruction de fondations mal faites.

fondations F sur lesquelles on établit un soubassement B un peu moins large, et enfin sur ce soubassement le mur A proprement dit ; la largeur de la fondation doit être d'autant plus grande que le sol est moins résistant. On arrive, en procédant ainsi, à construire même sur des terrains peu résistants ; mais, si ces derniers n'ont aucune consistance, il faut recourir à des procédés spéciaux que nous allons indiquer rapidement.

Fondations sur pilotis. — Les terrains marécageux ou tourbeux et les sables coulants ne présentent pas une cohésion suffisante, aussi est-on obligé de les *affermir* ; on a recours pour cela aux pilotis. Les *pilots* ou *pilotis* sont de forts pieux ayant au moins 2 mètres de longueur et quelquefois une dizaine ; à leur partie supérieure ils sont garnis d'un collier en fer, qu'on retire presque toujours quand ils sont en place et qui leur permet de mieux résister aux chocs pendant l'enfoncement (ces colliers peuvent donc servir pour plusieurs pilotis) ; leur partie inférieure est protégée par une solide pointe appelée *sabot*. On

Fig. 34. — Disposition des fondations.

enfonce les uns à côté des autres ces pieux, qui sont ronds ou à peine équarris, avec un *billot* ou une *sonnette* suivant leurs dimensions ; leurs têtes sont ensuite réunies par de fortes pièces de charpente solidement assemblées et chevillées, formant un véritable gril sur lequel on élèvera la contruction, qu'il faudra avoir soin de monter régulièrement pour que les tassements, qu'il est impossible d'empêcher, se produisent à la fois également partout.

Dans les constructions agricoles on évite d'avoir recours à cette manière coûteuse de bâtir ; il vaut mieux, pour ces constructions, choisir un emplacement sain où le terrain offre une résistance suffisante. Cependant, si la nature du sol oblige à faire de profondes fondations, on peut les établir sur des piliers en béton, réunis par des massifs voûtés en maçonnerie ou en béton également ; dans ce cas on donne à la fouille qui servira d'assise aux fondations le profil qu'elles devront avoir. Le béton, jeté directement dans la fouille, formera un véritable bloc monolithe très résistant, sur lequel on pourra élever les murs en toute sécurité. Autant que possible, les piliers de béton devront se trouver sous les parties ayant les plus fortes charges à supporter. Cette manière de construire est relativement économique, parce qu'elle permet de réduire l'importance de la terrasse et de la maçonnerie ; on doit l'appliquer quand on est obligé de donner aux fouilles une grande profondeur.

Dans les terrains légers, il est bon de faire les fondations sur une ou deux assises de *libages*, c'est-à-dire de grosses pierres brutes ou à peine dressées.

Enfin, si on doit utiliser de vieilles fondations, il est indispensable de s'assurer de leur état, et il vaut mieux les supprimer plutôt que de n'être pas absolument certain de leur solidité ; si les anciennes fondations ne font que de couper les nouvelles, on devra absolument les arracher, car elles empêcheraient les tassements de s'effectuer partout également et détermineraient des lézardes dans les murs, à leur aplomb.

2° *Exécution des murs.* — Les murs, qui sont formés, comme nous l'avons dit plus haut, de pierres assemblées avec du mortier, sont construits d'après certaines règles que nous allons étudier maintenant.

Les faces verticales qui les limitent sont appelées *parements* et les pierres qui les composent doivent être disposées en assises horizontales de même hauteur.

Les murs, à moins que ce ne soient des murs de clôture, sont établis de manière à résister aux charges parfois élevées qu'ils sont destinés à supporter et qui sont représentées par le poids de la construction ainsi que des produits ou instruments qu'elle abritera.

Il faudra donc, dans les projets, donner aux murs une épaisseur en rapport avec les efforts auxquels ils auront à résister ; ils devront en outre avoir une stabilité suffisante. Rondelet a montré que les murs dont l'épaisseur est égale au $\frac{1}{8}$ de la hauteur sont très stables ; que ceux pour lesquels ce rapport est de $\frac{1}{10}$ ont une stabilité suffisante et qu'on ne doit pas leur donner une épaisseur inférieure au $\frac{1}{12}$ de leur hauteur. Il est évident que si un mur s'appuie sur un autre, sa stabilité s'en trouve augmentée ; on peut par suite réduire son épaisseur si sa longueur n'est pas très grande. Pour les murs de clôture, pour ceux par conséquent qui ne sont soumis à aucune charge, dans le cas où ils sont disposés en carré, Rondelet a trouvé que leur épaisseur e peut se calculer en employant la formule :

$$e = \frac{h}{8} \times \frac{l}{\sqrt{l^2 + h^2}}$$

dans laquelle h et l représentent la hauteur et la longueur du mur et $\frac{1}{8}$ le coefficient de stabilité. Si la longueur l est très grande par rapport à la hauteur h, la somme $l^2 + h^2$ est sensiblement égale à l^2, et la formule se réduit à

$$e = \frac{h}{8}$$

le second produit étant égal à l'unité ; cette nouvelle formule sert pour les murs isolés, principalement pour les murs de clôture ayant des parties droites de grande longueur.

On est obligé de donner aux murs une épaisseur plus grande que celle obtenue par les formules précédentes, lorsque ces derniers se trouvent exposés à l'action directe de vents violents ; la formule qu'il faut alors employer est la suivante :

$$e = \sqrt{\frac{ph}{d}}$$

obtenue en écrivant que le *moment* de la poussée du vent est égal au *moment* du poids de la maçonnerie : si d est le poids du mètre cube de la maçonnerie employée, pour un mur de hauteur h, d'épaisseur e, pour une longueur quelconque 1 par exemple, le poids P du mur considéré sera $e.h.d.$ 1 ; sous la poussée F du vent le mur tendra à être renversé en tournant autour de son arête A (fig. 35) ; le moment de son poids, par rapport, à cette arête, aura pour valeur $e.h.d.\ \dfrac{e}{2}\cdot$ Quant au vent, pour la même longueur de mur, il exerce une poussée F égale à la surface du mur considéré (h. 1), multipliée par la pression produite exprimée par unité de surface ; si p est cette pression, sa valeur sera $h.p$ et comme il agit également sur toute la surface, son moment aura pour valeur

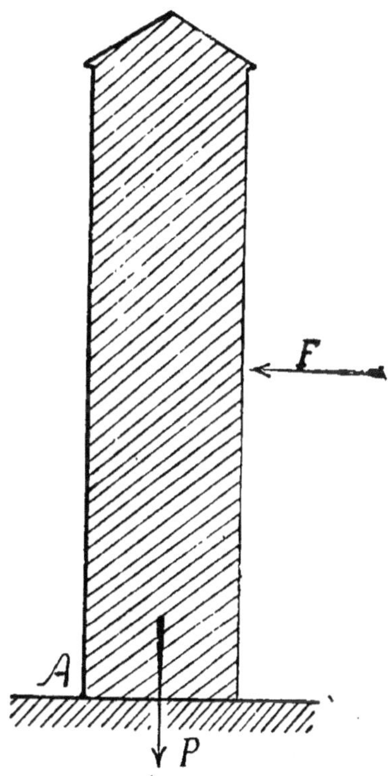

Fig. 35. — Équilibre des murs.

$h.p.\ \dfrac{h}{2}$, l'équilibre des moments nous donnera par suite

$e.h.d.\ \dfrac{e}{2} = h.\ p.\ \dfrac{h}{2}$, d'où nous tirerons la formule précédente.

Dans cette formule nous avons négligé l'adhérence des matériaux entre eux et nous avons supposé que le mur était un solide monolithe posé simplement sur un sol résistant ; en réalité cette adhérence des matériaux entre eux n'est pas négligeable.

La formule $e = \sqrt{\dfrac{p.h}{d}}$ est une formule d'équilibre, il faudra donc se tenir toujours en dessus des valeurs trouvées, ou prendre pour p la pression maximum des vents auxquels le mur pourra être soumis. On ne devra se servir de cette formule que dans des cas particuliers, comme ceux de murs à élever sur le littoral de la mer ; le tableau suivant donne, exprimée en kilogrammes et par mètre carré, la poussée du vent en fonction de sa vitesse :

	Vitesse par seconde en mètres.	Pression par mètre carré en kilogrammes.
Vent frais....................	4	2,17
Vent convenable aux moulins..	7	6,64
Vent convenable aux bateaux à voiles....................	9	10,97
Vent très fort..................	15	30,47
Tempête.....................	24	78,00
Ouragan.....................	36,15 à 45,30	176,96 à 277,87

En appliquant la formule précédente, on trouve que l'épaisseur à donner aux murs ayant à résister à des ouragans donnant 200 kilogrammes de pression par mètre carré est égale à $0^m,48$ environ pour une hauteur de 2 mètres, alors que la formule ordinaire aurait donné pour épaisseur $e = \dfrac{1}{8}2$ soit $0^m,25$.

Pour les murs supportant une toiture, Rondelet a établi la formule

$$e = \frac{h}{12} \times \frac{L}{\sqrt{L^2 + h^2}}$$

dans laquelle L représente la largeur du bâtiment. Enfin pour les maisons d'habitation, il a trouvé plusieurs formules qui lui ont permis de montrer que les murs de façades doivent avoir de 0^m,40 à 0^m,65 d'épaisseur, les murs mitoyens de 0^m,45 à 0^m,54 et les murs de refend de 0^m,33 à 0^m,49. Il est plus simple, dans un projet de constructions agricoles, de prendre des nombres moyens que de calculer directement l'épaisseur à donner aux murs ; il n'y a jamais, en effet, un grand intérêt, dans ces constructions, à trop réduire l'épais-

Fig. 36. — Échafaudage.

seur des murs, non seulement par suite du peu de valeur du terrain sur lequel elles s'élèvent, mais à cause surtout du manque de certitude sur leur solidité en raison de la nature mal définie des matériaux employés et de leurs conditions de mise en œuvre souvent défectueuses.

La figure 36 donne la disposition des échafaudages dont on se sert dans la construction des murs : ils sont formés essentiellement de pièces verticales de grandes dimensions, appelées *échasses* ou *écoperches*, et d'autres horizontales, plus petites, désignées sous le nom de *boulins* ; ce sont ces dernières qui supportent les planches de l'échafaudage.

Murs en moellons. — Avant d'employer les pierres pour la construction des murs, on leur fait toujours subir quelques préparations ; on dresse notamment l'une de leurs faces, celle qui sera vers l'extéreur et qu'on appelle *face de parement* ; les deux faces latérales, appelées *faces de joint*, la face inférieure et la face supérieure, désignées sous le nom de *faces de lit*, et celle opposée au parement, appelée *queue*, sont à peine touchées ; cette préparation constitue l'*ébousinage*, et les moellons, c'est-à-dire les pierres de quelques décimètres cubes, qui l'ont subie, sont appelés *moellons ébousinés*. Si la pierre est préparée avec plus de soin, elle est dite *smillée* ; elle se présente alors sous l'aspect, au point de vue de la taille, des pavés employés dans les pavages soignés. Si enfin les faces, ou tout au moins l'une d'elles, sont parfaitement dressées comme le sont les bordures des trottoirs, les pierres deviennent des *pierres piquées* ou d'*appareil*.

Au point de vue de leur arrangement, on classe les pierres en trois groupes : les *parpaings*, qui ont deux parements et, comme longueur, l'épaisseur du mur ; les *carreaux* et les *boutisses*, qui n'ont qu'un parement et sont disposés, les premiers en surface, les secondes en profondeur. Dans tous les murs on rencontre ces trois sortes de pierres, disposées de

Fig. 37. — Disposition en plan des pierres dans un mur.

manière que les murs ne se détruisent pas en se séparant suivant leur hauteur, leur largeur ou leur longueur ; il faut pour cela que les joints des pierres se croisent, et, afin de donner à la maçonnerie toute la liaison nécessaire, on dispose, sur une même assise et de distance en distance, des parpaings P (fig. 37) entre lesquels on groupe convenablement des boutisses B et des carreaux C ; les joints étant croisés, on évite ainsi les *lézardes*.

Les intervalles qui existent entre les pierres principales sont remplis par d'autres de plus petites dimensions, noyées dans un bain de mortier. Dans les angles on observe les mêmes règles mais on conserve, pour ces parties, les pierres les plus grosses et les plus régulières ; la figure 38 représente leur arrangement, qui alors prend le nom *d'appareil en besace* quand, au lieu de moellons, on emploie des pierres d'appareil. Lorsque l'épaisseur des murs devient plus grande, les parpaings ne vont plus d'un parement à l'autre, mais on les dispose cependant de la même façon.

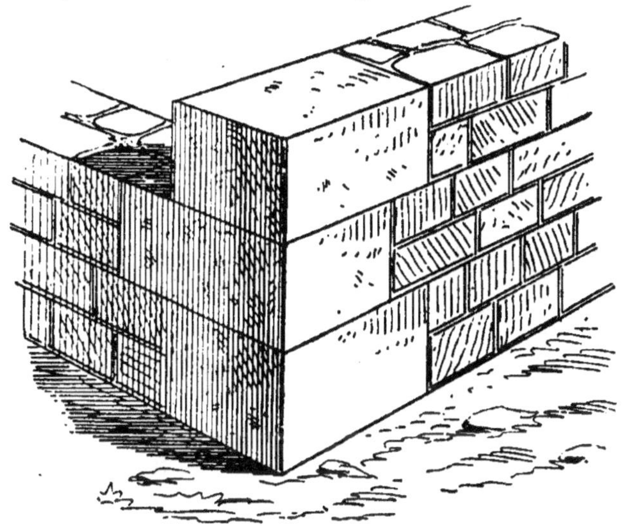

Fig. 38. — Chaîne d'angle.

⁋ Quand les moellons simplement ébousinés sont remplacés par des moellons piqués ou smillés, la construction est exécutée de la même manière, c'est-à-dire que les pierres sont placées alternativement en long et en travers pour une même assise, et en croisant les joints pour les assises sucessives ; on laisse généralement alors les pierres apparentes, tandis qu'on les recouvre d'un *crépi* ou d'un *enduit* dans les constructions soignées, dont les murs sont en moellons bruts.

Les pierres de taille sont employées pour les façades des constructions urbaines, malgré leur prix de revient élevé ; dans les constructions rurales, on les réserve pour les soubassements et les angles des bâtiments, les voûtes, les chaînes, etc. (fig. 38 et 39).

Pour obtenir une bonne maçonnerie il y a une règle à laquelle il faut toujours se conformer, qui consiste à n'employer que du *mortier ferme* et des *matériaux mouillés*. La consistance du mortier, ainsi du reste que le *corroyage* dont il a été l'objet, exercent en effet une grande influence sur sa cohésion future ; un bon mortier doit avoir une consistance analogue à celle de l'argile. Si on employait un semblable mortier avec des matériaux secs et absorbants, comme les briques par exemple, il se dessécherait avant que la réaction en déterminant la *prise* n'ait eu le temps de se produire ; on évite cet inconvénient en arrosant ou même en mouillant complètement les matériaux employés. Cette précaution devient moins utile avec des matériaux non absorbants, puisque ces derniers laissent au mortier toute son eau de fabrication ; il suffit de les arroser et souvent même on peut les employer secs.

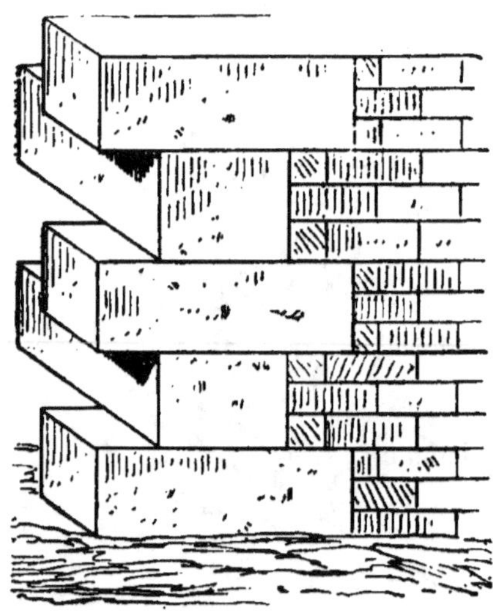

Fig. 39. — Chaîne de mur.

Murs en briques et en béton. — Les murs en briques sont économiques et d'une construction facile lorsque leur épaisseur est faible et est égale à l'une des dimensions de la brique ou en est un multiple ; les briques rendent aussi de grands services quand les pierres sont rares et la terre à briques commune. Elles permettent enfin d'établir des murs beaucoup moins épais que ceux en moellons et cependant d'une grande résistance ; elles doivent donc être utilisées pour les gros murs des constructions légères, et pour les cloisons et les séparations, dans les constructions ordinaires. Elles sont également employées avantageusement pour l'exécution de certains travaux, tels que les cintres, les fosses, les voûtes, la décoration des façades ; dans ce dernier cas elles restent apparentes et sont toujours d'une fabrication soignée ; elles présentent souvent même des colorations particulières.

Les murs les plus simples sont en briques de champ (fig. 40) et conviennent pour les ouvrages secondaires tels que les cloisons, les séparations ou les crèches, leur épaisseur étant très faible et égale à celle de la brique augmentée des enduits. Comme il faut, pour les lits successifs, que les joints soient croisés, on est obligé de commencer alternativement chaque assise par une brique et une demi-brique. Généralement on augmente la résistance des cloisons ou séparations ainsi construites en les maintenant par des poteaux ou

Fig. 40. — Disposition des briques dans un mur en briques de champ.

des cadres en bois ou en fer, les briques ne servant que comme matériaux de remplissage. Les surfaces en contact étant très faibles, il faut choisir, pour ce genre de mur, des briques non vitrifiées, bien rugueuses, prenant convenablement le mortier, quel qu'il soit (plâtre, chaux, ou ciment). Connaissant les dimensions des briques employées, il est facile d'en calculer le nombre par mètre superficiel de mur.

Les murs en briques de champ offrent peu de solidité et on est souvent obligé de placer les briques à plat (fig. 41), et de donner par suite aux murs ou séparations une épaisseur de 11 centimètres, augmentée de celle des enduits. Le mode de construction est le même

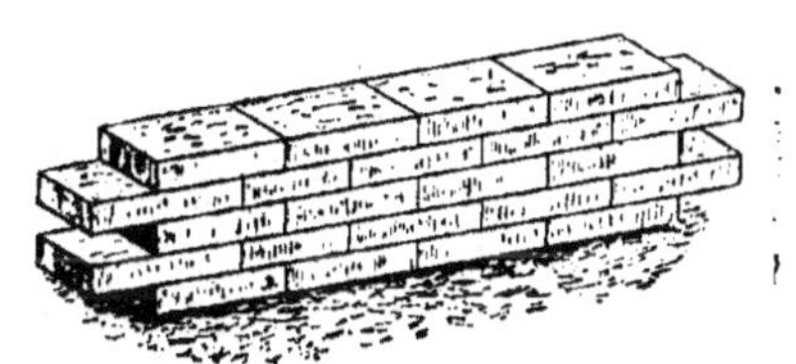

Fig. 41. — Disposition des briques dans un mur en briques à plat.

que celui dont nous venons de parler et on commence alternativement chaque assise par une brique et une demi-brique.

Nous recommandons ces murs pour faire des séparations dans les logements des animaux notamment dans les porcheries, dans les bergeries pour les loges des béliers, dans les poulaillers. Ce genre de mur exige environ 80 briques par mètre carré.

Fig. 42. — Disposition des briques dans un mur en briques formant parpaing.

On peut aussi mettre les briques en travers et donner comme épaisseur au mur la longueur de la brique, soit 22 centimètres, plus les enduits.

Les briques sont alors placées toutes en travers, en croisant les joints sur chaque assise (fig. 42), ou au contraire disposées alternativement en carreaux et en parpaings, en mettant successivement deux briques en long pour une en travers ; cette dernière disposition est indiquée dans la figure 43.

Fig. 43. — Disposition des briques dans un mur en briques de 0m,22.

On donne enfin quelquefois aux murs une épaisseur égale à une brique et demie, soit 33 centimètres. Pour observer la règle des joints, on place alors deux briques en parpaing, à plat, pour une en carreau ; la figure 44 représente cette disposition ; pour deux assises successives on peut adopter

Fig. 44. — Disposition des briques dans un mur de 0m,33 en briques.

deux modes différents de groupement des briques. Au delà d'une épaisseur de 33 centimètres, on n'emploie généralement plus la brique seule, car il en faudrait une trop grande quantité et les murs deviendraient très coûteux ; on les réserve dans ce cas pour l'un ou les deux parements et on garnit l'intérieur du mur en maçonnerie ordinaire. Du reste, la maçonnerie de briques étant beaucoup plus résistante que la maçonnerie de moellons, toutes choses égales d'ailleurs, les murs de 33 centimètres conviennent pour la plupart des constructions ordinaires.

La grande solidité des murs en briques provient de la régularité de forme et de résistance des matériaux qui les constituent, et qui permet d'observer toujours et rigoureusement les règles relatives à leur bonne disposition (uniformité dans la hauteur des assises et croisement des joints). Les briques donnent, en outre, des murs qui résistent très bien aux incendies.

Dans les murs dont nous venons de parler, on peut laisser les briques apparentes, en employant des briques de choix, ou les revêtir d'un enduit ou d'un crépi, ce qui permet d'en utiliser de qualité inférieure ou même de rebut. Les briques apparentes sont toujours jointoyées avec soin, opération assez délicate et coûteuse ; on préfère souvent, par raison d'économie, faire les parements en briques quelconques, avec joints au mortier de sable blanc, puis peindre toute la surface du mur en ocre rouge ; au moyen d'une règle et d'un *tire-joint*, il suffit de gratter le mur, suivant des parallèles écartées d'une distance égale à l'épaisseur des briques, pour que le mortier blanc apparaisse et donne l'aspect d'une construction soignée. Cette manière de faire est plus économique, parce qu'elle permet d'utiliser des briques de seconde qualité et de les jointoyer avec un mortier cachant toutes leurs imperfections.

Outre les usages que nous avons déjà indiqués, les briques sont très employées pour la construction des fosses, bassins, citernes ou cuves ; mais, comme elles sont relativement poreuses, on les revêt d'un enduit ou d'une chape en ciment et on les mouille soigneusement pour qu'elles prennent bien le mortier

On fait également des murs en béton, mais principalement, comme nous l'avons vu, des murs de fondation ; le béton résiste bien à l'humidité et donne d'excellentes fondations saines, solides et d'un prix inférieur à celles en maçonnerie. Pour les parties aériennes le béton est très peu employé ; il nécessite l'emploi de dispositions analogues à celles dont nous allons parler à propos des murs en pisé.

Murs en pisé. — Les murs en pisé sont très communs dans les pays où les matériaux de construction sont rares (pierres et mortiers), et où le sol est formé par une bonne terre franche légèrement argileuse. Ils sont utilisés principalement pour les clôtures, mais aussi pour certains bâtiments, tels que les granges ; dans ce dernier cas, les angles de la construction et les pieds-droits des portes sont en briques, ainsi du reste que les parties supportant directement les fermes de la charpente. L'emploi de deux sortes de matériaux (briques et pisé) présente l'inconvénient de dé terminer parfois des fissures, par suite des tassements différents qui se produisent dans les deux maçonneries, mais les jambages des portes notamment, n'auraient pas une résistance suffisante s'ils étaient en pisé. On remplace quelquefois les briques par des pièces de charpente, le pisé n'étant plus alors employé que comme remplissage. Pour les murs de clôture d'une certaine longueur, il est recommandable de les consolider de distance en distance par des chaînes en bonne maçonnerie. Il faut, après leur construction, laisser ces murs se tasser naturellement et boucher ensuite les fentes qui se sont produites.

Comme les murs en pisé craignent une humidité permanente, on commence, pour les isoler du sol, par construire un petit mur en moellons ou en briques formant soubassement

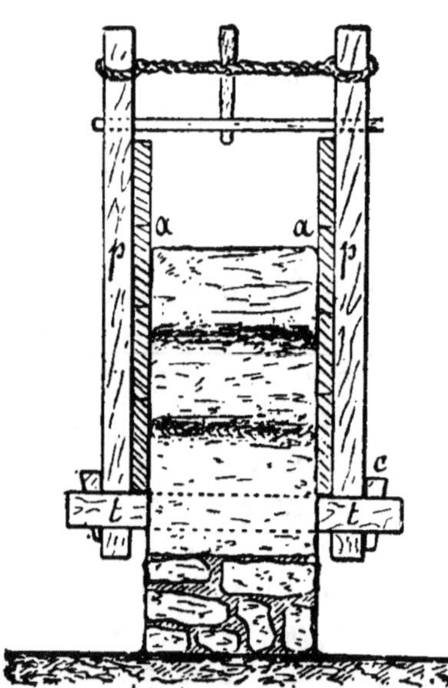

Fig. 45. — Construction d'un mur en pisé.

et dépassant le niveau du sol de 30 à 40 centimètres. Sur ce petit mur, on dispose une *forme* en bois composée de deux panneaux latéraux *a* (fig. 45), appelés *banches* ; les banches ont 3 à 4 mètres de longueur et une cinquantaine de centimètres de hauteur; elles sont maintenues à un écartement égal à l'épaisseur à donner au mur au moyen de cadres formés par des *potelets p* assemblés à des traverses horizontales *t* placées en travers du mur ; les assemblages des potelets avec les traverses sont serrés par des coins *c*. A la partie supérieure les potelets sont maintenus à l'écartement convenable, au moyen de *tourniquets*. Ce mode de montage permet de démonter très rapidement la forme pour la déplacer au fur et à mesure de la construction; il donne également la possibilité de faire varier facilement l'écartement des banches, c'est-à-dire l'épaisseur du mur, et de lui donner du *fruit*.

C'est dans cette forme qu'on tasse le pisé, par couches successives, en employant un pilon spécial appelé *pisoir*.

La préparation à faire subir à la terre consiste à l'écraser, pour en séparer les pierres plus grosses qu'une noix ainsi que les débris végétaux, puis à la brasser en l'arrosant, si elle est trop sèche; elle doit avoir la consistance de la terre à briques. Les couches de pisé ont une dizaine de centimètres de hauteur, mais on les bat au pisoir, de manière à ramener leur épaisseur à 5 ou 6 centimètres seulement. Comme la forme a une longueur généralement inférieure à celle du mur à élever et qu'il faut la déplacer latéralement pour continuer les assises voisines, on termine chaque couche obliquement ; de cette façon la liaison est plus intime et on a moins à redouter les fissures qui se produisent lorsque les assises se raccordent par des parties verticales ; on a soin en outre de changer l'inclinaison des raccords pour chaque couche.

Voici quelques données numériques relatives à ces murs : on leur donne comme *fruit* (1), une dizaine de millimètres

(1) On appelle *fruit d'un mur* la *rentrée* de ce mur, c'est-à-dire la distance dont ce mur s'écarte de la verticale par mètre de hauteur, les murs ayant toujours une épaisseur moindre à leur partie supérieure qu'à leur partie inférieure ; le *fruit* est donc égal à la tangente trigonométrique de l'angle d'inclinaison du parement.

par mètre, ce qui est facile, grâce à la disposition des formes dont on peut aisément rapprocher les banches ; deux ouvriers peuvent employer 8 à 9 mètres cubes de pisé par journée de douze heures, la terre étant sur place. Connaissant la hauteur et l'épaisseur d'un mur, il est donc très simple de calculer le temps nécessaire à sa confection.

Les murs en pisé demandent beaucoup de temps pour sécher, aussi faut-il absolument les faire au printemps, afin qu'ils aient tout l'été pour se *ressuyer ;* ils doivent être terminés, dans nos régions, à la fin de juillet au plus tard.

Les murs de clôture en pisé sont garantis contre la pluie par un chaperon en chaume de paille ou de bruyère, généralement maintenu par un bourrelet de terre ; ceux des constructions sont souvent protégés par un enduit en plâtre ou en mortier de chaux, enduit qui tient très bien lorsqu'il est fait convenablement et qu'on a eu soin de piquer et d'arroser la surface à recouvrir ; ces enduits ne doivent être faits que sur des murs bien secs.

Lorsqu'on ne dispose pas de terre convenable pour construire en pisé, on peut en fabriquer de différentes façons, notamment en mélangeant ensemble de l'argile et du sable et en y ajoutant un tiers de terre franche ; quand les terres sont sablonneuses, on leur donne du liant, en les arrosant avec de l'argile délayée dans de l'eau. En règle générale, lorsque la terre est médiocre ou pas assez liante, on l'améliore beaucoup en l'arrosant avec un lait de chaux.

Les constructions en pisé, faites soigneusement, sont très économiques et durent longtemps ; on en rencontre dans un grand nombre de pays, en Beauce, dans l'Ain, l'Isère, etc.

Quelquefois on mélange au pisé, comme en Beauce, des matières inertes qui ont pour but d'empêcher les fentes qui se produisent lorsque la dessiccation se fait trop rapidement ; on se sert surtout de paille hachée, de foin coupé ou de bourres de poils. Les constructions ainsi établies se rapprochent de celles en *bauge* ou *torchis*, qui sont bâties avec un mélange de terre franche et de foin ou de paille haché grossièrement ou même entier. Dans la construction des murs en bauge on observe les mêmes règles que dans celle des murs en pisé, mais on opère d'une manière beaucoup plus primitive ; on n'emploie pas de forme et on supprime le pilonnage, la bauge étant simplement mise à la fourche par couches successives et les parements étant dressés avec le même outil, puis lissés à la truelle. Les murs en bauge, comme ceux en pisé, peuvent être recouverts d'un enduit ; il faut, bien entendu, les protéger, quand ils servent de clôture, par un chaperon en chaume. La bauge est beaucoup moins résistante que le pisé.

Murs de soutènement, de terrasse et de revêtement. — Ces murs sont destinés à maintenir les terres toutes les fois qu'elles doivent avoir une inclinaison plus grande que celle pour laquelle elles sont naturellement en équilibre (*ligne de pente naturelle*).

Les murs de soutènement et de revêtement se font en maçonnerie ou en *pierres sèches*; leur parement extérieur peut être vertical ou incliné. Ils sont analogues à ceux construits pour former les barages de retenue et, par suite, ont généralement comme profil celui d'un trapèze, la poussée étant plus grande à la partie inférieure qu'à la partie supérieure ; quelquefois on les consolide par des contreforts, presque toujours extérieurs. Ces murs doivent résister à la poussée des terres qui tend, en admettant que la maçonnerie soit bien faite et ne puisse se disloquer, à les renverser en les faisant tourner autour de l'arête extérieure de leur fondation.

Il existe différentes formules pour calculer l'épaisseur e à donner à ces murs ; une des plus simples, celle de Navier, est :

$$e = 0{,}58 \, h.t \sqrt{\frac{\pi}{\mathrm{P}}}$$

dans laquelle h représente la hauteur du mur, π le poids du mètre cube de la terre à soutenir, P celui de la maçonnerie et t la tangente de la moitié de l'angle complémentaire de la pente naturelle. Quand le mur est destiné à retenir de l'eau, π devient égal à 1 et t aussi.

Lorsqu'il y a une surcharge, c'est-à-dire lorsque le revêtement n'a pas la hauteur de la terre à soutenir, il faut employer la formule de Poncelet qui est :

$$e = 0,285\,(\mathrm{H} + h)$$

dans laquelle H désigne la hauteur du revêtement et h celle de la surcharge.

On peut enfin·employer le moyen empirique suivant, qui consiste à contruire la ligne de pente naturelle du sol, le sixième de cette longueur donne l'épaisseur du mur à sa base ; si ab (fig. 46) est la ligne de pente naturelle pour un sol donné, c'est-à-dire si cette ligne représente l'inclinaison que prendrait le sol considéré en éboulant, la longueur ae donnera l'épaisseur du mur à sa base.

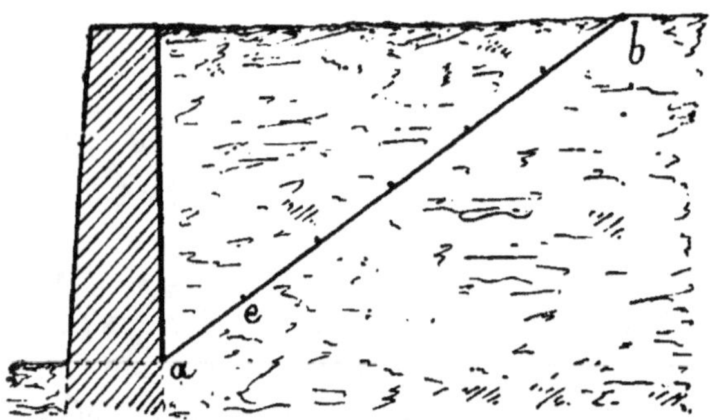

Fig. 46. — Épaisseur des murs de soutènement.

Pour les ouvrages peu importants et pour des murs de soutènement de faible hauteur, exécutés dans les conditions dont nous avons parlé page 79, on ne prend pas la peine, à la campagne, de calculer l'épaisseur à leur donner; on adopte pour profil une section trapéziforme et on leur donne, au sommet, une épaisseur en rapport avec le type de la maçonnerie choisie et, à la base, le tiers de la hauteur ; on dit que le mur est *tiercé*. La section ainsi déterminée correspond à peu près à la section maximum que doivent avoir les murs de soutènement dans les conditions les plus défavorables, c'est-à-dire en employant des maçonneries légères pour des terrains sans consistance. Quand ces murs ont à résister en outre à la poussée de l'eau, comme ceux des abreuvoirs et de certaines mares par exemple, il faut leur donner un peu plus d'épaisseur et adopter une meilleure maçonnerie.

Nous recommanderons aussi les murs de soutènement à parement extérieur vertical, ou sensiblement, *avec épaisseur croissante* depuis le sommet jusqu'aux fondations, non plus

d’une manière continue (section trapéziforme) mais *par redans
successifs*. Ces murs sont très stables, car la terre, par la pression qu’elle exerce sur les redans, contribue à empêcher leur
renversement ; ils ont de plus l’avantage, dans les terrains
fortement en pente, de nécessiter des travaux de terrasse et
de maçonnerie d’importance moindre que ceux exigés par les
murs à parement extérieur très incliné.

Enfin nous signalerons que pour des travaux très importants, l’ingénieur Rabut a adopté tout récemment un type
de mur de soutènement basé sur un principe tout différent

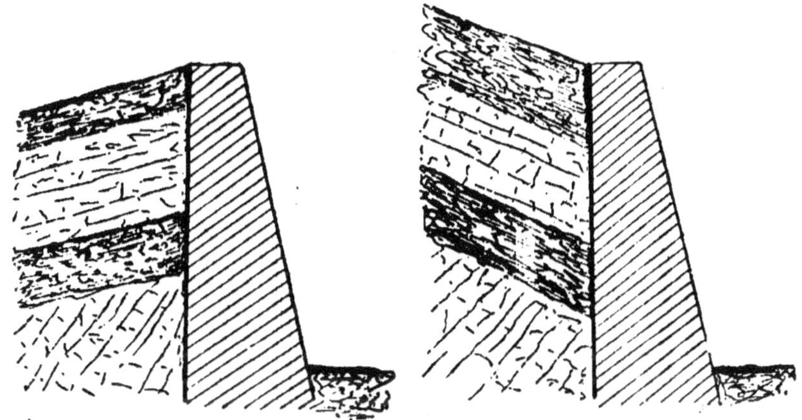

Fig. 47. — Murs de soutènement.

de ceux admis jusqu’à ce jour ; la paroi extérieure du mur est
encore verticale, ou sensiblement, mais *son épaisseur va en
diminuant, par redans sucessifs*, depuis le sommet jusqu’à la
base, de sorte que le massif le plus important de la maçonnerie
se trouve à la partie supérieure du mur. Ce type de mur présente certains avantages d’exécution, notamment au point de
vue des fouilles dont il réduit l’importance, et sa stabilité
est très grande grâce à la réaction exercée par la maçonnerie
et à la réduction du prisme de poussée.

On donne aux *murs en pierres sèches*, une épaisseur supérieure d’un quart à celle qu’on leur aurait donnée s’ils avaient
été établis en maçonnerie ordinaire. Enfin on doit tenir
compte de l’inclinaison des couches naturelles du sol ; si ces

dernières tendent à glisser vers le mur, son épaisseur devra évidemment être plus grande que si elles tendent à s'en écarter (fig. 47).

Il faut aussi avoir soin que l'eau ne puisse s'accumuler derrière les murs de soutènement, car alors la poussée deviendrait considérable; pour les murs en pierres sèches cet inconvénient n'est pas à redouter, mais pour ceux en maçonnerie on est obligé de ménager, de distance en distance, des ouvertures hautes et étroites, appelées *barbacanes*. Quand il n'est pas possible d'installer des barbacanes, ou quand il faut les écarter beaucoup les unes des autres, il est bon de faire un véritable drainage, en tuyaux de terre, pour emmener les eaux.

Les murs de soutènement doivent, comme nous venons de le dire, pouvoir résister à la poussée des terres, c'est-à-dire à une force horizontale, agissant au centre de gravité de leur section, dont l'intensité est fonction du poids de la terre qui tend à glisser, soit F (fig. 48); la force qui maintient le mur debout est son propre poids P, qui est appliqué au même point. En composant ces deux forces, on voit que le mur ne sera pas renversé si leur résultante passe par sa base de sustentation, c'est-à-dire par les fondations; il suffira donc de donner à ces dernières une section suffisante pour que cette condition soit réalisée.

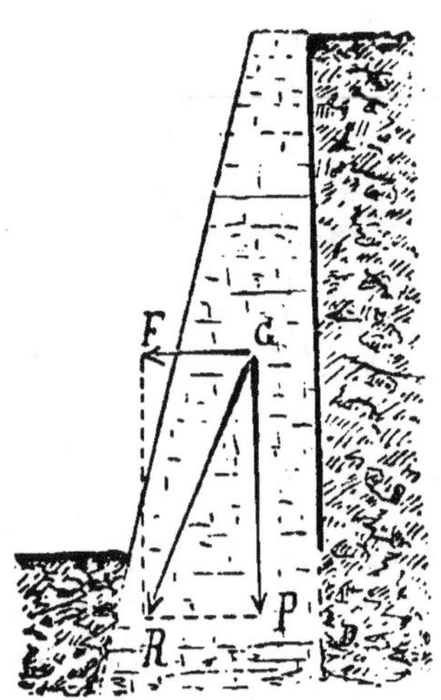

Fig. 48. — Équilibre d'un mur de soutènement.

Chaque fois qu'on pourra donner aux terres une pente inférieure à la pente naturelle, il n'y aura pas lieu d'employer des murs de soutènement, mais souvent il sera bon de faire un revêtement en pierres sèches pour éviter le ravinement que produisent à leur surface les pluies ou les suintement des eaux de source; les berges des étangs et des cours d'eau sont souvent protégées par des revêtements en pierres sèches afin d'empêcher leur destruction par le *batillage* de l'eau.

VIII. *Baies et voûtes.* — 1° *Baies.* — Il y a certaines parties, dans les constructions, qui doivent être exécutées avec beaucoup de soin ; les *baies d'ouverture* (fenêtres et portes) sont dans ce cas. Les baies sont limitées : à leur niveau inférieur par une partie horizontale appelée *seuil*, pour les portes, et *appui* pour les fenêtres ; sur les côtés, par deux parties verticales qu'on désigne sous le nom de *jambages* ou *pieds-droits* ; au niveau supérieur, par une seconde partie horizontale

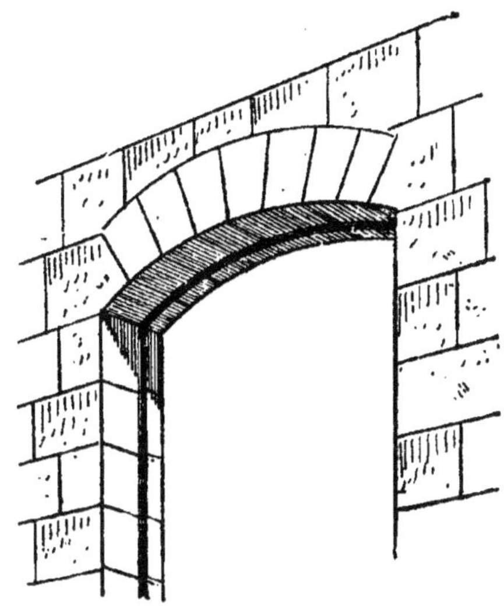

Fig. 49. — Baie d'ouverture.

qu'on appelle *linteau.* Le linteau supporte la maçonnerie qui le surmonte ; il est souvent remplacé par un assemblage de pierres d'appareil ou de briques formant *voûte* (fig. 49) ou *plate-bande* (fig. 52) ; dans le premier cas, la baie est limitée par une partie cintrée et, dans le second, par une partie droite.

Il faut soigner d'une façon toute spéciale les baies qui ont à supporter des charges

Fig. 50. — Baie avec linteau en bois.

importantes. Pour réduire ces dernières au minimum, et aussi par raison de symétrie, on dispose toujours les ouvertures les unes au-dessus des autres de manière que les massifs qui les séparent, qu'on appelle *trumeaux*, se superposent également; pour le même motif on adopte autant que possible, pour les charpentes, des dispositions telles que les maîtresses poutres

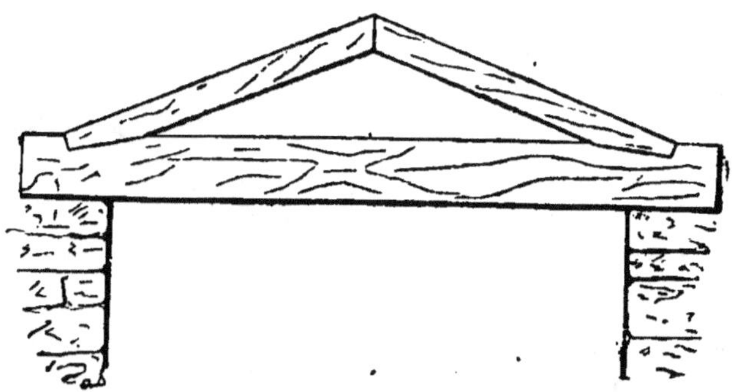

Fig. 51. — Linteau armé.

ne se trouvent pas au-dessus des baies en raison de la fatigue qui en résulterait pour leurs pieds-droits et leurs linteaux.

Dans bien des constructions on se contente de linteaux en chêne ou en châtaignier, ayant une section en rapport avec l'ouverture de la baie et la charge à soutenir; on peut soulager beaucoup ces linteaux en disposant en dessus, dans la maçonnerie, des pierres formant une sorte de cintre (fig. 50), qui reporte sur les jambages la charge sup-

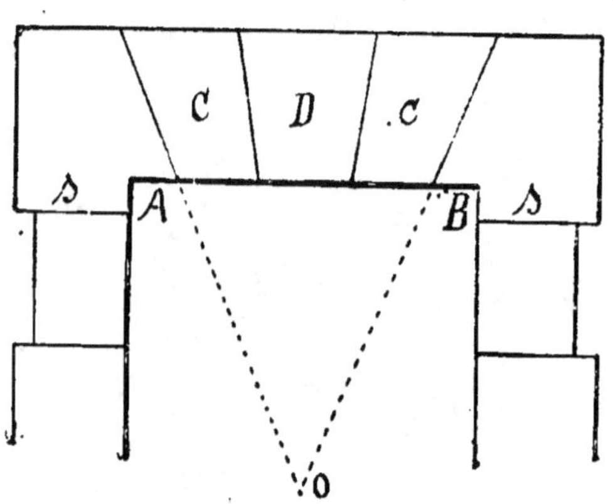

Fig. 52. — Plate-bande.

portée; on peut aussi les armer très simplement, comme le montre la figure 51, de manière à reporter encore la charge sur les pieds-droits. La première de ces deux dispositions est avantageusement employée quand on constitue le linteau par une pierre plate, comme cela arrive dans les pays où ces pierres sont communes; la seconde peut aussi s'appliquer dans ce cas particulier en remplaçant les deux pièces obliques supérieures par deux pierres plates butant l'une contre l'autre. Ces dispositions, qui ont pour but de renforcer les linteaux, ne sont utiles que quand ces derniers soutiennent un massif en maçonnerie important ou une poutre déjà chargée.

On remplace beaucoup maintenant les linteaux en bois par des linteaux en fers à double T, ou mieux par des poutres composées de ces fers, à cause de la facilité avec laquelle on peut s'en procurer, de résistances et de longueurs quelconques ; nous parlerons plus en détail de ces sortes de poutres à propos des charpentes métalliques et de la serrurerie.

Les linteaux en bois sont pris dans la maçonnerie et ne sont plus apparents quand la construction est terminée ; on y fait adhérer le mortier en y enfonçant des clous à bateau. Les linteaux en fer sont au contraire laissés presque toujours apparents et contribuent à l'ornementation des façades. Dans les constructions soignées, on remplace souvent les linteaux par des *plates-bandes* en briques et en pierres, ou plus souvent uniquement en pierres, qu'on laisse apparentes parce qu'elles sont d'un effet décoratif ; ces plates-bandes sont formées par un assemblage de pierres taillées ou moulées, disposées de manière à reporter sur les jambages les charges qu'elles ont à supporter. Elles comprennent d'abord deux pierres *s* (fig. 52), appelées *sommiers*, qui maintiennent les pierres voisines C, qu'on désigne sous le nom de *claveaux* ; les claveaux sont taillés de façon que leurs faces latérales soient inclinées suivant des directions passant par un centre O, déterminé sous la condition que les longueurs AO, OB et l'ouverture AB de la baie (écartement des pieds-droits) soient égales; les deux claveaux extrêmes présentent souvent des *crossettes* afin de bien reposer sur les sommiers ; cet ensemble est maintenu par une pierre centrale D, appelée *clef*. Comme il est facile de s'en rendre compte, ces différentes pierres ne peuvent pas glisser, étant plus larges à la partie supérieure qu'à la partie inférieure, et comme d'autre part il est impossible aux jambages de s'écarter, puisqu'ils sont appuyés par la maçonnerie des murs, ce système présente une grande résistance. Les

plates-bandes en pierres naturelles sont coûteuses de construc
tion et ne sont employées que pour les maisons d'habitation.

Dans les locaux destinés aux animaux ou servant de magasin, on remplace souvent les linteaux par des parties cintrées ; on compose alors ces parties par des cintres en briques
avec sommiers et clef en pierres naturelles ou artificielles ; les
matériaux employés (pierres et briques) restent apparents
et sont toujours d'un effet agréable.

Nous n'insisterons pas sur les *jambages* des baies d'ouverture, car nous en donnons plus loin, à propos des fenêtres
et des portes (menuiserie), le profil exact ; ils peuvent être
en pierres taillées, mais comme ce genre de travail est très
coûteux, on les construit plus souvent en maçonnerie.

Les *seuils* doivent être en matériaux très durs, afin de
résister au passage des personnes, des voitures ou des animaux ; on les fait en pierre et, quelquefois, on les garnit d'une
plaque de fonte ou de tôle striée ; les pierres dures, telles que
les granits, donnent les seuils les plus durables.

Les *appuis* présentent une partie inclinée vers l'extérieur
pour faciliter l'écoulement des eaux qu'ils reçoivent pendant les pluies ; ils débordent l'aplomb des murs et ont
un larmier qui empêche l'eau de couler le long de ces derniers.
Les appuis sont presque toujours en pierre, mais on peut les
faire à la rigueur en maçonnerie; quand ils sont en plâtre, il
est bon de les recouvrir avec une feuille de zinc pour les rendre
imperméables et faciliter l'écoulement de l'eau ; nous en donnons plus loin, à propos des fenêtres, la coupe transversale.

Nous rappellerons enfin que les pierres artificielles, dont
nous avons déjà parlé, sont très recommandables dans les
constructions rurales pour toutes les parties comportant
l'emploi de pierres de taille, telles que les seuils, marches,
dalles, sommiers, linteaux, pieds-droits, chaînes, appuis, chaperons, etc. ; d'une grande résistance, aussi bien à l'usure
qu'à l'écrasement, de formes rigoureuses et bien étudiées, elles
permettent d'obtenir les mêmes résultats qu'avec les pierres
naturelles, et cela à meilleur compte et sans être obligé d'avoir
recours à des ouvriers habiles et spéciaux, qu'on ne rencontre
que très rarement dans les campagnes.

2º *Voûtes.* — Lorsque les baies d'ouverture présentent une certaine largeur, on les limite souvent, à la partie supérieure, par une voûte. On emploie également les voûtes dans l'établissement des ponts, des caves, des citernes et des fosses.

Une voûte est un assemblage de pierres appelées *voussoirs*, disposées de manière à transmettre aux jambages qui la soutiennent la charge qu'elle supporte. Parmi les voussoirs on distingue, comme dans les plates-bandes, la pierre centrale, appelée *clef*, les deux extrêmes qui sont les *sommiers* et les pierres intermédiaires désignées sous le nom de *claveaux*. La surface qui limite une voûte à la partie supérieure, qui peut être plane, est l'*extrados*, la face intérieure l'*intrados* ou *douelle*; l'écartement des jambages représente le *débouché* et donne la *portée* de la voûte, c'est-à-dire la distance qui sépare les pieds-droits; la *flèche*, *montée* ou *hauteur sous*

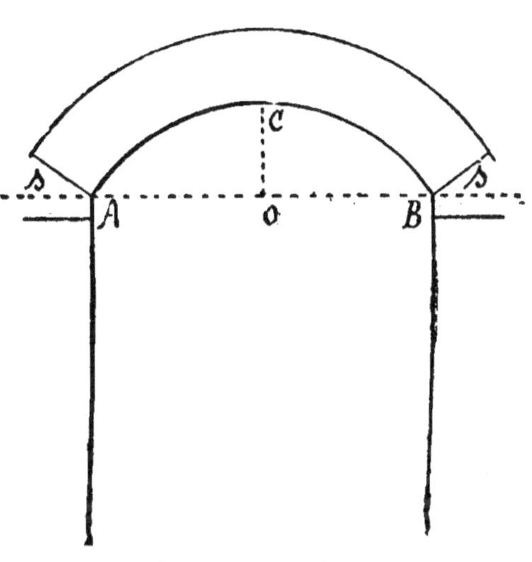

Fig. 53. — Voûte.

clef, est la distance de la partie inférieure de la clef à un plan, appelé *plan des naissances*, passant par la ligne suivant laquelle l'intrados se raccorde avec les pieds-droits. Dans la figure 53, la distance AB donne le débouché de la voûte et la longueur OC la hauteur sous clef, la ligne AB étant la trace du plan des naissances sur celui de la figure ; la ligne courbe ACB est l'intrados et les parties latérales de la voûte, de chaque côté de la clef, sont les *reins*.

Les voûtes se classent en différents types, dont nous indiquerons les principaux. Une *voûte* est dite en *plein cintre*, quand l'intrados est une demi-circonférence, c'est-à-dire lorsque la hauteur sous clef est égale à la moitié du débouché

Si la flèche est plus grande que la moitié du débouché on a une *voûte en ogive* (fig. 54) ; si au contraire la montée est inférieure à cette demi-longueur la *voûte* est dite *surbaissée* (fig. 55). Les *voûtes en anse de panier*, ou à plusieurs centres, sont celles

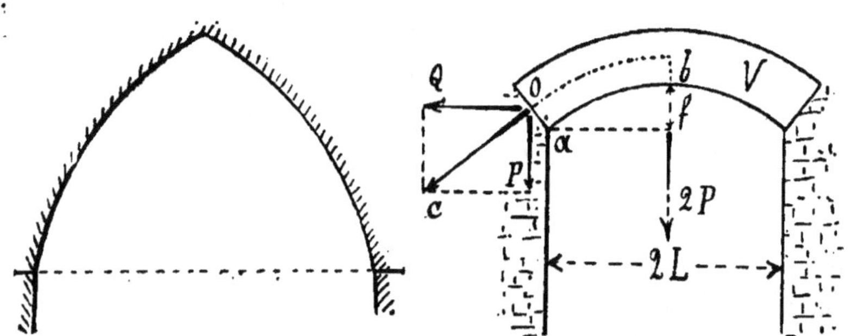

Fig. 54. — Voûte en ogive.   Fig. 55. — Équilibre d'une voûte.

dans lesquelles l'intrados est composé d'une série d'arcs ayant chacun un centre différent (fig. 56).

Les voussoirs reportent sur les pieds-droits les pressions qu'ils reçoivent, sous forme d'un effort oblique, qui se décompose en deux forces, l'une horizontale cherchant à écarter les jambages, l'autre verticale tendant à les écraser ; la figure 55 montre ce mode

Fig. 56. — Voûte en anse de panier.

de décomposition. En admettant que l'arc *ab* puisse, sans grande erreur, être remplacé par un arc de parabole, si 2L est l'écartement des pieds-droits, 2P la pression sur la voûte V, *f* la flèche, P et Q les décomposantes, on a :

$$\frac{Q}{P} = \frac{L}{f}$$

et par suite $Q = \dfrac{PL}{f}$.

D'un autre côté, le triangle rectangle OCP donne $C^2 = Q^2 + P^2$ et, en conséquence, l'intensité C de la compression sur les naissances a pour valeur :

$$C = \sqrt{\left(\frac{PL}{f}\right)^2 + P^2}$$

ou

$$C = P\sqrt{\left(\frac{L}{f}\right)^2 + 1}.$$

Les voussoirs doivent être taillés de manière que leurs faces latérales, et par suite leurs joints, soient perpendiculaires à l'intrados ; la charge supportée par la voûte a alors pour effet d'appuyer normalement les voussoirs les uns contre les autres. Le tracé de chaque pierre s'obtient en dessinant la voûte à grande échelle, ou mieux en vraie grandeur, sur un mur blanchi à la chaux et en observant la règle des joints, c'est-à-dire en ayant soin qu'ils soient toujours perpendiculaires à l'intrados.

Les voûtes surbaissées, comme l'exemple précédent le montre, déterminent une poussée latérale d'autant plus élevée que la hauteur sous clef est plus faible ; il faut donc, avec ce genre de voûte, que les pieds-droits soient bien appuyés ; elles sont cependant très employées parce qu'elles permettent d'obtenir, avec une largeur et une hauteur totale données, une ouverture de section maximum. On adopte beaucoup ces voûtes pour les ponts bâtis sur les cours d'eau, la hauteur entre le niveau de l'eau et celui de la route étant généralement trop faible pour construire en plein cintre. Les voûtes en anse de panier donnent les mêmes avantages, sous ce rapport, que celles en plein cintre, mais n'exercent pas de poussées latérales ; elles sont donc plus avantageuses que les précédentes, et, si elles ne sont pas plus souvent employées dans les constructions rurales, cela tient à ce qu'elles sont plus difficiles d'exécution ; on les voit surtout adoptées pour les travaux d'art importants, notamment pour les ponts des chemins de fer ou ceux construits sur les rivières ou les fleuves, pour le passage des routes.

La voûte en plein cintre est la plus simple d'exécution et la plus recommandable lorsque, pour une largeur donnée, on n'est pas limité par la hauteur. Pour cette voûte, comme pour les précédentes, on doit charger les reins convenablement, car la clef, sous l'action de la charge qu'elle supporte, tend à repousser les voussoirs ; il faut donc que ces derniers soient bien appuyés.

La voûte en ogive présente le maximum de légèreté et exerce le minimum de poussée sur les pieds-droits, mais sa forme ne permet généralement pas de l'adopter.

Lorsqu'on doit construire une voûte, on commence par élever les pieds-droits jusqu'au niveau du plan des naissances, puis on installe une carcasse en bois appelée *cintre*, sur laquelle on dispose les pierres qui auront été taillées au préalable. Les cintres sont formés de véritables fermes, espacées de 1 à 2 mètres, réunies entre elles par de fortes planches appelées *cauchis* ; les cauchis peuvent être jointifs, mais cela n'est nécessaire que quand les matériaux sont de petites dimensions. Les cintres sont supportés, à la hauteur convenable, par une charpente plus ou moins importante suivant les dimensions de la voûte à construire (chandelles, tréteaux, poteaux, etc.) ; il faut intercaler, entre cette charpente et les cintres, des appareils, dits de *décintrement*, ayant pour objet de permettre de les abaisser progressivement, lorsque la voûte, complètement terminée, est abandonnée à elle-même. Comme appareils de décintrement, on peut employer des coins, qu'il suffit de chasser, des sacs pleins de sable, qu'on vide peu à peu, ou mieux des appareils composés de pistons se déplaçant dans des boîtes contenant du sable ; en enlevant un bouchon le sable s'écoule, le piston descend, et le cintre s'abaisse ; enfin on se sert avantageusement maintenant de petits vérins à vis. Suivant l'importance du travail, on aura recours à l'un quelconque de ces dispositifs.

Pour les voûtes en briques ou en pierres ordinaires, comme celles des caves, des fosses ou des citernes, on bâtit directement sur le cintre. Le décintrement doit être conduit avec beaucoup de soin ; il faut que le cintre soit abaissé doucement et bien régulièrement afin que la voûte ne se disjoigne pas, ce qui pourrait arriver s'il était enlevé brusquement ou descendu plus rapidement d'un côté que de l'autre. Bien entendu pour les ouvrages de très petite portée, il est moins urgent de se conformer strictement à ces règles.

III. — **CHARPENTES EN BOIS.**

I. *Bois de charpente.* — Les bois employés dans la construction des charpentes doivent être résistants, se conserver longtemps, ne pas jouer ni travailler et avoir des dimensions suffisantes (1) ; pour en faciliter l'étude, nous les classerons, d'après leur dureté et leurs dimensions, en trois groupes.

Dans le premier groupe, qui comprend les bois *durs de gros œuvre*, nous trouvons comme essences principales le chêne, le châtaignier, le hêtre, le frêne et l'orme. Ces arbres, par leurs dimensions, permettent d'exécuter tous les travaux de charpente, mais, à cause de leurs qualités spéciales, certains d'entre eux sont préférés aux autres. Le plus recherché est le *chêne*, dont il existe plusieurs variétés, parmi lesquelles le chêne Tauzin, le chêne pédonculé et le chêne rouvre sont les plus recherchés ; le poids du mètre cube de ce bois varie entre 780 et 850 kilogrammes. Les meilleures charpentes sont construites entièrement en chêne, mais, par suite du prix élevé de ce bois, on ne l'emploie ordinairement que pour les pièces principales.

Le *châtaignier* donne aussi un bon bois de charpente, il est malheureusement sujet à la vermoulure ; comme il craint l'air, il faut le réserver pour les charpentes intérieures ; son bois ne pèse que 620 kilogrammes environ par mètre cube. On a constaté que les vieux arbres donnaient des pièces de charpente moins résistantes que les jeunes.

Le *hêtre*, comme le châtaignier, est sujet à la vermoulure, de plus il présente l'inconvénient de se *tourmenter ;* il résiste mal à l'humidité, mais il se comporte mieux lorsqu'il est complètement immergé dans l'eau ; son bois pèse en moyenne 790 kilogrammes le mètre cube.

Le *frêne* donne un bon bois de charpente qui travaille peu et résiste bien à la vermoulure, malheureusement il pourrit assez facilement quand il est exposé à l'humidité. Le poids du mètre cube de frêne est toujours voisin de 800 kilogrammes.

(1) Voyez le volume de l'ENCYCLOPÉDIE AGRICOLE : *Sylviculture*, par M. Fron.

6.

L'*orme* donne surtout un bois de charronnage, mais il peut aussi servir pour les charpentes, principalement pour celles établies dans des lieux humides ; son bois, qui est dur et tenace, a la propriété de très bien résister à l'humidité. Il ne pèse guère que 700 kilogrammes le mètre cube.

Le poids du mètre cube des différents bois que nous venons de signaler est simplement donné à titre d'indication, il varie avec les variétés d'une même essence et dépend des conditions dans lesquelles les arbres ont végété.

Nous ne parlerons pas de certains arbres, classés dans le groupe des bois durs de gros œuvre, comme les érables, les noyers et les platanes, qu'on utilise quelquefois pour les charpentes des constructions rurales parce qu'on les trouve sur place, mais qui ne sont pas d'un usage courant.

Le deuxième groupe comprend les *bois résineux*, qui sont encore désignés sous le nom de *bois mous de gros œuvre*, parmi lesquels les plus importants sont les sapins, les pins et les mélèzes.

Les *sapins* comprennent l'épicéa et le sapin proprement dit : le premier est plus apprécié que le second, bien que son bois soit généralement un peu plus léger ; le poids du mètre cube de sapin varie presque toujours entre 420 et 450 kilogrammes. La grandeur de ces arbres et la légèreté de leur bois font qu'ils sont très recherchés pour les charpentes de grandes dimensions ; on les emploie pour toutes leurs pièces, mais de préférence pour celles ne comportant pas d'assemblages.

Les *pins*, notamment le pin sylvestre, donnent un bois de meilleure qualité que les précédents mais un peu plus lourd, très employé dans les travaux de menuiserie à cause de son prix relativement peu élevé.

Parmi les arbres appartenant encore à ce groupe, le *mélèze* est celui qui fournit le meilleur bois de charpente ; il n'est pas sujet à la vermoulure, travaille peu et résiste bien à l'air et à l'humidité. Le bois du mélèze est très tenace et son poids dépasse ordinairement 600 kilogrammes par mètre cube ; il a l'avantage, comme les précédents, de pouvoir fournir des pièces de très grandes dimensions.

Le troisième et dernier groupe est celui qui comprend les

bois blancs ou *bois mous de moyen œuvre*, dont on se sert pour les travaux secondaires de charpente et pour ceux de menuiserie. Les principaux d'entre eux sont : les peupliers, le tilleul, le charme, le bouleau, l'aune, les saules, etc.

Le bois du tilleul est blanc ou à peine coloré, mou et léger ; il est un peu sujet à la vermoulure mais présente la précieuse qualité de ne pas éclater quand on le travaille, aussi est-il très recherché pour les travaux de menuiserie ; il pèse 470 kilogrammes le mètre cube.

Le *charme* est peu employé dans la construction des charpentes parce que son bois dure peu et qu'il est d'un travail difficile ; il est relativement lourd et atteint souvent 700 kilogrammes le mètre cube.

Le *bouleau* sert à la fabrication des chevrons, mais il est surtout utilisé par la charronnerie ; du reste, ses dimensions ne permettent que rarement d'en faire de grandes pièces. Son bois est très homogène, d'un travail facile et pèse 550 kilogrammes.

Les peupliers comprennent différentes variétés dont les plus employées dans les constructions sont le peuplier blanc, le tremble, le peuplier noir, le peuplier pyramidal, le peuplier de Virginie et celui du Canada.

Le *peuplier blanc* a un bois à peine coloré, léger, mou, très homogène et d'un travail facile ; il pèse 410 kilogrammes.

Le *tremble* est de qualité très inférieure, aussi on évite autant que possible de s'en servir dans la construction des charpentes.

Le *peuplier noir* est souvent employé pour les parquets ; son bois rappelle un peu, par ses qualités, celui du peuplier blanc, mais il est plus lourd.

Le bois du *peuplier pyramidal* est très mou, très léger et très poreux : son poids varie entre 320 et 350 kilogrammes. Il est facile à travailler, aussi en fait-on des ouvrages légers, tels que des coffres de brouettes.

Les *peupliers de Virginie* et du *Canada* fournissent un bois qui se rapproche beaucoup, par ses qualités, de celui du peuplier blanc.

II. **Équarrissage des arbres.** — L'*équarrissage*, qui est la première opération qu'on fait subir aux arbres après l'abatage, se pratique généralement à la hache, dans la forêt même ; il consiste à transformer les troncs des arbres en parallélipipèdes à arêtes plus ou moins vives aussi volumineux que possible. La section d'équarrissage est ordinairement un carré à angles plus ou moins abattus et, comme les troncs d'arbres ne sont jamais des cylindres parfaits, il faut une grande habitude pour déterminer immédiatement cette section.

La pièce de bois à équarrir est placée sur deux ou trois *chantiers*, c'est-à-dire sur quelques bouts de troncs d'arbres, et soigneusement calée ; la section d'équarrissage est alors

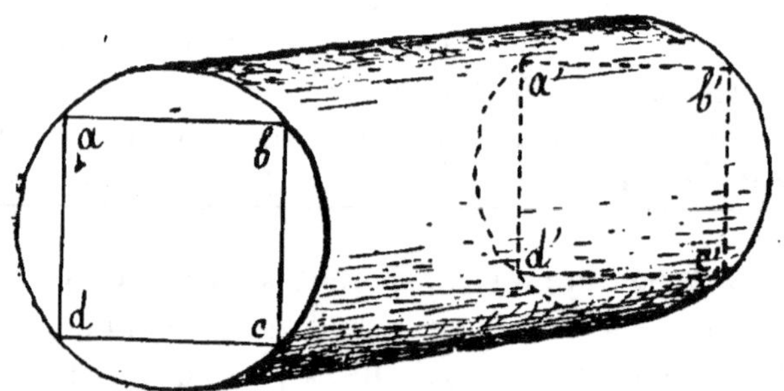

Fig. 57. — Équarrissage d'un arbre.

tracée sur le plus petit bout du tronc qui est ensuite tourné sur lui-même jusqu'à ce que l'un des côtés de la section soit vertical ; on reporte alors le même tracé sur l'autre bout, en déterminant d'abord le centre de la pièce à ce bout, puis en menant, avec un fil à plomb, une verticale passant par ce centre. Les deux sections d'équarrissage étant ainsi tracées comme le montre schématiquement la figure 57, on enlève à la hache la partie du bois qui se trouve en dehors des plans passant par deux côtés correspondants *bc*, *b'c'* et *ad*, *a'd'* ; les deux autres côtés sont enlevés de la même manière, mais après avoir tourné le tronc sur lui-même de 90°. Le bûcheron peut s'aider dans son travail en marquant avec un cordeau, sur l'arbre même, la trace des plans d'équarrissement ; il ébauche les faces à la *cognée* et les termine en les planant à la *doloire.*

Si le carré *abcd* n'est pas inscrit exactement dans le contour extérieur, le tracé est un peu plus difficile que précédemment.

Cette manière d'équarrir les arbres présente l'inconvénient de transformer en copeaux sans valeur le bois enlevé ; on lui substitue avantageusement l'équarrissage à la scie, lequel permet de détacher, sans les détruire, les parties du tronc

Fig. 58. — Scieurs de long.

qui sont en dehors du tracé ; ces parties ne donnent du reste que de mauvaises planches, appelées *flaches* ou mieux *dosses*, qu'on utilise dans certains travaux. Cette opération se fait à la scie des scieurs de long, comme celle du débit du bois lui-même (fig. 58) ; elle nécessite l'emploi d'un coin, appelé *bondieu*, pour écarter la dosse au fur et à mesure du sciage, afin que la scie ne soit pas serrée ; un autre coin, appelé *chasse-bondieu*, permet de dégager le premier lorsqu'il faut le déplacer. L'équarrissage à la scie ne se fait généralement pas sur place, comme celui à la cognée, mais dans des chantiers dans lesquels on se sert, maintenant surtout, de scies mécaniques.

Le volume des bois s'estime d'après la manière dont ils ont été équarris, car, même pour les *bois en grume*, c'est-à-dire pour ceux qui ont encore leur écorce, le prix de vente s'établit d'après le cube équarri *qu'ils fourniront*.

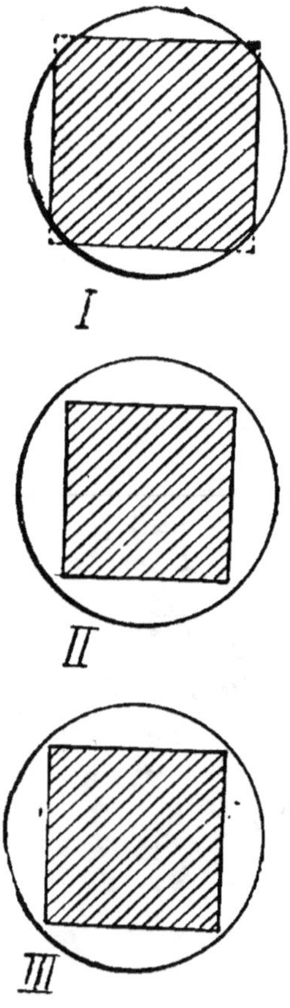

L'équarrissement est fait plus ou moins parfaitement suivant l'usage auquel on destine les pièces, et la réduction à faire subir au volume du bois en grume dépend de la manière dont il est pratiqué ; le cubage des pièces en grume est établi avec une réduction ayant pour objet d'obtenir non pas le volume supposé cylindrique des bois, mais celui qu'ils donneront après l'équarrissage. Trois manières de procéder sont ordinairement employées dans le commerce : on les désigne sous les noms d'*équarrissage au quart sans déduction*, *au cinquième déduit* et *au sixième déduit*.

Le cube fourni dans l'*équarrissage au quart sans déduction* s'obtient en prenant le contour de l'arbre sous écorce ; le quart de ce contour donne le côté du carré pris pour section. En réalité la pièce de bois se présente sous l'aspect d'un parallélipipède à arêtes chanfreinées, comme le montre en I la figure 59. Si D représente le diamètre de la section en grume, le côté du carré ainsi déterminé aura pour valeur $\dfrac{\pi D}{4}$ ou 0,78D ;

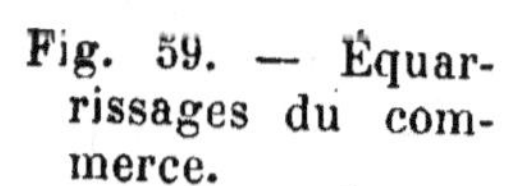

Fig. 59. — Équarrissages du commerce.

comme, par mètre de longueur, le volume en grume, c'est-à-dire le volume cylindrique, est égal à $\dfrac{\pi D^2}{4}$ ou 0,78 D², nous voyons que si le diamètre est égal à l'unité, pour une longueur de grume de un mètre, le volume équarri au quart sera 0,78 × 0,78 = 0,61, celui en grume étant 0,78 ; en en prenant le rapport nous trouvons que le volume au quart sans déduction est égal aux 78 centièmes du volume en grume. Ce mode d'équarrissage laisse l'aubier et donne des pièces à arêtes émoussées, dites « *avec flaches* ».

Dans le cubage au cinquième déduit, on opère comme précédemment, mais on prend pour valeur C du côté du carré le quart du contour de la pièce prise sous l'écorce diminué du cinquième de sa longueur, donc

$$C = \frac{\pi D - \frac{\pi D}{5}}{4} \quad \text{ou}$$

C = 0,628 D, ce qui donne pour surface de la section 0,39 D² ; en prenant le rapport de ce volume à celui en grume, on trouverait qu'il en est les cinquante centièmes. L'équarrissage au cinquième déduit ne laisse pas d'aubier, comme le montre en II la figure 59.

L'équarrissement au sixième déduit est absolument analogue au précédent, mais le côté C' du carré est égal au quart du contour diminué du sixième de sa longueur,

$$C' = \frac{\pi D - \frac{\pi D}{6}}{4} \quad \text{ou}$$

C' = 0,65 D ; donc la surface équarrie a pour valeur 0,42 D², ce qui nous donne pour le rapport des volumes 0,54, valeur qui indique que dans ce cas le volume équarri est égal aux 54 centièmes du volume en grume. Cet équarrissement laisse un peu d'aubier (III, fig. 59).

III. **Débit des bois.** — On entend par *débit des bois* l'opération ayant pour objet de diviser les arbres, préalablement équarris, en pièces régulières. Il se pratique en long ou en travers suivant que la pièce mère est divisée parallèlement à son axe, ce qui donne des pièces de même longueur qu'elle mais d'un équarrissage moindre, ou perpendiculairement, de manière à obtenir des pièces de même équarrissage, mais plus courtes ; le débit en travers est beaucoup moins employé que le débit en long.

Nous avons vu que, après équarrissage, les troncs des

arbres avaient une section sensiblement carrée ; sous cette forme ils peuvent être employés à de nombreux usages (poteaux, pieux, chevrons, etc.), mais ordinairement leur section est trop grande et il faut les refendre. Suivant la nature des pièces à obtenir, le sciage doit être opéré de manières différentes.

Pour les pièces de charpente le débit est assez simple, il se ramène presque toujours à l'un de ceux indiqués dans la figure 60. On obtient, suivant les dimensions primitives de la *pièce mère*, des *madriers*, des *solives*, des *poutres*, des *moises* ou des *chevrons*; une pièce de 0^m,20 d'équarrissage donnera deux solives de 0^m,20 sur 0^m,10 (A, fig. 60) ou quatre chevrons de 0^m,10 sur 0,^m10 (C, fig. 60) ; une pièce de 0^m,30 permettra d'obtenir trois moises de 0^m,30 sur 0^m,10 (B, fig. 60), etc.

Lorsqu'il s'agit d'obtenir des planches, principalement des planches pour travaux de menuiserie, le débit devient plus compliqué. La méthode la plus simple, dites *sur cercles*, qui est ordinairement suivie, consiste à diviser les pièces par des traits de scie parallèles, écartés d'une quantité égale à l'épaisseur des planches (A. fig. 61) ; les planches ainsi débitées présentent l'inconvénient de se voiler, car les mailles du bois sont coupées et ce dernier travaille inégalement sur les deux faces des planches.

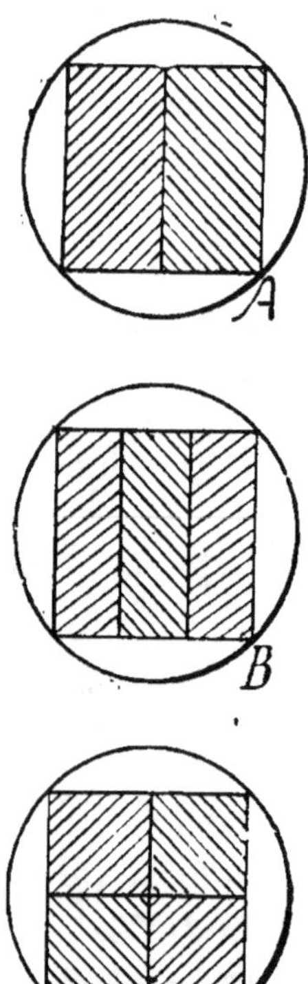

Fig. 60. — Débit des bois.

Pour remédier à cet inconvénient, on a recours à d'autres débits, B et D (fig. 61), dits *sur mailles*, basés sur ce qu'il faut, pour que les mailles ne soient pas coupées, que les traits de scie passent tous par l'axe de la pièce. Le *débit Moreau* (B fig. 61) fournit des planches ayant la même épaisseur, mais n'est pas rigoureusement sur mailles pour toutes, la moitié seulement des planches l'étant réellement ; comme la figure le montre, il consiste à diviser la pièce mère en secteurs, quatre par exemple, et à refendre chacun d'eux par des traits de scie parallèles, dirigés suivant les rayons. Le *débit hollandais* ne donne que des planches sur mailles, mais d'inégale épaisseur ; il est représenté en C (fig. 61).

La méthode ordinaire de débit en planches produit moins de surface que la méthode Moreau, qui en donne plus que la méthode hollandaise. D'après Grandvoinnet, un arbre de $1^m,20$ de circonférence donnerait six planches de $0^m,27$ de

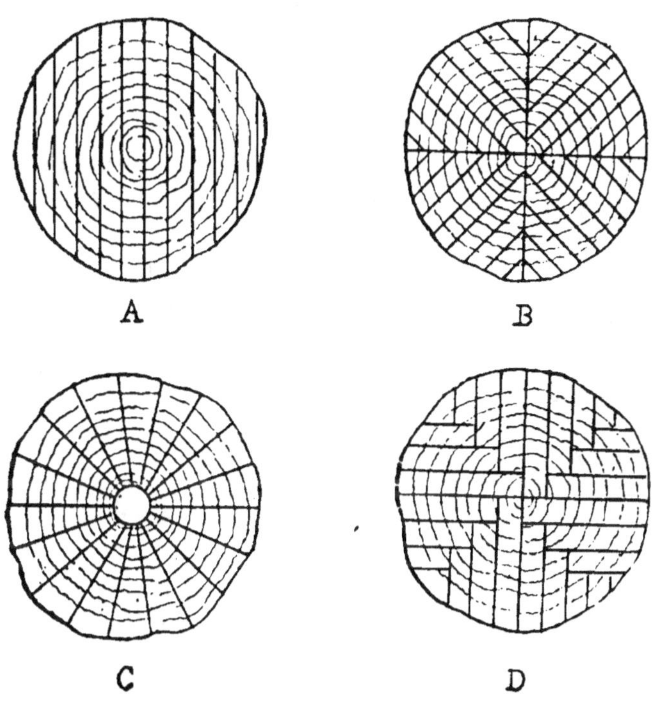

Fig. 61. — Sciages du commerce.

largeur sur $0^m,036$ d'épaisseur par le débit ordinaire, et par le débit Moreau, toute réduction faite, une surface équivalente à dix planches de $0^m,27$ sur $0^m,027$ d'épaisseur.

Grandvoinnet avait imaginé un débit réellement sur mailles, donnant le maximum de planches, mais demandant un léger supplément de main-d'œuvre pour présenter les pièces à la scie ; on commençait par enlever dans la pièce mère A la planche *a*

DANGUY. — *Constr. rurales.* 7

(fig. 62), puis dans chacun des deux faux demi-cercles restants B les planches *b*, dans les quatre faux quarts C les planches *c* et ainsi de suite, en enlevant toujours une planche dans le plan bissecteur de chacun des faux secteurs restants ; toutes les planches ainsi obtenues étaient sur mailles.

Nous ne parlerons pas du sciage des bois au point de vue des pièces débitées ; ces dernières varient en effet dans chaque région et nous serions obligé de mettre leur provenance en regard de leurs dimensions ; en outre le commerce des bois se fait d'après des unités très anciennes désignées sous des noms différents : c'est ainsi que dans les Vosges les principales unités de vente sont la *poutre*, la *recharge*, la *panne double*, etc. (charpentes en sapin) ; à Villers-Cotterets les unités sont l'*entrevous*, la *membrure*, la *doublette*, etc., et s'appliquent principalement aux charpentes en hêtre. Il faut donc toujours se préoccuper des usages locaux lorsqu'il s'agit de se procurer des pièces de charpente, ou spécifier leurs dimensions.

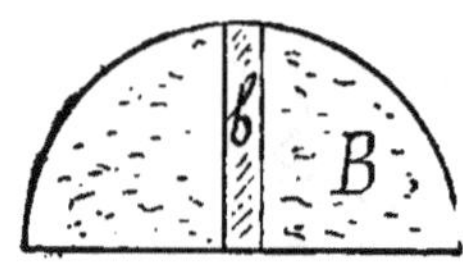

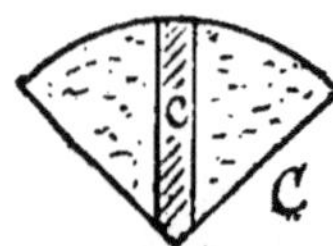

Fig. 62.
Débit Grandvoinnet.

IV. *Assemblages.* — Les différentes pièces composant les charpentes en bois sont réunies entre elles par des dispositions qui varient suivant leurs dimensions, leur position respective et le genre des efforts auxquels elles ont à résister ; ce sont ces dispositions qu'on désigne sous le nom d'*assemblages*.

Nous diviserons les assemblages en trois groupes selon que les pièces à assembler seront dans le prolongement l'une de l'autre, ou qu'elles se rencontreront normalement ou obliquement. Nous n'étudierons que les dispositions qu'on emploie le plus souvent et qui sont en même temps les moins compliquées.

Les assemblages du premier groupe sont appelés *assemblages d'ente* ou *entures* et ont pour but d'allonger les pièces des charpentes. Un des plus simples est l'assemblage à mi-bois (I, fig. 63), dans lequel les deux pièces à réunir A et B pré-

sentent une entaille, dont la profondeur est égale à la moitié
de leur épaisseur, suffisamment longue pour que l'enture puisse
être serrée par des clous, des chevilles ou plus solidement
encore par des boulons ; cet assemblage convient pour les
poteaux qu'on ne peut faire d'une pièce. On peut aussi terminer les extrémités des entailles par des sections en sifflet au lieu
de leur donner une coupe droite ; cette enture (II, fig. 63)
doit être maintenue par quelques boulons comme la précé-

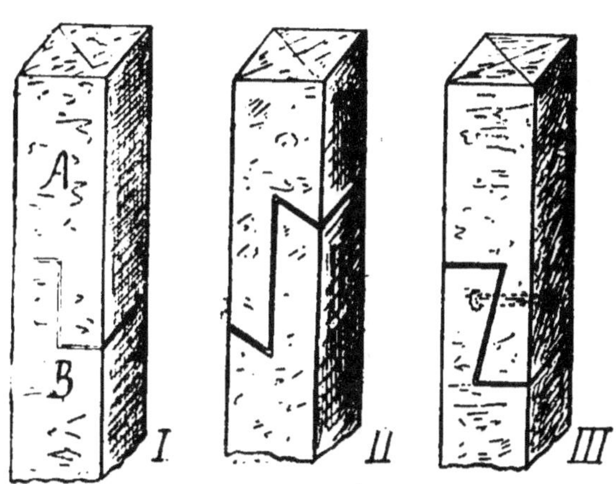

Fig. 63. — Assemblages d'ente.

dente. Ces deux genres d'assemblage ne résistent bien qu'à
la compression ; ils n'offrent que peu de résistance lorsqu'ils
doivent travailler à la flexion.

Il existe des entures beaucoup plus compliquées, basées sur le
même principe mais établies pour résister à des efforts en tous
sens; trop difficiles à exécuter pour être recommandées dans les
charpentes, on les trouve en usage dans la marine, notamment
pour assembler certaines pièces cylindriques ; les boulons de
serrage sont alors remplacés par des ligatures ou des colliers.

Si la pièce doit travailler à l'extension, il vaut mieux donner
aux entailles la coupe oblique indiquée en III (fig. 63), car
l'effort tendant à séparer les deux pièces n'est plus de cette
façon supporté directement par les boulons, qui servent surtout à empêcher les deux entailles de s'écarter l'une de l'autre.
Le plus parfait des assemblages de ce genre est celui dit à

trait de Jupiter (fig. 64) ; les extrémités des deux pièces à réunir présentent des entailles, ayant la disposition indiquée dans la figure, qui permettent, au moyen d'une *clef*, de serrer solidement les deux pièces l'une contre l'autre ; cette enture est ensuite consolidée par des boulons, ou mieux par des frettes. Quelquefois on allonge une pièce en employant l'assemblage à tenon

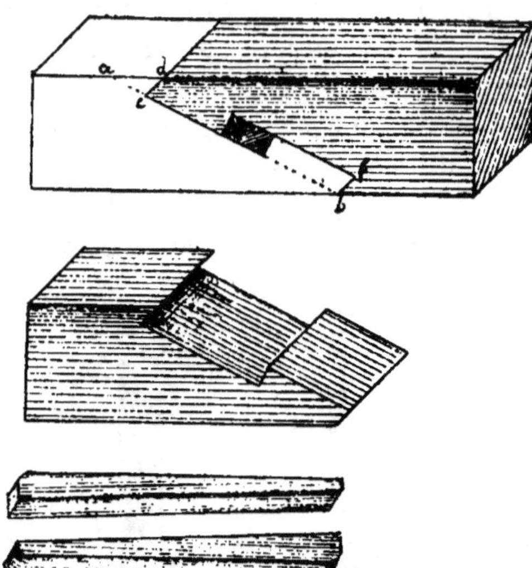

Fig. 64. — Assemblage à trait de Jupiter.

et mortaise, que nous décrivons plus loin à propos des assemblages d'angle, bien qu'il soit peu recommandable dans ce cas. On emploie aussi beaucoup l'assemblage en sifflet (fig. 65), qui convient quand les pièces fatiguent peu ou quelles sont soutenues ; c'est à lui qu'on a notamment recours pour réunir presque toutes les pièces de charpente qui ne travaillent qu'à

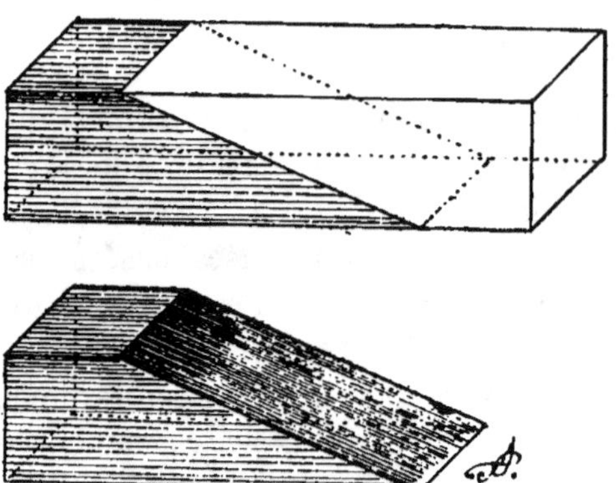

Fig. 65. — Assemblage en sifflet.

la flexion, comme les pannes, les chevrons et les sablières.

Comme règle générale il faut, autant que possible, faire les entures près des extrémités des pièces, ou près d'appuis, afin d'éviter qu'elles ne faiblissent. Les assemblages d'ente ont, du reste, perdu maintenant de leur importance, par suite du remplacement du bois par le fer dans les charpentes exigeant des pièces de grandes dimensions.

On peut enfin composer des pièces de charpente de grande longueur, qu'on appelle *doublées*, en superposant et en plaçant bout à bout des planches de même largeur (fig. 66), que l'on

Fig. 66. — Poutre composée.

maintient ensuite par quelques boulons ; les joints formés par les extrémités des planches doivent être échelonnés régulière-ment. Nous verrons un exemple de semblables poutres dans la *ferme* Émy.

Pour les assemblages du second groupe (pièces se rencontrant perpen-diculairement), celui qui est le plus employé est l'assemblage à *tenon* et *mortaise* ; le tenon est la partie de la pièce qui pénètre dans la creusure pratiquée dans l'autre (fig. 67), c'est cette creusure qui constitue la mortaise. Les tenons sont taillés suivant le fil du bois et peuvent

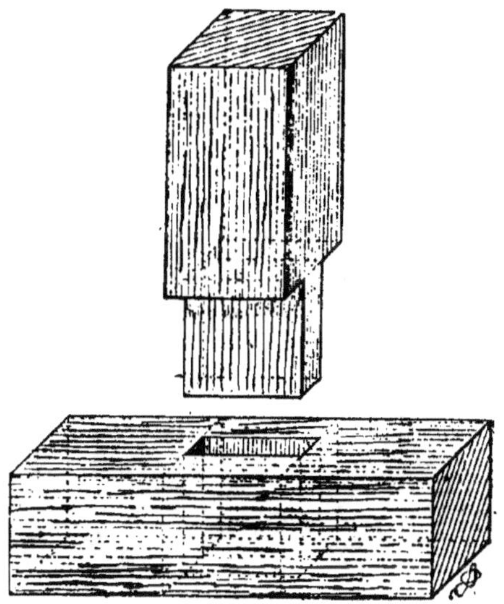

Fig. 67. — Assemblage à tenon et mortaise.

être facilement faits à la scie ; les mortaises sont creusés au ciseau ou avec des machines qui les font beaucoup plus rapide-ment et surtout avec une très grande précision. Les deux pièces à assembler ont généralement la même épaisseur ; le tenon a une épaisseur égale au tiers de celle des pièces. Quand le tenon sort au-dessous de l'assemblage (I, fig. 68), l'assemblage est dit à *tenon passant* ; si au contraire il a une longueur moindre que

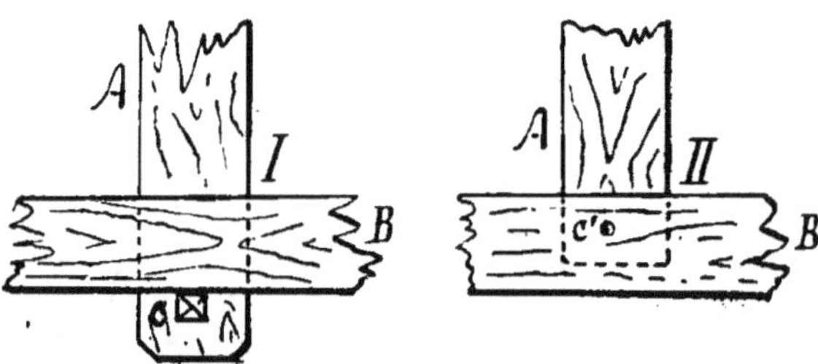

Fig. 68. — Assemblages à tenon passant et à tenon en about.

la hauteur de la pièce avec laquelle il est assemblé (II, fig. 68), on dit simplement que l'assemblage est à *tenon en about* ; dans le premier cas, les deux pièces sont serrées l'une contre l'autre par une clef *c* traversant le tenon sous la pièce B, dans le second par une cheville en bois *c'*. On doit employer la première disposition quand la pièce A soutient la pièce B, et la seconde quand cette dernière supporte la pièce A, le tenon ayant alors uniquement pour but d'empêcher les deux pièces de se déplacer l'une par rapport à l'autre. Lorsque le tenon affleure la partie inférieure de la pièce, il faut percer le trou destiné à la cheville au tiers inférieur du tenon et dans son axe, et donner de

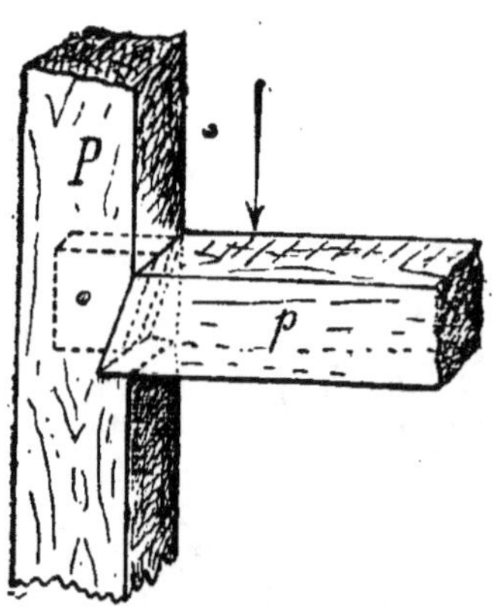

Fig. 69. — Assemblage à embrèvement.

la *tire* à l'assemblage, c'est-à-dire faire en sorte que l'enfoncement de la cheville tende à rapprocher les deux pièces l'une de l'autre. Les chevilles sont toujours en bois dur et ont un diamètre sensiblement égal au quart de l'épaisseur du tenon.

Il arrive quelquefois que la pièce verticale P (fig. 69) est un poteau et la pièce horizontale *p* une poutre ayant à soutenir

une charge ; on doit alors faire un *embrèvement* pour augmenter
la résistance de l'assemblage et ne pas faire supporter exclusivement par le tenon tout le poids de la charge. La figure 69 donne
l'aspect de cet assemblage : les bords de l'entaille du tenon ont
été coupés obliquement et viennent reposer dans une encoche
pratiquée dans la pièce verticale ; une cheville empêche les
deux pièces de s'écarter. On voit que la poudre repose sur le
poteau suivant toute son épaisseur et non sur un tiers, comme
cela serait arrivé s'il n'y avait
pas eu d'embrèvement.

Comme autre assemblage
d'angle nous indiquerons celui
à *enfourchement*, utilisé souvent
dans les fermes de charpente
pour soutenir certaines pièces.
La pièce A (fig. 70) présente, à
la place d'un tenon, un enfourchement dont chacune des parties est égale au quart de son
épaisseur, et la pièce B deux
entailles latérales au lieu d'une
mortaise. L'assemblage peut

Fig. 70. — Assemblage
à enfourchement.

être à *enfourchement passant*, avec clef de serrage en dessous,
ou à *enfourchement en about*, avec cheville. Les assemblages à
enfourchement, comme ceux à tenon et mortaise, sont parfois doubles et même triples, si l'épaisseur des pièces le permet ;
d'une exécution plus difficile que les précédents, ces derniers
laissent plus de bois pour les tenons.

Enfin, quand deux pièces se croisent, si la rencontre a lieu
à angle droit, la manière la plus simple d'opérer consiste à
faire un assemblage à entailles à mi-bois que l'on maintient
par un boulon ; pour en augmenter la résistance, s'il n'est pas
indispensable que les deux pièces soient exactement dans le
même plan, on donne aux entailles une profondeur moindre
que la moitié de l'épaisseur des pièces. Quand ces dernières
se croisent obliquement, il est bon de faire un embrèvement
A analogue à celui indiqué dans la figure 71, afin que les entailles ne tendent pas à faire éclater le bois dans les parties

en sifflet. Il existe encore d'autres assemblages qui permettent d'obtenir le même résultat, mais on les emploie moins souvent ; d'une manière générale, on les désigne sous le nom d'*assemblages de croisement*.

Dans certains assemblages rustiques, on supprime complètement les entailles, mais alors les pièces peuvent tourner si elles ne sont pas maintenues convenablement.

Les assemblages du troisième groupe, c'est-à-dire ceux relatifs aux pièces de charpente se rencontrant sous des angles quelconques, sont à tenon et mortaise et sont soigneusement chevillés. L'assemblage le plus simple

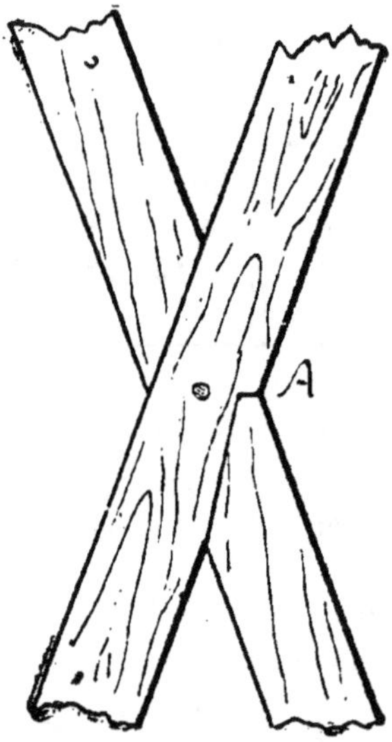

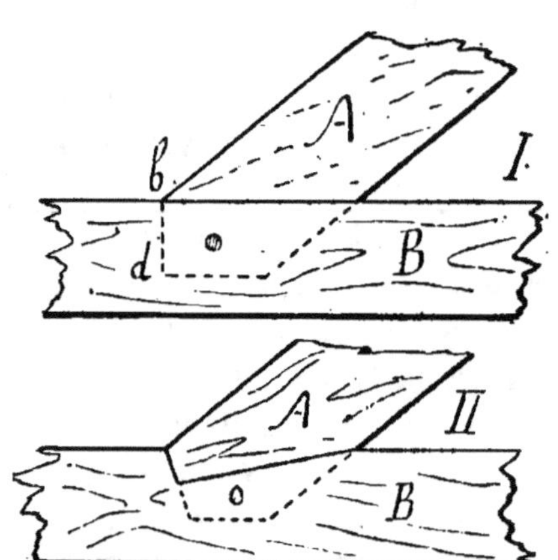

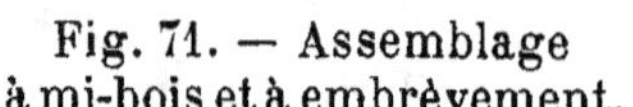

Fig. 71. — Assemblage à mi-bois et à embrèvement.

Fig. 72. — Assemblages obliques.

est représenté en I (fig. 72) ; comme la figure le montre, le tenon est arrêté à une verticale *bd*, afin que l'assemblage soit plus résistant et que la pièce A ne tende pas à faire fendre la pièce B, qui supporte presque toujours la première.

Dans cet assemblage, la pression à laquelle est soumise la pièce A est supportée entièrement par le tenon ; pour en augmenter la résistance on fait un embrèvement (II, fig. 72) grâce auquel les efforts de compression exercés par la pièce supérieure sur la pièce inférieure sont reportés sur toute leur largeur. La direction de la face de l'embrèvement doit être sensiblement perpendiculaire aux côtés de la pièce supérieure afin que les efforts s'exercent normalement. Dans ces assemblages, qui sont très employés dans les charpentes des fermes, on a cherché, comme dans les précédents, à supprimer les parties en sifflet parce qu'elles sont moins résistantes et tendent toujours à éclater.

Nous ne parlerons pas des autres assemblages obliques, comme ceux à embrèvement et à cran, à enfourchement (assemblage anglais), etc., parce qu'on les rencontre beaucoup moins souvent que ceux dont il vient d'être question.

V. *Poteaux*. — Les *poteaux* sont de fortes pièces de charpente verticales, destinées à supporter les charges qui reposent sur elles ; dans les constructions urbaines on les remplace presque toujours par des colonnes en fonte, colonnes qu'on emploie aussi, mais beaucoup plus rarement, dans les constructions rurales. Dans toutes les constructions légères, notamment dans celles destinées à abriter les récoltes, on est obligé de soutenir les fermes des charpentes par des poteaux, à cause du peu de résistance des murs, qui, quelquefois même, sont complètement supprimés.

Les valeurs des facteurs à faire intervenir dans le calcul de la section à donner aux poteaux, dépendent de leur hauteur, de la nature de leur bois et de la charge qu'ils ont à supporter ; il nous suffira, pour indiquer la marche à suivre dans ces calculs, de citer les passages suivants, que nous empruntons à un ouvrage de M. Ringelmann et à un livre que nous avons publié autrefois (1).

« Pour les pièces longues, comme les poteaux, il convient de tenir compte à la fois de la section et de la longueur. A mesure que la hauteur de la pièce augmente par rapport à sa section, sa résistance à la compression diminue, la pièce tendant à se déformer par flexion.

« Le tableau suivant donne le rapport des résistances en fonction des dimensions :

(1) Ringelmann, « De la construction des bâtiments ruraux », Ringelmann et Danguy, « Traité de mécanique expérimentale ».

Rapports de la hauteur au plus petit côté de la base.	Rapports des résistances (données page 119).
—	—
1	1
12	5/6
24	1/2
36	1/3
48	1/6
60	1/12
72	1/24

« Ainsi, soit à calculer la charge que peut supporter un poteau en sapin du Nord de $0^m,15 \times 0^m,20$ d'équarrissage, et de $3^m,75$ de hauteur.

«Le rapport entre le plus petit côté de la base $0^m,15$ et la hauteur $3^m,75$ est $\dfrac{3,75}{0,15} = 25$.

« D'après Hodgkinson, le sapin du Nord résiste à 480 kilogrammes par centimètre carré, soit en pratique, pour une construction permanente, $\dfrac{1}{10}$ de 480 kilogrammes ou 48 kilogrammes par centimètre carré.

« Dans le tableau précédent, la résistance d'une pièce ayant une hauteur 24 fois plus grande que le plus petit côté de la section (nombre le plus voisin de celui trouvé, c'est-à-dire 25) étant $\dfrac{1}{2}$, la résistance du poteau considéré sera environ de la moitié de 48 kilogrammes, soit 24 kilogrammes par centimètre carré.

« Le poteau ayant une section de $15 \times 20 = 300$ centimètres carrés, pourra en sécurité supporter une charge de $300 \times 24 = 7\,200$ kilogrammes.

« On voit, par cet exemple, tout le parti qu'on peut tirer des chiffres précédents.

« Quand les pièces ont une très grande hauteur, afin de leur conserver une certaine résistance, il faut les empêcher de fléchir ; il suffit pour cela de mettre deux *jambes de force a* et *b* (fig. 73) partant d'un certain point m ; dans ce cas, la longueur de la pièce à faire intervenir dans le calcul (et dans le tableau ci-dessus) est la distance *mn*.

Il en serait de même si des liens *c* étaient assemblés à la partie supérieure du poteau ; sa hauteur se réduirait alors à la longueur *md*.

« Lorsque la pièce est renflée vers sa partie centrale, la résistance, calculée d'après la méthode précédente, est augmentée d'un septième environ.

« Dans beaucoup de constructions (docks, magasins, manufactures, etc.), les différents étages sont supportés par des poteaux en bois ou des colonnes en fonte, qui, partant de fond, diminuent la charge sur les murs et permettent de faire ceux-ci moins épais. »

Le tableau suivant donne les résistances à l'écrasement des principaux bois :

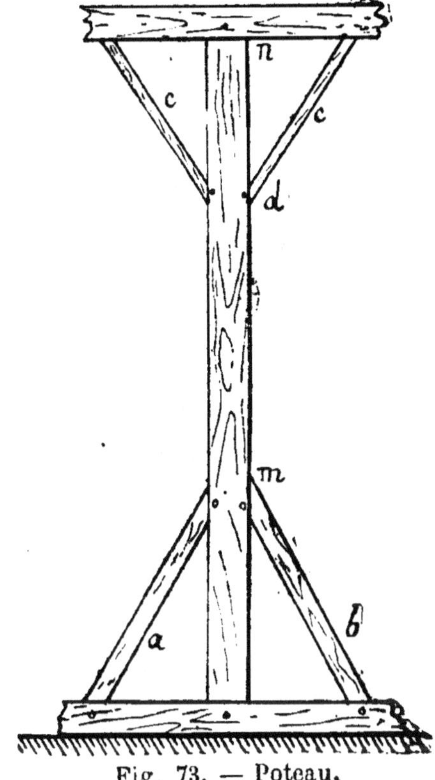

Fig. 73. — Poteau.

Matériaux.	Résistance par millimètre carré.	
	Rupture.	Charge de sécurité pratique.
	Kilos.	Kilos.
Chêne..............	3 à 4,55	0,300 à 0,455
Pin.................	3,77 à 4,77	0,377 à 0,477
Orme..............	7,3	0,730
Hêtre	6	0,600
Sapin	4 à 4,76	0,400 à 0,476
Peuplier	2,18	0,218
Bouleau...........	2,32	0,232
Charme...........	5,1	0,510
Frêne.............	6,3	0,630
Pilotis enfoncés à refus.............	—	0,300 à 0,400

VI. *Poutres.* — Tandis que les *poteaux* travaillent à la compression, les *poutres*, au contraire, doivent résister à des efforts de flexion ; ce sont, en effet, des pièces de charpentes horizontales qui ont à supporter des charges agissant verticalement. On trouve deux types de poutres, les poutres simples et les poutres dites *armées* ; dans les constructions urbaines et dans beaucoup de constructions rurales, on les remplace maintenant par des fers profilés. Les poutres ordinaires ont une section rectangulaire, la même dans toute leur longueur, et sont supportées par des appuis (murs ou poteaux) ; quelquefois, au lieu de reposer simplement sur des appuis, elles sont *encastrées* dans les murs ; leurs extrémités étant prises parfaitement dans la maçonnerie sur une certaine longueur, toute déformation devient alors impossible.

Les poutres doivent toujours être placées de champ, de manière que la plus grande dimension de la section soit verticale, car, comme les formules que nous verrons plus loin le montrent, la résistance d'une poutre est proportionnelle à sa largeur et augmente proportionnellement au carré de sa hauteur.

Différents cas peuvent se présenter suivant que la poutre est encastrée à ses deux extrémités, simplement à l'une d'elles, ou enfin qu'elle repose sur des appuis ; dans chacun de ces cas, il peut arriver qu'elle ait à supporter un effort unique P ou une charge uniformément répartie. Nous empruntons aux deux ouvrages que nous venons de citer les formules suivantes qui se rapportent à ces différents cas ; dans ces formules p représente la charge par mètre, lorsqu'elle est uniformément répartie, L la longueur de la poutre, h la hauteur de la section et a sa largeur, R étant un coefficient dont nous donnons plus loin quelques-unes des valeurs dont on a le plus souvent besoin :

« 1° Pièce en *porte-à-faux* encastrée à une extrémité et chargée à l'autre :

$$PL = \frac{Rah^2}{6} \text{ et } P = \frac{Rah^2}{6L}.$$

« 2° Même pièce chargée d'un poids p par mètre, uniformément réparti :

$$\frac{pL^2}{2} = \frac{Rah^2}{6} \text{ et } p = \frac{Rah^2}{3L^2}.$$

« 3º Pièce encastrée à ses deux extrémités, chargée en son milieu :

$$\frac{PL}{8} = \frac{Rah^2}{6} \text{ et } P = \frac{4Rah^2}{3L}.$$

« 4º Même pièce chargée d'un poids p par mètre, uniformément réparti :

$$\frac{pL^2}{12} = \frac{Rah^2}{6} \text{ et } p = \frac{2Rah^2}{L^2}.$$

« 5º Pièce reposant sur deux appuis, chargée d'un poids P en son milieu :

$$\frac{PL}{4} = \frac{Rah^2}{6} \text{ et } P = \frac{2Rah^2}{3L}.$$

« 6º Même pièce, chargée d'un poids p par mètre, uniformément réparti :

$$\frac{pL^2}{8} = \frac{Rah^2}{6} \text{ et } p = \frac{4Rah^2}{3L^2}.$$

« Dans ces formules les poids sont exprimés en kilogrammes et les dimensions L, a et h en mètres; les valeurs de R sont indiquées dans le tableau suivant, dans lequel les premiers chiffres sont applicables aux cas ordinaires de la pratique et les seconds supposent des matériaux de choix ou des constructions légères:

Matériaux.	Valeur de R qu'on ne doit pas dépasser dans la pratique.
Chêne	550,000 à 750,000
Pin du Nord	380,000
Sapin de Norvège	600,000 à 800,000
Mélèze	350,000
Orme	400,000
Frêne	710,000
Hêtre	545,000

« *Exemple d'application.* — Soit une solive de plancher travaillant comme dans le sixième cas ; la solive, en sapin du Nord, ayant pour dimensions :

$$a = 0^m,11 \; ; \; h = 0^m,22 \; ; \; L = 6 \text{ mètres.}$$

d'après le tableau précédent R = 600 000.

« La charge p, uniformément répartie par mètre courant, est :

$$p = \frac{4 \times 600\,000 \times 0,11 \times 0,22 \times 0,22}{3 \times 6 \times 6} = 118^k,3$$

et la charge totale P = 118,3 $\times$ 6 = 709^{kg},8.

« On voit ainsi tout le parti qu'on peut tirer de ces notions dans le calcul des planchers. »

Lorsqu'une poutre est inégalement chargée, on peut déterminer très simplement, par une méthode graphique, les *moments fléchissants* pour n'importe quelle section, ainsi que la répartition de la charge totale entre les deux appuis. L'exemple suivant est emprunté au traité de mécanique cité page 117.

« Le moment fléchissant, pris dans une section d'un solide soumis à différents efforts, est le moment du couple des efforts qui tendent à faire fléchir ce solide dans la section considérée.

« Le procédé suivant permet de déterminer graphiquement les moments fléchissants dans toutes les sections d'un solide quelconque placé dans des conditions déterminées. Considérons une poutre A (fig. 74) reposant sur deux appuis B, C, et supportant en certains points de sa longueur diverses charges p, p', p''. Traçons à une échelle convenue le polygone des forces; dans le cas présent les forces étant parallèles et verticales, ce polygone est représenté par une droite verticale *ad*, obtenue en ajoutant bout à bout les droites *ab*, *bc*, *cd* de longueurs respectivement proportionnelles aux forces p, p', p''.

« La droite *ad* est la résultante de ces charges. On joint ensuite les points *a*, *b*, *c*, *d* à un point *o*, pris à une distance égale à l'unité de longueur, sur une perpendiculaire à la résultante *ad*. Par un point D de la verticale passant par le point d'appui (ou par ce point d'appui même), on mène une parallèle DE à la direction *ao* jusqu'à sa rencontre en E avec la projection verticale de la charge p; par ce point E on mène EF parallèle à *bo* jusqu'à la rencontre F avec la projection de la force p', et ainsi de suite; on obtient une ligne

brisée DEFGH qu'on ferme ensuite par la droite DH pour
avoir ce qu'on appelle le *polygone funiculaire*, dont la surface
représente la somme des moments fléchissants de la poutre.
Toute section faite dans la poutre, en *mn* par exemple, sera
coupée par le polygone funiculaire sur une longueur *m'n'* qui
représentera, à l'échelle, le moment fléchissant de cette section.
La ligne *oo'*, parallèle à la ligne DH de fermeture du funiculaire,
coupe la résultante *ad* du polygone des forces en un point

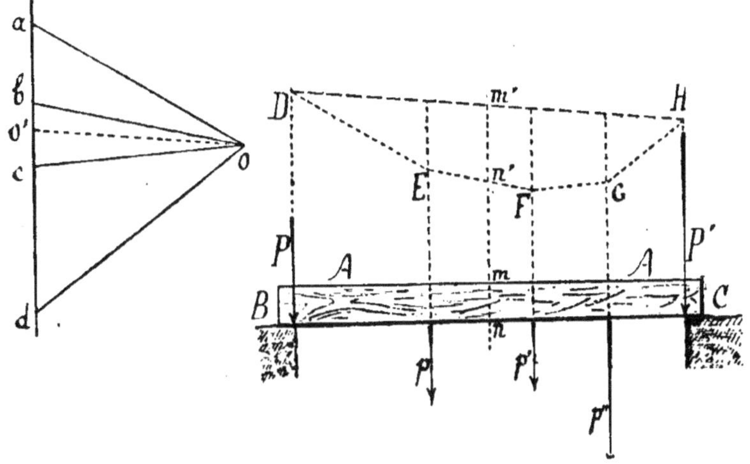

Fig. 74. — Moment fléchissant.

o' qui la divise en deux parties *ao'* et *o'd* représentant à l'é-
chelle les pressions P et P' exercées par la poutre sur les appuis
B et C.

« De l'ensemble qui précède, nous pouvons déduire certaines considérations pratiques très importantes : soient, par
exemple, deux pièces P et P' (fig. 75); nous pouvons les assembler de deux façons différentes pour en faire une poutre, soit
en les juxtaposant, soit en les superposant. La formule
précédente $P = \dfrac{Rah^2}{6L}$ nous montrant que la résistance est
proportionnelle à la largeur *a* et au carré de la hauteur *h*,
nous voyons que nous avons intérêt à augmenter la hauteur de la poutre et par suite que nous devons superposer
les deux pièces. D'une manière générale, il faudra rejeter

les pièces de section carrée ; on ne prendra de semblables sections que lorsque les charges à supporter seront relativement faibles, comme cela arrive pour les chevrons, qui ont une section sensiblement carrée et qu'on se contente d'écarter ou de rapprocher plus ou moins suivant le poids de la couverture.

« Généralement, dans nos constructions, les pièces ont le même profil sur toute leur longueur, bien que les différentes sections transversales d'une même pièce ne supportent pas la même charge ; dans les grands travaux, on est obligé de tenir compte de leur poids mort, qu'on a intérêt à réduire le plus possible sans pour cela diminuer leur résistance. »

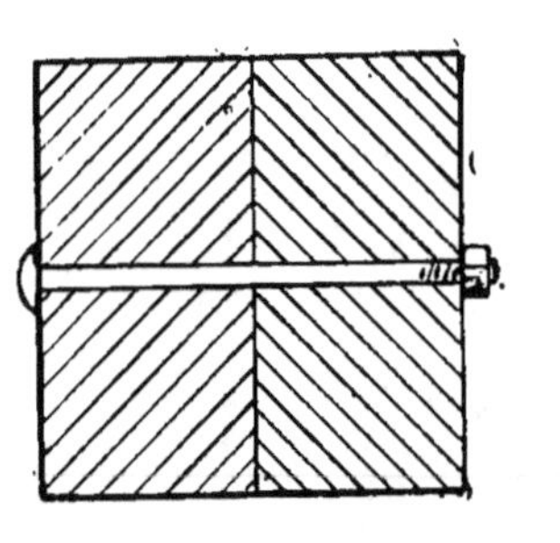

Fig. 75. — Poutres composées.

Les *poutres armées* sont des poutres composées de pièces

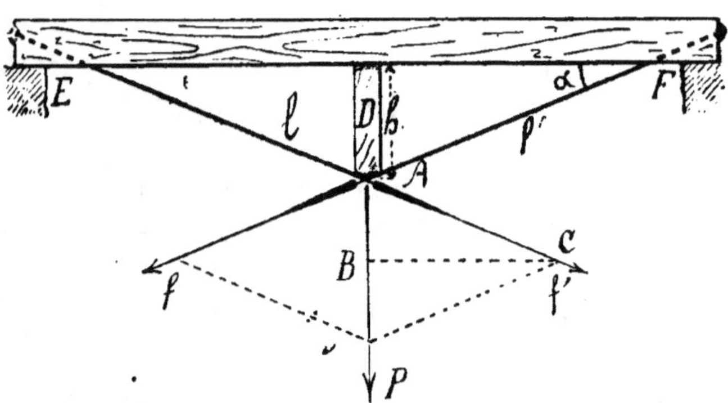

Fig. 76. — Résistance d'une poutre armée.

ayant pour but d'augmenter leur solidité ; la manière la plus simple d'armer une poutre est indiquée dans l'exemple suivant : « Pour augmenter la résistance à la flexion d'une poutre

EF (fig. 76), on l'arme avec des tirants l et l' ; on place en D une petite pièce de bois ou de fonte appelée *poinçon* que l'on réunit aux deux extrémités de la poutre par deux tringles l et l' qui vont travailler à l'extension, le poinçon, au contraire, travaillant à la compression.

« Représentons par P la charge supportée par la poutre en son milieu ; en appliquant la règle de la décomposition des forces nous pouvons considérer cette charge comme étant la résultante de deux forces f et f' égales (le parallélogramme étant ici un losange) et dirigées suivant les axes des tirants. Par suite de la similitude des triangles ABC et ADE, on a :

$$\frac{AC}{AB} = \frac{AE}{AD}.$$

« Or AB est égal à $\frac{P}{2}$ et AC à f' ; comme AE représente la longueur connue l du tirant et AD la hauteur h du poinçon, nous avons :

$$\frac{f'}{\frac{P}{2}} = \frac{l}{h},$$

d'où

$$f' = \frac{Pl}{2h}.$$

Mais en fonction de l'angle α , $h = l \sin \alpha$ et il vient :

$$f' = \frac{Pl}{2l \sin \alpha},$$

ou, en simplifiant :

$$f' = \frac{P}{2 \sin \alpha}.$$

« Nous pouvons ainsi calculer l'effort f' supporté par le tirant et par suite déterminer les dimensions qu'il convient de lui donner. »

Ces poutres armées ne peuvent être employées que lorsqu'il existe sous le poinçon un dégagement suffisant ; si, comme cela arrive souvent, ce dernier devient une gêne, il faut armer la poutre autrement. On peut alors adopter la disposition représentée dans la figure 77 ; elle consiste à composer la poutre de deux pièces *jumelées*, maintenant entre elles deux pièces obliques *a* appuyant, d'une part, sur une clef centrale C et, d'autre part, sur des talons solidement fixés par des boulons. Pour les poutres de très grande longueur, les deux pièces *a*

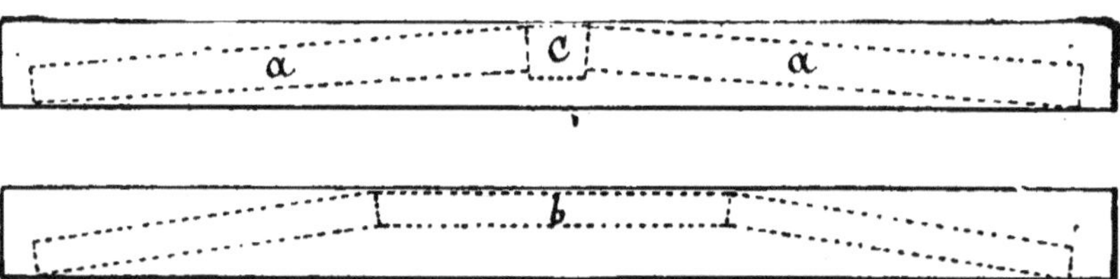

Fig. 77. — Poutres armées.

n'ont pas une obliquité suffisante pour agir efficacement ; on remplace dans ce cas la clé par une pièce horizontale *b* d'une longueur convenable. Sans augmenter leur hauteur, ces armatures consolident beaucoup les poutres, car les pièces qui les composent, étant maintenues latéralement, travaillent à la compression sans pouvoir se déformer.

Les poutres armées ont perdu maintenant de leur importance dans les constructions rurales modernes, à cause de la facilité avec laquelle on peut les remplacer par des poutres en fers à double T, de section et de longueur quelconques.

VII. *Combles.* — Les parois inclinées qui limitent les constructions à leur partie supérieure sont appelées *combles*; ce nom s'applique aussi à la charpente, en bois ou en fer, qui supporte la couverture ; enfin,

Fig. 78. — Comble en appentis.

on donne également le nom de combles à la partie du bâtiment située immédiatement sous la toiture.

Les combles sont composés d'éléments, appelés *fermes*,
que nous étudions plus loin, réunis entre eux par des pièces
de charpente. Ils peuvent être plans ou courbes ; nous ne

Fig. 79. — Combles : I, à pignons ; II, à croupes ;
III, à demi-croupes ; IV, à pavillon.

parlerons que des premiers, les seconds étant trop coûteux
pour que nous les recommandions dans les constructions
rurales.

Le comble le plus simple est le *comble en appentis* (fig. 78),
qui convient pour toutes les constructions secondaires adossées
à d'autres plus importantes. Pour ces dernières, lorsqu'elles
sont isolées, il faut avoir recours aux combles à *longs pans*,
composés de deux pans égaux et symétriques (I, fig. 79), car

les combles à un seul pan obligent à employer des pièces de charpente de grandes dimensions et on ne doit les adopter que quand la largeur du bâtiment permet d'utiliser des bois de dimensions courantes. Les combles à longs pans sont encore appelés *combles à pignons*.

Le *comble à croupes* (II, fig. 79) et le *comble à demi-croupes* (III, fig. 79) donnent aux constructions un aspect particulier ; ils ont l'inconvénient de nécessiter l'emploi de fermes relativement compliquées et, par suite, d'un prix élevé ; leur couverture est également plus coûteuse que celle des combles à pignons.

Il y a enfin le *comble à pavillon* (IV, fig. 79), que nous ne recommanderons que pour les très petites constructions isolées, ainsi que pour celles dans lesquelles on ne regardera pas à un supplément de dépenses.

VIII. *Fermes.* — On appelle *fermes* (fig. 80) les carcasses élémentaires en bois ou en fer qui supportent les couvertures des constructions. Les dimensions à donner aux pièces des fermes, ainsi que leurs dispositions, dépendent de leur portée, c'est-à-dire de l'écartement des points d'appui, et des charges qu'elles ont à supporter ;

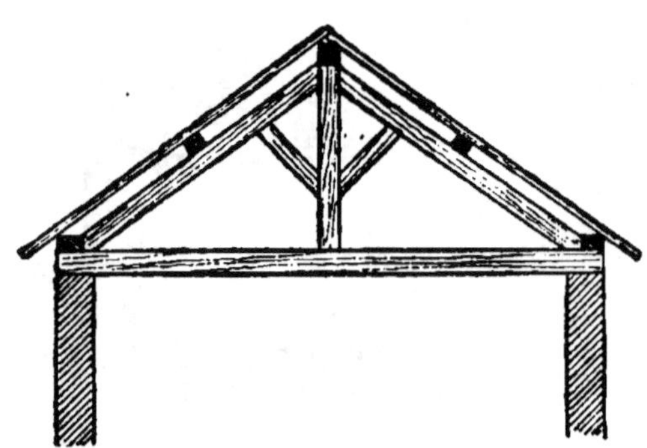
Fig. 80. — Ferme de charpente.

ces dernières varient dans des proportions considérables suivant la nature des matériaux de la couverture.

Les couvertures des constructions sont donc supportées par des fermes, c'est-à-dire par des éléments identiques, placés les uns à la suite des autres à des distances le plus souvent comprises entre 3^m,50 et 4^m,50.

Les fermes doivent être établies de telle sorte qu'elles n'exercent sur les murs que des pressions verticales, et non des poussées obliques qui tendraient à les renverser (fig. 81), les murs n'étant pas construits pour résister à des efforts latéraux.

Les couvertures des constructions rurales se composent ordinairement de deux plans inclinés réunis suivant une ligne dite de *faîte* ; les fermes les plus simples, pour de semblables couvertures, sont constituées par un triangle ABC (fig. 82) composé de trois pièces de bois assemblées entre elles, formant immédiatement ainsi un ensemble rigide et indéformable. Tous les 4 mètres environ, on place une pareille ferme ; il faut par suite autant de fermes moins une que le bâtiment

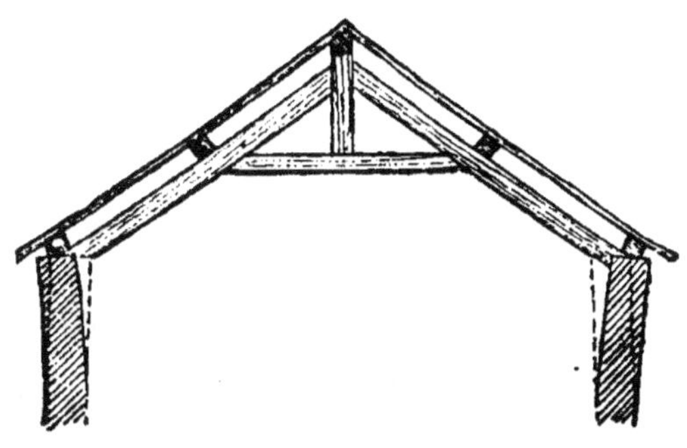

Fig. 81. — Ferme mal établie.

comprend de fois cette longueur, les murs extrêmes, qui forment pignons, remplaçant chacun une ferme. Les fermes sont réunies entre elles par des pièces horizontales *p* désignées

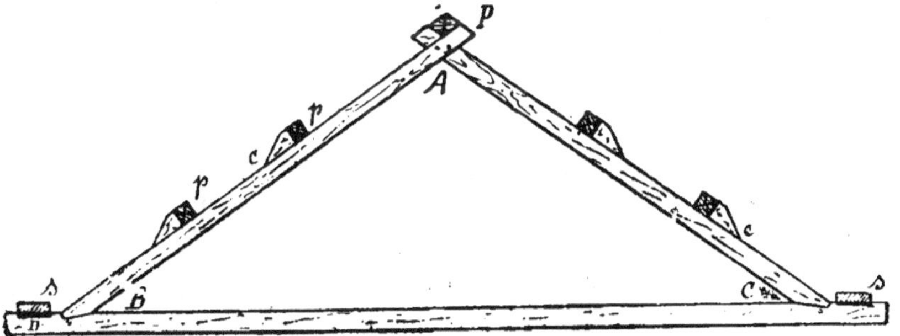

Fig. 82. — Ferme simple.

sous le nom de *pannes*, la panne supérieure étant appelée *panne faîtière* ; elles sont maintenues à leur partie inférieure par des pièces *s*, dites *sablières* ou *plates-formes*, scellées à la partie supérieure des murs. Les pannes sont appuyées contre des sortes de coins *c* appelés *chantignoles* ou *échantignoles*.

Les deux pièces principales AB et AC sont les *arbalétriers* et la pièce BC le *tirant* ou *entrait* ; ce dernier doit supporter son propre poids et résister à un effort de traction agissant suivant son axe ; le rôle de cette pièce est de maintenir l'écartement des arbalétriers.

Les différentes pièces composant une ferme doivent être calculées et équarries de manière qu'elles puissent, sans se déformer, résister aux efforts auxquels elles seront soumises ;

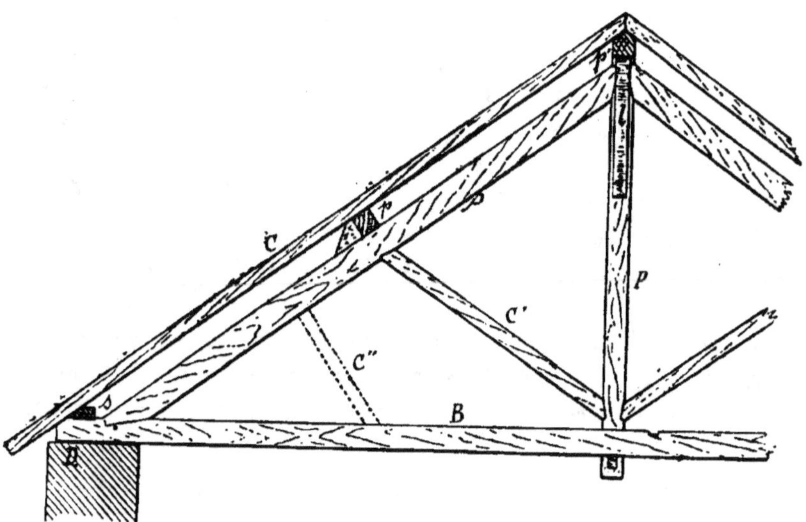

Fig. 83. — Ferme composée.

il est facile de connaître ces efforts, puisqu'ils ont pour origine la charge supportée par la ferme, c'est-à-dire le poids de la couverture. Nous déterminons plus loin la section à donner aux arbalétriers, mais nous ne nous occupons pas des autres pièces parce qu'on est obligé, en pratique, de leur donner toujours une section plus grande que celle qu'indiquerait le calcul, à cause des assemblages.

Quand l'écartement des appuis dépasse 6 ou 8 mètres, le calcul donne, pour les arbalétriers, des équarrissages considérables ; ces pièces deviennent coûteuses et il faut souvent les faire venir de fort loin. On préfère, dans ce cas, compliquer la charpente et réduire la section des pièces qui la composent ;

la ferme précédente, dite *simple*, prend alors le nom de *ferme composée* (fig. 83). L'entrait B, qui tend à fléchir sous son propre·poids, est soutenu en son milieu au moyen d'une pièce P appelé *poinçon*, fixée à la rencontre des arbalétriers ; le poinçon peut être remplacé, sur une partie de sa longueur, par une simple tringle en fer terminée par des étriers. Comme les deux arbalétriers d'une même ferme appuient fortement l'un sur l'autre par leur partie supérieure, au lieu de les assembler à

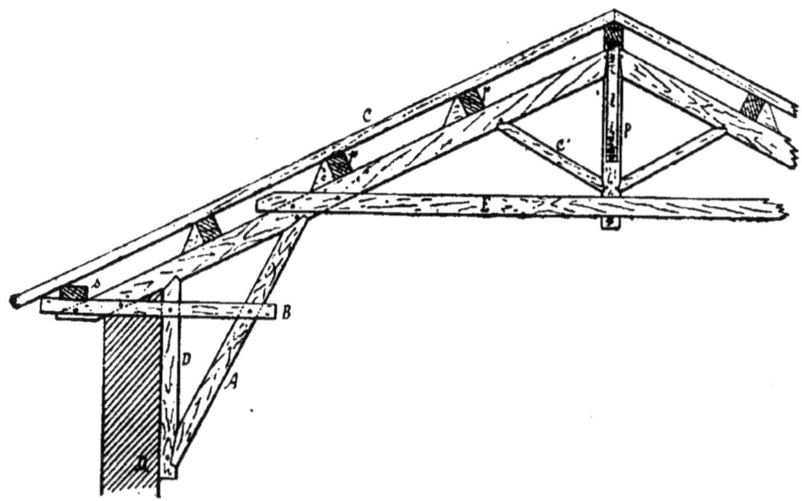

Fig. 84. — Ferme à entrait retroussé.

mi-bois, on les assemble avec le poinçon ; en outre il n'y a ainsi aucune perte dans leur longueur. L'assemblage du poinçon avec les arbalétriers est à embrèvement ; il est à tenon et mortaise, ou mieux à tenon passant, avec l'entrait.

Les fermes précédentes présentent comme inconvénient principal de ne pas permettre d'utiliser d'une manière complète les surfaces couvertes, les pièces qui les composent empêchant de se servir des greniers comme magasins. On préfère, pour cette raison, un autre type de ferme appelé *ferme à entrait retroussé* (fig. 84). Dans ce genre de ferme l'entrait, formé ordinairement de deux pièces moisées, est placé à une certaine hauteur au-dessus des sablières. Ces fermes doivent être calculées avec beaucoup de soin, car si l'entrait empêche l'écartement des arbalétriers, il n'empêche pas leur déformation, qui a pour effet d'exercer une poussée latérale sur les murs (fig. 81). On soutient ordinairement les arbalétriers par des pièces obliques A (fig. 84), *appelées jambes de force*, reposant sur les poutres du plancher à leur naissance ou sur un petit poteau D, désigné sous le nom de *potelet*, reposant lui-même sur un *corbeau*. On évite la déformation des jambes de force, qui tendent à fléchir, en les maintenant par des *blochets* B, composés souvent de deux *moises*.

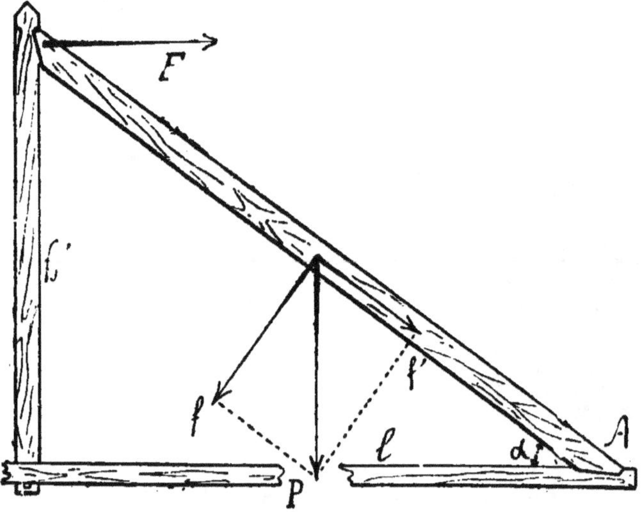

Fig. 85. — Conditions d'équilibre d'une ferme.

Si, par suite de la portée de la ferme, on craint que les arbalétriers ne fléchissent dans la partie comprise entre leur sommet et le point où ils sont soutenus par la *jambe de force*, on place des *contre-fiches* C' qui appuient sur le poinçon. Dans les fermes ordinaires (fig. 83) on est souvent tenté de soutenir l'arbalétrier par une contre-fiche C", appelée *aisselier* ; il ne faut pas avoir recours à cette pièce, parce qu'elle repose sur le tirant qui ne doit et ne peut résister utilement qu'à des efforts de traction. Dans les fermes à entrait retroussé, on place quelquefois un tirant en fer à la hauteur des sablières ; on augmente ainsi beaucoup leur résistance, mais on perd tout l'avantage de ce genre de ferme.

Quand la portée devient très grande, pour ne pas donner aux arbalétriers une section trop considérable, on les renforce dans la partie où ils ne sont supportés par aucune pièce, c'est-à-dire entre les jambes de force et les contre-fiches, en les doublant par des *sous-arbalétriers*.

Il est facile de calculer la valeur de l'effort supporté par les arbalétriers ; prenons le cas le plus simple et le plus général, celui d'une ferme ordinaire : la charge, uniformément répartie, a pour valeur le poids de la partie de couverture supportée par l'arbalétrier, soit P (fig. 85). La force P, qui agit verticalement en son milieu, se décompose en deux, l'une perpendiculaire à l'arbalétrier, ayant pour valeur $P\cos\alpha$, α étant l'angle d'inclinaison de cette pièce sur l'horizon, l'autre f' dont la valeur est $P\sin\alpha$; cette dernière force n'interviendra pas dans le calcul de la section de l'arbalétrier, puisqu'elle ne tend pas à le déformer ; nous voyons donc que celui-ci est dans les conditions d'une poutre reposant par ses deux extrémités sur des appuis et ayant à supporter une charge $P\cos\alpha$.

La formule générale $\dfrac{PL}{4} = \dfrac{Rah^2}{6}$ (page 121) devient pour ce cas particulier :

$$\frac{P\cos\alpha\,L}{4} = \frac{Rah^2}{6},$$

L étant la longueur de l'arbalétrier, a et h les deux dimensions de sa section, et R un coefficient ayant une valeur moyenne, pour le bois, de 700 000 kilogrammes par mètre carré.

Au point de vue de l'équilibre de la ferme, on peut calculer l'effort F qu'on devrait exercer pour maintenir l'arbalétrier, qui tend à tourner autour du point A sous l'action de la charge P. Le point fixe étant en A, le théorème des moments permet d'écrire, l étant la demi-ouverture de la ferme et h' sa hauteur, $P\dfrac{l}{2} - Fh' = o$, or $h' = l\,\mathrm{tg}\,\alpha$ ou $l = h'\cot g\,\alpha$, donc

$$F = \frac{Pl}{2h} = \frac{P\cot g\,\alpha}{2}.$$

Lorsque l'arbalétrier est soutenu par une contre-fiche (fig. 86), le calcul se fait d'une manière analogue mais est un peu plus compliqué ; supposons que la contre-fiche soit assemblée à l'arbalétrier au tiers de sa longueur à partir du sommet, la charge étant uniformément répartie, l'arbalétrier aura à supporter, entre A et B, une charge égale à $\frac{P}{3}$ et entre B et C une charge ayant pour valeur $\frac{2P}{3}$. Si l'importance de la charpente ne nous oblige pas à adopter pour l'arbalétrier deux équarrissages différents, nous ne calculerons que celui de la partie comprise en BC, l'autre partie AB étant moins chargée ; nous appliquerons la formule précédente à ce cas particulier, en remplaçant P par $\frac{2P}{3}$.

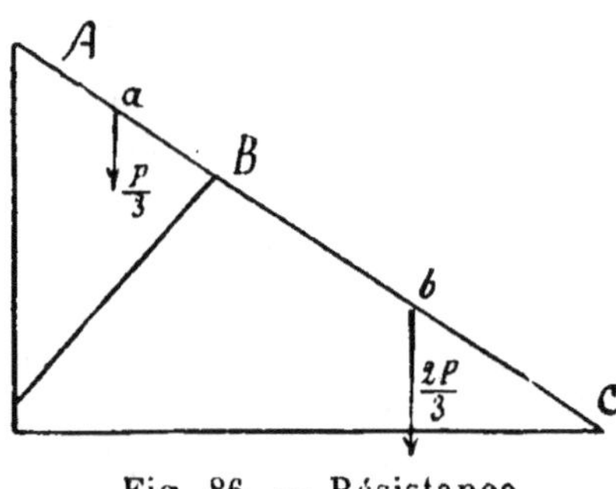

Fig. 86. — Résistance des arbalétriers.

Pour les fermes de très grande portée, ayant 12 à 15 mètres et même plus d'ouverture, on emploie des dispositions plus compliquées que celles que nous venons de voir. Dans l'une d'elles, imaginée par Polonceau (fig. 87), les arbalétriers sont armés comme de véritables poutres, au moyen de tirants en fer, terminés par des étriers, passant sur des poinçons placés en leur milieu ; toute déformation devient donc impossible car de semblables tirants peuvent résister, même avec une section très faible, à des efforts considérables. Avec des arbalétriers ainsi armés, il est préférable de remplacer l'entrait par un entrait retroussé en fer ; la ferme est alors très légère et, étant triangulée, devient indéformable ; cet entrait doit avoir une section sensiblement double de celle qu'il aurait eue s'il avait été fixé à la partie inférieure des arbalétriers. On peut, de cette manière, faire des fermes très solides de 10 à 20 mètres de portée, sans avoir à employer des pièces d'un équarrissage considérable.

Le colonel Emy a imaginé une ferme, dont nous donnons un exemple à propos des granges, composée essentiellement d'une arcade de grande dimension formée de planches placées à plat les unes sur les autres, à joints alternés et solidement maintenues par des boulons. Les arbalétriers reposent sur ces arcades, auxquelles ils sont réunis de distance en distance par des pièces moisées ; à la partie supérieure un entrait retroussé les maintient.

La ferme Pombla est composée de pièces cintrées maintenues par des tirants qui en empêchent toute déformation ;

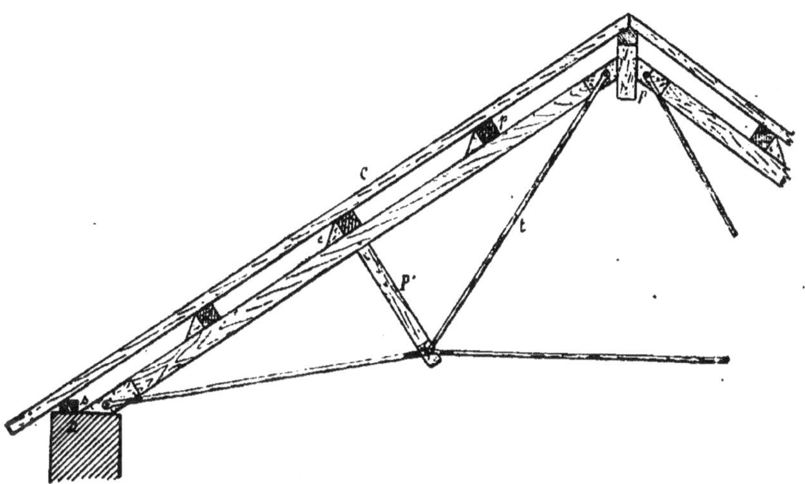

Fig. 87. — Ferme Polonceau.

cette ferme convient surtout pour les constructions légères, les hangars en particulier. On en trouvera deux types dans le chapitre relatif aux constructions servant à abriter le matériel et les récoltes.

La ferme Ardent est une sorte de voûte polygonale, formée d'une série de pièces assemblées de manière à déterminer entre elles des triangles ; elle est très résistante mais d'un montage compliqué.

Il existe enfin des fermes entièrement en planches, sans aucun assemblage, les éléments qui les constituent étant également maintenus par des planches clouées. On espace ces fermes de 60 à 80 centimètres, afin qu'elles aient une résistance suffisante pour supporter la couverture ; elles remplacent alors les chevrons.

M. Ringelmann avait imaginé et fait construire, pour le hall de l'ancienne station d'essais de machines du Ministère de l'Agriculture, des fermes spéciales en planches qui ne comportaient aucun assemblage.

Nous avons vu que les fermes étaient réunies entre elles par les pannes et par les sablières ; les pannes *p*, dont l'écartement moyen est de 2 mètres, supportent les chevrons C (fig. 83, 84 et 87) sur lesquels sont clouées des *lattes* ou des *voliges*, suivant la nature de la couverture ; les chevrons sont écartés ordinairement de 30 à 60 centimètres et ont, en section, $0^m,06 \times 0^m,08$, $0^m,08 \times 0^m,08$ ou $0^m,08 \times 0^m,11$; ils doivent être bien droits afin que la surface du toit soit régulière et que l'eau s'écoule facilement.

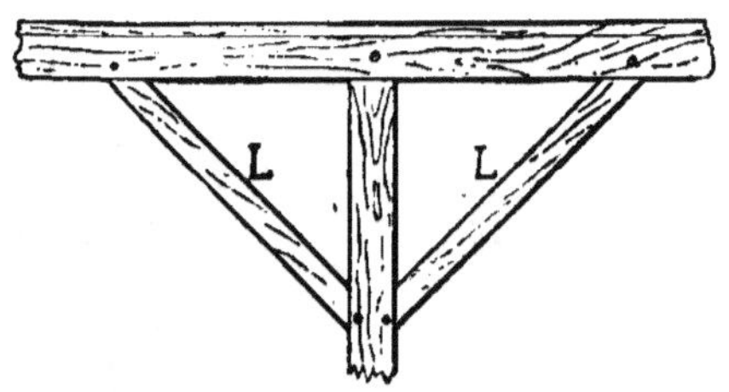

Fig. 88. — Liens.

Pour donner de la rigidité, dans le sens latéral, à la charpente formée par les fermes et les pannes, on réunit les poinçons à la panne faîtière par des *liens* L (fig. 88) ou *l* (fig. 83 et 84), placés dans le plan vertical de cette dernière. Lorsque la couverture dépasse l'aplomb des murs latéraux, pour les protéger contre la pluie, les pannes doivent déborder des pignons pour la soutenir. Les pignons sont ordinairement en maçonnerie ou sont encore formés par des fermes semblables aux autres ; dans les deux cas, il n'y a de liens que du côté intérieur du bâtiment et on remplace l'entrait par un simple tirant en fer, noyé dans l'épaisseur du mur ou appliqué à sa surface.

En général, quand on le peut, on assemble les fermes sur le sol et on les relève en se servant d'une chèvre ou d'une disposition convenable, on opère notamment ainsi pour les hangars ; pour ces derniers on assemble même très souvent les fermes aux poteaux que, de cette manière, on dresse en même temps. Une fois debout, les fermes sont maintenues par des cordages jusqu'à ce qu'elles aient été réunies entre elles par les pannes et consolidées par les liens. Dans les constructions en maçonnerie les fermes sont presque toujours assemblées à la place même qu'elles doivent occuper.

Pour les toitures en croupe, il faut des fermes spéciales, d'une exécution difficile ; il est recommandable de ne pas avoir recours à ce genre de toiture pour les bâtiments destinés au logement des récoltes ou des animaux, à cause des complications qu'elles présentent dans la charpente, complications qui se traduisent par un supplément de dépenses.

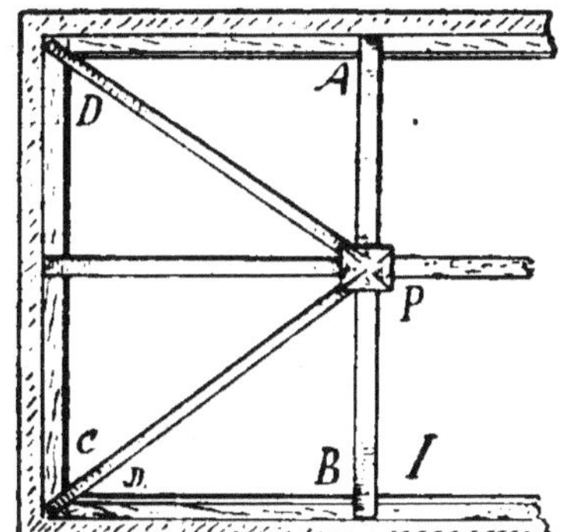
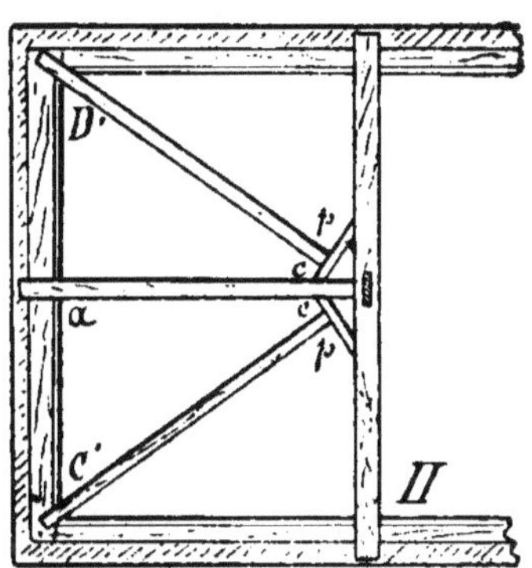

Fig. 89. — Ferme de croupe (projection horizontale et plan).

La figure 89 représente en I la projection horizontale d'une ferme de croupe ordinaire convenant pour de faibles portées, et en II le plan de cette même charpente, le poinçon, les *arêtiers* et les arbalétriers étant enlevés. La dernière ferme de charpente est projetée en AB et ses deux arbalétriers AP et BP reposent sur le poinçon P ; ce dernier sert en outre d'appui à deux autres arbalétriers PC et PD, appelés *arêtiers*, dirigés suivant les angles du bâtiment. Les arêtiers étant obliques par rapport aux arbalétriers, doivent avoir une longueur plus grande ; leur assemblage avec le poinçon et les sablières demande à être fait par des ouvriers habiles, à cause précisément de leur obliquité. Les arêtiers exercent, suivant les angles du bâtiment, des poussées ayant pour effet de tendre à renverser les murs ; on est obligé, pour cette raison, de les

8.

maintenir par des tirants $C'p$ et $D'p$, appelés *coyers* ; quelquefois même on doit placer un autre tirant *ac*, dit de croupe, réunissant le mur latéral au tirant de la dernière ferme; l'assemblage de toutes ces pièces concourant en un même point p nécessite l'emploi de *goussets cp*.

C'est sur cette charpente que l'on place les pannes, sur lesquelles on cloue ensuite les chevrons (dits de *long pan* ou de *croupe* suivant qu'ils sont sur les longs pans ou sur la croupe). Les chevrons coupés, qui réunissent les arêtiers aux sablières, sont appelés *empanons* et on donne le nom d'empa-

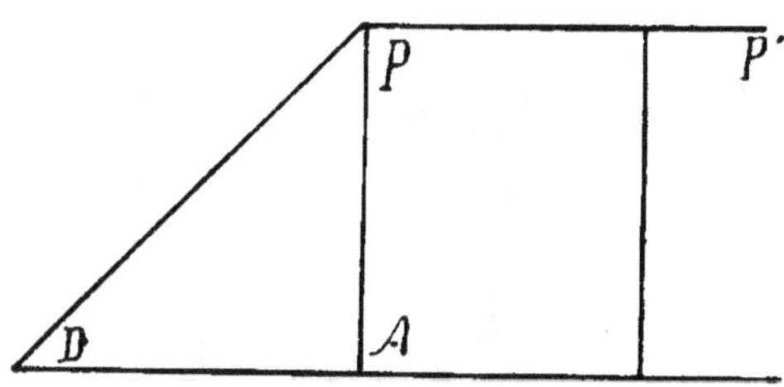

Fig. 90. — Élévation schématique d'une ferme de croupe.

nons de long pan à ceux de la façade et d'empanons de croupe à ceux du profil. La figure 90 nous montre, en élévation, la vue schématique d'une ferme de croupe projetée sur un plan vertical passant par la pannefaîtière. On donne généralement au tirant de croupe les deux tiers de la moitié de l'ouverture de la ferme, afin de n'avoir pas à donner aux arêtiers une trop grande longueur ; si la portée des fermes est de 12 mètres, la longueur AD devra donc être de $\frac{2}{3} \times \frac{12}{2}$, soit 4 mètres.

Les combles à pavillon sont formés de charpentes analogues à celles des fermes de croupe, mais elles sont doubles et symétriques.

IX. *Pans de bois.* — Les *pans de bois* remplacent les murs en maçonnerie dans les constructions légères ou provisoires ; ils permettent d'utiliser des matériaux quelconques, qui ne servent que comme remplissage. Nous indiquerons en quoi consiste un pan de bois dans le cas où celui-ci est destiné à former la façade d'une maison d'habitation.

Afin de préserver de l'humidité les pièces qui le composent, on commence par établir un petit mur en maçonnerie, ordinairement en briques, de 50 centimètres de hauteur environ. On

approche alors les bois, qui ont été débités et assemblés préalablement et qui n'ont plus qu'à être montés ; la première pièce,
qui sert d'assise aux autres, est un solide madrier horizontal *s*
(fig. 91), appelé *sablière basse* ; cette sablière est fixée sur le
mur *m* par quelques pattes à scellement et est assemblée aux
poteaux qui limitent le bâtiment aux angles et aux ouvertures. Les poteaux d'angles *p* reposent souvent sur des dés
en pierre, bien que quelquefois ils soient simplement pris dans
la maçonnerie ; on les désigne sous le nom de *poteaux corniers*.
Ceux *p'* qui limitent les baies (portes et fenêtres) sont ana-

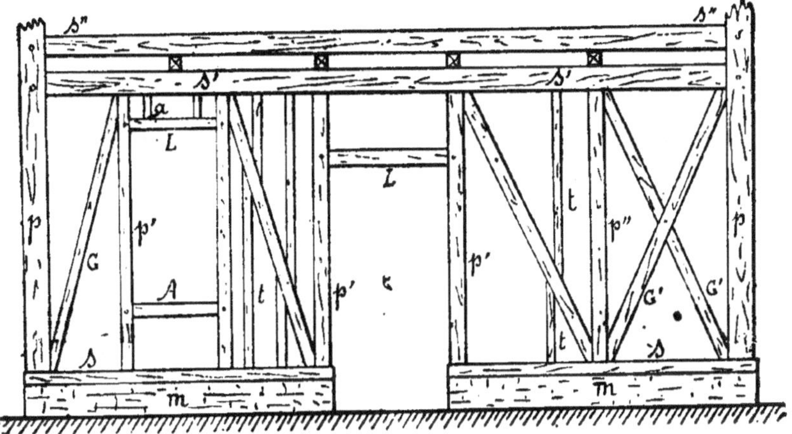

Fig. 91. — Pan de bois.

logues, mais ont une section plus faible ; on les appelle *poteaux
d'huisserie*. Afin d'empêcher le déplacement latéral des poteaux, les dés sur lesquels ils s'appuient présentent des goujons
scellés dans les pierres ; les poteaux, ainsi que les autres
pièces du pan, n'ont besoin d'être *dressés* que du côté extérieur,
ce qui simplifie d'autant le travail, et augmente l'adhérence
du mortier à la charpente. Tous ces poteaux sont maintenus
à leur partie supérieure, comme à leur partie inférieure, par
une sablière *s'*, dite *sablière haute*, l'ensemble formant un
véritable cadre divisé en compartiments par les poteaux
d'huisserie. Pour donner à ce cadre une rigidité suffisante dans
le sens vertical, on est obligé de le trianguler au moyen de
pièces obliques G, appelées suivant les cas *guettes, échalpes*

ou *décharges*, qui en empêchent les déformations latérales ; deux guettes croisées, G′ et G′, forment une *croix de Saint-André.*

Le pan est complété par des pièces horizontales limitant les fenêtres à la partie inférieure et à la partie supérieure ; les premières A sont désignées sous le nom d'*appuis*, les secondes L sous le nom de *linteaux* ; les portes présentent également un linteau, mais l'appui est remplacé par un *seuil* en pierre ou en bois protégé par une plaque en fonte striée, afin de mieux résister à l'usure. Au-dessus de la porte, on prévoit ordinairement une *imposte* avec châssis dormant vitré, qui servira à l'éclairage intérieur ; quand il n'y a pas d'imposte, on garnit cet intervalle, ainsi du reste que ceux qui se trouvent au-dessous des fenêtres, avec quelques petits poteaux *a*, appelés *potelets*. Enfin les vides laissés entre les poteaux principaux sont à leur tour divisés par d'autres poteaux *p″*, dits de *remplage* ou de *remplissage*, et les intervalles restants par des *tournisses t*.

Généralement les constructions en pans de bois n'ont pas d'étages et le plancher du grenier repose directement sur la sablière haute ; on peut cependant élever un nouvel étage, formé d'un deuxième pan analogue au premier, mais reposant sur une nouvelle sablière *s″*, dite de *chambrée*, séparée de la sablière haute par les *solives*. Il suffit pour cela de donner aux pièces de charpente composant le premier pan une section suffisante, et aux poteaux corniers une longueur égale à la hauteur totale de la construction.

Les pans des façades latérales d'un bâtiment sont beaucoup plus simples que celui de la façade principale ; ils sont composés simplement de quelques poteaux appuyés par des décharges, pour soutenir la sablière haute, et de poteaux de remplissage.

Les différentes pièces composant un pan de bois étant soigneusement assemblées à tenon et mortaise, forment un ensemble rigide, indéformable et très résistant ; aussi les constructions en pans de bois durent longtemps et ne craignent que l'humidité.

Le pan de bois que nous venons de décrire est celui qu'il faut adopter quand les intervalles laissés par les pièces qui le constituent sont *hourdés* en mortier, en bauge ou en torchis. Si, comme cela arrive souvent, ce remplissage est fait en briques, on supprime les guettes, décharges, croix de Saint-André, etc., les briques *se montant* plus facilement et empêchant elles-mêmes les déformations pour lesquelles ces pièces sont mises ; le pan se réduit alors aux sablières, aux poteaux corniers et d'huisserie, aux linteaux et aux appuis. Les pièces de bois restant apparentes donnent à ces constructions, qui dans ce dernier cas sont presque aussi coûteuses que si elles étaient construites entièrement en maçonnerie légère, un aspect particulier.

Dimensions approximatives à donner aux pièces. — La sablière basse, reposant directement sur le mur de soubassement, n'a pas besoin d'avoir une grande épaisseur, 10 à 12 centimètres suffisent ; les poteaux corniers, qui ont une section carrée, ont au moins 18 centimètres de côté et sont assemblés soigneusement avec les sablières. Quant à la sablière haute, elle doit présenter une plus grande section, puisqu'elle supporte le poids de la toiture et même quelquefois celui d'un étage ; sa section dépend, du reste, du mode de remplissage du pan : il est évident que si elle repose sur un mur en briques, elle peut avoir le même équarrissage que la sablière basse ; si, au contraire, le pan est hourdé en bauge, il faut lui donner une section plus grande, qui dépend de la place et du nombre des décharges.

Dans certaines constructions, notamment dans celle des chalets et des kiosques rustiques, les murs sont établis d'après les principes que nous venons de voir mais en employant des pans en bois ronds, simplement écorcés, c'est-à-dire non équarris, qui restent apparents ; ces sortes de pans portent le nom de *colombages* et sont hourdés en mortier de terre argileuse ou mieux en plâtre, afin d'éviter les retraits qui se produisent quelquefois avec les mortiers de terre ; pour augmenter l'adhérence du mortier aux pièces de charpente on enfonce dans ces dernières des sortes de gros clous désignés sous le nom de *rappointis,* ou plus simplement des clous à bateaux.

X. **Planchers.** — On appelle ainsi les cloisons horizontales qui partagent les constructions en étages. Les planchers sont formés essentiellement de pièces de bois (ou de fer, comme nous le verrons plus loin) appelées *solives*, mesurant presque toujours 4 mètres de longueur et, en section, 20 centimètres de hauteur sur 10 centimètres de largeur. On pourrait employer dès pièces de charpente ayant d'autres dimensions, mais leur prix serait plus élevé, car il faudrait les faire débiter spécialement, alors que les solives se trouvent toutes préparées dans le commerce. Autrefois la solive était une véritable unité,

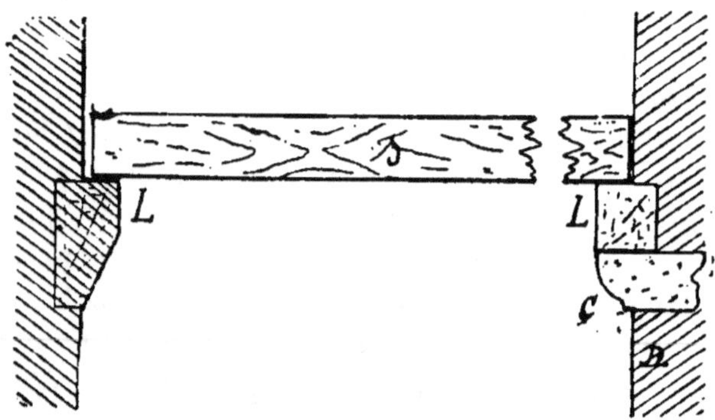

Fig. 92. — Plancher en bois (élévation).

employée dans la vente des bois ; sa longueur représentait **exactement deux toises.**

Quand l'écartement des murs est inférieur ou égal à 4 mètres, l'établissement des planchers est très simple : dans le premier cas, les solives, placées de champ, sont prises dans les murs, et, dans le second, on les fait reposer sur des pièces L (fig. 92) appelées *lambourdes*, scellées également dans les murs ; cette disposition est très avantageuse, puisqu'elle permet d'utiliser toute la longueur des solives. En nous rappelant que l'on doit toujours tenir compte des dimensions des matériaux du commerce afin d'éviter des pertes, nous voyons qu'on devra autant que possible, dans l'établissement des projets, donner aux pièces des maisons d'habitation 4 mètres de longueur ou de largeur, ou un multiple de cette dimension, si on adopte pour les planchers des solives en bois.

Dans les locaux destinés au logement des récoltes, on se contente souvent de clouer en travers des solives des planches placées à plat joint ; il est préférable, et même parfois indispensable, quand un magasin se trouve au-dessus d'un logement affecté à des animaux, de faire un plafond.

On pourrait, en se servant des formules relatives à la flexion, calculer les dimensions à donner aux solives pour qu'elles puissent supporter une charge déterminée, mais il est plus simple et plus économique d'employer toujours des solives ordinaires et, au lieu de faire varier leur section, de les écarter plus ou moins. Pour les maisons d'habitation

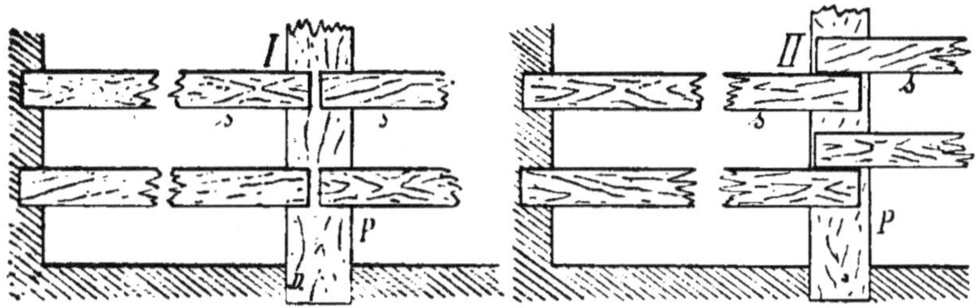

Fig. 93. — Planchers en bois (plans).

l'écartement adopté varie ordinairement entre $0^m,25$ et $0^m,60$; pour des charges très légères et pour les *faux-planchers*, on le porte même à $0^m,70$ ou $0^m,80$, mais il est alors plus recommandable d'employer des solives refendues, appelées *bastings*, ou même des planches de champ, et de les rapprocher ; d'une manière générale cet écartement dépend de la section des solives, de leur portée et de la charge qu'elles ont à soutenir.

Lorsque l'écartement des murs dépasse 4 mètres, on a recours aux *planchers* dits *composés*, qui sont établis de la manière suivante : la plus grande dimension du bâtiment est divisée, par de fortes poutres P (fig. 93), en parties égales mesurant autant que possible 4 mètres ; ces poutres serviront à supporter les solives qui seront placées soit bout à bout (I, fig. 93), soit côte à côte (II, même fig.), suivant l'écartement des poutres ; si la longueur des solives le permet elles seront scellées dans les murs, dans le cas contraire elles reposeront simplement sur des lambourdes. Pour un écartement de murs de 7 mètres par exemple, on placera une poutre à $3^m,50$ et on disposera les solives de manière qu'elles reposent de 0^m,25 sur cette dernière ; il restera encore 0^m,25 pour leur scellement. Quand la portée l'exige et que l'affectation du local le permet, on soutient les poutres par des colonnes en fonte ou des poteaux en bois.

Au sujet du scellement des pièces de charpente dont nous venons de parler, nous dirons que de nombreux procédés ont été proposés pour en éviter la pourriture dans les parties scellées ; comme cette dernière est causée par l'humidité de la maçonnerie, le procédé le plus simple et le plus recommandable consiste à isoler leurs extrémités et à en permettre l'aération.

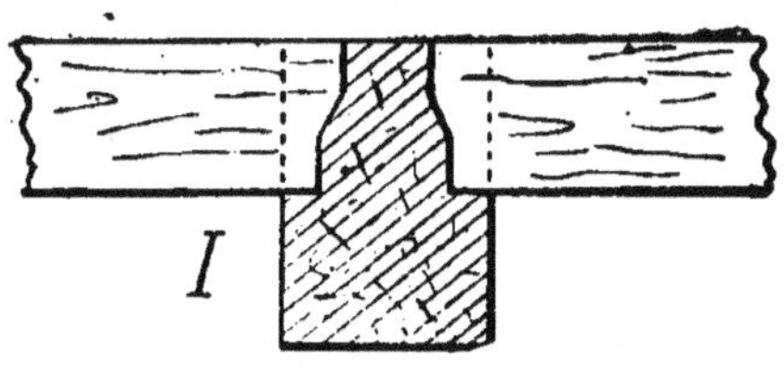

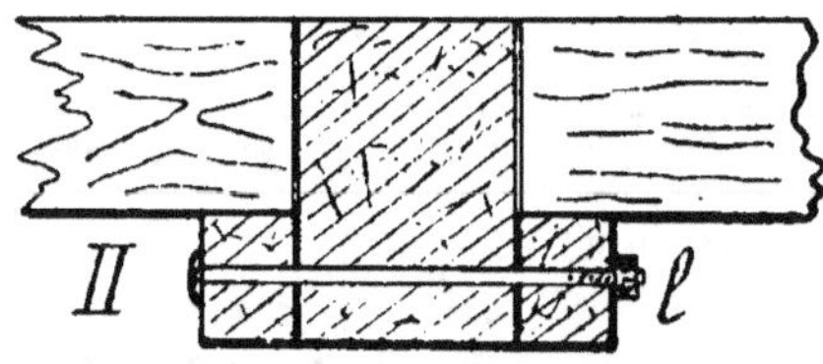

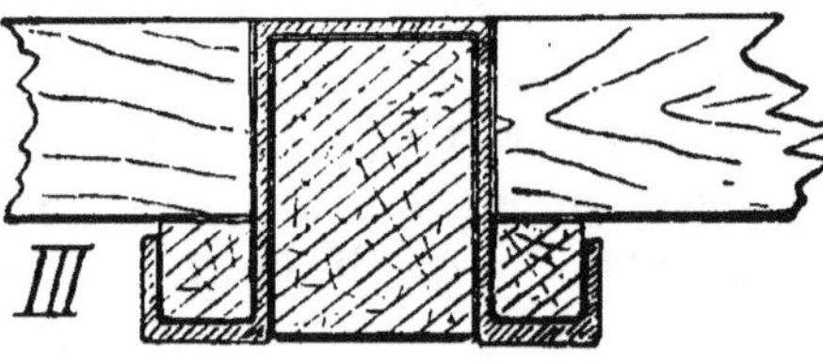

Fig. 94. — Assemblages de solives.

Dans les planchers en fer, comme nous le verrons, on n'a pas à se préoccuper de la longueur des solives, et on prend des fers ayant des sections en rapport avec les charges à supporter.

Lorsque les solives reposent sur des lambourdes ou des poutres, le plancher doit avoir une épaisseur au moins égale à la hauteur des solives, augmentée de celle des lambourdes ou des poutres, ce qui réduit la hauteur des pièces ou oblige à augmenter celle de la construction. Dans les constructions rurales, qui n'ont qu'un ou deux étages, cette manière de construire n'a pas de grands inconvénients ; on peut cependant, pour éviter cela, disposer les solives de l'une des manières indiquées dans la figure 94 : en I est représenté un assemblage de solives dit à *paume*, chaque solive est entaillée et engagée dans une mortaise de forme spéciale pratiquée dans la poutre ou la lambourde ; le plancher n'a alors comme épaisseur que la hauteur de la poutre. La figure II donne une disposition beaucoup plus simple et beaucoup plus économique, qui consiste à fixer contre la maîtresse poutre, au moyen de quelques boulons, de petites lambourdes *l*, ou même des chevrons, sur lesquels les solives reposent directement, sans aucun assemblage. La figure III montre une disposition analogue, mais dans laquelle les lambourdes sont soutenues de distance en distance par des chevalets en fer afin de ne pas réduire la résistance des poutres et des lambourdes en y pratiquant, comme dans le cas précédent, les trous nécessités par le passage des boulons.

En employant une disposition semblable du côté des murs, on arrive non seulement à réduire au minimum l'épaisseur des planchers, mais aussi à utiliser toute la longueur des solives ; on réalise en outre une économie qui résulte de ce que les solives n'ont pas à être recoupées et qu'il n'y a aucun déchet.

Les planchers présentent quelques complications dans les parties laissant passer un escalier, ou ayant à supporter une cheminée. Pour le passage d'un escalier il faut faire un cadre (fig. 95), et garnir les parties comprises entre ce cadre et les murs par des bouts de solives *a* appelés *soliveaux* ou *solives boiteuses* ; ce cadre

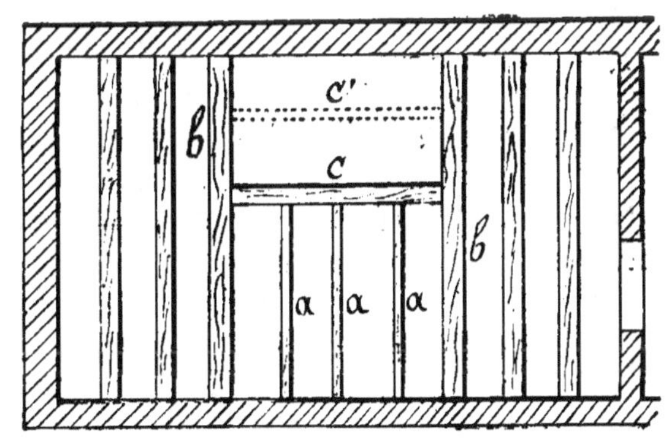

Fig. 95. — Cadre d'escalier ou de cheminée.

est formé de chaque côté par deux solives *b* dites *d'enchevêtrure* et, en travers, d'une solive *c* appelée *chevêtre*.

Dans les parties où sont installées des cheminées, on doit

aussi faire un cadre analogue au précédent, mais de dimensions moindres ; il suffit en effet que les pièces de bois soient à 0^m,16 au moins du foyer. Sous la cheminée même on peut mettre un *faux-chevêtre c′* en fer et, entre le chevêtre et le mur opposé, on place des soliveaux ; la disposition de ces différentes pièces est la même que dans le cas précédent. Enfin, lorsqu'il n'est pas possible de sceller les solives directement dans la maçonnerie, comme cela arrive pour celles qui se trouvent en face des conduites des cheminées, on les arrête à quelque distance des murs et on les fait reposer sur une poutre particulière, parallèle à ces derniers, appelée *linçoir*.

Nous donnons plus loin, à propos des granges, dans le chapitre relatif au logement des récoltes et des produits, le plan et la coupe de l'une des granges de la ferme nationale de Rambouillet ; le plan représente dans son ensemble l'aspect d'un *plancher composé*, formé de solives en bois de différentes longueurs, supportées par des poutres également en bois qui, en raison de leur portée, ont dû être soutenues par des poteaux reposant sur des *dés* en pierre.

IV. — CHARPENTES MÉTALLIQUES

I. *Fers du commerce.* — Dans les charpentes métalliques on emploie presque toujours des fers *profilés* parce qu'ils présentent, à égalité de poids, une résistance plus grande que les fers carrés, rectangulaires ou circulaires.

Pour les constructions très importantes, on compose des pièces parfois très compliquées au moyen de fers différents rivés entre eux.

Les fers le plus communément employés sont ceux à double et à simple T (A et B, fig. 96), les fers en U (C, fig. 96) et les cornières (D, fig. 96) ; on a aussi fabriqué, notamment pour faire des solives, un fer à profil spécial (E, fig. 96) appelé fer Zorès, remplacé maintenant presque toujours par les fers à double T.

Les fers que nous venons de signaler sont surtout utilisés pour les pièces travaillant à la flexion et, à ce sujet, nous donnons ci-contre quelques tableaux, extraits de l'un des albums des forges de Châtillon et Commentry : ces tableaux, qui indiquent les charges que peuvent supporter pratiquement des fers de section connue, en fonction de leur longueur, sont de la plus grande utilité à consulter dans la rédaction des projets, puisqu'ils permettent de trouver, sans aucun calcul, le type de fer à adopter pour supporter des charges déterminées ; ils sont relatifs aux fers fabriqués par ces forges.

Dans ces tableaux la première colonne donne la portée,

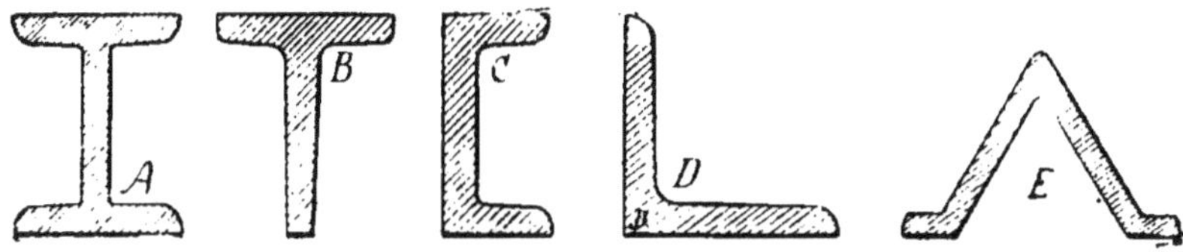

Fig. 96. — Fers du commerce.

les fers reposant librement sur deux appuis ; la seconde indique les valeurs de R adoptées pour calculer la résistance des fers, R étant le coefficient de résistance de sécurité ; il a été pris égal à 6 kilogrammes par millimètre carré dans un premier cas et on lui a donné la valeur de 10 kilogrammes dans un second cas. En pratique on prend pour R 6, 8 ou 10 kilogrammes par millimètre carré, suivant qu'on a à établir des constructions devant durer longtemps ou fatiguant beaucoup, comme celles renfermant des machines occasionnant des trépidations, ou au contraire des locaux utilisés d'une manière intermittente et dans lesquels aucun instrument ne produit de vibrations.

P est la charge totale, supposée uniformément répartie, supportée par les fers, et p la même charge exprimée par mètre de longueur.

En pratique on peut opérer de deux façons différentes : ou l'on choisit des fers ayant une résistance connue et on cherche le nombre qu'il en faut pour supporter une charge déterminée, ce qui donne leur écartement ; ou bien on se donne leur écartement, et on choisit des fers présentant la résistance nécessaire.

Pour les pièces qui doivent travailler à l'extension, comme

Résistances des fers à double T, à ailes ordinaires.

Largeurs des ailes, en millimètres		39		40		47		52		63,5		72		75	
Hauteurs des fers, en millimètres		80		100		120		140		180		220		260	
Épaisseurs de l'âme, en millimètres		4		4		10		12		15		15		16	
Poids moyens par mètre, en kilos		6,240		7,300		13,670		18,700		27,200		34,700		43,600	
Distance entre les points d'appui.	Valeur de R.	P	p	P	p	P	p	P	p	P	p	P	p	P	p
2 m,00	6	465	232	726	363	1232	616	2000	1000	3690	1845	5773	2886	8089	4044
	10	766	383	1210	605	2053	1026	2332	1666	6150	3075	9622	4811	13483	6741
3 m,00	6	306	102	484	161	821	274	1332	444	2460	820	3848	1283	5392	1797
	10	511	170	806	268	1368	456	2221	740	4100	1366	6414	2138	8988	2996
4 m,00	6	232	58	363	90	616	154	1000	250	1845	461	2886	721	4044	1011
	10	383	96	605	151	1026	256	1666	416	3075	769	4811	1203	6741	1685
5 m,00	6	184	36	290	58	492	98	799	159	1476	295	2309	461	3235	647
	10	306	61	484	96	821	164	1333	266	2460	492	3848	769	5393	1078
6 m,00	6	155	24	241	40	410	68	666	111	1230	205	1924	320	2696	449
	10	255	42	403	67	684	114	1111	185	2050	341	3207	534	4494	749
7 m,00	6	131	18	207	29	352	50	571	81	1054	150	1647	235	2311	330
	10	219	31	345	49	586	84	952	136	1757	251	2749	392	3852	550
8 m,00	6	116	14	181	22	308	38	500	62	922	115	1443	180	2022	252
	10	191	23	302	37	513	64	833	104	1537	192	2405	300	3370	421

Résistances des fers à double T, à ailes larges.

Largeurs des ailes, en millimètres........		55		65		86		88		90		200		102		129	
Hauteurs des fers, en millimètres.......		80		100		140		175		200		200		235		260	
Épaisseurs de l'âme, en millimètres.....		3,5		9		12		15		7,5		11		16		18	
Poids moyens par mètre, en kilos.......		7,234		13,319		24,910		30,400		24,800		67,400		44,300		61,700	
Distance entre les points d'appui.	Valeur de R.	P	p	P	p	P	p	P	p	P	p	P	p	P	p	P	p
2m,00	6	588	294	1180	590	2933	1466	4350	2175	5199	2599	15629	7814	8769	4384	12972	6486
	10	980	490	1968	984	4889	2444	7250	3625	8666	4333	26049	13024	14615	7307	21621	10810
3m,00	6	392	130	787	262	1955	651	2899	966	3466	1155	10419	3439	5845	1945	8648	2882
	10	653	217	1312	437	3259	1086	4833	1611	5777	1925	17336	5789	9743	3247	14414	4804
4m,00	6	294	73	590	147	1466	366	2175	543	2599	649	7814	1954	4381	1096	6486	1621
	10	490	122	984	245	2444	611	3625	906	4333	1083	13024	3256	7307	1826	10810	2702
5m,00	6	235	47	472	94	1173	234	1740	348	2079	417	6251	1250	3507	701	5188	1037
	10	392	78	787	157	1955	391	2900	580	3466	693	10419	2084	5846	1169	8648	1729
6m,00	6	196	32	393	65	977	162	1449	241	1732	288	5210	868	2922	486	4324	720
	10	326	54	656	109	1629	271	2416	402	2888	481	8683	1447	4871	811	7207	1201
7m,00	6	168	23	337	48	837	119	1242	177	1485	211	4465	638	2505	357	3706	529
	10	280	40	562	80	1397	199	2071	295	2476	353	7441	1063	4175	596	6177	882
8m,00	6	147	18	295	37	733	91	1087	135	1299	162	3907	488	2191	273	3243	405
	10	245	30	492	61	1222	153	1812	226	2166	270	6512	814	3653	456	5405	675

Résistances des fers à double T, à larges ailes.

Largeurs des ailes, en millimètres.......		100		116		120		129	
Hauteurs des fers, en millimètres........		250		250		260		260	
Épaisseurs de l'âme, en millimètres......		10		16		9		18	
Poids moyens par mètre, en kilos........		39,638		51,080		42,350		61,700	
Distance entre les points d'appui.	Valeur de R.	P	p	P	p	P	p	P	p
8 m,50	6	2 192	257	2 574	302	2 386	280	3 052	359
	10	3 654	429	4 291	504	3 978	468	5 087	598
9 m,00	6	2 070	230	2 431	270	2 253	250	2 882	320
	10	3 451	383	4 052	450	3 755	417	4 804	534
9 m,50	6	1 961	206	2 303	242	2 134	224	2 730	287
	10	3 269	344	3 839	404	3 557	374	4 551	478
10 m,00	6	1 863	186	2 188	218	2 027	202	2 594	259
	10	3 106	310	3 647	364	3 379	337	4 324	432
10 m,50	6	1 774	168	2 083	198	1 930	183	2 470	235
	10	2 958	281	3 473	330	3 218	306	4 118	392
11 m,00	6	1 693	153	1 989	180	1 843	167	2 358	214
	10	2 823	256	3 315	304	3 072	279	3 931	357
11 m,50	6	1 620	140	1 902	165	1 762	153	2 256	196
	10	2 700	234	3 171	275	2 938	255	3 760	326
12 m,00	6	1 552	129	1 823	151	1 689	140	2 161	180
	10	2 588	215	3 039	253	2 816	234	3 603	300

les tirants, on emploie des fers ronds ou des câbles ; pour celles qui ont à résister à des efforts de compression, on leur donne une section convenable, mais on les fait en fonte, ce métal résistant très bien à ce genre d'effort.

Les fers ronds, analogues à ceux employés pour les tirants, ayant de 25 à 45 millimètres de diamètre, présentent des résistances variant entre 30 et 36 kilogrammes par millimètre carré de section ; ces valeurs peuvent du reste varier sensiblement suivant la manière dont ils ont été préparés, mais, à moins d'indications spéciales, il vaut mieux ne pas compter sur une résistance plus grande.

II. *Colonnes.* — Les *colonnes* sont destinées à jouer le même rôle que les poteaux et sont surtout employées dans les constructions urbaines, comme nous l'avons déjà dit ; on les fait ordinairement en fonte et on leur donne une section circulaire. Ce sont donc, en principe, des solides cylindriques, quelquefois renflés vers leur milieu, présentant à leurs extrémités des parties ayant un profil spécial, appelées *base* ou *embase* à la partie inférieure et *chapiteau* à la partie supérieure ; le renflement médian a pour but d'empêcher les déformations latérales qu'on appelle, d'une manière générale, *flambage.*

Les colonnes en fonte sont pleines pour les petits diamètres et creuses dès que leur section le permet ; on a en effet constaté que, à égalité de poids par mètre de longueur, ces dernières sont plus résistantes parce qu'elles sont moins sujettes à fléchir latéralement, le développement de leur surface étant plus grand. Pour augmenter ce développement, la surface des colonnes, au lieu d'être lisse, présente souvent des cannelures plus ou moins ornementales qui, tout en leur donnant un aspect plus agréable, les rendent plus solides.

La charge permanente que peut supporter une colonne ne doit pas dépasser le cinquième ou le quart de sa charge de rupture ; en pratique on prend le sixième de cette charge. Elle varie avec la nature de la fonte employée et le rapport qui existe entre le diamètre et la hauteur de la colonne ; on admet que les colonnes en fonte ordinaire ne s'écrasent que sous des charges variant entre 7,500 et 8,000 kilogrammes par centimètre carré et que celles en fer ont pour résistance maximum 3,600 kilogrammes, valeurs qui ont été trouvées pour des pièces très courtes, pour lesquelles toute flexion est impossible ; en pratique il ne faudra prendre, comme nous venons de le dire, que le sixième seulement de cette résistance. Lorsque le rapport de la longueur l d'une colonne à son diamètre d augmente, la résistance par centimètre carré diminue ; le tableau ci-dessous donne, d'après Claudel, la charge pratique qu'on peut faire supporter en toute sécurité aux colonnes en fonte et en fer, par centimètre carré et en fonction du rapport de l à d :

$\dfrac{l}{d}$	5	10	20	30	40	50	60	70	80	90	100
Charge permanente en kg. (fonte).	1 250	700	447	279	183	127	92	70	54	43	36
Charge permanente en kg. (fer).	600	375	343	300	255	214	179	150	126	107	92

Ces valeurs ont été calculées en employant des formules données par Hodgkinson. Elles montrent que la résistance des colonnes en fer est plus faible que celle des colonnes en fonte, pour les grands diamètres, et plus grande pour les petits ; lorsque le rapport $\dfrac{l}{d}$ est inférieur à 5, la résistance permanente du fer n'est en effet que de 600 kilogrammes par centimètre carré alors qu'elle est encore de 92 kilogrammes quand $\dfrac{l}{d} = 100$. L'avantage du fer, au point de vue de ce genre de résistance, ne commence que quand le rapport $\dfrac{l}{d}$ est voisin de 30.

Hodgkinson a montré que la résistance des colonnes creuses est égale à celle des mêmes colonnes supposées pleines, diminuée de la résistance d'une colonne pleine qui aurait pour section celle du vide et pour hauteur, la hauteur de la colonne.

Toutes les valeurs dont nous venons de parler ne sont données qu'à titre d'indications pour la rédaction des projets ;

elles peuvent subir certaines variations suivant l'origine des produits employés ; il faudra, pour connaître la résistance exacte d'une colonne, consulter les albums des fonderies dont elle provient.

III. *Poutres.* — Les *poutres* en fer, qui maintenant sont employées aussi couramment dans les constructions rurales que dans les constructions urbaines, à cause des avantages qu'elles présentent, sont toujours du type à double T ; ces avantages sont la possibilité d'avoir des poutres identiques, de longueur quelconque, pouvant résister à toutes les charges et présentant une faible épaisseur. Les tableaux des pages 148 à 150 donnent immédiatement, et sans calcul, le type de poutre qu'il faut choisir pour supporter une charge déterminée, connaissant l'écartement des appuis.

Les poutres métalliques prennent les noms des pièces qu'elles remplacent, c'est ainsi qu'elles portent le nom de linteaux, solives, arbalétriers, etc. On préfère souvent remplacer les poutres formées d'un fer unique par d'autres en fers de résistance moindre, assemblés entre eux ; ces poutres composées présentent comme particularité d'avoir une surface plus grande, ce qui est un avantage dans certains cas, par exemple lorsqu'elles sont utilisées comme linteaux, et de permettre d'employer des fers de section moindre, qu'il est généralement plus facile de se procurer ; enfin leur hauteur est moins grande. On compose ordinairement ces poutres, lorsqu'elles sont destinées à constituer des linteaux, en assemblant, avec des boulons, des fers qu'on maintient à un écartement déterminé au moyen d'entretoises spéciales en fonte ou de croisillons en fer ; ce mode d'assemblage oblige à percer l'âme des fers d'un certain nombre de trous pour le passage des boulons, ce qui les affaiblit d'autant, mais comme il est très simple, on s'en sert chaque fois que la charge à supporter n'est pas excessive ; dans le cas contraire, il vaut mieux maintenir les fers au moyen de brides et de croisillons. Non seulement on établit ainsi des linteaux très solides, mais on peut aussi faire des poutres beaucoup plus résistantes qui, suivant leurs dimensions, sont appelées *filets* ou *poitrails* ; on désigne ainsi les grosses poutres composées, qui supportent dans certaines constructions une partie des murs (le plus souvent de façade) ou un pan de bois.

Lorsque les fers dont on dispose n'ont pas une portée suffisante, on est obligé de les assembler entre eux en se servant d'*éclisses* ; comme ces assemblages ne présentent qu'une résistance absolument insuffisante, il faut toujours les soutenir en plaçant des poteaux ou des colonnes sous chacun d'eux, ou plus simplement, lorsqu'il s'agit d'un grand nombre d'assemblages, en les faisant tous reposer sur une solide poutre placée convenablement. On ne doit avoir recours à ce procédé que lorsqu'on ne peut pas se procurer des fers de longueur suffisante, ou que les poteaux ne gênent pas les services des locaux dans lesquels ils se trouvent.

Les poutres en fer *s'arment* de la même manière que les poutres en bois ; la disposition la plus simple est celle qui consiste à employer des tirants.

IV. *Planches en fer.* — Ces planchers s'établissent, en principe, comme les planchers en bois, mais en employant des solives en fer. Les dispositions que nous avons indiquées et les remarques que nous avons faites à propos des planchers en bois s'appliquent aux planchers en fer. Suivant la charge que doit supporter le plancher, on emploie des solives plus ou moins résistantes et, si on ne peut s'en procurer de section convenable pour la charge à soutenir, on établit le plancher avec celles dont on dispose, en les écartant plus ou moins, de façon qu'elles présentent par mètre carré la résistance nécessaire.

On se sert à peu près exclusivement, comme solives, de fers à double T ; on pourrait employer avantageusement, dans certains cas, des fers Zorès, mais on ne les trouve pas couramment dans le commerce. Les solives sont ordinairement écartées de 50 à 70 ou 80 centimètres et sont réunies entre elles de différentes façons suivant l'usage des locaux auxquels elles servent de plancher. Pour les habitations, l'aire des pièces étant généralement parquetée et les plafonds en plâtre fin, on compose des sortes de *paillasses* au moyen d'entretoises agrafées aux solives (A, fig. 97), sur lesquelles on place, parallèlement à ces dernières, des petits fers carrés appelés *feutons*, *carillons* ou *côtes de vache* ; quelquefois on remplace les entretoises par des fers droits qui reposent directement sur les ailes inférieures des solives (B, fig. 97). Le treillis ainsi formé est noyé dans du mortier de plâtre, sur lequel on appliquera plus tard, à la partie inférieure et après sa prise, les enduits du plafond ; à la partie supérieure on dispose sur les solives,

Fig. 97. — Plancher en fer.

en long ou en travers, des lambourdes L qui serviront à clouer un plancher ou un parquet, analogue à ceux que nous décrivons plus loin à propos des travaux de menuiserie.
  On fabrique aussi des briques creuses spéciales, ayant comme longueur l'écartement des solives, qu'on appelle *briques à plancher, hourdis biseautés*, etc., qui permettent d'obtenir immédiatement une garniture complète et parfaite sans l'emploi d'autres matériaux. La figure 98 représente une

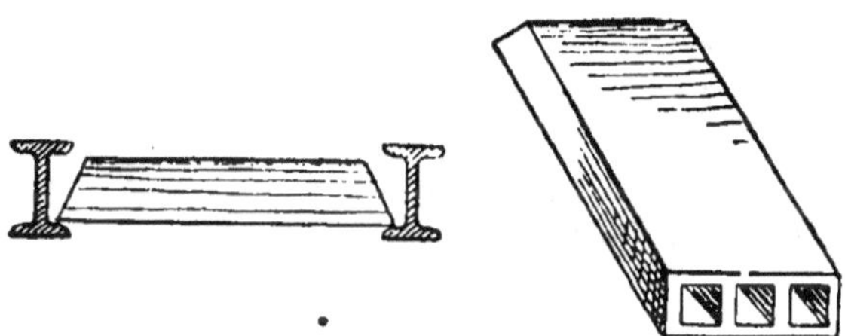

Fig. 98. — Hourdis biseautés.

de ces briques et montre comment on les dispose sur les ailes des solives du plancher ; ces hourdis se font également pour les planchers en bois.
  Le hourdis Laporte, un peu plus compliqué, consiste en principe en briques creuses (fig. 99), généralement trois, ayant un profil bien déterminé, de façon à pouvoir s'assembler exactement entre les solives ; les deux briques extrêmes forment sommiers et la centrale clef ; leur surface supérieure est plane et au même niveau que les solives, celle inférieure est également plane ou forme cintre. Ces hourdis s'établissent facilement et donnent une bonne séparation, chaude et

peu sonore. Le poids du hourdis Laporte varie, suivant sa
hauteur et l'épaisseur donnée aux parois des briques, entre
70 et 100 kilogrammes le mètre carré ; celui des briques
à plancher est ordinairement voisin de 65 kilogrammes.

On se sert également, pour hourder les planchers, de grandes
poteries creuses et courbes que l'on désigne sous le nom
d'*entrevous*.

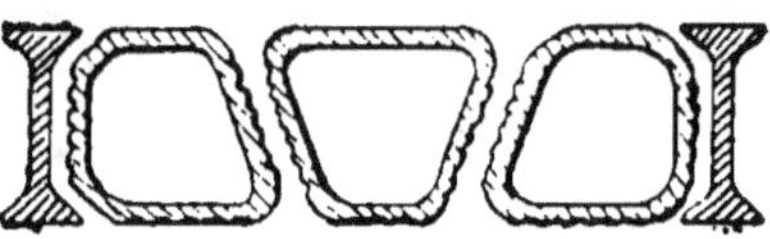

Fig. 99. — Hourdis Laporte.

On emploie aussi beau-
coup, comme garniture entre
les solives, des briques or-
dinaires qu'on dispose de manière à former de petites
voûtes (fig. 100). Cette disposition, qui est très recommandable pour le logement des animaux et des récoltes,
permet de laisser les briques et les solives apparentes ;
on la rencontre très souvent parce qu'on a toujours sur
place des briques ordinaires, tandis qu'on est parfois obligé
de faire venir de loin les hourdis spéciaux ou les briques

Fig. 100. — Plancher en voûtains, en briques pleines.

à plancher, ce qui devient très onéreux pour des travaux
peu importants ; le poids de ces petites voûtes, en briques de
$0^m,11$, est d'environ 180 kilogrammes par mètre carré. Les
planchers en briques s'établissent très simplement en plaçant
sous les solives des cintres en bois, qu'on déplace à mesure
que le travail avance ; on construit les voûtes sur ces cintres,
auxquels on a donné une flèche très faible, de manière que
l'extrados soit de niveau avec la partie supérieure des solives.
Comme ces voûtains sont très résistants, il est inutile de
placer un plancher en bois, et on peut construire directement
sur eux une aire en ciment ou un carrelage ; suivant l'affec-

tation des locaux, la charge à supporter et la hauteur des fers, on les fait en briques pleines ou creuses, posées à plat ou de champ.

Enfin, on commence à employer beaucoup maintenant pour les planchers le ciment armé ; les travaux en ciment armé doivent toujours être calculés et exécutés par des maisons spéciales, habituées à ce genre de construction. En principe on établit d'abord une aire en planches placées à plat joint, présentant de distance en distance des sortes de rigoles rectangulaires qui serviront à construire de véritables poutres faisant corps avec le plancher ; cette aire, qu'on enlève quand le travail est terminé, est soutenue par des échasses. C'est sur cette sorte de plancher qu'on construit le ciment armé, en commençant par les poutres ; pour cela on forme un treillis en fers généralement ronds, réunis entre eux par des agrafes en feuillard ou en gros fil de fer ; la surface du plancher est constituée par un véritable réseau en fers de petit diamètre, placés à angle droit, avec, de distance en distance, des fers de plus grande section et de longueur égale à celle des pièces. Pour les poutre on adopte des fers ayant un diamètre beaucoup plus grand, et on en forme plusieurs lits. Nous ne pouvons pas donner les diamètres de ces fers, parce qu'ils varient avec leur écartement et la manière dont ils sont disposés ainsi qu'avec la charge et la portée du plancher. Lorsque le treillis est achevé, on le noie dans un béton composé de ciment et de gravier, qu'on pilonne soigneusement.

Quand le plancher est terminé et la maçonnerie bien prise, on enlève la charpente. La surface inférieure du béton peut être laissée brute ou enduite de plâtre si on craint, comme cela arrive dans les logements des animaux, que la condensation de la vapeur d'eau sur la surface imperméable du plafond ne retombe en gouttelettes sur les animaux. Il faut avoir soin, lors de l'établissement de ces planchers, de ménager toutes les ouvertures nécessaires, ainsi que les trous pour les scellements, car il n'est pas possible, ni prudent, d'en pratiquer lorsque le travail est terminé, le béton étant en effet très dur et les trous ne pouvant être faits qu'en coupant les fers rencontrés.

V. *Fermes métalliques.* — Les fermes métalliques sont très peu employées dans les constructions rurales, celles en bois étant d'une construction beaucoup plus courante ; on peut même, dans certains cas, utiliser des bois abattus sur place. Les fermes métalliques présentent surtout de l'intérêt dans les installations d'ateliers ou d'usines, parce qu'elles sont composées de pièces beaucoup plus légères et moins encombrantes, avantages de peu d'importance pour des locaux qui restent vides une partie de l'année et ne sont occupés par les produits récoltés que pendant quelques mois seulement.

Comme ferme métallique simple et pratique, pouvant être facilement construite, nous ne signalerons que celle de Polonceau que nous avons décrite plus haut à propos des fermes en bois. En fer, cette ferme est composée de deux arbalétriers en fers à double T, armés au moyen de tirants terminés par des étriers, passant sur des sortes de bielles en fonte ou en fer remplaçant les poinçons des poutres en bois armées de cette façon ; les bielles des arbalétriers de chaque ferme sont réunies par un tirant en fer rond formant entrait retroussé, de telle sorte que ces fermes se présentent absolument sous le même aspect que celle représentée par la figure 87 ; elles sont seulement plus légères.

Dans beaucoup de constructions ayant une faible portée, notamment dans celles en appentis, on peut établir des fermes très simples, en se servant des fers ordinaires du commerce ; on n'a pas besoin d'avoir recours à aucune des complications que l'on rencontre dans les charpentes en bois, les arbalétriers reposant directement sur les murs. Ces fermes sont très recommandables et faciles à exécuter, puisqu'on trouve aisément des fers de toutes longueurs et ayant des sections leur permettant de supporter des charges quelconques ; elles ne deviennent coûteuses que pour les grandes portées, car alors elles nécessitent l'emploi de pièces de grande section, et il vaut mieux, dans ce cas, les remplacer par des fermes composées.

V. — COUVERTURES

Les couvertures sont destinées à mettre à l'abri des intempéries, de la pluie en particulier, l'intérieur des bâtiments ; elles protègent également du vent et, dans une certaine mesure, des variations de température. Elles doivent être imperméables, résister au vent et ne pas se détériorer sous l'action de l'humidité et des changements de température ; il faut enfin qu'elles puissent supporter le poids des ouvriers chargés de les établir ou de les réparer.

On a employé autrefois un très grand nombre de produits différents pour couvrir les constructions ; actuellement, par suite de la facilité des transports, on ne se sert plus que d'un très petit nombre de matériaux que nous allons étudier.

Les couvertures que l'on rencontre le plus souvent dans les constructions rurales sont composées de deux pans A et B (fig. 101) constituant à leur partie inférieure les *égouts* et réunis à la partie supérieure suivant une ligne *ab*, appelée *faîte* ou *faîtage*. Très souvent la couverture déborde les pignons de manière à les protéger de la pluie ; elle est terminée sur les côtés par les *rives*. Si deux bâtiments C et C' se rencontrent sous un angle quelconque, l'assemblage des matériaux de la couverture se complique : du côté de l'arête saillante *ar*, appelée *arêtier*, il n'y a pas beaucoup à redouter d'infiltrations, l'eau tendant à s'en écarter ; mais sur l'autre côté, les eaux convergent vers une ligne *an*, formant thalweg, où elles s'accumulent ; cette partie de la couverture, appelée *noue*, doit être particulièrement soignée. La noue, quel que soit le genre de couvertures, est presque toujours formée par une large bande de zinc ou de plomb pliée, ou par des tuiles creuses spéciales, tandis que l'arêtier est simplement recouvert par un chaperon en mortier ou en tuiles et, dans les couvertures en zinc ou en ardoises, par une bande de zinc ou de plomb.

L'eau qui ruisselle sur les couvertures doit être recueillie dans des *gouttières* ; on supprime quelquefois ces dernières par raison d'économie, mais alors les eaux tombent au pied des bâtiments, dégradent les parements des murs et entretiennent une humidité permanente qui détériore leurs fondations et nuit beaucoup à leur conversation ainsi qu'à leur solidité ; toutes ces raisons obligent à faire un pavage pour les en écarter. En les recueillant dans des gouttières, on peut les conduire dans des bassins ou dans des citernes et les utiliser pour les besoins de la ferme, notamment pour l'alimentation des chaudières à vapeur, ces eaux étant en effet excellentes pour cet usage.

La pente des combles est très variable ; elle dépend de la na-

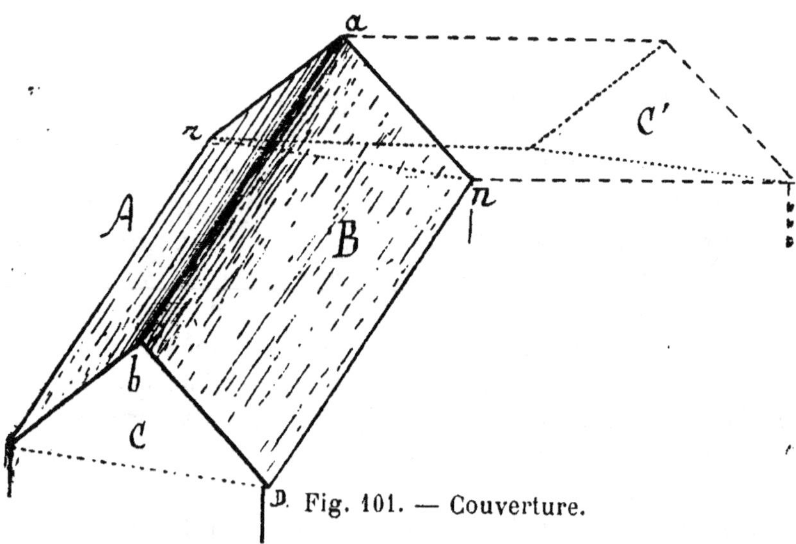

Fig. 101. — Couverture.

ture des matériaux employés pour les couvrir. Lorsque des considérations spéciales n'obligent pas à adopter une pente déterminée, il faut choisir, comme couverture, celle qui, toutes choses égales, est le plus économique, et comme pente celle nécessitée par les matériaux adoptés. Si au contraire la pente est donnée, on doit prendre la couverture qui s'accommode le mieux à cette pente ; ce cas se présente fréquemment, notamment pour les appentis dont la hauteur est limitée par celle des bâtiments auxquels ils s'appuient.

Le tableau ci-contre donne les principales inclinaisons adoptées ordinairement pour les toitures, exprimées en degrés en fonction de la pente par mètre.

Les matériaux employés pour couvrir les constructions se

PENTES par mètre.	INCLINAISONS en degrés.	PENTES par mètre.	INCLINAISONS en degrés.
0m,10	5°,5	0m,80	38°,5
0m,15	8°,5	0m,90	42°,0
0m,20	11°,5	1m,00	45°,0
0m,30	16°,5	1m,10	47°,5
0m,40	21°,8	1m,20	50°,0
0m,50	26°,5	1m,30	52°,5
0m,60	31°,0	1m,40	54°,5
0m,70	35°,0	1m,50	56°,5

rangent ordinairement en quatre groupes : le premier comprend les matériaux d'origine végétale (chaume, bois, carton, etc.), le second les métaux (zinc, cuivre, plomb), le troisième les produits céramiques, et le dernier les produits d'origine minérale tels que l'ardoise.

I. *Couvertures végétales.* — 1° *Chaume.* — Même dans les campagnes les plus pauvres, les couvertures en chaume, c'est-à-dire en paille (quelquefois en joncs ou en roseaux), tendent à disparaître par suite des dangers qu'elles offrent au point de vue de l'incendie, des inconvénients qu'elles présentent en servant de refuge aux insectes et aux rongeurs, et de leur peu de résistance aux vents violents, ainsi que de l'entretien qu'elles demandent ; elles ont comme seuls avantages, ceux d'êtres chaudes en hiver, fraîches en été, légères et économiques. Les compagnies d'assurances refusent d'assurer contre l'incendie les constructions couvertes en chaume, ou demandent des primes très élevées, ainsi du reste que pour les bâtiments avoisinant ces dernières, à cause des risques réels d'incendie qu'elles présentent ; le moindre feu de cheminée et même simplement les étincelles provenant d'une cheminée fonctionnant normalement, peuvent en effet les enflammer. Elles n'ont du reste plus maintenant leur raison d'être, par suite de la facilité avec laquelle on peut établir des couvertures légères et à bas prix, n'ayant pas les inconvénients que nous venons de signaler.

Pour ces couvertures, on se sert de pailles longues et droites ;

les meilleures sont celles de blé, mais on emploie aussi des pailles de seigle, bien qu'elles soient d'un moins bon usage ; elles doivent mesurer environ $1^m,20$, avoir été battues avec soin, de manière à n'être pas brisées, et être débarrassées de leurs épis vides.

Les toitures couvertes en chaume sont très légères, leur poids ne dépasse pas 20 kilogrammes par mètre carré, aussi une charpente simple suffit-elle. La panne faîtière et les sablières sont autant que possible en bois dur, mais on peut employer pour les autres pièces (pannes et chevrons) des bois blancs ; les chevrons sont même souvent remplacés par des perches à peine équarries, espacées de 50 ou 60 centimètres et mesurant quelques centimètres de diamètre. En travers des chevrons, on établit un clayonnage composé de lattes ou de perches plus petites, espacées de 20 centimètres environ, clouées ou même simplement attachées par des liens en fil de fer ou en osier. Sur ce bâti on place, les unes à côté des autres, en commençant par la partie inférieure du toit, de petites bottes de paille de 20 à 25 centimètres de diamètre, la partie la plus grosse, c'est-à-dire celle opposée aux épis, étant dirigée vers le bas ; ces petites bottes sont attachées sur les lattes et entre elles de proche en proche, par des liens en fil de fer, en paille ou en osier. Lorsque le premier lit est terminé, on en fait un second recouvrant le premier sur les deux tiers de sa longueur, en ayant soin que les bottes de ce nouveau lit alternent avec celles du premier. Le troisième lit est établi de la même manière, il doit donc recouvrir les deux tiers du lit précédent et les bottes doivent alterner avec celles du lit placé immédiatement en dessous ; les autres lits s'établissent de même ; on voit donc que la couverture est formée constamment par trois épaisseurs de paille. Comme les bottes se recouvrent seulement partiellement et que le pied d'une botte chevauche sur la tête de celle placée immédiatement en dessous, dont le diamètre est moindre, l'épaisseur de la couverture ne dépasse pas, lorsqu'elle est terminée, une trentaine de centimètres au maximum.

Quand la couverture est ainsi préparée, elle forme une série d'échelons correspondant à chaque lit de bottes ; on l'égalise alors avec une faucille, en coupant toutes les parties saillantes, de manière que le toit présente une surface continue et parfaitement unie ; la toiture est plus étanche et l'écoulement de l'eau se fait beaucoup mieux.

On confectionne les faîtages avec des bottes plus grosses, placées en long et solidement attachées ; quelquefois on les fait en tuiles faîtières ou enfin simplement en terre franche ou en mortier. Les rives doivent être soigneusement dressées à la faucille ainsi que les égouts. Ces sortes de couvertures, bien faites, peuvent durer quarante et même cinquante ans si on a soin de ne pas les laisser envahir par les mousses ou les autres végétations qui, en entretenant une humidité permanente, ne tarderaient pas à amener leur destruction. On peut du reste retarder l'action de la pourriture en arrosant ou mieux en trempant la paille, avant son emploi, dans une solution de sulfate de cuivre.

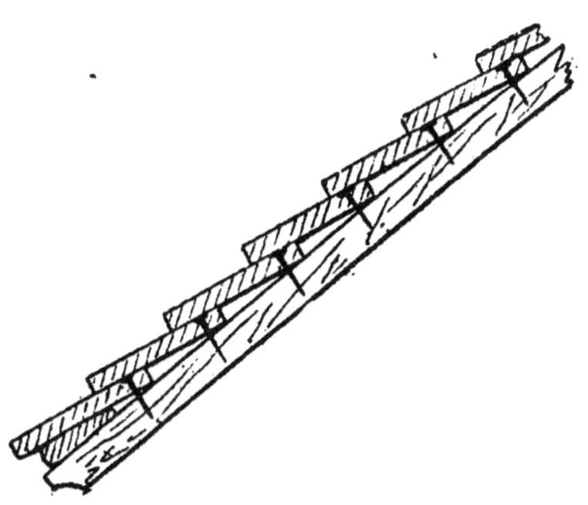

Fig. 102. — Couverture en planches.

Nous ne parlerons pas des différents procédés qui ont été proposés pour protéger ces couvertures contre le feu, car leur efficacité est relative et surtout peu durable : ils consistent, en principe, à badigeonner ou à immerger les pailles dans des solutions ignifuges à base de silicate de soude, de sulfate ou de phosphate d'ammoniaque. Ces procédés ne sont pas recommandables, car les toits étant appelés à être mouillés, l'eau lavera la paille et entraînera peu à peu les sels ignifuges. Nous estimons qu'il est plus pratique, si des risques d'incendie sont à redouter, d'employer d'autres matériaux plutôt que d'y avoir recours. Il faudra donc ne se servir de ces couvertures que dans des cas particuliers ou pour des constructions isolées (kiosques rustiques, glacières, abris, etc.).

Comme autres couvertures d'origine végétale, nous devons mentionner celles en bois, qu'on emploie sous forme de *planches* ou de *bardeaux*.

2º *Planches.* — Les planches peuvent être disposées transversalement ou au contraire suivant la plus grande pente du toit ; dans le premier cas on les cloue directement sur les chevrons, en commençant par la partie basse de la couverture, de manière qu'elles chevauchent les unes sur les autres en se recouvrant du tiers environ de leur largeur ; la figue 102 donne une idée de ce genre de couverture. Les planches doivent être clouées soigneusement mais seulement à leur partie supérieure, afin de bien résister au vent, tout en ayant un certain jeu qui leur permette de subir, sans se fendre, les variations de dimensions causées par l'humidité.

Lorsque la couverture est terminée, on l'enduit de goudron (une ou deux couches) que l'on saupoudre avec du sable de rivière fin, pour l'empêcher de fondre et de couler pendant l'été sous l'action de la chaleur solaire. Si on a à redouter l'action de vents violents, et c'est souvent le cas des chalets en montagne pour lesquels on emploie beaucoup les couvertures en bois, on charge la toiture avec de grosses pierres plates.

Les couvertures en bois sont moins combustibles que celles en chaume, mais elles sont moins étanches ; souvent même certaines planches se voilent et la couverture perd son imperméabilité, aussi les réserve-t-on pour les constructions provisoires ou pour celles bâties dans des pays où le bois est très bon marché.

On peut également exécuter la couverture en plaçant les planches les unes à côté des autres, à plat joint, *dans le sens de la pente* (fig. 103) ; on cloue alors sur les joints des *couvre-joints*, c'est-à-dire des planchettes étroites, afin d'empêcher le passage de l'eau. Pour permetre aux planches de *travailler* librement on a soin de ne clouer

Fig. 103. — Couverture en planches.

les couvre-joints que d'un côté, sur l'une des planches seulement. Cette couverture, qui est un peu moins recommandable que la précédente, doit aussi être goudronnée.

Enfin, un dernier système de couverture en bois est celui dit en *bardeaux*. Les bardeaux sont de petites planches rectangulaires en chêne ou en sapin, mesurant ordinairement 406 millimètres de longueur, 135 millimètres de largeur et 11 millimètres d'épaisseur ; on les dispose exactement comme les ardoises dont nous parlons plus loin. Il faut quarante-cinq de ces bardeaux par mètre superficiel de couverture et, comme pour les couvertures en chaume, la pente du toit doit être au moins de 45°. Ces couvertures ont été employées autrefois et on les retrouve encore utilisées pour les moulins à vent du littoral de l'Océan. Elles ont l'avantage d'être solides, légères, étanches et de pouvoir convenir pour des inclinaisons très grandes tout en résistant bien aux vents violents ; elles sont encore très appréciées dans certains pays. Les toitures couvertes en bardeaux semblent être formées d'écailles par suite de l'épaisseur des planchettes qui les constituent, épaisseur qui les rend très apparentes.

En résumé, il faut recommander les bardeaux pour toutes les couvertures qui doivent être légères, présenter une grande pente et bien résister au vent ; ce sont ces qualités qui les avaient fait préférer pour couvrir les toitures mobiles des anciens moulins à vent. De semblables couvertures, soigneusement établies, durent très longtemps, tandis que les autres couvertures en planches, comme nous l'avons dit, conviennent seulement pour les constructions provisoires.

3° *Cartons et feutres.* — Les couvertures en carton se rangent parmi les couvertures d'origine végétale. Elles peuvent durer une quinzaine d'années lorsqu'elles sont entretenues et, comme les précédentes, elles sont très légères ; économiques de pose, elles sont coûteuses d'entretien, aussi on les réserve pour les constructions provisoires ou peu importantes ; elles ne pèsent que 3 kilogrammes par mètre superficiel et conviennent pour de faibles inclinaisons, comprises entre 15 et 30°.

Le carton employé, appelé *carton cuir, carton bitumé* ou encore *carton goudronné,* est un fort carton imprégné et recouvert d'un enduit de goudron saupoudré, sur l'une de ses faces, de sable de rivière tamisé. Un bon carton doit être à tissu serré, souple et solide, et, immergé dans l'eau, il ne doit augmenter ni de poids ni de volume.

Ce carton se trouve dans le commerce en rouleaux ayant au moins 12 mètres de longueur et de 60 centimètres à 1 mètre de largeur. Pour le poser on commence par établir sur les chevrons un voligeage, jointif de préférence, que l'on goudronne soigneusement et sur lequel on déroule ensuite les rouleaux, perpendiculairement aux chevrons et en commençant par la partie basse de la couverture (fig. 106) ; le voligeage se trouve ainsi recouvert par une première bande de carton ayant la longueur du toit et la largeur du rouleau. Une deuxième bande est posée comme la première, en plaçant le rouleau à l'une des extrémités du toit et en le déroulant, mais en ayant soin, pour assurer l'imperméabilité de la toiture, que cette nouvelle bande recouvre la première de 8 à 10 centimètres environ ; si la largeur du carton est de 1 mètre et si les bandes chevauchent les unes sur les autres de 10 centimètres, la partie apparente sera les 9/10 de la largeur totale ; cette partie apparente est appelée *pureau*. Nous dirons que le pureau est de 9/10 dans ce genre de couverture alors qu'il n'est que de 1/3 seulement dans les couvertures en bardeaux ; le pureau permet donc de définir une couverture au point de vue de l'utilisation des matériaux employés.

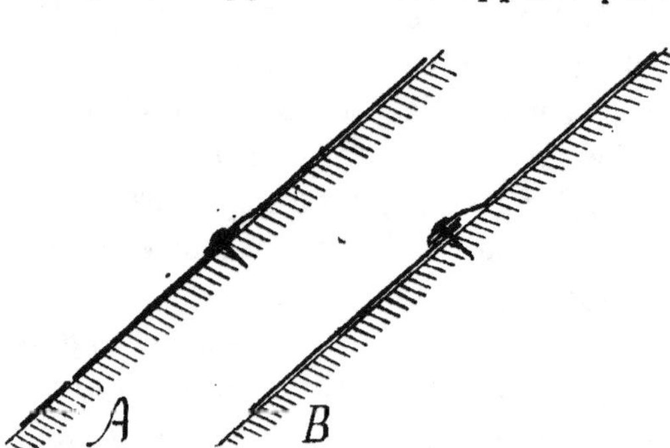

Fig. 104. — Couvertures en carton.

Chaque bande de carton est fixée à la partie supérieure par des clous (A, fig. 104), qui maintiennent aussi la partie inférieure de la bande placée immédiatement au-dessus; quelquefois les bandes sont simplement clouées à leur partie supérieure afin de laisser au voligeage un certain jeu sans lequel il risquerait de déchirer le carton. Si celui-ci est très souple, on peut éviter les déchirures en le pliant sur le bord avant d'y enfoncer les clous, comme le montre la figure B.

Lorsque la couverture est terminée on la consolide en clouant, en travers des bandes de carton, des lattes légères ou des tasseaux espacés de 0^m,60 à 1 mètre. Le carton se trouve ainsi solidement maintenu et ne risque plus d'être arraché par le vent ; on peut remplacer les lattes par d'étroites bandes de zinc. Les lattes, une fois placées, doivent être goudronnées avec soin et, si on veut que la couverture se conserve longtemps, on doit de temps en temps y appliquer une couche de goudron qu'on saupoudre de sable de rivière tamisé, afin d'empêcher le goudron de couler.

Comme le voligeage ne revient qu'à 1 franc ou 1 fr. 25 le mètre carré, et les lattes à 0 fr. 03 le mètre linéaire, la couverture terminée ne coûte guère plus de 2 fr. 50 le mètre superficiel. Aux avantages que nous avons déjà mentionnés, dont jouissent ces couvertures, il faut ajouter celui de pouvoir être employées pour des toits présentant une très faible pente.

Dans cette catégorie de couvertures nous en rangerons d'autres, bien qu'elles ne soient pas d'origine végétale, à cause de l'analogie qu'elles offrent avec celles que nous venons de voir, au point de vue de la pose et des qualités qu'elles présentent ; nous voulons parler des couvertures en *feutre*.

Les couvertures en feutre sont résistantes et souples en raison même de la nature des matières fibreuses qui les composent ; elles sont relativement chaudes, résistent bien au froid et à la chaleur, et sont peu combustibles ou tout au moins difficiles à enflammer. Les feutres employés, de plus ou moins bonne qualité, sont imprégnés de goudron, ou de produits qui en dérivent, et rendus ainsi imputrescibles et imperméables. Le *feutre asphaltique* et le *feutre sablé* appartiennent à cette catégorie de produits et constituent, par rapport au carton bitumé, une notable amélioration.

Parmi les couvertures en feutre nous en signalerons une qui nous a paru intéressante, désignée dans le commerce sous le nom de *ruberoïd*. Le ruberoïd est essentiellement un feutre de laine de première qualité imprégné entièrement d'une matière spéciale qui le rend imperméable et imputrescible, tout en lui conservant sa souplesse. Ce produit, qui n'absorbe pas l'eau,

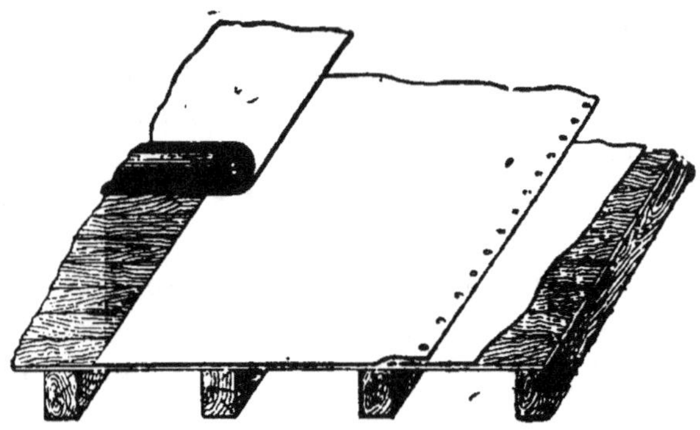

Fig. 105. — Couverture en ruberoïd.

même après une immersion prolongée, résiste bien aux acides et brûle difficilement ; il est fabriqué en plusieurs épaisseurs et est vendu par rouleaux de 20 mètres carrés (0^m,915 de largeur sur 21^m,90 de longueur) ; sa couleur est gris fer ou rouge.

Le *ruberoïd* se pose d'une manière analogue à celle que nous avons décrite à propos du carton bitumé, sur un voligeage uni et jointif ; il est bon de dérouler les rouleaux à

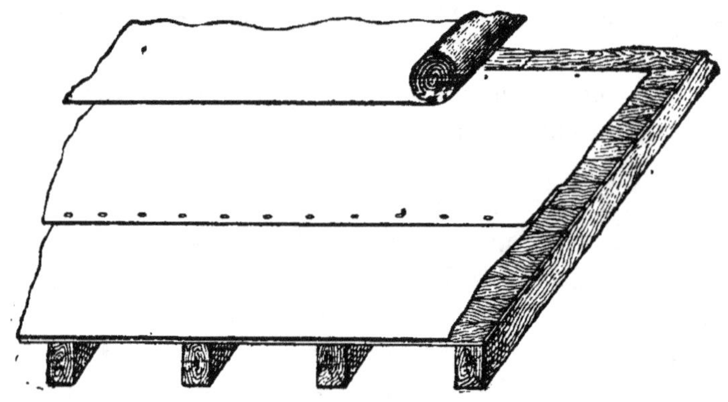

Fig. 106. — Couvertures par bandes horizontales.

l'avance, afin que le ruberoïd s'applique bien sur le voligeage, et de disposer sur la couverture des échelles de couvreur, car, étant saupoudré de talc, ce produit est très glissant. Les figures 105 et 106 montrent les deux modes de pose les plus recommandables, selon que les rouleaux sont étendus suivant la pente ou perpendiculairement à cette dernière. Ce second mode de pose est préférable au premier ; chaque bande recouvre sa voisine de 10 à 15 centimètres et, comme les figures le montrent, les joints sont cloués avec des clous à tête large, espacés de $0^m,05$ dans le premier cas et de $0^m,10$ seulement dans le second. Les joints, lorsque le ruberoïd est disposé suivant la pente, doivent être collés avec une colle spéciale (*rubérine*), précaution inutile lorsqu'on le dispose par bandes horizontales ; il est bon de recouvrir également les clous de rubérine afin de les empêcher de rouiller.

La figure 107 indique le mode d'emploi du ruberoïd lorsqu'il

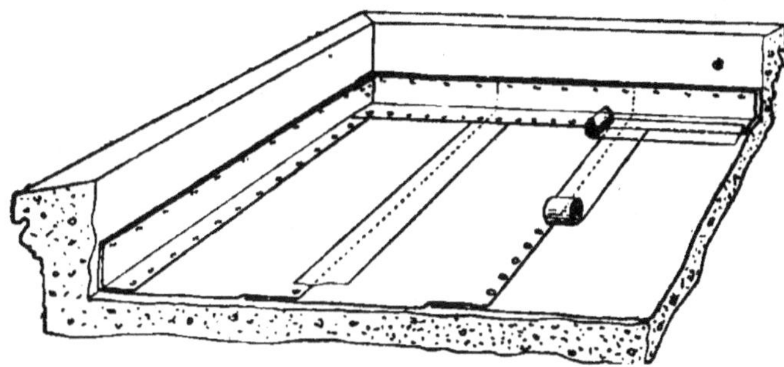

Fig. 107. — Couverture d'une terrasse en ruberoïd.

s'agit de couvrir une terrasse ; l'aire de cette dernière, formée par un plancher, un voligeage jointif ou un aire en maçonnerie, doit être résistante et présenter une pente de 5 à 30 millimètres par mètre. Comme la figure le montre, les joints, qui sont collés à la rubérine, sont cloués et recouverts de bandes de ruberoïd collées, formant couvre-joints.

Dans ces couvertures, les arêtiers, les noues et les faîtages se fond également en ruberoïd. On peut enfin employer ce produit pour faire des revêtements hydrofuges, pour les parquets ou les lambris, dans les logements humides, notamment pour ceux situés au rez-de-chaussée.

II. Couvertures métalliques. — 1° *Zinc*. — On se sert maintenant à peu près exclusivement du zinc comme métal pour couvrir les constructions ; autrefois on a employé le cuivre et le plomb, et il existe encore beaucoup de monuments ouverts avec ces deux métaux, qui ont été abandonnés à cause de leur prix élevé par rapport à celui du zinc qu'on obtient par laminage, en feuilles très minces et très régulières.

Les couvertures en zinc sont légères et ont le grand avantage de s'accommoder de pentes très faibles, qui peuvent n'être que de 12 à 15 degrés ; sous ce rapport elles conviennent très bien pour les appentis, dont les toitures présentent presque toujours une faible inclinaison. Elles ont l'inconvénient de suivre les variations de température, c'est-à-dire d'être chaudes en été et froides en hiver. Dans les régions où la neige dure longtemps, il suffit de leur donner une inclinaison de 30° pour que cette dernière glisse sur leur surface et par suite ne surcharge pas inutilement les toits.

Le zinc, qui a remplacé les métaux dont nous parlions précédemment depuis qu'on sait le laminer, c'est-à-dire depuis quatre-vingts ans à peine, se trouve dans le commerce en feuilles ayant une largeur de $0^m,50$ à $0^m,80$, une longueur de 2 mètres et une épaisseur variable qui correspond à un numéro d'ordre. Le tableau suivant indique l'épaisseur des feuilles et leur poids pour quelques-uns des numéros le plus en usage :

Numéros.	Épaisseurs.	Poids au mètre carré.
10	$0^{mm},51$	$3^{kg},45$
11	$0^{mm},60$	$4^{kg},05$
12	$0^{mm},69$	$4^{kg},65$
13	$0^{mm},78$	$5^{kg},30$
14	$0^{mm},87$	$5^{kg},95$
15	$0^{mm},96$	$6^{kg},55$
16	$1^{mm},10$	$7^{kg},50$
17	$1^{mm},23$	$8^{kg},45$
18	$1^{mm},36$	$9^{kg},35$
19	$1^{mm},48$	$10^{kg},30$
20	$1^{mm},66$	$11^{kg},25$

Les numéros 10 et 11 sont utilisés comme revêtement, pour protéger une paroi contre l'humidité, ou pour de petits travaux de couverture ; les deux numéros suivants peuvent déjà être employés pour les couvertures des constructions légères, des hangars et des appentis, ainsi que pour les tuyaux de descente fatiguant peu ; c'est avec le numéro 12 qu'on fabrique ordinairement les seaux et les arrosoirs. Le numéro 14 est celui qu'on emploie pour les toitures, à moins de conditions spéciales

Les numéros 15 et 16 conviennent pour les constructions très soignées, devant durer longtemps, telles que les édifices publics ; il n'y aurait pas intérêt à les employer dans nos constructions rurales, car alors on obtiendrait il est vrai une couverture pouvant durer un demi-siècle et plus, mais on immobiliserait un capital important qui deviendrait improductif. On réserve ces numéros ainsi que les suivants, pour la confection des réservoirs, cuves, bassins, baignoires, etc.

Le zinc, n'ayant pas de soutien par lui-même, doit être posé sur un voligeage sensiblement jointif formé de planches appelées *voliges*, ayant 13 à 14 millimètres d'épaisseur et 11 à 15 centimètres de largeur, clouées les unes à côté des autres en travers des chevrons. Autrefois les feuilles étaient clouées directement sur les voltiges, mais le fer des clous et le zinc, en présence de certaines eaux de pluie, formaient une sorte de pile électrique et le zinc se rongeait ; on a alors remédié à cet inconvénient en employant des clous également en zinc. Cette manière de faire présentait un autre inconvénient, celui de ne pas permettre au métal de se dilater sans se déchirer. La dilatation est en effet très appréciable pour des feuilles mesurant 2 mètres de longueur, exposées en plein été à des tempétures de 40 à 50° au soleil et de 15 à 20° au-dessous de zéro en hiver, soit un écart pouvant aller, dans nos climats, à 60 ou 70° ; le calcul indique que, pour une différence de température semblable et pour une longueur de 2 mètres, la variation de longueur est de 4 millimètres environ.

Pour maintenir convenablement les feuilles de zinc, qui, par suite de leur légèreté et de la faible pente des toits seraient facilement arrachées par le vent et sous lesquelles la pluie, chassée par ce dernier, pourrait pénétrer, on doit opérer de la manière suivante : sur le voligeage on cloue, suivant la pente, des tasseaux ayant une section trapéziforme, écartés les uns des autres d'une quantité en rapport avec la largeur des feuilles employées ; sous ces tasseaux on engage, tous les mètres environ, de petites bandes de zinc qu'on replie de chaque côté ; les feuilles, dont les bords ont été relevés légèrement, sont alors posées sur le voligeage comme le montre la figure 108, et il suffit de rabattre ces petites bandes pour qu'elles forment de véritables agrafes qui les maintiennent tout en permettant leur dilatation. Il ne reste plus, pour achever la couverture, qu'à recouvrir les tasseaux, les agrafes et les bords des feuilles avec des *couvre-joints* C, en zinc également ;ces couvre-joints sont fixés avec des clous spéciaux qu'on a soin, une fois enfoncés, de recouvrir de quelques gouttes de soudure pour les soustraire complètement à l'action de l'eau de pluie.

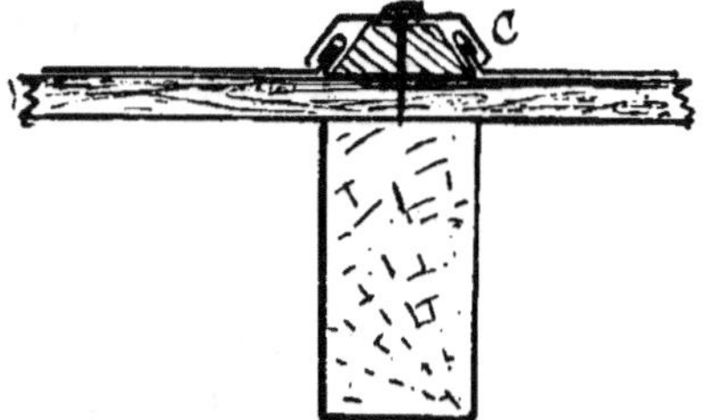

Fig. 108. — Couvre-joint.

Il y a lieu, en outre, de maintenir les feuilles dans le sens de la longueur, par en haut pour les empêcher de glisser, par en bas pour que le vent ne les soulève pas. La première feuille, posée à la partie inférieure de la toiture, à son bord supérieur replié de quelques centimètres, de façon à former une sorte d'agrafe, dans laquelle on engage un crochet constitué par une bande de zinc C (fig. 109) repliée sur elle-même ; il suffit de clouer ce crochet avec deux ou trois clous pour le maintenir et empêcher ainsi la feuille de zinc d'être soulevée par le vent ou de glisser. La feuille supérieure est aussi recourbé et s'engage dans l'agrafe de la feuille inférieure

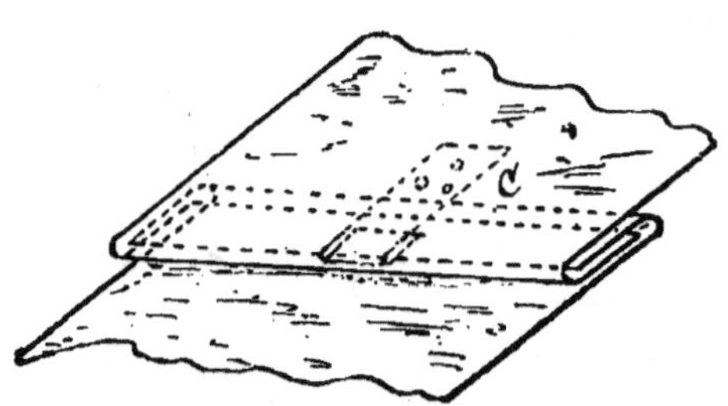

Fig. 109. — Attache des feuilles.

elle ne peut donc plus se soulever et il n'est plus possible l'eau, chassée par le vent, de pénétrer sous la couverture. Nous voyons qu'avec ce système toutes les feuilles sont fixées seulement par leur partie supérieure, tout en étant maintenues sur tous leurs bords ; elles peuvent par suite se dilater librement.

Dans beaucoup de couvertures ordinaires on emploie le mode de fixation représenté dans la figure 110, bien qu'il soit moins recommandable que celui que nous venons de décrire ; il est plus simple et plus économique, les feuilles n'étant pas repliées à leurs extrémités pour former agrafes, mais l'eau peut être chassée par le vent sous ces dernières. Comme la figure le montre, chaque feuille est clouée à sa partie supérieure et est maintenue par en bas par un crochet en zinc.

Le prix du zinc varie en général entre 75 et 80 ou 90 francs les 100 kilogrammes, aussi ce genre de couverture ne revient-il guère à plus de 6 ou 7 francs le mètre carré, voligeage compris.

On emploie aussi ce métal sous forme de grandes feuilles présentant, dans le sens de leur longueur, des ondulations leur donnant une rigidité suffisante pour que le voligeage devienne inutile et qu'il puisse être remplacé par un simple lattis composé de lattes clouées de distance en distance en travers des chevrons. Dans beaucoup de cas on peut même faire reposer directement les feuilles sur les pannes, à la condition que ces dernières ne soient pas trop écartées ; on économise ainsi les chevrons ; les feuilles sont maintenues au moyen de pattes clouées aux lattes ou aux pannes. Il faut avoir soin que le vent ne s'engouffre pas sous ces couvertures, car elles seraient facilement arrachées ; extrêmement légères, elles conviennent pour les constructions provisoires ou de peu d'importance et, comme toutes celles en zinc, résistent mal au feu.

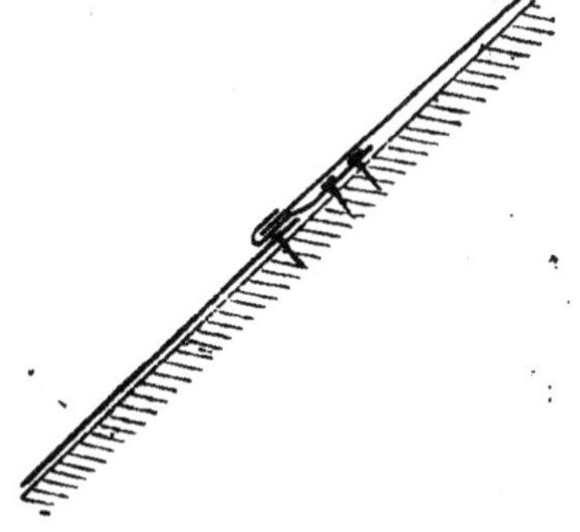

Fig. 110. — Couverture en zinc.

Nous dirons enfin qu'on fait aussi des couvertures en *ardoises de zinc*, qui rappellent beaucoup celles que nous décrivons maintenant sous le nom d'*ardoises métalliques*.

2° *Tôle.* — La tôle s'emploie surtout sous forme de plaques rectangulaires fabriquées par certaines forges et désignées sous le nom d'*ardoises métalliques*. Les ardoises métalliques sont galvanisées ; elles doivent être placées sur un voligeage,

10.

qui du reste peut être léger et non jointif, leur poids ne dépassant pas 4 kilogrammes par mètre superficiel. Ces *ardoises* sont fixées à leur partie supérieure au moyen de deux clous garnis d'une rondelle de plomb ; le plomb, en s'écrasant, bouche complètement le trou fait par le clou ; chaque clou maintient en outre une petite bande de tôle de 7 à 8 centimètres de longueur qui, repliée sur l'ardoise de la rangée supérieure, l'empêche d'être soulevée par le vent. Chacune des *ardoises* est donc maintenue par deux clous à la partie supérieure et deux crochets à la partie inférieure. La première rangée est posée en commençant par l'égout de la toiture, puis on en place immédiatement au-dessus une deuxième qui recouvre la première de quelques centimètres et masque les clous fixant la première rangée.

On emploie aussi la tôle galvanisée sous forme de grandes feuilles présentant des ondulations ; on obtient ainsi une couverture analogue à celle donnée par le zinc ondulé mais plus rigide, plus lourde et d'un prix plus élevé.

III. *Couvertures en tuiles.* — Ces couvertures, désignées encore sous le nom de couvertures céramiques, sont composées d'éléments appelés *tuiles*, qui résultent de la cuisson de plaques d'argile affectant des formes, des dimensions et des colorations très variables. Les couvertures en tuiles sont plus ou moins résistantes et plus ou moins lourdes ; leur poids et leur prix dépendent du genre de tuiles qui les composent.

Les tuiles, quelles qu'elles soient, doivent absorber mal l'humidité et il faut que leur poids n'augmente pas de plus de un tiers lorsqu'elles ont été immergées pendant vingt-quatre heures dans l'eau, autrement elles sont gélives et se détruisent sous l'action de la gelée ; elles doivent être sonores, avoir un son métallique et présenter une cassure sèche ; la coloration n'est pas un indice certain permettant de reconnaître leur qualité. Au point de vue de la résistance, on leur demande simplement de pouvoir, lorsqu'elles sont en place, porter facilement sans se rompre les ouvriers chargés de les poser ou de réparer les toitures qui en sont couvertes.

1° *Tuiles plates.* — Les tuiles les plus simples et les plus communes dans les bâtiments ruraux sont les tuiles plates à crochet, dites *carrées*, dont les dimensions varient avec les pays, mais qui mesurent ordinairement 0^m,31 sur 0^m,24 ou 0^m,26 sur 0^m,18 ; les premières, désignées sous le nom de *grand moule*, pèsent 2 kilogrammes et ont une épaisseur de 16 millimètres ; les secondes, appelées *petit moule*, ne pèsent que 1^{kg},300 environ et n'ont que 13 millimètres d'épaisseur. Faites autrefois à la main, elles sont presque toujours maintenant moulées à la machine et sont, par suite, beaucoup plus régulières ; elles présentent sur leur face inférieure un *tenon* d'accrochage qui les empêche de glisser et qui en outre, étant généralement percé d'un ou deux trous, permet dans certains cas de les attacher aux lattes ou liteaux au moyen d'un fil de fer.

Les tuiles plates sont placées sur des lattes clouées en travers des chevrons, les unes à côté des autres, en commençant par la partie inférieure de la couverture, de manière que chaque rangée recouvre un peu plus de la moitié de la partie supérieure de la précédente (pour des tuiles de 26 centimètres le recouvrement est de 15 centimètres) ; en outre chaque rangée doit commencer alternativement par une tuile et une demi-tuile, afin que les joints, dans le sens de la pente, alternent pour les rangées successives. Les lattes employées sont en chêne ou en châtaignier et mesurent, en section, de 30 à 40 millimètres sur 8 à 15 ; leur écartement est de 10 à 15 centimètres ; la latte inférieure, plus forte que les autres, est appelée *chanlatte*.

Ces tuiles donnent de bonnes couvertures, chaudes mais lourdes ; il faut en effet de 55 à 60 tuiles par mètre carré de toiture. Lorsqu'on emploie des tuiles irrégulières, déformées par la cuisson, le pureau doit être de un tiers, et par suite les tuiles se recouvrent des deux tiers de leur longueur ; la couverture est donc, dans ce cas, constamment formée par trois épaisseurs de tuiles et son poids atteint alors et dépasse même une centaine de kilogrammes par mètre superficiel. Les couvertures à pureau de un tiers sont les plus répandues dans les bâtiments des campagnes construits depuis déjà un certain temps. Ces couvertures nécessitent de fortes charpentes et exigent, pour être étranches, une pente de 45° au moins, c'est-à-dire de un mètre par mètre.

La tuile *écaille* est un perfectionnement de la tuile carrée ; au lieu d'être rectangulaire, la partie inférieure de cette tuile est courbe, il en résulte que la couverture est plus légère, puisque les tuiles sont moins volumineuses, et aussi étanche les angles inférieurs qui sont supprimés ne jouant aucun rôle dans l'imperméabilité de la couverture. La forme courbe présente en outre l'avantage de conduire toujours l'eau de pluie vers le milieu des tuiles, c'est-à-dire de l'écarter des joints ; c'est pour la même raison que, dans les vitrages des serres et des vérandas, les verres sont ordinairement à coupe circulaire de manière à ramener l'eau vers le milieu en l'écartant des fers.

Les tuiles plates ne sont généralement maintenues que par leur propre poids, aussi faut-il éviter que le vent puisse pénétrer dessous, car alors il les soulève parfois ; on remédie à cet inconvénient en ayant soin que le local couvert (grenier ou grange) soit fermé pendant les grands vents, ou encore en garnissant la partie inférieure de la toiture par un remplissage quelconque. Si la toiture dépasse le bâtiment, il est bon de faire un voligeage au-dessous des parties débordantes (*voliger les saillies de comble*, comme l'on dit), pour supprimer l'inconvénient que nous venons de signaler ; mais dans beaucoup de bâtiments couverts avec des tuiles plates, les couvertures sont arasées au droit des murs.

Le faîtage est fait, ainsi que les arêtiers, avec un bourrelet en mortier, ou mieux en tuiles spéciales demi-cylindriques appelées *faîtières* (fig. 111) ; si la toiture n'a qu'un pan, on la termine, à la partie supérieure et sur les pignons, par des *filets* en plâtre, appelés plus spécialement *ruellées* quand ils sont isolés, et *solins* s'ils s'appuient à un mur.

Le prix des couvertures en tuiles plates ordinaires de bonne qualité, lattis compris, varie entre 3 fr. 50 et 4 fr. 50 le mètre.

2° *Tuiles à canal.* — Dans le Midi on emploie beaucoup une *tuile creuse* dite *romaine* ou *à canal*, ayant la forme d'un tronc de cône creux coupé par un plan passant par son axe. Ces tuiles sont simplement posées sur un voligeage établi sur les chevrons ; si les pannes sont suffisamment rapprochées, on peut faire le voligeage directement sur ces dernières, en prenant des voliges un peu plus épaisses. Cette disposition indique immédiatement que ces tuiles ne peuvent être employées que pour des toitures peu inclinées (25° à 30°).

Les tuiles à canal sont placées en commençant par la partie inférieure du toit : la première rangée est disposée de manière que les tuiles reposent sur le voligeage par leur partie convexe et soient écartées d'une dizaine de centimètres les unes des autres, leur partie la plus étroite étant

Fig. 111. — Faîtière.

dirigée par en bas. Cette première rangée est alors terminée en plaçant une deuxième série de tuiles en sens inverse des premières, de façon à les recouvrir partiellement. La figure 112 donne en I une idée de ce genre de couverture et montre comment les tuiles sont disposées.

La forme même des tuiles à canal se prête bien à l'écoulement de l'eau qui se réunit dans les parties creuses, comme dans de véritables gouttières. Lorsque des vents violents sont à redouter, il faut les maintenir en les maçonnant, ou tout au moins en clouant sur le voligeage des lattes qui les calent et les empêchent d'être déplacées.

Ces couvertures sont plus lourdes que celles que nous venons de voir et ne

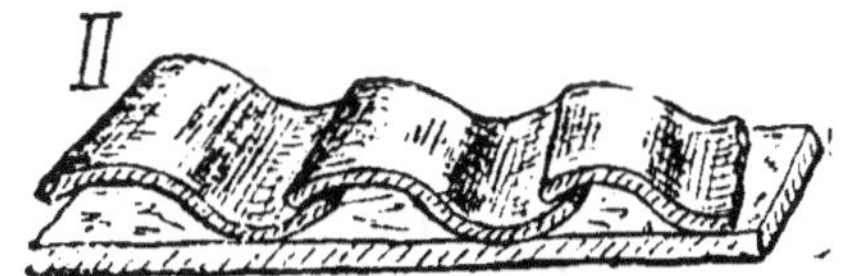

Fig. 112. — Tuiles : I, à canal ; II, flamandes.

conviennent pas dans les climats du Nord où la neige est à redouter.

3° *Tuiles flamandes*. — La tuile flamande ou *tuile panne* a la forme, en section, d'une S ouverte et se place sur un lattis ; il faut que le bord convexe des tuiles de rang pair recouvre, de 5 à 6 centimètres, le bord concave des tuiles de rang impair.

Cette couverture présente à peu près les mêmes avantages

et les mêmes inconvénients que la précédente, mais elle est plus légère, bien que pesant encore près de 90 kilogrammes le mètre carré ; elle est employée dans le Nord, mais on ne la rencontre que très rarement dans nos régions. Comme cette tuile est à accrochage on peut lui donner une forte pente.

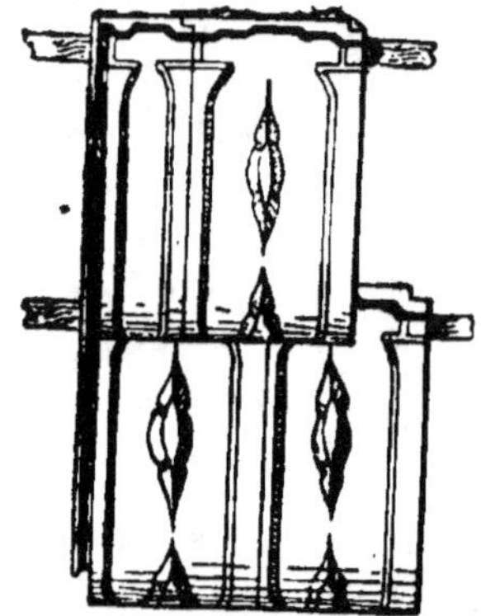

Fig. 113. — Tuiles mécaniques.

4° *Tuiles mécaniques.* — On emploie maintenant presque partout des *tuiles* moulées, dites *mécaniques*, à emboîtement et à recouvrement. Ces tuiles, qui portent en outre le nom des tuileries qui les fabriquent et dont la figure 113 montre le mode d'assemblage, sont légères, d'une pose facile et donnent une couverture parfaitement imperméable ; il en existe de nombreux modèles, mais celles qu'on emploie le plus souvent mesurent 40 centimètres de longueur et 24 centimètres de largeur. Elles présentent à leur surface, outre les gorges destinées à les assembler, des nervures plus ou moins ornementales ayant pour objet d'augmenter leur résistance et de rassembler l'eau qu'elles reçoivent ; à leur partie postérieure, des tenons les empêchent de glisser.

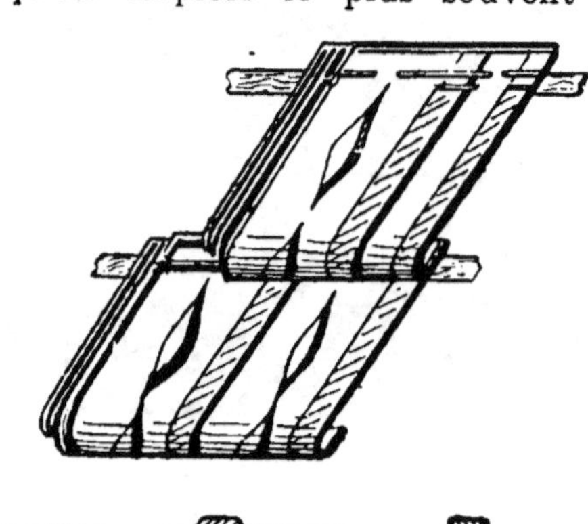

Fig. 114. — Tuiles à tenaille.

Les tuiles mécaniques sont posées sur un lattis formé de lattes en sapin mesurant de 27 à 30 millimètres de côté et écartées de 34 centimètres environ ; cet écartement ne peut être déterminé que quand on a un modèle des tuiles à employer, à cause de l'emplacement des tenons qui peut varier légèrement d'un modèle à un autre. Souvent les tenons présentent des trous dans lesquels on peut passer des fils de fer permettant d'attacher les tuiles aux lattes, lorsqu'on craint qu'elles ne soient arrachées par le vent ; cette précaution n'est utile que pour les parties de la toiture dépassant l'aplomb des murs, mais si on a soin de garnir par un voligeage jointif le dessous de ces parties, où le vent a une grande prise, il est inutile de les attacher.

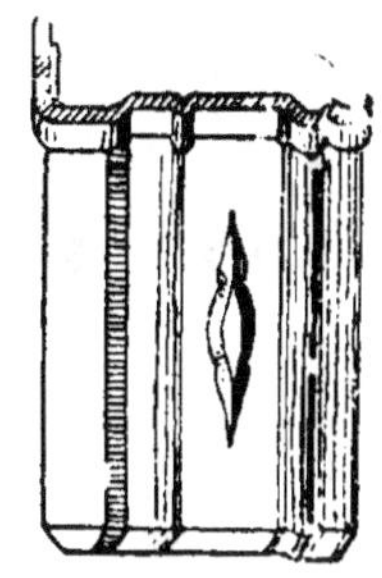

Fig. 115. — Tuile de rive.

Le double recouvrement latéral des tuiles empêche complètement l'eau de passer par-dessous; si, en effet, le vent la repousse jusqu'à la première gorge, elle ne peut pas aller plus loin, car alors l'action du vent cesse et l'eau s'écoule pour retomber sur la tuile immédiatement au-dessous. La figure 114 représente une couverture en tuiles spéciales dites à emboîtement à tenaille (modèle Perrusson et Desfontaines) ; comme la figure le montre, cet assemblage rend les tuiles absolument solidaires et assure une imperméabilité complète.

Les tuiles mécaniques se posent comme les tuiles plates, par rangées, en commençant par les égouts, chaque rangée débutant successivement par une tuile et une demi-tuile, de manière que les joints alternent. Il faut 14 à 15 tuiles par mètre carré, et comme leur prix varie entre 130 et 200 francs le mille,

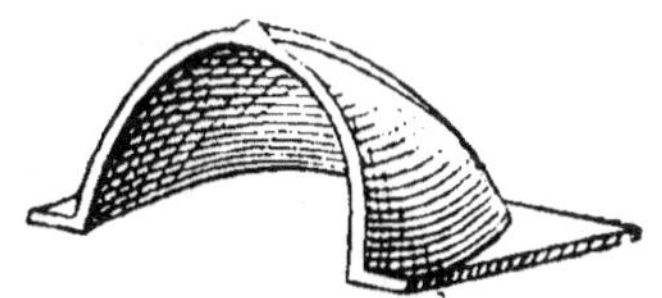

Fig. 116. — Chatière pour couverture en tuiles plates.

on voit que ces couvertures sont économiques ; comme, en outre, ces tuiles ne peuvent glisser à cause de leurs tenons elles conviendront pour des pentes très variables, depuis 15 à 20° jusqu'à 45° et plus ; au delà de cette dernière inclinaison le vent peut les soulever, il faut alors absolument les attacher avec des fils de fer passés dans les trous des tenons. Les inclinaisons les plus recommandables sont comprises entre 30 et 40°.

Le faîtage et les arêtiers sont faits au moyens de *faîtières* à recouvrement et à emboîtement (fig. 111) ; pour les rives des couvertures soignées, il existe des *tuiles* spéciales, dites *de rives* (fig. 115), qui sont plus ou moins ornementées. Les faîtières sont souvent disposées pour recevoir des *fleurons* placés dans un but décoratif, et s'appellent alors *porte-fleurons*. Comme pour les couvertures en tuiles plates, on place les faîtières à cheval sur les deux rives, et on les assemble aux tuiles comme ces dernières sont assemblées entre elles. Quant aux *noues*, on les fait communément avec des tuiles creuses spéciales.

Fig. 117. — Châssis ouvrant 4 tuiles.

Pour l'aération des locaux, il suffit de placer quelques *chatières* (fig. 116), qu'il est bon de grillager si l'on veut empêcher le passage des oiseaux ou des rongeurs ; les chatières se posent comme les tuiles. Pour l'éclairage, on peut intercaler de distance en distance des *tuiles vitrées* ou *des tuiles en verre* ; ces tuiles sont identiques, comme forme et dimensions, aux tuiles ordinaires, mais elles sont d'un prix beaucoup plus élevé ; elles sont vendues par les usines fabriquant

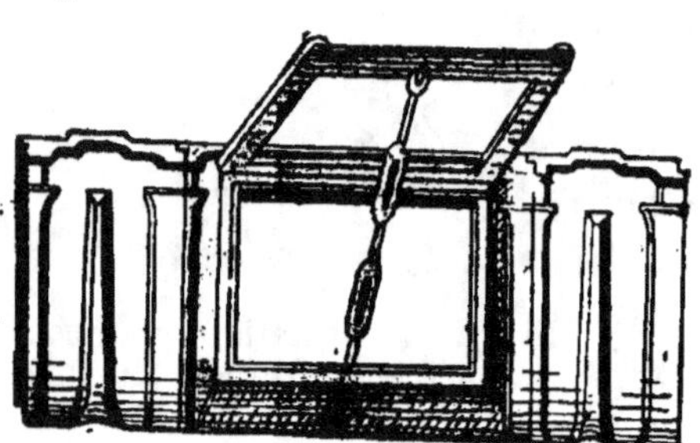

Fig. 118. — Châssis ouvrant 2 tuiles.

les tuiles céramiques. S'il s'agit de locaux bas, il est plus simple d'employer des châssis en fonte ou en fer, appelés *châssis ouvrant* ou *châssis à tabatière*, qui s'assemblent comme les tuiles et présentent une partie vitrée mobile qu'on peut ouvrir (fig. 117 et 118). Dans les greniers élevés les *commandes* de ces châssis par des cordes fonctionnent généralement mal, à moins d'un entretien soigneux ; aussi il vaut mieux avoir recours, pour ces locaux, aux chatières pour l'aération, et aux tuiles de verre ou aux châssis vitrés fixes pour l'éclairage.

Il existe enfin, pour le passage des tuyaux de ventilation ou des cheminées, des *tuiles* spéciales à *douille*, recevant directement les poteries employées.

En résumé, les tuiles mécaniques sont celles qu'il faut toujours préférer, à moins que des considérations spéciales n'obligent à adopter un autre modèle (bâtiments déjà couverts de tuiles d'un autre genre, proximité d'une fabrique, etc.) ; ces tuiles réalisent en effet toutes les conditions d'une bonne couverture et, grâce au degré de perfectionnement qu'elles ont atteint, se prêtent à toutes les combinaisons. La tuile la plus recommandable après la tuile mécanique est la tuile plate, qu'on a beaucoup employée dans nos régions et qui, pour cette raison, le sera encore longtemps.

IV. *Couverture en ardoises.* — Parmi les couvertures minérales ou en pierres, nous ne nous arrêterons qu'à la seule qui soit vraiment pratique et recommandable, à *l'ardoise*. Les ardoises sont des schistes feuilletés qu'on trouve dans certaines carrières ; en général leurs qualités augmentent avec la profondeur des bancs dont elles proviennent, ceux de la superficie donnant des ardoises trop tendres. Par la *fente*, ces schistes se séparent en minces feuilles ayant quelques millimètres d'épaisseur, qu'on taille ensuite suivant certaines dimensions. L'épaisseur minimum des ardoises ordinaires doit être de $1^{mm},5$; au-dessous de cette épaisseur, elles sont trop fragiles et ne peuvent plus supporter le poids des ouvriers chargés d'établir ou de réparer les couvertures ; celle qu'il faut préférer est de 2 ou 3 millimètres ; au delà de 3 millimètres, elles deviennent lourdes, coûteuses et d'une résistance inutile ; seuls les très grands modèles ont 4 millimètres et plus d'épaisseur. Le tableau ci-contre donne les noms, les dimensions et les poids des ardoises provenant des ardoisières d'Angers, les plus communément employées dans les couvertures, ainsi que leur nombre et celui de clous, d'agrafes, de mètres de voliges et de pointes à voliges nécessaires par mètre carré de couverture.

DANGUY. — *Constr. rurales.*   11

DÉNOMINATIONS des ardoises (modèles ordinaires)	DIMENSIONS en millimètres.			POIDS moyens des 1 040 ardoises.	PUREAU (au recouvrement du 1/3 de la hauteur).	d'ardoises par mètre carré.	NOMBRE		de mètres de voliges par mètre carré.	de pointes à voliges par mètre carré, deux par chevron.
	Hauteur.	Largeur.	Épaisseur.				de clous ou agrafes par mètre carré.			
							Clous.	Agrafes.		
				kilos.	mètre.				mètres.	
1re carrée, grand modèle	324	222	2,7 à 3,5	520	0,11	42	84	42	9,25	46
1re carrée, 1/2 forte.	297	216	2,7 à 3	440	0,10	47	94	47	10,10	50
1re carrée, forte...	297	216	2,8 à 4	540	0,10	47	94	47	10,10	50
2e carrée, forte...	297	195	2,7 à 3,5	410	0,10	52	104	52	10,10	50
Grande moyenne, forte	297	180	2,7 à 3,5	380	0,10	55	110	55	10,10	50
Petite moyenne, forte	297	162	2,7 à 3,5	330	0,10	62	124	62	10,10	50
Moyenne	270	180	2,7 à 3,5	355	0,09	61	122	61	11,10	55
Flamande no 1....	270	162	2,7 à 3,5	320	0,09	69	138	69	11,10	55
Flamande no 2....	270	150	2,7 à 3,5	300	0,09	74	148	74	11,10	55
3e carrée, no 1....	243	180	2,7 à 3,5	310	0,08	72	144	72	12,35	62
3e carrée, no 2....	243	150	2,7 à 3,5	265	0,08	82	164	82	12,35	62
4e carrée ou cartelette, no 1	216	162	2,7 à 3,5	260	0,07	88	176	88	13,90	69
Cartelette no 2....	216	122	2,7 à 4	200	0,07	114	228	114	13,90	69
Cartelette no 3....	216	95	2,7 à 4	150	0,07	146	292	146	13,90	69

L'ardoise de bonne qualité doit être dure, sonore et n'absorber que très peu d'eau, sous peine de devenir gélive ; sa coloration varie avec son lieu d'origine, aussi ne peut-elle servir d'indication sur sa qualité. L'ardoise présente souvent un sorte de contexture fibreuse qui la fait se fendre facilement ; il faut toujours que le *long grain* soit dans le sens de sa longueur, autrement elle est dite *traversière* et peut se

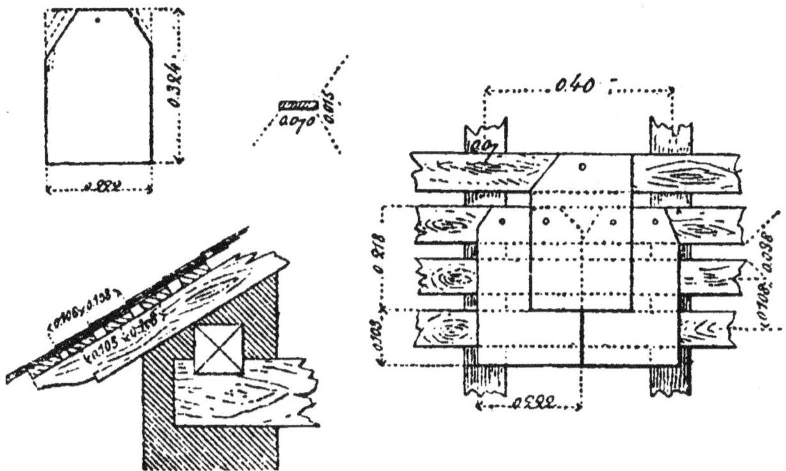

Fig. 119. — Couverture en ardoises d'Angers (1re carrée, grand modèle).

casser lorsqu'elle est clouée, sous le poids des ouvriers ou sous l'action du vent qui la soulève.

Les ardoises se fixent soit au moyen de clous, soit au moyen d'agrafes, dans le premier cas sur un voligeage, dans le second sur un lattis. Les voliges, en sapin ou en peuplier, sont clouées sur chaque chevron par deux pointes mais, contrairement aux voligeages que nous avons déjà vus, celui-ci n'a pas besoin d'être jointif ; il doit y avoir, entre chaque volige, un écartement égal au 1/3 du pureau ; cette disposition a pour but de faciliter la circulation de l'air sous la toiture et de rendre par suite la couverture plus saine ; comme avec l'ardoise le pureau est toujours de 1/3, il est facile d'avoir l'écartement qu'on doit donner aux voliges connaissant les dimensions des ardoises employées. Dans une même fourniture, il y a toujours quelques variations dans l'épaisseur des ardoises, aussi faut-il commencer par les classer en catégories ; on réserve les plus épaisses pour les égouts, les moyennes pour le milieu du toit, et les plus minces pour le faîtage.

Les ardoises sont placées par rangées successives en commençant alternativement chaque rangée par une ardoise et une demi-ardoise afin que les joints, dans le sens de la pente, soient alternés ; on les fixe avec un ou mieux deux clous en cuivre ou en fer soigneusement galvanisé, en les faisant reposer sur trois voliges ; la figure 119 donne du reste une idée très exacte de leur disposition. Avec ce mode de fixation les ardoises, n'étant maintenues que par leur partie supérieure, sont soulevées par les vents violents, ce qui entraîne tôt ou tard leur rupture.

Les crochets, au contraire, maintenant les ardoises par leur partie inférieure, les empêchent complètement d'être soulevées ; la figure 120 montre ce mode d'attache. Les crochets sont agrafés par l'une de leurs extrémités aux voliges ou aux lattes, et par l'autre ils prennent les ardoises au milieu de leur bord inférieur ; ces crochets sont en fer galvanisé ou en cuivre rouge et ils doivent avoir au moins 3 millimètres de diamètre ; quelquefois ils sont à pointes, dans ce cas on les enfonce comme des clous dans les voliges ; on fait enfin maintenant d'excellents crochets en zinc méplat très fort. Les ardoises, étant maintenues à leur partie supérieure par la rangée qui les recouvre, et à leur partie inférieure par des crochets, ne peuvent plus être ni arrachées, ni déplacées par le vent.

Lorsque les couvertures en ardoises sont bien posées, elles durent longtemps. Ces couvertures sont assez légères et ne pèsent que de 22 à 30 kilogrammes le mètre carré ; elles conviennent pour toutes les pentes supérieures à 22°, pente limite au-dessous de laquelle les couvertures à pureau de 1/3 ne sont plus étanches. Leur prix varie, mais il est toujours voisin de 4 à 5 francs le mètre superficiel, rabais déduits.

Dans les couvertures en ardoises, le faîtage et les arêtiers se font en zinc ou en plomb, ainsi du reste que les rives, qui sont cependant quelquefois en plâtre.

On emploie aussi, mais plus rarement, de très grandes ardoises, dites *anglaises*, ayant 4 à 5 millimètres d'épaisseur. Ces ardoises sont généralement fixées par des crochets et soutenues, non plus par des lattes, mais par des *chanlattes*, c'est-à-dire par de fortes planches taillées en biseau analogues à celles placées à l'extrémité des chevrons pour soutenir les égouts des toitures.

Nous signalerons enfin un nouveau genre de couverture, très intéressante et d'invention récente, employant des *ardoises artificielles* dites en fibro-ciment. Ces ardoises, com-

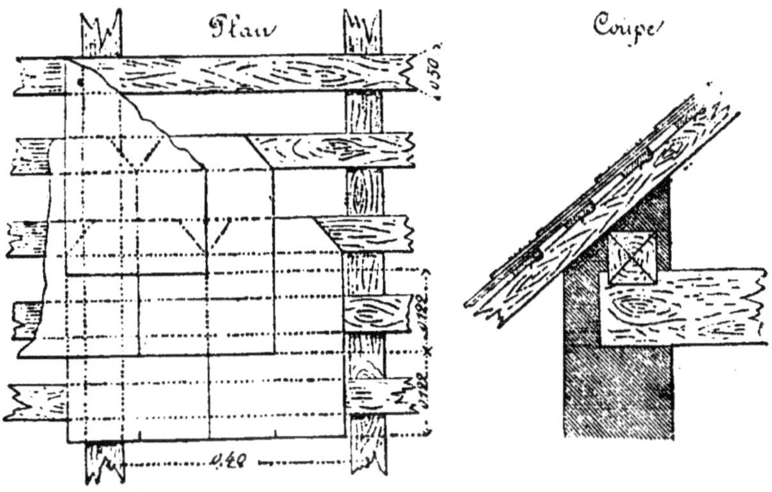

Fig. 120. — Couverture dite économique, en ardoises d'Angers.

posées d'un produit spécial aggloméré par une pression considérable, se présentent sous forme de plaques dont la légèreté rappelle celle du carton ; elles sont cependant rigides et très résistantes. Généralement d'un gris clair, quelquefois colorées en rouge, ces plaques se coupent aisément et peuvent avoir toutes les dimensions, en particulier 30 ou 40 centimètres au carré ; elles se posent facilement et très rapidement et, grâce à leur mode d'attache, elles peuvent résister aux vents violents. Les figures 121 et 122 indiquent, en plan et en coupe, d'une façon très exacte, la manière dont sont posées et maintenues les ardoises en fibro-ciment.

Lorsqu'une exploitation comporte un grand nombre de

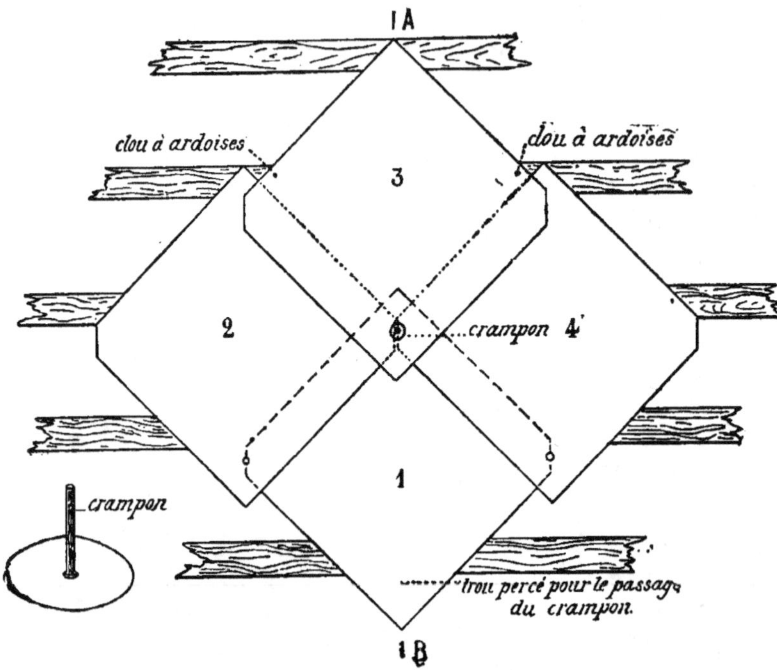

Fig. 121. — Ardoises en fibro-ciment. Mode d'attache avec crampon
spécial.

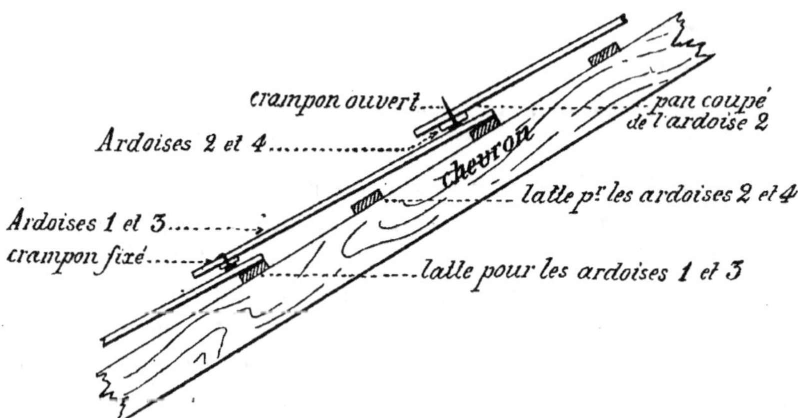

Fig. 122. — Couverture en fibro-ciment (coupe).

bâtiments, il faut confier l'entretien des couvertures, à forfait
et à l'année, à des couvreurs, et, autant que possible, à ceux
qui les ont installées.

VI. — GOUTTIÈRES. — CHÉNEAUX. — TUYAUX DE DESCENTE

Les *gouttières* sont destinées à recevoir les eaux ruisselant à la surface des toits et à permettre de les éloigner du pied des murs, où elles entretiendraient une humidité qui nuirait à la solidité et à la conservation de leurs fondements. Les bâtiments qui n'en sont pas pourvus doivent être entourés d'un pavage soigneusement établi, qui reçoit ces eaux et les écarte du pied des fondations. Nous ajouterons enfin que

Fig. 123. — Gouttière.

les eaux de ruissellement des toitures, projetées par le vent, abîment beaucoup les parements des murs. Les gouttières consistent généralement en rigoles de zinc (fig. 123), ayant en section une forme hémi-cylindrique et une largeur qui dépend de la quantité d'eau à recevoir ainsi que de leur pente ; cette largeur développée est ordinairement de 16, 25 ou 33 centimètres. Les gouttières sont formées d'éléments ayant 2 mètres

de longueur, presque toujours soudés entre eux, bien qu'il existe
cependant des systèmes de joints permettant de les assembler
sans soudures ; le bord de la gouttière, du côté du toit, est
uni, mais du côté opposé on lui fait subir certaines façons
ayant pour but de la rendre plus ornementale et surtout de lui
donner de la résistance.

Les gouttières sont soutenues par de grands crochets en fer
galvanisé, fixés aux chevrons et espacés de $0^m,70$ à $0^m,80$.
Elles doivent avoir une certaine pente, de manière à amener
l'eau qu'elles reçoivent vers des tuyaux dits *de descente*,
qui la conduisent au pied des bâtiments. Quand la couverture présente une très grande longueur, on est obligé de
donner aux gouttières, pour n'avoir pas à trop les écarter
des égouts, qui eux sont toujours horizontaux, deux
pentes convergeant vers un même tuyau de descente ou,
au contraire, des pentes divergentes avec tuyaux de
descente distincts.

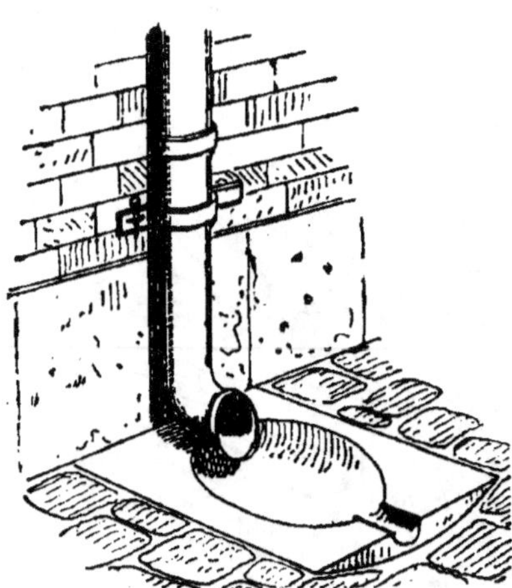

Fig. 124. — Tuyau de descente
avec dauphin.

Les tuyaux de descente, comme les gouttières, sont ordinairement en zinc n° 12 ou
n° 14 ; dans leur partie inférieure on les fait en fonte sur une
certaine longueur, de façon qu'ils résistent mieux aux heurts
auxquels ils sont exposés dans cette partie. Ces tuyaux sont
maintenus de place en place par des colliers en fer ; leur
diamètre varie avec la quantité d'eau qu'ils ont à évacuer.
Souvent ils présentent des *embranchements* de manière à
recevoir les eaux provenant de gouttières différentes.

La partie en fonte qui termine les tuyaux de descente est
toujours disposée comme le montre la figure 124, afin d'écarter
les eaux du pied des murs, et est désignée sous le nom de
dauphin. Quand les eaux sont conduites directement dans
une canalisation souterraine, on remplace le dauphin par un

tuyau droit en fonte qui pénètre immédiatement dans le sol ; dans ce cas il est bon que ce tuyau présente latéralement un *regard de visite*, c'est-à-dire un orifice, fermé par un tampon, afin que l'on puisse s'assurer facilement de son bon fonctionnement et le nettoyer en cas d'engorgement. Bien qu'ils soient ordinairement unis, les tuyaux de descente présentent souvent des cannelures et des chapiteaux ayant pour objet de les rendre décoratifs en leur donnant u a pect rappelant celui de colonnes. Pour les couvertures ordinaires ces tuyaux ont 5, 8 ou 11 centimètres de diamètre ; on admet qu'ils peuvent suffire pour autant de mètres carrés de projection horizontale de surface couverte que leur section contient de fois, 1^{cm},2.

Si on se sert en même temps des tuyaux de descente des toits pour l'évacuation des eaux ménagères provenant des éviers, il faut les faire exclusivement en fonte.

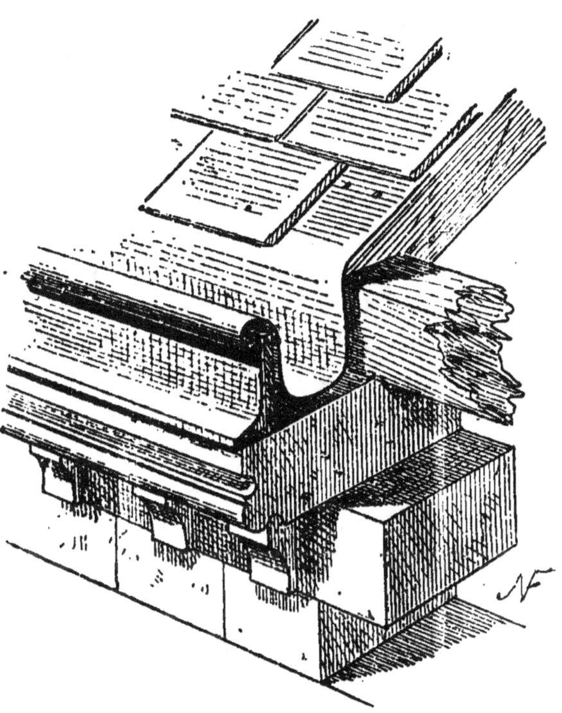

Fig. 125. — Chéneau.

Par raison d'économie on peut remplacer les gouttières, dans les constructions de peu d'importance, par de simples bandes de zinc pliées d'équerre, clouées sur une chanlatte ou même directement sur le voligeage quand la couverture en comporte un ; cette disposition convient surtout pour les couvertures en carton ou en planches. Enfin, quand on supprime

11.

complètement les gouttières, ou quand les toits présentent
une grande pente, on diminue cette dernière vers les égouts, de
manière, dans le premier cas, à mieux écarter l'eau des parements des murs, et, dans le second cas, à réduire sa vitesse
d'arrivée dans les gouttières ; ce résultat est obtenu en rap-
dortant sur les chevrons, vers les égouts, de petites pièces de
charpente appelées *coyaux.*

Les *chéneaux* remplissent le même but que les gouttières,
mais sont placés directement sur les murs (fig. 125), parfois
même sur des murs de refend, de façon à recevoir les eaux
provenant de deux pans de toiture différents. Dans les anciennes constructions, les chéneaux étaient presque toujours en
plomb ; on les fait maintenant souvent en fonte. Ce genre de
gouttière doit être établi avec beaucoup de soin et nettoyé
fréquemment, autrement il se produit des infiltrations très
nuisibles pour les constructions. Les gouttières ne présentent
pas cet inconvénient car, étant isolées des murs, les infiltrations ne peuvent se produire dans la maçonnerie et, en outre,
on s'aperçoit immédiatement de leur mauvais fonctionnement ;
pour cette raison, les gouttières sont plus recommandables
pour les bâtiments agricoles, installés plus économiquement,
moins bien entretenus et surtout beaucoup plus exposés que
les constructions urbaines

II. — PETIT ŒUVRE

I. — CRÉPIS, ENDUITS ET PLAFONDS

I. *Crépis et enduits.* — Lorsque la grosse maçonnerie
d'une construction est terminée, on la recouvre, partiellement
ou complètement, d'un revêtement en mortier de chaux, de
plâtre ou de ciment ; ce premier revêtement, appelé *crépi*,
est souvent recouvert à son tour par un deuxième, plus fin,
appelé *enduit.* Lorsqu'on refait complètement le crépi ou
l'enduit de la façade d'une construction, on dit qu'on en fait
le *ravalement.*

Quand on recouvre complètement les matériaux de la
maçonnerie, les *crépis* ou les *enduits* sont dit *pleins* ou à *pierres
couvertes* ; ils sont *partiels* ou de *jointoiement* lorsqu'ils ne s'ap-

pliquent qu'aux joints ; ce dernier genre de crépi est fait avec des mortiers gras et est parfois en saillie. Dans les constructions rurales, pour les parements extérieurs des murs, on laissera presque toujours les pierres apparentes et on se contentera d'un *jointoiement* en bon mortier.

Dans certains cas on commence, avant d'effectuer les crépis, par faire une première opération, appelée *gobetage*, qui a pour but de faciliter leur adhérence sur les surfaces à recouvrir ; on a recours au gobetage toutes les fois que les mortiers employés tiennent mal, comme cela arrive quand on les applique sur des charpentes ou des lattis jointifs. Lorsque les revêtements dont nous parlons sont exécutés sur des constructions neuves, il suffit de brosser les surfaces à crépir, puis de les asperger d'eau ; pour les vieux murs, il faut dégrader les joints, les piquer, les brosser et même les laver, ce qui souvent oblige à faire un rocaillage ; sans ces précautions les enduits ne tiennent pas et tombent. On doit enfin employer des enduits différents pour les parois intérieures et les surfaces extérieures.

Le *gobetage* consiste à recouvrir les surfaces à crépir d'une couche de plâtre ou de mortier *gâché clair*, que l'on projette avec un balai de bouleau ; sur ce premier travail, que souvent l'on supprime, on fait le crépi, en plâtre pour les surfaces intérieures et en mortier de chaux ordinaire ou mieux de chaux hydraulique pour celles extérieures, qui cependant sont aussi quelquefois en plâtre. Le *crépissage* au plâtre s'obtient en lançant violemment, à la main ou à la truelle, le mortier *gâché serré* et en l'étalant ensuite à la *truelle* ; on le dresse d'abord en promenant un outil spécial appelé *taloche* (fig. 126), puis ensuite à la règle ; la surface des crépis doit être

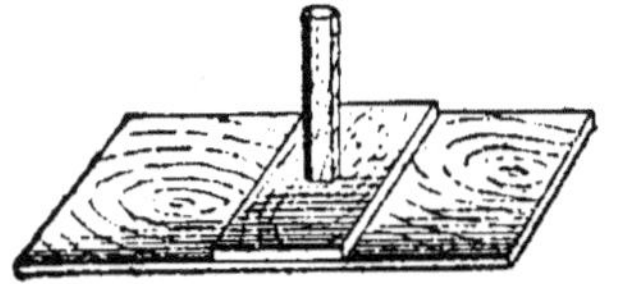

Fig. 126. — Taloche.

raboteuse, de manière que les enduits qu'on appliquera plus tard y adhèrent bien. On emploie pour les crépis le plâtre au panier, mais pour les enduits il faut se servir de plâtre soigneusement tamisé. Le crépissage au mortier se fait d'une manière analogue, mais sans lisser à la truelle, le mortier étant simplement projeté violemment sur le mur à crépir.

C'est sur les crépis qu'on applique les *enduits* qui sont formés d'une mince couche, de 5 à 10 millimètres d'épaisseur, de plâtre au sas ou de mortier de sable fin. On fait également des enduits en ciment pour rendre certains travaux imperméables (bassins, réservoirs, citernes, etc.), ainsi que pour préserver de l'humidité la partie inférieure des murs des constructions ; il faut observer, pour les enduits en ciment, les mêmes règles que pour les crépis, afin d'obtenir une adhérence parfaite. Lorsqu'un enduit est destiné à rendre imperméable une maçonnerie quelconque, qu'il sert par exemple de revêtement à un bassin, à un réservoir ou à une citerne, il est généralement recommandable de fixer préalablement sur la surface à enduire un grillage, analogue à ceux dont nous parlons à propos des clôtures ou mieux en *métal déployé* ; on applique alors l'enduit qui incorpore le treillis métallique dans la maçonnerie. Les enduits ainsi établis tiennent bien, présentent une grande résistance et sont surtout beaucoup moins sujets à se fendre que ceux appliqués directement sur la maçonnerie.

Les enduits sont appliqués en projetant le mortier à la truelle ; on l'étend ensuite avec ce même instrument, du dos duquel on se sert pour le lisser, le *fouetter* ; on emploie aussi la taloche pour ce dernier travail. Ceux en ciment doivent être dressés au fur et à mesure, à cause de la prise qui en est rapide, en se servant du champ de la truelle ; pour les enduits en plâtre, on termine le travail à la *truelle brettée*, appelée aussi truelle Berthelet. Quand on ne peut pas mener un enduit sur toute sa largeur, il faut opérer par bandes successives, bandes qu'on réunit par des raccords allongés, biseautés et hachés sur les bords, afin d'obtenir entre elles une liaison meilleure.

Il est recommandable de protéger les enduits extérieurs en plâtre par une bonne peinture à l'huile.

Les enduits sont faciles à appliquer sur les surfaces verticales mais sont difficiles à faire et entraînent un déchet élevé de mortier lorsqu'il s'agit de plafonds ou d'intrados de voûtes ; il faut en effet projeter violemment le mortier dont une partie retombe pendant l'opération. On protège souvent les voûtes des caves et des ponts contre les infiltrations en recouvrant leur extrados d'un enduit de ciment ou même de bitume ; ces enduits particuliers portent le nom de *chape*. Les enduits de ciment faits en été doivent être protégés du soleil qui, amenant une dessiccation superficielle trop rapide du mortier, empêcherait sa prise dans de bonnes conditions, les ferait se fendre, puis se décoller.

On fait quelquefois des crépis et des enduits présentant une surface grenue mais régulière, qu'on appelle d'une manière générale des *crépis à la tyrolienne*.

Les enduits et les crépis appliqués sur des surfaces irrégulières ont des épaisseurs inégales ; l'excès d'épaisseur qu'ils doivent avoir pour donner des surfaces régulières est appelé *renformis* ; ce terme s'emploie surtout pour ceux en plâtre.

Nous dirons que tous les ouvrages secondaires exécutés en plâtre ou en plâtras de plâtre, notamment ceux dont nous venons de parler, sont groupés sous le nom de *légers ouvrages*, et sont estimés d'après une unité, dite *de légers*, qui, multipliée par un coefficient indiqué dans les *séries de prix* et spécial pour chacun d'eux, en donne la valeur.

II. *Plafonds.* — On désigne sous ce nom les revêtements horizontaux établis à la partie inférieure des planchers ; dans les anciennes constructions on n'établissait pas de plafond et on se contentait d'un simple remplissage entre les solives qui restaient apparentes.

Les plafonds doivent être faits sur des surfaces parfaitement planes ; aussi, pour les planchers en bois, quand les solives ne sont pas régulières, il faut les dresser ; cette opération consiste ordinairement à y appliquer des *fourrures* de manière à égaliser leur surface. On cloue alors, en travers des solives, des lattes en cœur de chêne, en châtaignier, ou à la rigueur en sapin, espacées de 10 à 12 centimètres ; on peut aussi employer pour cet usage de vieilles douves de tonneaux. On a essayé de supprimer les lattes en faisant adhérer directement les enduits du plafond sur les solives dont on hachait les bords, mais on a abandonné cette manière de faire, les enduits se détachant facilement et n'ayant pas une solidité suffisante.

Pour les planchers en fer on n'a pas à mettre de lattes, le plafond se faisant directement sur les hourdis ou les augets.

Lorsque les lattes sont posées, on les prend dans une couche en mortier de plâtre ou à la rigueur de chaux ; on emploie également le *blanc en bourre*, qui est un mortier de chaux grasse et de sable, ou de chaux et d'argile, auquel on a ajouté des poils provenant presque toujours de tanneries. On établit très souvent les plafonds sur *augets*, pour les planchers en bois comme pour ceux en fer, parce qu'ils sont peu sonores, chauds et solides ; ils n'ont qu'un inconvénient, celui de nécessiter une grande quantité de mortier et par suite d'être coûteux. Les augets sont établis de la manière suivante : on commence par construire un plancher provisoire sous les solives, auxquelles sont déjà fixées des lattes, si elles sont en bois et des carillons quand elles sont en fer ; ce plancher est jointif et soutenu par un léger échafaudage ; pour les solives en bois, il est bon d'y larder quelques *clous à bateau* afin que le mortier y adhère mieux. Les solives forment alors une série d'intervalles qu'on garnit aisément de mortier qu'on étale et relève sur les bords. Lorsque ce premier travail est terminé, on fait le plafond proprement dit : on enlève le plancher provisoire et on applique à la partie inférieure des augets un enduit en plâtre fin, en prenant toutes les précautions que nous avons indiquées à propos de ce genre de travail.

Si, par raison d'économie, on ne fait pas un plancher à augets, on est obligé d'établir un lattis sensiblement jointif, car alors le mortier est appliqué directement à la truelle, sans avoir recours au plancher provisoire dont on se sert pour les planchers à augets.

II. — CARRELAGE ET DALLAGE. — BITUME ET ASPHALTE
PAVAGE ET AIRES DIVERSES

Nous avons à étudier, dans ce chapitre, les différents revêtements en usage pour rendre le sol résistant ; il est évident que suivant leur destination certains d'entre eux seront préférables à d'autres, notamment sous le rapport du prix de revient, de la résistance, de la durée et de qualités spéciales

à rechercher (surface unie mais non glissante, imperméabilité, etc.).

I. *Carrelages.* — Les *carrelages* conviennent pour tous
les locaux où les passages répétés obligent à avoir un sol résistant, pouvant être l'objet de certains soins de propreté ; ils
conviennent également pour ceux dans lesquels il se fait des
manipulations nécessitant de nombreux lavages, comme les
cuisines, les salles de bain et les buanderies. On doit éviter
seulement d'employer les carreaux dans les endroits où ils
seraient exposés à des chocs, car, s'ils résistent bien à l'usure,
ils se brisent facilement.

Les carreaux les plus économiques, ceux qu'on réserve
pour les cuisines et les corridors, sont appelés *carreaux en
terre cuite à six pans* et ont la forme d'hexagones réguliers
(fig. 127) ; leur épaisseur varie entre 17 et 27 millimètres
suivant leurs dimensions, très variables du reste, qui sont
données par le diamètre de la circonférence qui les circon-
scrit ; on emploie beaucoup les *grands carreaux*, inscrits dans
un cercle de 0^m,25 de diamètre, ou les *petits*, inscrits dans
un cercle de 0^m,17 ; les premiers pèsent 1^{kg},800 et il faut
25 carreaux par mètre superficiel, les seconds 0^{kg},850 seulement
et une cinquantaine sont nécessaires par mètre carré. Le
prix du mètre de carreaux est à peu près le même pour
ces deux modèles ; il varie entre 2 fr. 50 et 3 francs. Pour
les travaux importants on demandera des demi-carreaux afin
de faciliter le travail de raccordement du carrelage avec les
murs, mais pour les autres on se contentera de couper sur
place quelques carreaux en deux parties égales, malgré le
temps nécessité par cette opération et le déchet qu'elle entraîne.

On emploie également les carreaux carrés (fig. 127), dont
les deux types courants du commerce mesurent 0^m,16 et 0^m,22
de côté ; le mètre superficiel de carrelage est un peu moins
élevé avec ces derniers qu'avec les carreaux à six pans.

Ces carreaux sont des produits céramiques, fabriqués
comme les briques, ayant leur surface lisse et présentant une
couleur rouge, uniforme ; ils doivent avoir les mêmes qualités
que ces dernières, et, en particulier, donner un son clair et
absorber mal l'eau.

Pour certaines pièces des habitations, notamment pour les vestibules et les corridors, on a souvent recours à des carrelages riches et d'un très joli effet, obtenus en employant des *carreaux mosaïques* en grès vitrifié ; comme il existe une infinité de dessins et de couleurs, il faut consulter les cata-

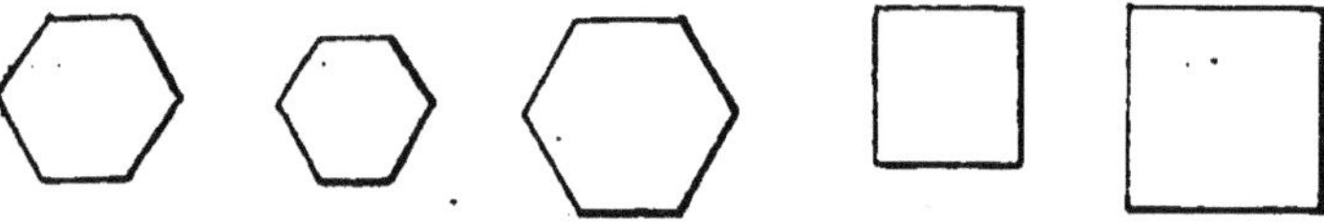

Fig. 127. — Carreaux en terre cuite (1).

logues spéciaux des fabriques pour se guider dans leur choix. Le prix du mètre superficiel de ces carrelages varie dans des proportions considérables suivant la richesse des dessins et le nombre des couleurs qui les composent.

Les carrelages ordinaires doivent être réservés pour les pièces des maisons d'habitation, car ils ne présentent pas une résistance suffisante pour les locaux de la ferme servant de magasin ou de logement pour les animaux, pour lesquels nous conseillons les carrelages en *carreaux* de *grès*, en *briques ordinaires* ou mieux en *briques surcuites*. Les carreaux de grès (fig. 128) sont très résistants, mais, comme ils sont glissants, leur surface ne

Fig. 128. — Carreaux en grès.

doit pas être unie ; leur prix par mètre carré est de 6 à 8 francs. Les briques bien cuites, de champ ou à plat, donnent une aire solide et très économique qui convient pour beaucoup de locaux ; certaines fabriques établissent des briques surcuites (fig. 129) à surface striée, donnant un très bon carrelage, mais d'un prix aussi élevé que celui des carreaux en grès. Nous signalerons enfin les carreaux creux dits d'égouttage, en grès vernissé, dont la surface perforée laisse passer l'eau ; établis spécialement pour les fabriques de pâtes à

(1) Les figures 127, 128 et 129, nous ont été communiquées par MM. Perrusson fils et Desfontaines, à la 9e écluse. commune d'Écuisses (Saône-et-Loire).

papier, ils peuvent convenir pour certains locaux des fermes, par exemple pour les laiteries.

Pour les revêtements verticaux, on emploie des modèles vernissés spéciaux, très légers et faciles à nettoyer ; on fait de semblables revêtements autour des éviers, des fourneaux de cuisine et dans les cabinets.

Les carreaux, quels qu'ils soient, doivent être posés sur une aire unie et résistante ; dans les habitations on peut se contenter du sol naturel bien damé, mais pour les carrelages extérieurs il faut absolument faire un léger béton recouvert d'un en-

Fig. 129. — Briques surcuites.

duit en mortier de ciment. Bien que le sol naturel suffise à la rigueur pour les carrelages intérieurs, il est recommandable de faire reposer les carreaux sur une couche de mortier bâtard ou de plâtre de quelques centimètres, qui pourra être faite elle-même sur une forme de cailloux ou de mâchefer ; le plâtre, ou le mortier, servira en même temps pour faire les joints. Pour les autres carrelages, pour ceux en grès ou en briques, il faut les jointoyer en coulant du ciment liquide dans les joints.

II. *Dallages.* — Les *dallages* ne peuvent pas être recommandés aussi couramment que les carrelages ; ils nécessitent en effet l'emploi de *dalles*, c'est-à-dire de matériaux plats de grandes dimensions ordinairement en pierre. Si on ne se trouve pas dans une région où il existe de semblables matériaux, il ne faut pas faire de dallages, parce qu'ils reviendraient alors à un prix très élevé. Les schistes fournissent des dalles résistantes, qui conviennent pour certains usages ; les dalles en granit, analogues à celles employées pour les trottoirs dans un grand nombre de villes, sont trop coûteuses pour que nous les recommandions dans les constructions rurales. Le prix des dalles dépend de leur épaisseur, de leur nature et du *dressage* de leur surface.

Les dalles doivent être posées sur un léger béton et join-toyées au ciment. On leur reproche, outre leur prix, de se polir par les passages répétés et, par suite, de devenir glis-santes, inconvénient qui n'existe pas pour les matériaux de petites dimensions, à cause des nombreux joints qui les séparent.

III. *Bitume et asphalte.* — Le *bitume* et l'*asphalte* sont deux produits très voisins, qui permettent aussi d'obtenir des aires très résistantes et imperméables.

Le bitume est un hydrocarbure qu'on trouve quelquefois à l'état pur, mais qui ordinairement imprègne des roches diverses desquelles on l'extrait par la chaleur. Suivant sa composition, il est solide ou liquide à la température ordinaire, mais celui que l'on emploie pour les trottoirs ne fond que vers 100°, bien qu'il se ramollisse à une température beaucoup moindre.

L'asphalte est un calcaire imprégné de bitume, dans des proportions de 90 à 95 parties de calcaire pour 10 à 5 de bitume. On le trouve communément dans les roches volcaniques de l'Auvergne, à Seyssel dans l'Ain, dans la Savoie, au Val de Travers en Suisse ; on l'extrait, comme on extrait les pierres, de mines ou de carrières.

Le *bitume* est fondu dans de grandes chaudières pouvant en contenir 1 200 kilogrammes, dans lesquelles on le brasse continuellement, mécaniquement ou à bras ; la fusion en est faite à feu lent. On le coule ensuite dans des moules, de manière à former des pains qu'on utilise plus tard en les refondant dans des chaudières ambulantes (fig. 130) ; ces pains mesurent 30 centimètres de diamètre, 10 à 15 centimètres d'épaisseur et pèsent 25 kilogrammes environ.

Le bitume est appliqué en couches ayant 15 à 20 millimètres sur des aires résistantes qui sont ordinairement formées par un béton en mortier de chaux hydraulique de 8 à 10 centimètres d'épaisseur. Pour cela les pains de bitume sont cassés, puis fondus dans des chaudièes spéciales, analogues à celle représentée dans la figure 130, ou mieux montées sur roues, qu'on amène sur le lieu du travail. Pendant la fusion on ajoute souvent au bitume du sable fin, la moitié ou un peu moins de son poids, afin de le rendre moins fusible et d'augmenter sa résistance à l'usure ; cette addition, qui est inutile quand on emploie des bitumes ayant déjà servi, diminue en outre le prix de la matière ; il faut avoir soin de brasser constamment le mélange pendant cette opération. Le bitume est alors transporté dans des seaux et étalé sur la surface à recouvrir au moyen de spatules spéciales ; pour obtenir une épaisseur uniforme les ouvriers s'aident de règles en fer, appliquées sur le sol, ayant l'épaisseur à donner à la couche ; ils opèrent par bandes successives ayant environ 80 centimètres de largeur. Pendant qu'il est encore mou, on le saupoudre de gravier fin, qui s'incruste dans sa surface ; on enlève le sable en excès par un balayage, après refroidissement complet.

Les travaux de bitumage doivent être faits avec du bitume de bonne qualité, car autrement il fond en été et, en hiver, il devient cassant sous l'action du froid. Il faut les exécuter pendant la belle saison, sur des surfaces nettes, soigneusement balayées et bien sèches ; le bitume chaud, sur une aire humide, détermine en effet la production de vapeur d'eau qui le soulève, et une température froide, ame-

Fig. 130. — Chaudière à bitume.

nant trop rapidement son durcissement, ne lui donne pas le temps de s'appliquer convenablement sur les surfaces à revêtir.

On compose assez facilement des *mastics bitumineux* ou d'asphalte, en mélangeant 70 à 80 parties de craie à 30 ou 20 parties de *brai*, matière résineuse provenant de la décomposition de la houille ainsi que de la fabrication des térébenthines, ou encore en combinant 10 à 15 parties de bitume avec 90 à 85 parties d'asphalte. Ces mastics, purs ou additionnés de sable, servent aux mêmes usages que le bitume ordinaire.

Le bitume et les mastics bitumineux sont employés pour les trottoirs, cours, passages, etc. ; on utilise également ces produits pour préserver de l'humidité les parquets ou les planchers des pièces des rez-de-chaussée ; dans ce cas, on applique directement sur la couche de bitume les *lames* ou les *planches*. Enfin on se sert aussi du bitume pour faire des *chapes* à certains travaux de maçonnerie qu'on désire protéger de l'humidité ou d'infiltrations ; on fait ainsi notamment des revêtements aux voûtes souterraines, en appliquant une mince couche de bitume sur leur extrados.

L'*asphalte*, après son extraction, est réduit en poudre fine par un broyage ou une demi-calcination, qui a pour effet de ramollir le bitume qu'il contient et de laisser la roche, qui perd toute cohésion, se réduire aisément en poudre. Lorsqu'on l'emploie, on utilise cette propriété pour lui donner de la consistance, soit en le damant avec des pilons chauffés, soit en le chauffant d'abord et en le comprimant ensuite avec des rouleaux ou des pilons ; on agglomère ainsi de nouveau la roche grâce au bitume qu'elle renferme.

L'asphalte comprimé, dont on se sert dans les villes pour les chaussées, doit être appliqué sur une aire résistante et soigneusement nivelée, formée par un vieil empierrement, repiqué et recouvert d'un léger enduit en mortier hydraulique, ou mieux par une couche de bon béton de 10 à 15 centimètres d'épaisseur, convenablement régalée, recouverte elle-même d'un enduit en mortier de chaux hydraulique. Quand l'asphalte est en morceaux ayant 6 à 8 centimètres de diamètre, on le réduit en poudre en le chauffant entre 120 et 130° sur des plaques de tôle, puis on l'étale sur la surface à recouvrir, en lui donnant une épaisseur uniforme mais plus grande, de la moitié environ, que celle qu'il devra avoir lorsque le travail sera terminé ; pour les chaussées, la couche d'asphalte devant être de 4 à 5 centimètres, il faudra lui donner 7 à 8 centimètres d'épaisseur.

Ce premier travail terminé, on procède au *battage*, opéraration qui est faite avec des pilons en fonte, chauffés sur place dans des fourneaux portatifs, pour les travaux ordinaires, et en employant des rouleaux spéciaux pour les travaux importants. Comme le bitume, l'asphalte doit être appliqué sur un sol propre, solide et sec.

Dans les villes, l'asphalte, qui avait été remplacé presque partout par les pavages en bois, est de nouveau très en usage ; dans les campagnes on ne s'en sert qu'exceptionnellement, à cause du matériel que nécessite son emploi. Il donne un sol résistant, insonore, ne produisant pas de boue et très roulant, il est en outre facile à entretenir d'une propreté parfaite ; ces motifs le font employer pour les chaussées, bien qu'il soit glissant quand il est humide.

Le bitume et l'asphalte sont donc très recommandables, et si on ne les utilise pas davantage dans les travaux agricoles, cela tient à ce qu'il faut disposer d'un outillage particulier et avoir recours à des ouvriers spéciaux ; pour les travaux peu importants, la location de ce matériel et son transport sont trop coûteux pour que leur emploi soit pratique. On a essayé de remédier à ces inconvénients, pour le bitume tout au moins, et on a fabriqué de véritables carreaux qu'il suffit d'appliquer sur l'aire à recouvrir après les avoir ramollis préalablement, en les plongeant quelques instants dans de l'eau chaude, pour qu'ils épousent parfaitement la surface du sol.

IV. *Pavages.* — Les pavages ont pour objet de rendre le sol résistant en le recouvrant d'un revêtement formé de blocs de pierre réguliers, présentant tous les mêmes dimensions ; ces blocs que qu'on appelle *pavés*, doivent être durs, mais autant que possible faciles à tailler ; sous ce rapport les grès sont très recherchés. On fait également des pavages avec des granits, des porphyres, des basaltes, des schistes, des calcaires et même avec des cailloux roulés.

A Paris et dans les environs on emploie beaucoup les grès, qui sont très communs dans les campagnes voisines (Fontainebleau, Orsay, Rambouillet, etc.) et donnent d'excellents pavés, présentant une grande dureté et commodes à débiter par le *fendage*.

Les pavés ont des dimensions variables, suivant le genre des pavages à établir, mais n'ont pas moins de 8 centimètres d'arête. Au point de vue de leurs qualités les pavés de grès doivent être lourds, c'est-à-dire avoir une densité de 2,50 ou s'en approchant, absorber mal l'eau et avoir un son sec et métallique. Ils proviennent de *roches tendres*, dites *franches*, et de *roches dures* ; les premiers doivent être réservés pour les endroits fatiguant peu, comme les cours ou certains passages, et les seconds pour les chemins, les chaussées et les routes ; pour ces dernières on emploie ordinairement de gros pavés, en roche dure, ayant 22 centimètres d'arête. Ces mêmes pavés, refendus en deux suivant leur hauteur (on les appelle pour cela *pavés de deux* ou de *refend*), conviennent très bien pour les cours. Le *pavé bâtard*, très employé pour toutes sortes de travaux, mesure 16 à 20 centimètres au carré sur 10 à 14 de hauteur.

Les pavés en granit, en porphyre ou en roches analogues sont très bons, mais plus coûteux à cause de la taille qui en est plus pénible ; de plus, comme ils sont susceptibles de prendre un certain degré de poli par l'usure, on doit préférer ceux de petites dimensions, les nombreux joints qui existent entre eux rendant le pavage moins glissant.

Le premier travail, quand on a un pavage à faire, consiste à exécuter une fouille, appelée *encaissement*, ayant une profondeur égale à la hauteur des pavés augmentée de 10 à 20 centimètres, afin qu'on puisse établir sous le pavage un lit de sable qui, pour les chaussées, a en moyenne 15 centimètres d'épaisseur. La terre de la fouille est jetée sur ses côtés, puis enlevée ; quant au sable, il sert à uniformiser la nature du sol et à résister aux pressions supportées par les pavés ; c'est grâce à lui que ces derniers conservent leur niveau respectif. La *forme* est la partie de l'*encaissement* qui reçoit la couche de sable; ce terme désigne aussi la couche de sable elle-même.

Lorsque le sol de l'encaissement ne présente pas une résistance suffisante, il faut le battre avec une *dame* ; puis, s'il s'agit d'une chaussée, on commence par établir les *bordures*, qui sont des boutisses de grandes dimensions, ou encore un *revers* en pavés d'au moins 50 centimètres. Le fond de la fouille est recouvert d'un lit de sable dont on doit déterminer l'épaisseur en se rappelant que par le tassement, la hauteur diminue d'environ un quart : une couche de 20 centimètres se réduit donc à 15 centimètres. C'est sur ce lit qu'on dispose les pavés, les uns à côté des autres, par rangées parallèles appelées

ranges, en laissant entre eux un écartement qui ne peut être
inférieur à 8 millimètres mais qui ne doit pas en dépasser 25.
Il faut grouper les pavés de manière que ceux d'une même
range aient la même largeur et que pour deux ranges successives les joints soient croisés. Chaque pavé est soigneusement
calé avec du sable et *affermi* en employant un *marteau de
paveur*, marteau spécial très lourd, pesant en moyenne
6 kilogrammes.

Lorsque les pavés sont en place et jointoyés au sable, un
ouvrier, appelé *dresseur*, les frappe tous sucessivement avec
une *hie* (fig. 131), pesant une trentaine
de kilogrammes, qu'il élève et laisse
retomber chaque fois d'une hauteur de 40 à
50 centimètres. Le pavage est ensuite recouvert d'une couche de sable de 2 à 3 centimètres, que souvent on arrose pour la
faire descendre dans les joints. On admet
que pour les pavages en pavés de 22 centimètres il faut 0mc,13 à 0mc,20 de sable par
mètre carré pour le lit, 0mc,03 pour les
joints et 0mc,02 en couverture sur les pavés,
soit au total de 0mc,18 à 0mc,25.

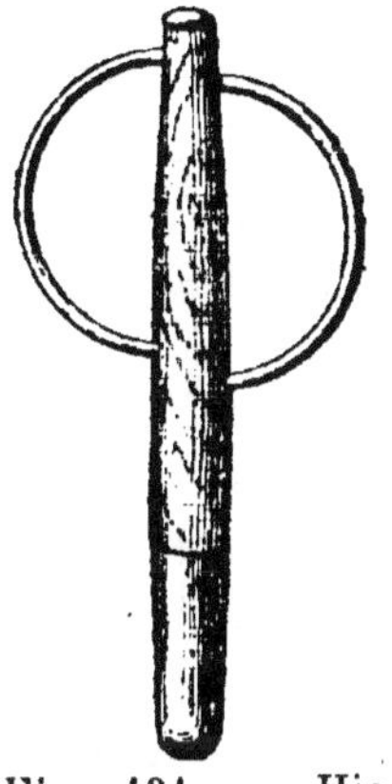

Fig. 131. — Hie
de paveur.

Pour les pavages qui doivent être absolument imperméables, comme ceux des plates-
formes à fumier ou des logements des animaux, il faut les
établir sur un *bain de mortier* de quelques centimètres, établi
lui-même sur un béton de 10 à 15 centimètres, et les jointoyer au mortier hydraulique ou de ciment.

On donne presque toujours aux pavages des pentes comprises entre 1/2 et 5 centimètres par mètre, mais les plus
adoptées ont 1 à 2 centimètres.

Le prix de revient des pavages varie beaucoup ; il dépend
principalement de la nature des pavés et de la facilité avec
laquelle on peut se les procurer ; en général il est assez élevé,
mais, lorsque le travail est bien fait, il dure très longtemps et
ne demande qu'un entretien insignifiant.

Dans certaines régions, où les cailloux roulés sont communs, on s'en sert pour faire des pavages en les rangeant les

uns à côté des autres, la pointe en haut afin qu'ils n'entrent pas dans le sol ; s'ils ne doivent pas supporter de fortes charges et si on n'a pas à redouter qu'ils s'enfoncent, on peut mettre leurs pointes en bas, on obtient alors une aire plus régulière. D'une manière générale, dans les pavages en cailloux comme dans ceux dont nous venons de parler, il faut employer des matériaux ayant tous la même hauteur ; on a en effet constaté que, avec le temps et par suite des trépidations, la couche de sable sur laquelle repose le pavage tend toujours à se niveler d'elle-même, les pavés les moins hauts s'enfonçant pendant que les autres ressortent.

Les *pavages en bois* sont maintenant très répandus dans les villes, mais on les emploie peu dans les campagnes à cause de leur prix élevé et des soins qu'ils exigent dans leur établissement. Les pavés de bois sont de petits parallélipipèdes rectangles en sapin, imprégnés de produits antiseptiques qui les rendent imputrescibles ; on les place les uns à côté des autres sur des aires très résistantes, formées d'un bon béton recouvert d'une chape en mortier de ciment. Les fibres du bois doivent être verticales, aussi les pavés sont-ils placés debout ; chaque range est égale à la largeur des pavés et est séparée de ses voisines par des lattes, afin d'avoir toujours le même écartement pour les joints. Lorsque le travail de mise en place est terminé, on l'achève en noyant les joints avec du mortier de chaux hydraulique ou de ciment gâché clair, qu'on promène sur le pavage avec un balai. Ces pavages peuvent être recommandés dans certains cas, notamment quand l'importance des travaux ou la proximité d'une ville permet d'avoir à bon compte des ouvriers habitués à ce genre de besogne ; il ne serait pas avantageux, en général, de les faire exécuter par des ouvriers quelconques.

V. *Aires.* — On rend souvent le sol imperméable et résistant en appliquant directement sur sa surface certains enduits, de l'argile battue par exemple, ou même simplement en l'arrosant avec un lait de chaux ; les aires des granges sont généralement obtenues de cette façon.

Un enduit en mortier de ciment, sur un béton, donne une excellente aire, absolument imperméable, très résistante,

recommandable pour les bouveries, les vacheries et les porcheries ; l'enduit n'est appliqué que quand le béton est pris,
c'est-à-dire vingt-quatre heures au moins après sa confection.
Comme l'aire ainsi obtenue devient glissante, on trace souvent
sur le mortier encore frais, avec un *tire-joints*, des lignes qui
le divisent en lui donnant l'aspect de dalles, et on promène à
sa surface de petits rouleaux, appelés *bouchardes*, présentant
des pointes en tête de diamant qui pénètrent dans la pâte
encore molle du mortier et la rendent rugueuse. Nous ne
recommanderons pas spécialement ce genre d'aire pour les
écuries car, pour résister aux fers des chevaux, il faudrait lui
donner une épaisseur d'une vingtaine de centimètres au
moins et, dans ce cas, elle deviendrait aussi coûteuse que
d'autres, en matériaux aussi bons sinon meilleurs. Pour le
logement des autres animaux, ainsi que pour les magasins, les
aires en béton avec revêtement en mortier de ciment sont
au contraire tout indiquées, parce qu'elles remplissent toutes
les conditions auxquelles une bonne aire doit satisfaire ; ces
aires sont désignées sous le nom de *dallages en ciment*.

III. — MENUISERIE

Parmi les travaux de petit œuvre, ceux de menuiserie sont
les plus importants. Ils comprennent en effet la confection
des planchers et des parquets, des escaliers, des portes, des
fenêtres et de beaucoup d'autres ouvrages de première nécessité. On divise souvent ces travaux en travaux de *menuiserie
fixe* ou *dormante* et en travaux de *menuiserie mobile*.

I. *Planchers.* — Le planchéiage a pour objet la confection
d'aires horizontales continues, en *planches* ; ces aires sont
presque toujours établies directement sur les solives ou les
lambourdes. Tandis que pour les parquets on se sert de
planches spéciales, étroites, assemblées à rainure et languette,
désignées sous le nom de *frises* ou *lames*, pour les planchers
on a recours aux *planches* proprement dites.

Les planches ordinairement employées dans la confection
des planchers ont de 20 à 30 centimètres de largeur et 2 à
3 centimètres d'épaisseur ; elles sont simplement placées les

unes à côté des autres (fig. 132), en travers des solives S, *à plat-joint*, c'est-à-dire sans aucun assemblage. Elles doivent être serrées fortement les unes contre les autres avant d'être clouées, afin de réduire au minimum les fentes qui les séparent ; il existe des outils spéciaux qui permettent d'obtenir facilement ce serrage. Les clous sont enfoncés dans les solives et restent apparents. Il faut, bien entendu, alterner les joints des extrémités des planches et avoir soin qu'ils reposent sur les solives (fig. 135), autrement ils se trouveraient en porte-à-faux.

Les planchers convenablement établis sont résistants et économiques ; ils conviennent surtout pour les locaux destinés

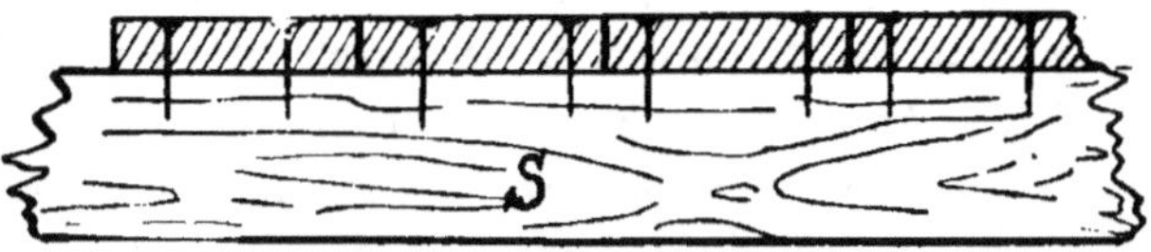

Fig. 132. — Plancher.

à servir de magasins, pour lesquels on emploie des planches de prix peu élevé, ordinairement en sapin. Ils ont quelques inconvénients, le principal étant celui de manquer de continuité; il se manifeste en effet toujours des retraits, qui sont d'autant plus appréciables que les planchers sont plus larges ; d'autre part, il est évident que, pour une même largeur de plancher et pour un même retrait réparti entre toutes les fentes, ces dernières seront d'autant plus étroites qu'elles seront plus nombreuses et par suite que les planches auront une largeur moindre. Pour cette raison il ne faut pas employer les planchers dans les greniers à grain ni au-dessus de locaux dont les émanations pourraient être à redouter, à moins toutefois que ces derniers ne soient plafonnés. Enfin les clous tendent à ressortir peu à peu au-dessus de la surface du plancher, par suite de son usure et de l'arrachement produit par les trépidations imprimées aux planches par le passage des personnes.

Les planchers ne doivent donc être employés que dans les logements pour lesquels la plus grande économie est nécessaire, ainsi que pour les locaux servant de magasin, lorsqu'il n'est pas indispensable d'avoir une surface absolument jointive.

Tandis que les parquets se font indifféremment en chêne ou en sapin, les planchers sont à peu près exclusivement en sapin.

II. *Parquets.* — Le parquetage se fait d'une manière ana-logue au planchéiage et a le même but, mais il utilise, comme nous l'avons dit plus haut, de petites plan-ches étroites, appe-lées *frises* ou *lames*,

Fig. 133. — Lame de parquet.

mesurant de 6 à 11 centimètres de largeur, de 27 à 34 mil-limètres d'épaisseur et présentant sur leurs bords, d'un côté une rainure r et de l'autre une languette l (fig. 133) ; ce mode d'assemblage des lames est dit à *rainure et languette* et donne une surface absolument jointive ; de plus, le re-trait de chaque lame s'exerçant sur une largeur très faible, est insignifiant pour chacune d'elles. Comme les languettes entraînent une perte dans la largeur des lames lors du sciage,

Fig. 134. — Parquet,

on les remplace souvent par de *fausses languettes*, c'est-à-dire des languettes rapportées.

Les lames sont placées en travers des solives, les unes à côté des autres, fortement serrées, puis maintenues par des clous spéciaux, à tête peu prononcée, ayant 5 centimètres de lon-gueur, chassés obliquement dans la feuillure formée par la languette, comme le montre la figure 134 ; les clous ne sont donc pas apparents, puisque chaque lame masque ceux maintenant la lame précédente, et, étant pris dans les rainures, ne peuvent ressortir. Les joints doivent être alternés, mais ordinairement on les dispose de manière à former des dessins réguliers ; dans tous les cas, il faut qu'ils soient sur les solives. Pour les parquets ordinaires on conserve aux lames toute leur longueur ; pour les parquets soignés des maisons d'habitation, on se sert de lames plus courtes, qui se prêtent mieux à la confection des dessins à exécuter. La disposition la plus simple, mais aussi la moins recommandable, est celle des parquets dits *droits*, dans laquelle toutes les frises ont même longueur et tous les joints sont les uns à côté des autres. Les parquets droits à joints alternés ou *à liaison* (fig. 135) sont beaucoup plus recommandables, ainsi que ceux à joints échelonnés. Pour les habitations établies avec un certain luxe on adopte souvent la disposition dite à *bâtons rompus* (fig. 136), et celle en *feuille de fougère* ou *point de Hongrie*

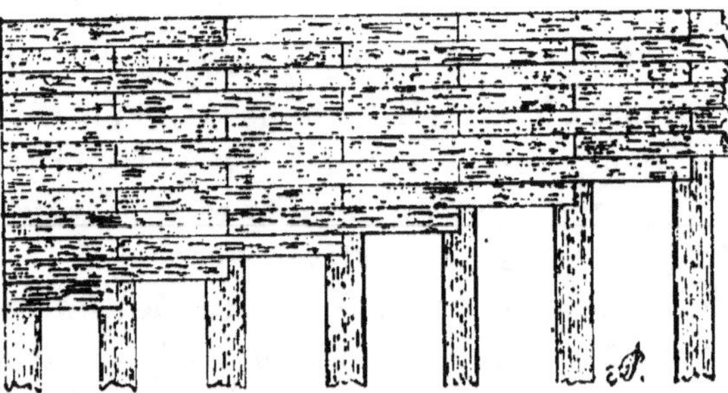

Fig. 135. — Parquet droit à joints alternés.

(fig. 137), la première étant beaucoup plus simple que la seconde qui oblige à donner une coupe spéciale aux deux extrémités de toutes les lames. Dans les anciennes constructions on trouve d'autres dessins plus compliqués encore, comme ceux des parquets dits d'*assemblage* ou *sans fin*, qui sont généralement composés de panneaux carrés formés de petits rectangles de bois assemblés à tenons et mortaises.

Pour les rez-de-chaussée humides et non établis sur cave, les parquets, comme les planchers du reste, doivent être appliqués sur une couche de bitume encore chaude, faite elle-même sur un léger béton ; les parquets ainsi construits sont peu sonores et durent longtemps. Quand les rez-de-chaussée sont sains, on pose les planches et les parquets directement sur des lambourdes en chêne simplement scellées au plâtre.

D'une manière générale il est bon que les parquets des rez-de-chaussée soient en chêne, parce que ce bois résiste bien à l'humidité et à l'usure ; pour les étages on peut, par raison d'économie, les faire en sapin.

Le parquetage est terminé par un travail spécial, appelé *replanissage* ou *rabotage*, qui a pour objet d'en rendre la surface unie et régulière.

Lorsqu'il se produit des fentes dans un parquet fait dans un

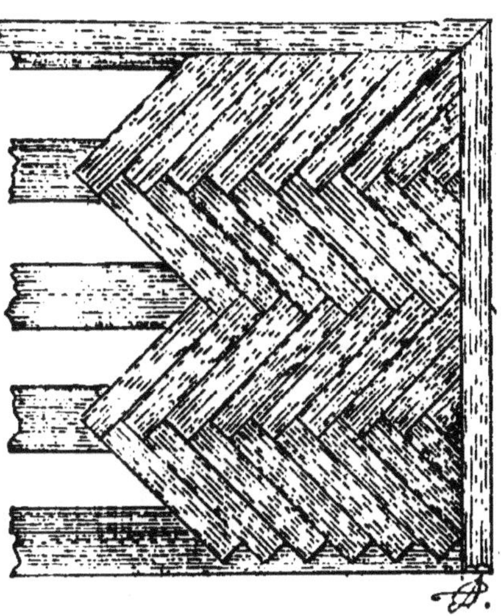

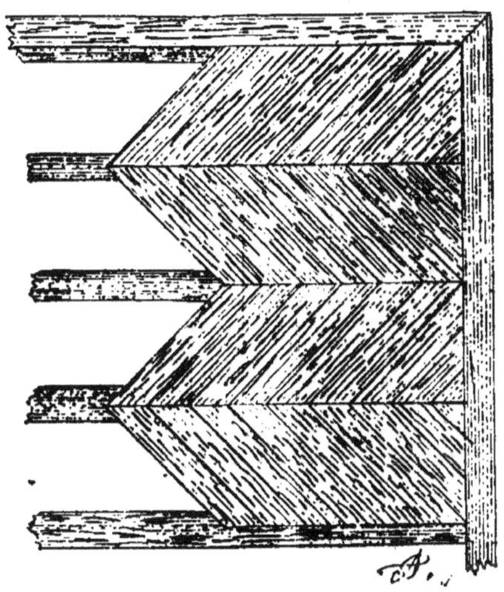

Fig. 136. — Parquet à bâtons rompus.

Fig. 137. — Parquet en point de Hongrie.

bâtiment neuf, on les bouche parfois avec des *tringles*, mais il est préférable de le défaire et de resserrer les lames les unes contre les autres, le bouchage des fentes par des tringles n'étant que d'une solidité très relative. Pour éviter ces inconvénients il ne faut jamais établir les parquets, pas plus du reste que les autres travaux de menuiserie, dans des bâtiments nouvellement construits n'ayant pas eu le temps de se ressuyer convenablement.

III. *Escaliers.* — Les escaliers constituent un des ouvrages de menuiserie les plus importants et les plus compliqués des constructions rurales. Ils doivent être étudiés avec soin, aussi bien au point de vue de l'emplacement le plus favorable

pour leur installation qu'à celui des dimensions des marches ;
il existe en effet beaucoup d'escaliers qui sont mal commodes
et même dangereux.

Les escaliers des maisons d'habitation, désignés souvent
sous le nom d'*escaliers à limons*, et ceux des locaux servant de
magasins, sont presque toujours en bois et composés d'une
série d'éléments appelés *pas*, *gradins* ou plus souvent *marches*
(fig. 138). La partie horizontale, sur laquelle on pose le pied,

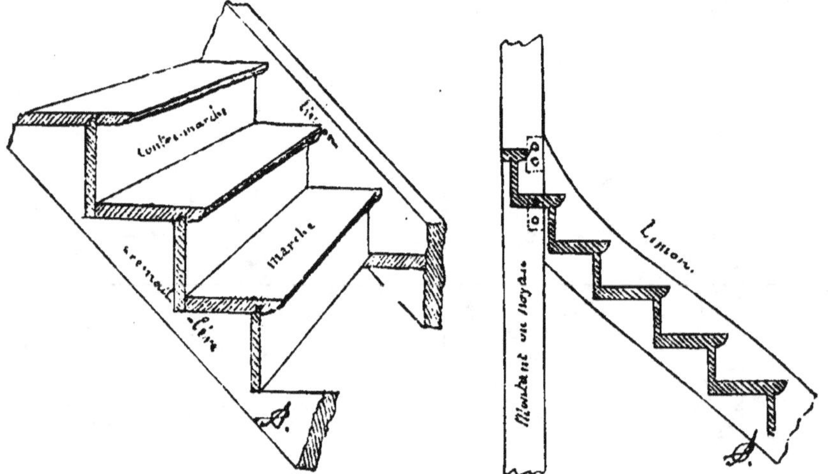

Fig. 138. — Escalier (vue perspective et coupe).

est la marche proprement dite, dont la longueur est appelée
emmarchement et la largeur *l giron*, nom sous lequel on désigne
aussi la *ligne de foulée* ; la partie verticale, qui est supprimée
dans les escaliers les plus simples, est la *contre-marche* et sa
hauteur h est appelée *hauteur d'emmarchement*. Les deux
dimensions l et h permettent de définir un escalier déterminé et
sont liées entre elles par la relation $l + h = 48$ centimètres,
ou la relation analogue $l + 2h = 64$ centimètres ; si, par suite,
h a pour valeur 15 centimètres, la largeur de la marche devra
être de 33 centimètres ($l = 0,48 - 0,15 = 0,33$). L'expérience
a montré que la hauteur d'emmarchement doit être comprise
entre 12 et 20 centimètres au maximum, le premier nombre
convenant surtout pour les escaliers destinés au passage

d'ouvriers chargés de fardeaux et le second pour ceux des
habitations ; à moins de conditions spéciales, on adoptera pour
cette hauteur 15 ou 16 centimètres, ou un peu plus. Il existe
beaucoup d'escaliers pour lesquels on n'a pas observé ces
règles, mais il est facile
de constater qu'ils sont
incommodes. On voit
donc que les escaliers
de service devront être
formés de larges mar-
ches basses, et qu'il n'y
aura pas d'inconvénient
à réduire la largeur des
marches, et à en aug-
menter un peu la hau-
teur, pour ceux destinés
uniquement au passage
d'individus non chargés
de fardeaux.

Dans les bâtiments
agricoles, où ordinai-
rement on n'est pas
étroitement limité par
la place, on fait autant
que possible des esca-
liers composés d'une
seule partie droite ap-
pelée *volée*, *révolution*
ou *rampe*, nom que l'on
applique également à
leur garde-fou. Si les
dimensions de la cons-
truction (hauteur d'é-
tage et emplacement de l'escalier) obligent à faire plusieurs
volées, on intercale presque toujours entre chacune d'elles des
paliers de repos ; le premier dessin de la figure 139 donne
schématiquement le plan et l'élévation d'un escalier de ce
genre, à deux volées A et B, réunies par un palier de repos P.

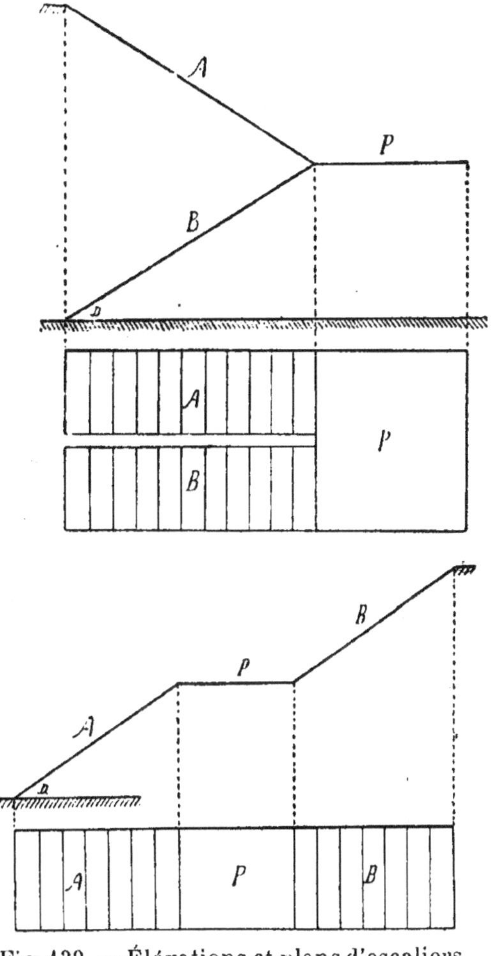

Fig. 139. — Élévations et plans d'escaliers.

Pour les escaliers donnant accès à des magasins ou à des greniers, bien que pouvant être établis en une seule volée, on intercale souvent des paliers de repos pour les rendre moins fatigants et moins dangereux ; dans ce cas ils se présentent sous l'aspect indiqué dans le second dessin de la figure 139.

Les marches sont soutenues latéralement par deux fortes pièces de bois obliques appelées *limons* (fig. 138) ; lorsque l'escalier est appuyé d'un côté à un mur, le limon est remplacé de ce côté par un *faux-limon* ou une crémaillère.

Dans les maisons d'habitation, pour réduire le plus possible

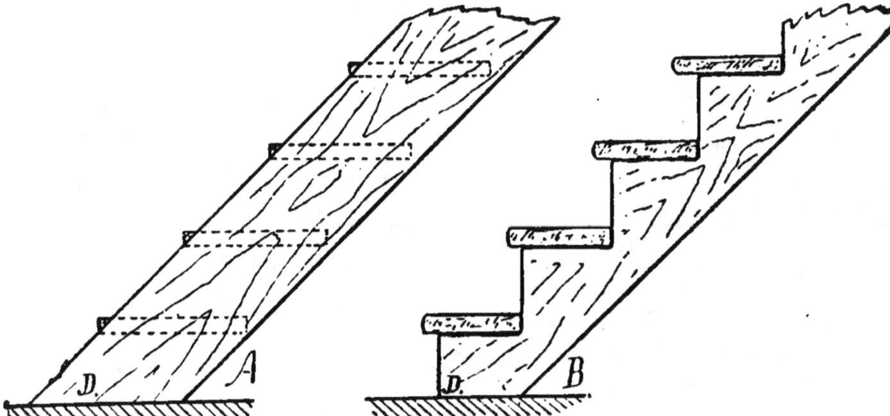

Fig. 140. — Échelle de meunier et escalier à crémaillère.

l'emplacement occupé par les escaliers, on les fait en plusieurs volées réunies entre elles par des parties courbes appelées *quartiers tournants* ; ces sortes d'escaliers doivent être installés par des ouvriers habiles et, comme ils sont moins commodes que ceux dont nous venons de parler, il faut absolument les réserver pour les maisons, et uniquement pour la circulation de leurs habitants.

On construit des escaliers très simples, désignés sous le nom *d'échelles de meunier* (A, fig. 140), composés de deux solides madriers formant limons (l'un d'eux pouvant être un faux-limon), auxquels les marches sont assemblées à tenon et mortaise ; souvent même, pour en simplifier encore la construction et employer des limons d'une moindre épaisseur, les marches reposent directement sur des tasseaux cloués à ces derniers, qui sont alors solidement maintenus au moyen de quelques tringles en fer formant tirants. Dans ce genre d'escaliers les contre-marches sont supprimées, mais il est bon de clouer sous les marches, parallèlement aux limons, des planches formant sous l'escalier une surface continue, de manière à éviter les accidents qui pourraient se produire dans le cas où un ouvrier chargé de fardeaux, viendrait à tomber ; ordinairement on ne prend pas cette précaution, cependant très simple et très recommandable.

L'*escalier à crémaillère* (B, fig. 140) est analogue à l'*échelle de meunier*, mais les limons sont entaillés et forment de véritables gradins sur lesquels les marches sont clouées ; il ne comporte pas de contre-marches. On voit immédiatement que, toutes choses égales, cet escalier sera moins résistant que le précédent, les entailles faites dans les limons pour recevoir les marches les affaiblissant considérablement. Dans les escaliers simples on met souvent, comme faux-limon, un limon rampant à crémaillère ; cette pièce, solidement fixée au mur par des pattes à scellement, ne fatigue pas. Du côté du *jour* (on désigne sous ce nom l'espace libre qui reste au milieu de la *cage* de la plupart des escaliers tournants ou à plusieurs volées), on place un limon droit, assemblé aux marches à tenon et mortaise ou soutenant simplement ces dernières au moyen de tasseaux.

Ces deux types d'escaliers, échelle de meunier et escalier à crémaillère, avec ou sans paliers de repos, conviennent pour les services des greniers et des magasins. Ils sont souvent aussi installés à l'extérieur des bâtiments, lorsque ceux-ci sont trop petits pour contenir un escalier n'ayant à desservir que des locaux où il n'est pas nécessaire d'aller constamment, comme les greniers et les caves des habitations ouvrières.

L'escalier à crémaillère et l'échelle de meunier sont pourvus du côté du vide d'une rampe ; la rampe la plus simple est formée d'une pièce de bois arrondie à sa partie supérieure, ou d'un fer demi-rond, soutenu de distance en distance par quelques montants en bois ou en fer. Quant à la *main-courante*, qui doit servir d'appui aux ouvriers chargés de fardeaux, elle consiste en une moulure demi-ronde soigneusement polie, fixée au mur de place en place par des supports en fer. La rampe et la main-courante rendent les plus grands services, en diminuant la fatigue et en évitant souvent même des accidents ; elles doivent, autant que possible, se trouver à la droite de l'escalier en montant.

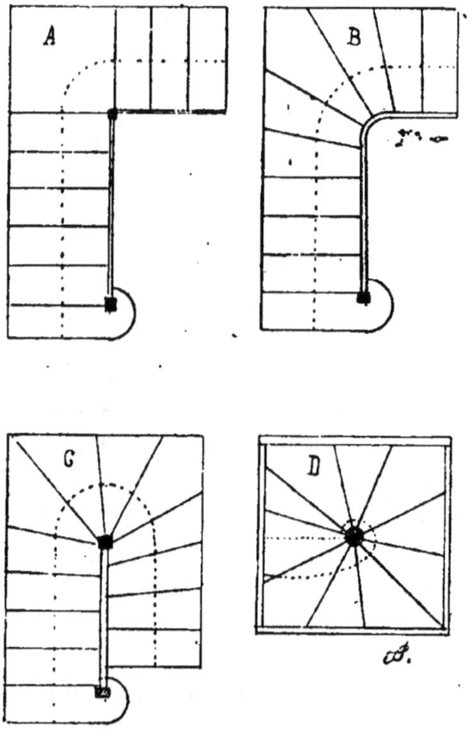

Connaissant la hauteur à franchir, il est facile de déterminer les dimensions de la *cage* d'un escalier, c'est-à-dire de l'espace qui le renferme. Examinons le cas suivant, celui d'un escalier droit : nous prendrons une hauteur de marche arbitraire, par exemple 15 centimètres s'il s'agit d'un escalier de service, hauteur qui nous permettra de calculer le giron l des marches, en employant la formule $0,15 + l = 0,48$ ($l = 33$) ; si la distance qui sépare les deux étages est de $2^m,70$, il faudra que l'escalier ait 18 marches et par suite sa longueur L sera $(18 — 1) \times 0,33$ ou $5^m,61$; si on ne peut disposer d'une longueur suffisante, on fera l'escalier en deux volées, avec retour d'équerre ou deux retours. Quant à sa largeur, elle devra être égale à la longueur des marches, soit un mètre pour les escaliers droits ordinaires.

Fig. 141. — Plans d'escaliers. — A, escalier avec palier de repos. — B, escalier à retour d'équerre, à marches balancées. — C, escalier à deux retours. — D, escalier tournant ou à vis.

L'escalier qui dessert un local quelconque doit être établi de façon que son *échappée, hauteur de passage* ou *dégagement* soit de 2 mètres au moins (on appelle ainsi la hauteur libre au-dessus de ses marches). En tenant compte de cette condition, ainsi que de la longueur de la projection de l'escalier, on reconnaîtra facilement si celui-ci peut être placé en travers du bâtiment, s'il faut le placer suivant sa longueur, ou enfin s'il doit être établi en deux ou plusieurs volées.

Escaliers tournants. — Dans les maisons d'habitation, les dimensions de la cage de l'escalier, que l'on cherche à réduire au minimum tout en rendant ce dernier aussi commode que possible, obligent toujours à avoir recours à des escaliers spéciaux dont la figure 141 donne, en plan, quelques types ; comme ils ne peuvent être établis que par des ouvriers habiles, ils

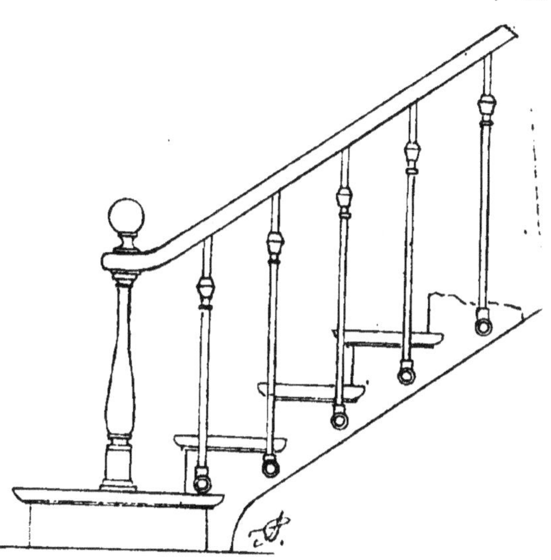

Fig. 142. — Escalier à limon à crémaillère avec rampe en fer.

sont très coûteux, aussi faut-il les réserver exclusivement pour les constructions soignées. Ces escaliers sont composés, comme les précédents, d'une série de *marches* en chêne ayant 5 ou 6 centimètres d'épaisseur, assemblées à *rainure et languette à épaulement simple* avec les contre-marches, et à tenon et mortaise avec les limons, à moins que ces derniers ne soient à crémaillère ; dans ce cas, les extrémités des marches dépassent le limon et sont moulurées (fig. 142) ; ces extrémités sont appelées *nez*.

Les marches sont disposées de manière qu'elles présentent toutes la même largeur suivant une ligne, appelée *ligne de foulée* ou encore *giron*, qui correspond au passage des personnes s'appuyant à la rampe pour s'aider.

Le tracé des marches dans les parties courbes se fait en appliquant des règles spéciales, dites du *balancement* des escaliers, qu'il serait trop long d'exposer ici ; elles établissent que, pour que les marches aient la même largeur à la ligne de foulée, et encore au moins 20 centimètres à la partie la plus étroite, qu'on appelle *collet*, on doit commencer à les incliner sur la volée avant le commencement de la courbe. Si les marches étaient dirigées suivant les rayons d'un cercle ayant pour centre celui de la courbe de l'escalier, elles seraient trop étroites d'un côté et d'une largeur inutile de l'autre ; un semblable escalier serait dangereux.

Fig. 143. — Rampe en bois.

La première, et quelquefois la seconde, des marches des escaliers sont en pierre, pour maintenir solidement les limons et les préserver de l'humidité ; on les appelle souvent *marches palières* ou encore *marches de départ*.

Les marches *balancées* sont dites *dansantes*, par opposition aux marches rectangulaires, appelées *droites*.

Les escaliers tournants s'appuient presque toujours à un mur, aussi sont-ils ordinairement soutenus d'un côté par un limon et de l'autre par un faux-limon ; du côté du *jour* se trouve un garde-fou, auquel on donne le nom de *rampe*, ou *balustrade* (fig. 142 et 143), formé d'une *main-courante* supportée à chaque marche par une pièce appelée *balustre* ; du côté intérieur on place quelquefois aussi une main-courante, qu'on scelle directement dans le mur qui soutient les marches de ce côté et qu'on appelle mur d'*échiffre*.

IV. *Plinthes, lambris et boiseries.* — La *plinthe* est une planche, ordinairement de 13 millimètres d'épaisseur et de 11 centimètres de hauteur, qui est clouée à la partie inférieure des murs de manière à les raccorder avec le plancher ou le parquet. Les plinthes servent surtout à protéger la partie des murs où les heurts sont le plus fréquents, notamment lors des balayages ; il faut absolument avoir recours à ces planches dans tous les logements habités. Les plinthes de grandes dimensions, très employées dans les bâtiments ruraux, prennent le nom de *stylobates* ; les *stylobates* ont presque toujours de 13 à 18 millimètres d'épaisseur et de 20 à 22 centimètres de hauteur.

Dans les constructions plus soignées les plinthes font partie des *lambris*. Les *lambris assemblés* sont composés de panneaux généralement en bois dur, parfois en bois blanc, assemblés dans des cadres également en bois dur, ordinairement en chêne ; les *lambris non assemblés* sont simplement constitués par des *frises* clouées les unes à côté des autres sur trois ou quatre traverses ; ils forment, comme les précédents, un revêtement plus ou moins ornemental à la partie inférieure des murs, sur une hauteur comprise entre 60 centimètres et $1^m,20$ (*lambris d'appui*) ou recouvrent les murs sur toute leur hauteur (*lambris de hauteur*). La moulure qui termine à la partie supérieure les lambris d'appui porte le nom de *cimaise*. Les *faux-lambris*, très employés dans les constructions ordinaires, sont formés par de petits cadres moulurés, cloués directement sur les enduits, entre la plinthe et la cymaise..

Les lambris et les plinthes doivent être peints à l'huile, tandis que le reste de la surface des murs est le plus souvent recouvert de *papiers de tenture.*

Dans les constructions très soignées, et dans beaucoup de construction anciennes, les murs sont entièrement recouverts de grands panneaux en bois plus ou moins décoratifs, peints à l'huile, qu'on appelle *boiseries.* Ces boiseries sont l'un fort bel effet mais sont très coûteuses d'installation ; dans es constructions modernes, on ne les rencontre que très rarement, d'autant plus que maintenant la perfection des enduits en plâtre fin est telle qu'on peut y appliquer direc-

tement les peintures ou les tentures. Les boiseries doivent
être, comme les lambris, garnies d'une plinthe recouverte
toujours d'une peinture peu salissante.

Les différents travaux de menuiserie que nous venons de
voir sont désignés sous le nom de *menuiserie fixe* ; à ces
travaux se rattachent ceux relatifs à l'établissement des
châssis des fenêtres et des portes, que nous étudions plus loin
avec les fenêtres et les portes elles-mêmes, bien que ces der-
dières fassent partie de la *menuiserie* dite *mobile*.

V. *Fenêtres.* — Les *baies d'ouverture*, réservées dans la
maçonnerie pendant la construction des murs, présentent certaines dispositions permettant d'y adapter les ouvrages de menui-

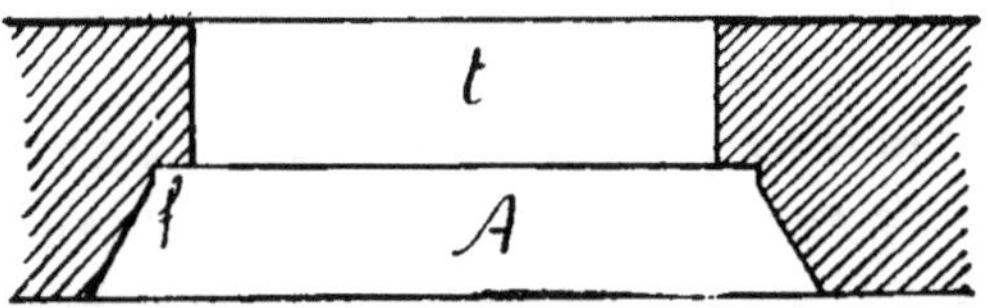

Fig. 144. — Tableau de fenêtre.

serie destinés à les fermer. Ces ouvertures ont presque
toujours, en plan, l'aspect indiqué dans la figure 144 ; elles
présentent vers l'extérieur une première partie rectangulaire *t*,
appelée *tableau*, puis un retrait *f* formant *feuillure* dans lequel
on scellera plus tard un châssis fixe, dit *dormant*, qui portera
les charnières et les appareils de fermeture ; vers l'intérieur
l'ouverture s'élargit en formant en A l'*ébrasure*, appelée aussi
embrasure, dont les côtés portent le nom d'*ébrasements*. L'*allège*
est le petit mur qui se trouve immédiatement sous le *tableau* et
va par conséquent de l'appui au sol ; les portes-fenêtres
n'ont donc pas d'*allège*.

Dans les constructions qui ne servent pas de logements et
qu'il n'est pas nécessaire de clore hermétiquement, on supprime
souvent le dormant et on scelle *les gonds* directement dans la
feuillure ; cette disposition est employée dans les greniers, les
granges et les magasins, ainsi que pour les portes des logements
des animaux.

Le châssis fixe des fenêtres des maisons d'habitation offre
certaines dispositions assez compliquées, ayant pour objet
d'écarter les eaux de pluie et d'empêcher l'entrée de l'air
froid dans les pièces. Les deux montants verticaux (D, fig. 145)

présentent une rainure de forme spéciale dans laquelle s'engage une languette, appartenant au châssis mobile, qui constitue, lorsque ce dernier est fermé, un assemblage hermétique dit à *gueule de loup.* La traverse supérieure forme simplement feuillure (A, fig. 145), tandis que la traverse inférieure, appelée *pièce d'appui*, est au contraire beaucoup plus ouvragée (B, même figure), parce qu'elle reçoit et doit écarter toutes les eaux ruisselant à la surface de la fenêtre : elle offre en premier lieu, vers l'intérieur, une feuillure dans laquelle s'engage le châssis mobile, et, vers l'extérieur, une partie courbe formant *jet d'eau*, présentant en dessous une gorge, appelée *larmier*, qui n'est pas représentée sur le dessin ; le larmier a pour but d'empêcher l'eau ruisselant sur le jet d'eau de remonter le long de sa

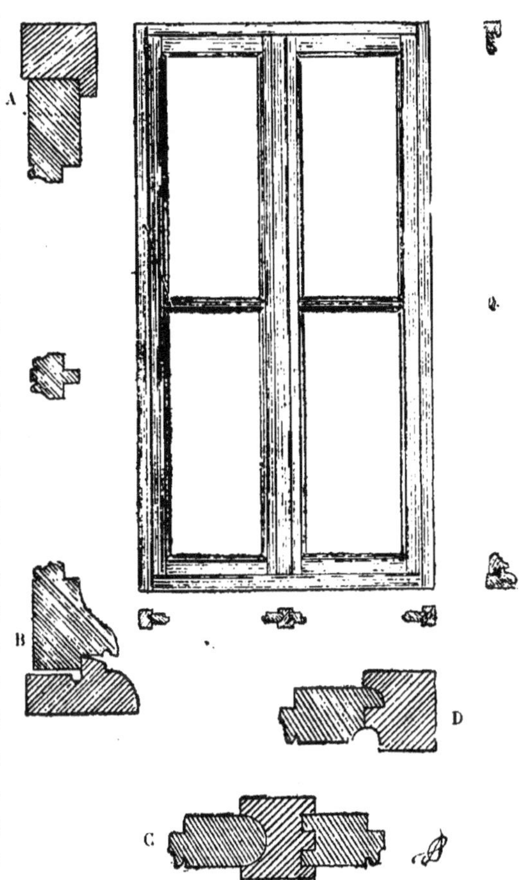

Fig. 145. — Croisée. — A, coupe de la traverse supérieure. — B, jet d'eau. — C, assemblage des battants de meneau. — D, coupe des battants de châssis.

partie inférieure et de venir ensuite s'infiltrer entre le bois et la maçonnerie. La feuillure intérieure présente aussi une rainure avec pente vers le milieu du châssis, partie où se trouve pratiqué un petit canal, nommé *tube de buée*, amenant au dehors les eaux qui auraient pu, sous l'action d'un vent violent,

remonter entre le châssis fixe et le châssis mobile, ou qui proviennent de la condensation de la vapeur d'eau sur la paroi
intérieure des vitres.

Les eaux qui ruissellent à la surface du jet d'eau tombent
sur l'appui de la fenêtre, formé par une pierre ayant une légère
pente et aussi un larmier pour que les eaux ne puissent pas
couler le long des parements des murs ; dans les constructions
économiques, dans lesquelles les appuis sont en plâtre, on les
protège par une feuille de zinc inclinée.

Les fenêtres des maisons d'habitation, appelées *croisées*,
sont à deux vantaux; chacun d'eux est composé de deux
montants verticaux et de deux traverses horizontales. Le
montant qui porte les charnières, les *paumelles* ou les *fiches*
est appelé *battant de noix* ou *battant de châssis*, celui du milieu
étant désigné sous le nom de *battant de meneau* ; la traverse
supérieure porte le nom de *traverse haute*, la traverse inférieure celui de *traverse basse*. Chaque châssis est en outre
presque toujours divisé par de petites traverses en bois, quelquefois en fer, d'un profil spécial, appelées *petits bois*, ayant
pour objet de permettre d'employer des vitres de dimensions
courantes et par suite faciles à remplacer.

Afin d'obtenir une fermeture hermétique, les deux battants
de meneau, dont l'un porte les appareils de fermeture (crémone ou espagnolette), présentent une section spéciale ;
celle qu'on préfère est dite à *noix et à gueule de loup* (C, fig. 145),
mais, par raison d'économie, on se contente souvent d'un assemblage plus simple, moins parfait, consistant seulement en une
double feuillure ; on a beaucoup employé autrefois *l'assemblage à doucine* qui rappelle celui à double feuillure mais est
plus parfait. Dans l'assemblage à gueule de loup, l'un des
battants, celui qui porte l'appareil de fermeture, est creusé
d'une gorge dans laquelle s'engage le battant de l'autre châssis;
une planchette cache et complète le joint. Dans l'assemblage à doucine, les deux battants ont le même profil, celui
d'une doucine ; cet assemblage est complété, comme le précédent, par une planchette clouée sur l'un des battants.
L'assemblage à double feuillure donne, en section, une disposition rappelant celles des assemblages à mi-bois.

VI. *Volets et persiennes*. — Nous ne dirons que quelques mots des volets et des persiennes, parce que ce sont des ouvrages de menuiserie très simples, qu'on trouve tout établis.

Tandis que les volets, qu'on appelle aussi contrevents, sont pleins, les persiennes, au contraire, sont ajourées et formées de lames inclinées, maintenues par un bâti composé de deux montants et de quelques traverses.

Presque toujours à deux vantaux dans les bâtiments ruraux, les volets et les persiennes sont cependant quelquefois brisés et viennent se *reployer en tableau* ; dans ce cas on les fait en fer.

Les volets et les persiennes, ainsi du reste que presque tous les ouvrages de menuiserie extérieure, doivent être de préférence en chêne.

VII. *Portes*. — Les portes sont construites différemment suivant leurs dimensions et les usages auxquels elles sont destinées.

Dans les maisons d'habitation on emploie surtout des *portes* dites *à panneaux* ou *à cadres* ; ces portes consistent essentiellement en cadres, en bois dur, divisés en deux ou trois parties par des traverses ; chacune de ces parties est complétée par un panneau qui est généralement en bois blanc. Lorsque la porte est à trois panneaux, le panneau inférieur est carré, celui du milieu est rectangulaire mais beaucoup moins haut que large, et celui de la partie supérieure, qui est également rectangulaire, est au contraire beaucoup plus haut que large. Les panneaux sont formés de planches assemblées entre elles et avec le bâti ; des moulures forment de véritables cadres autour de chacun d'eux et masquent les assemblages. Ces portes, comme celles que nous verrons plus loin, doivent être *ferrées*, travail de serrurerie qui consiste, d'une part à les consolider dans certains cas au moyen d'équerres ou d'autres ferrures, et d'autre part à y adapter les appareils de fermeture (paumelles, pentures, serrures, loqueteaux, etc.). Les portes à panneaux sont employées surtout comme portes d'intérieur.

Les *portes à emboîtement* ou à *bois debout* sont beaucoup plus simples et conviennent pour les habitations établies avec la plus stricte économie, ainsi que pour les locaux servant de magasins, comme les greniers et les granges, ou enfin pour ceux utilisés pour le logement de certains animaux (bergeries et poulaillers) ; ces portes ne sont pas assez solides pour être employées pour les bouveries, les vacheries ou les écuries, ni pour les baies de grandes dimensions, comme les portes charretières par exemple.

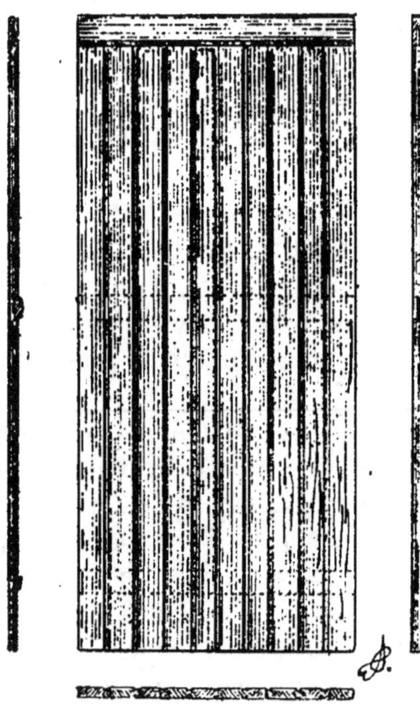

Fig. 146. — Porte à emboîtement.

Elles sont formées de planches ou de frises assemblées entre elles à rainures et languettes et emboîtées, en haut et en bas, dans deux traverses horizontales qui limitent la porte à la partie supérieure et à la partie inférieure ; les traverses doivent être en bois dur, surtout la traverse inférieure qui est exposée à la pourriture ; les planches peuvent être en bois tendre. Ces portes présentent l'inconvénient de se déformer facilement et, de rectangulaires qu'elles sont, de prendre la forme d'un parallélogramme ; il en résulte qu'elles frottent sur le sol et il devient impossible de les faire fonctionner : on dit qu'elles *donnent du nez*. On remédie à cet inconvénient en plaçant une *écharpe*, c'est-à-dire une traverse oblique, qui soutient la partie de la porte qui tend à s'abaisser sous l'action de son propre poids. On remplace parfois l'écharpe par un *tirant* qui produit le même effet, mais qui, agissant par traction alors que l'écharpe travaille à la compression, doit être incliné en sens contraire ; la figure 147 montre, pour une porte sur barres, le sens de l'inclinaison à donner à l'écharpe AB et au

tirant *ab*, sens d'inclinaison qui est le même pour les portes
à emboîtement.

Le type de porte représenté par la figure 146 est très en
usage dans les bâtiments agricoles ; il est analogue à celui que
nous venons de décrire, mais la traverse inférieure est remplacée
par une barre latérale entaillée à queue dans l'épaisseur des
frises ; le montage avec *clefs*,
indiqué également dans la
même figure, est beaucoup
moins courant. Les barres
entaillées, ainsi du reste que
les clefs, empêchent toute
déformation de ces portes, à
moins qu'elles ne soient de
dimensions excessives.

Les grandes portes, notamment les portes charretières
à un ou deux vantaux, ainsi
que celles qui doivent présenter une grande solidité,
comme les portes des murs de
clôture par exemple, sont établies sur de solides cadres en
bois dur pourvus d'écharpes,
sur lesquels sont clouées de
fortes planches placées à plat-
joint ou mieux assemblées
entre elles. Comme ces portes
sont lourdes à manœuvrer,

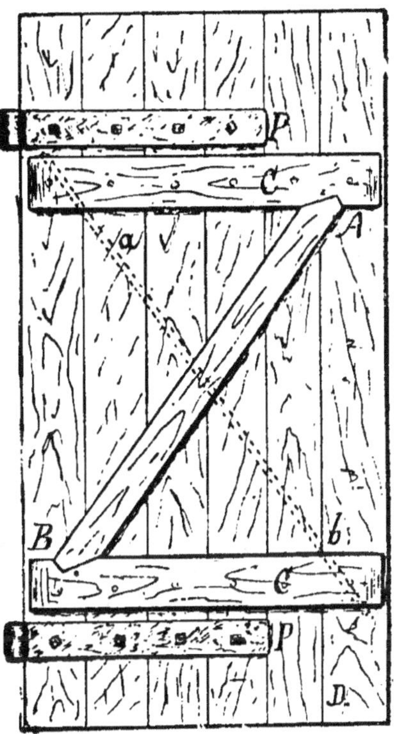

Fig. 147. — Porte sur barres.

elles sont souvent pourvues d'un *portillon* qui permet le passage des personnes, sans avoir à les ouvrir ; cette disposition
est d'autant plus recommandable que, généralement, les
appareils de fermeture de ces portes ne se manœuvrent que
de l'intérieur et consistent en une longue barre à crochet
ou un lourd fléau maintenu par un cadenas ou une serrure
intérieure spéciale, dite *serrure de fléau*. Ces grandes portes
sont coûteuses, sujettes à certaines déformations et occasionnent quelquefois des accidents en battant sous l'action du

vent, aussi les remplace-t-on souvent par des portes roulantes qu'on peut établir plus légèrement et qui sont très commodes dans bien des cas, leur seul inconvénient étant de donner une fermeture qui n'est pas hermétique ; nous indiquons en quoi consistent ces sortes de portes à propos des granges, pour lesquelles elles sont très pratiques. Lorsque nous nous occuperons des logements des animaux nous donnerons les modifications à apporter aux portes que nous venons de voir, pour mieux les approprier aux conditions spéciales de ces locaux.

Un dernier genre de portes est celui des *portes sur barres ou à traverses* (fig. 147) ; ce sont les plus simples et les moins chères. Les portes à traverses sont formées de planches clouées sur deux traverses ou barres horizontales C, qui portent parfois les *pentures* P ; ces planches sont simplement jointives. Les traverses doivent avoir un profil spécial, fortement incliné, afin d'écarter les eaux qui ruissellent à la surface de la porte et afin aussi qu'elles ne puissent pas être utilisées pour l'escalader. Quelquefois on assemble les traverses aux planches en pratiquant une entaille dans leur épaisseur, les portes ne peuvent plus alors donner du nez ; malgré cela il est bon de les consolider en plaçant un tirant *ab*, ou mieux une écharpe AB assemblée à embrèvement avec les traverses. A la campagne on rencontre à chaque instant des portes de ce genre, soit dans les locaux établis économiquement, soit dans les murs de clôture.

IV. — SERRURERIE

La serrurerie s'occupe de la fabrication, ou plus souvent, maintenant, de la fourniture et de la pose des ouvrages métalliques, ordinairement en fer ou en fonte, qui servent à relier, assujettir, consolider ou fermer les diverses parties des constructions. Les travaux de serrurerie comprennent certains ouvrages qu'on qualifie de *grosse serrurerie* ou plus souvent de *ferronnerie*, comme ceux ayant pour objet les charpentes métalliques et le chaînage des bâtiments, et d'autres aussi importants mais n'utilisant que des pièces de petites dimen-

sions, qu'on groupe sous le nom de *petite serrurerie* ou simplement de *serrurerie* ; tels sont ceux relatifs à la pose des
ferrures et des appareils de fermeture des volets, des portes
et des fenêtres.

Autrefois, les serruriers fabriquaient la plus grande partie
des pièces qu'ils employaient ; maintenant au contraire toutes
ces pièces se trouvent dans le commerce et leur travail
principal est de les approprier, de les ajuster et de les poser ;
elles sont en effet fabriquées beaucoup plus économiquement
dans des usines spéciales et d'après des modèles bien étudiés
que dans les ateliers de serrurerie. Pour certains ouvrages
cependant le serrurier est encore obligé d'établir lui-même,
à la demande, les pièces qui lui sont nécessaires ; la plupart
des travaux de grosse serrurerie sont dans ce cas ; il emploie
alors des fers particuliers, qui sont désignés sous des noms
différents suivant la forme et les dimensions de leur section
ainsi que suivant la manière dont ils ont été préparés ; les fers
carrés par exemple sont appelés *carillons en botte*, lorsque le côté
de la section est inférieur à 16 millimètres et *carillons en barre*
lorsque le côté est de 16 à 18 millimètres. Il emploie également
des fers de section rectangulaire, appelés *fers méplats*, qui,
comme les précédents, portent des noms spéciaux suivant
le rapport qui existe entre les deux dimensions de la section ;
les *tôles* sont des fers méplats, dans lesquels l'épaisseur est
très petite par rapport à la largeur, ce sont de véritables
feuilles de fer. Le serrurier se sert beaucoup aussi des *fers
ronds* en barre, dont les plus petits, ceux ayant moins d'une
dizaine de millimètres de diamètre, portent le nom de *tringles*.
Pour certains travaux, pour ceux de ferronnerie surtout,
il est obligé d'avoir recours à des fers profilés (en T simple
ou double, en U et en cornières à branches égales ou inégales)
qui sont, à égalité de poids, plus résistants que les précédents.

Le serrurier a également à poser beaucoup de pièces en
fonte provenant directement des fonderies ; elles peuvent
avoir été faites sur commande, mais il est plus économique
de chercher à utiliser celles, très nombreuses du reste, qu'on
trouve toutes fabriquées dans le commerce ; les *colonnes* en
fonte, les *balustres*, les *pilastres* des rampes, certaines *grilles*

sont dans ce cas. Enfin quelques ouvrages de serrurerie sont
en cuivre, en laiton ou en bronze, mais comme ces métaux
sont d'un prix élevé, on ne les emploie seulement que quand
ils sont indispensables ou dans la serrurerie de luxe.

Nous n'étudierons pas en détail les différents travaux que
le serrurier est obligé de faire pour approprier les métaux
dont il dispose : il façonne les pièces en fer par le *forgeage*, si
elles sont de grandes dimensions, ou à la lime et à la scie dans
le cas contraire ; il soude à la forge les premières et brase les
secondes (la brasure est une soudure au cuivre). Les pièces
de serrurerie du commerce sont souvent livrées inachevées
de manière que l'ouvrier puisse les adapter, à tous les cas
particuliers, en perçant par exemple des trous dans les fers à
double T des planchers, dans les ailes des charnières, etc. :
il se sert alors d'une *poinçonneuse*, machine qui refoule le
métal devant l'un de ses organes, pour les travaux ne demandant pas beaucoup de fini, et d'une *machine à percer* pour
les autres. Les trous ainsi faits peuvent être *fraisés*, de manière
que les vis ou les boulons qui maintiendront plus tard les-
dites pièces ne fassent pas saillie au-dessus du métal ; cette
opération se fait avec un outil spécial appelé *fraise*, qui donne
au trou la forme d'un tronc de cône renversé. Le serrurier
doit aussi tourner, fileter ou tarauder certaines pièces et en
étamper d'autres.

Nous avons déjà signalé, dans des chapitres précédents,
les ouvrages de grosse serrurerie les plus importants pour
nous (planchers en fer, fermes métalliques, colonnes en fonte) ;
nous ne retiendrons ici que ceux relatifs au *chaînage* des
bâtiments et aux poutres formées de fers profilés accouplés.

Le chaînage des bâtiments a pour objet de placer dans
certaines de leurs parties, souvent dans l'épaisseur des murs
mais plus généralement dans celle des planchers, de véritables
tirants en fer, appelés *chaînes*, ayant pour but de les consolider ; il se pratique pour empêcher les murs, qui ne peuvent
pas se rapprocher par suite des cloisons intérieures, de s'écarter
sous l'action de la poussée exercée notamment par les fermes
de charpente mal établies.

Dans les anciennes constructions on trouve des chaînes

présentant des dispositions parfois très compliquées, c'est
ainsi qu'autrefois la Sainte-Chapelle, à Paris, a été chaînée
avec une chaîne formée d'une série d'éléments accrochés
entre eux, terminés d'un côté par un crochet et de l'autre
par un anneau. On a beaucoup utilisé aussi les fers carrés
pour chaîner les bâtiments, mais on les a remplacés plus tard
par des fers ronds et des fers méplats qu'on emploie maintenant presque exclusivement ; ces derniers ont en outre
l'avantage d'offrir une résistance plus grande, à égalité
de surface de section, surtout lorsqu'ils ont été obtenus par
martelage. On a en effet constaté que le martelage transforme
le fer en *filaments*, et que celui qui n'a pas subi ce travail
présente une contexture différente, beaucoup moins résistante,
dite à *gros grains* ; cette transformation n'intéresse que la
partie superficielle du métal, sur 4 ou 5 millimètres seulement, la partie centrale conservant son état primitif ; les
fers méplats ne devraient donc avoir qu'un centimètre d'épaisseur au maximum pour profiter complètement de cette modi-
fication. Les fers carrés peuvent être également martelés,
mais sur deux faces opposées seulement ; les fers étirés ne
possèdent qu'une partie seulement des avantages des fers
martelés.

Les chaînes doivent donc être en fers méplats ; on les compose
ordinairement de deux parties, chacune d'elles pouvant être
formée de plusieurs barres soudées bout à bout, qu'on réunit
ensuite par un assemblage ; pour les petits bâtiments agricoles
on utilise souvent de vieux bandages de roue pour ce travail.
Les deux extrémités d'une chaîne sont terminées par un *œil*,
dans lequel on passe une pièce en fer, appelée *ancre*, qui peut
être droite, ou mieux présente la forme d'un S ou d'un Y
afin de reporter l'effort qu'elle a à supporter sur une plus
grande surface de mur. Comme pour obtenir le maximum
d'effet utile il faut que les ancres soient à l'extérieur des murs,
c'est-à-dire apparentes et non noyées dans la maçonnerie,
on les remplace souvent par des motifs décoratifs en fer
ou à la rigueur en fonte (fig. 148). Pour réunir les deux autres
bouts de la chaîne, on emploie des assemblages plus ou moins
compliqués suivant l'importance de la construction et l'effort

auquel la chaîne sera soumise ; ces assemblages présentent presque toujours une clavette permettant d'obtenir une certaine tension, qui rend immédiatement efficace l'action de la chaîne. L'assemblage le plus simple est celui représenté en I (fig. 149) : l'une des barres forme une fourche dans laquelle s'engage l'autre, toutes deux présentant un œil pour le passage de la clavette *c* ; on emploie encore des assemblages du

Fig. 148. — Ancre de chaîne.

même genre mais plus soignés, dits à *charnière* (II, fig. 149), mais ceux qu'il faut préférer sont à *brides* (III, fig. 149) parce qu'ils permettent toujours de raccourcir la chaîne ; comme la figure le montre, les deux bouts de cette dernière présentent à leurs extrémités un talon et sont simplement maintenus par deux brides *b* ; en chassant entre ces brides des fers méplats formant coins, on tend plus ou moins la chaîne.

Enfin, on constitue très souvent les chaînes par des fers ronds. Dans ce cas on les forme presque toujours d'une seule pièce et on les termine par des parties filetées, avec écrous; les ancres extérieures présentent un œil dans lequel passe la chaîne, et la tension est obtenue d'une manière simple et très pratique en serrant les écrous.

Dans beaucoup de constructions on se contente de *demi-chaînes*, c'est-à-dire de chaînes utilisant les poutres, aux extrémités desquelles elles sont fixées ; ces demi-chaînes sont très efficaces, surtout lorsqu'elles sont établies en utilisant des poutres en fer.

Comme dernier travail de ferronnerie, nous signalerons les

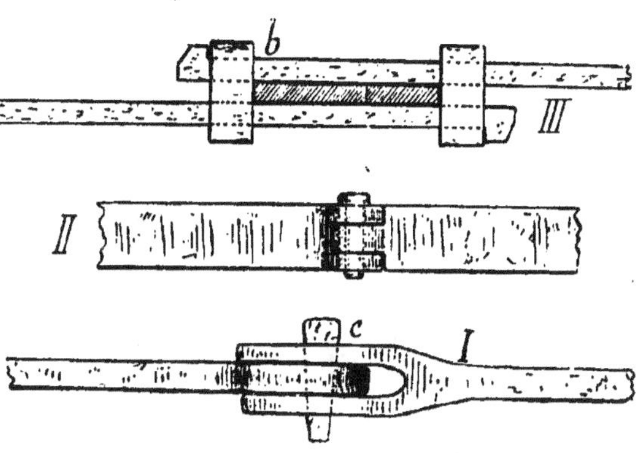

Fig. 149. — Assemblages de chaînes.

poutres appelées *filets* ou *poitrails*, suivant leurs dimensions, dont nous avons déjà parlé à propos des charpentes métalliques (page 153), et qui sont formées par l'assemblage de certains fers, ordinairement en U ou à double T. La figure 150 donne, en I et en II, deux poutres d'un type particulier, appelées poutres tubulaires ou à plusieurs âmes ; la première est en fers à double T et la seconde en fers en U ; les fers les composant sont rivés sur des fers méplats qui les maintiennent à un écartement dé-

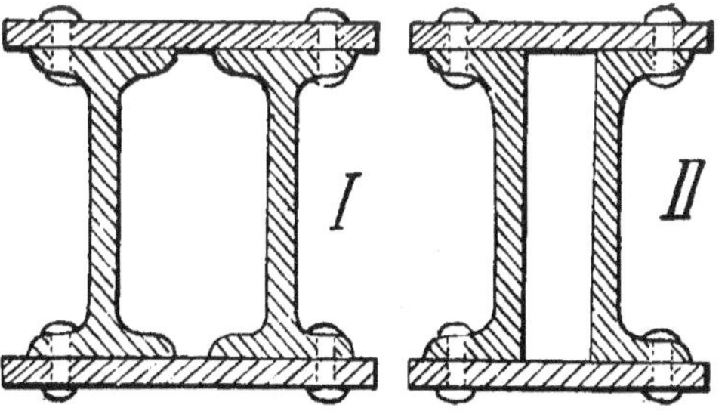

Fig. 150. — Poutres tubulaires.

terminé. De semblables poutres sont excellentes mais doivent être établies d'avance à cause des trous à percer et des rivets à mettre ; aussi on se contente souvent d'assembler les fers dont elles sont formées par des colliers faits à la demande, ou même simplement par de longs boulons. Ces sortes de poutres, qui constituent les *filets* ou les *poitrails* proprement dits, permettent d'utiliser les fers ordinaires du commerce pour supporter des charges même considérables, et il suffit d'en disposer plusieurs les unes à côté des autres pour leur permettre de résister à des efforts quelconques; on évite

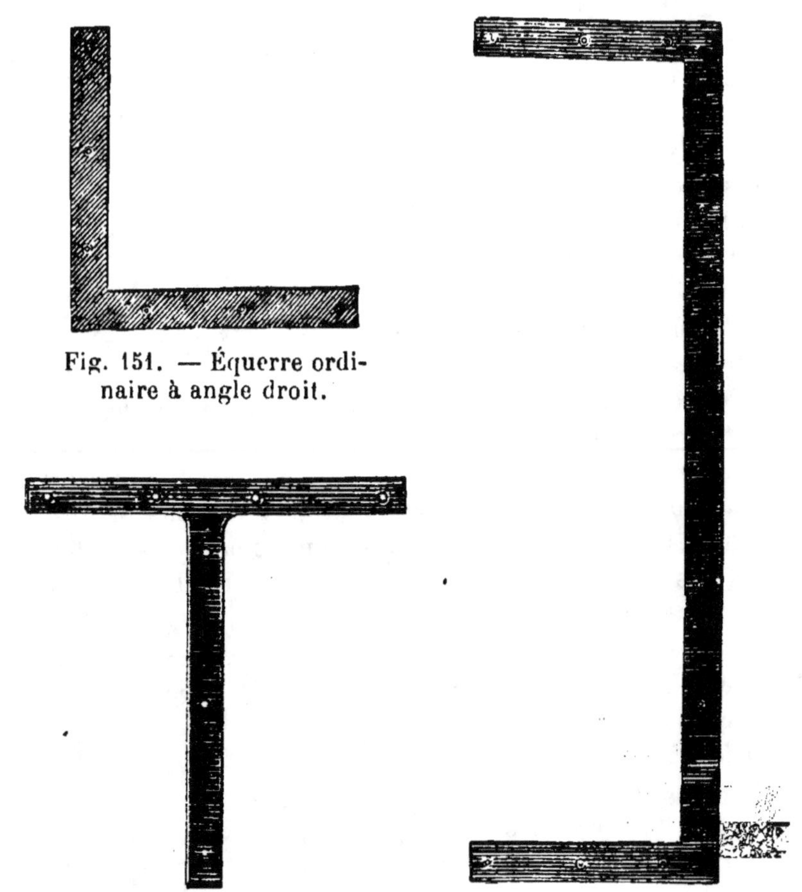

Fig. 151. — Équerre ordi-
naire à angle droit.

Fig. 152. — Équerre en T.　　Fig. 153. — Équerre double.

ainsi de faire venir, parfois de fort loin et à grands frais, des fers à double T de dimensions non courantes. Quand il s'agit d'une fourniture importante, on peut avoir intérêt à faire établir de semblables poutres, mais pour de petites quantités le transport devient ordinairement trop coûteux et il est préférable de procéder comme nous venons de l'indiquer.

Les poitrails sont très employés et rendent les plus grands services, notamment au-dessus des grandes baies, pour supporter la charge des murs qui les surmontent, ainsi que dans l'établissement des planchers à grande portée.

Les travaux de *serrurerie* proprement dite, ou de *petite serrurerie*, se réduisent, comme nous l'avons dit, à l'ajustage et à la pose de pièces qu'on trouve toutes fabriquées dans le commerce. Nous signalerons celles qu'on rencontre le plus souvent afin que le fermier puisse, en les désignant par leurs noms exacts, se faire bien comprendre par les fabricants et les ouvriers du métier.

Les châssis des fenêtres et des portes, ainsi que les portes et les fenêtres elles-mêmes, sont souvent consolidés dans les angles par des *équerres* en tôle ou en feuillard ; ces équerres sont placées dans des entailles, pratiquées au ciseau dans le bois, et sont maintenues par des *vis à tête fraisée* afin, quand le travail est terminé, après le masticage et la peinture, qu'elles ne soient pas apparentes. Les équerres les plus employées sont les équerres simples en tôle, à branches égales et à angle droit (fig. 151) ; on en fabrique aussi à angles obtus ou aigus, avec l'une des branches courbe, destinées spécialement pour les portes ou les fenêtres terminées, à la partie supérieure, par une partie cintrée. On emploie également beaucoup les équerres doubles (fig. 153), qui prennent à la fois les deux montants d'un même châssis, ainsi que les équerres en T (fig. 152) quand il s'agit de renforcer certains assemblages comportant deux pièces se rencontrant à angle droit. Pour consolider les assemblages en bout, on se contente de placer des bandes de fer, appelées aussi *plates-bandes*, qu'on maintient par des vis à tête fraisée.

Les châssis fixes des fenêtres et des portes sont maintenus par des *pattes à scellement*, généralement au nombre de sept ; la figure 154 représente l'un des modèles, qu'on emploie le plus souvent. Les portes et les châssis des fenêtres étant consolidés avec

Fig. 154. — Patte à scellement.

les pièces que nous venons de mentionner, on les munit d'appareils permettant de les ouvrir et de les maintenir fermés, c'est-à-dire d'une part de charnières, fiches, paumelles ou gonds, et d'autre part de clenches, targettes, verrous, serrures, espagnolettes ou crémones.

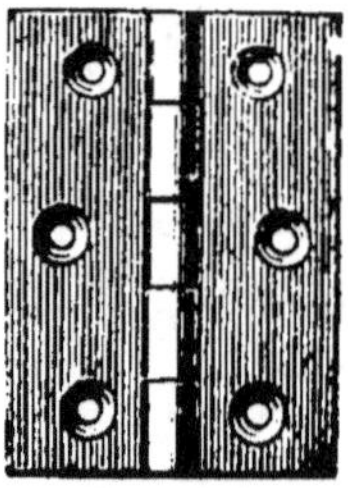

Les *charnières* conviennent pour les châssis très légers ; on les fait en cuivre ou en fonte mais celles qu'on emploie ordinairement sont en tôle (fig. 155) ; elles comprennent deux *ailes* percées de trous fraisés, réunies ensemble par une *broche* en fer ou en cuivre. Pour les portes et les fenêtres des habitations les charnières n'offrent pas une résistance suffisante et on les

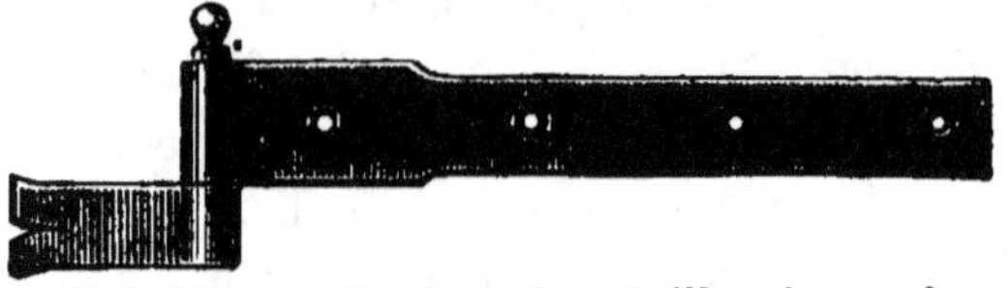

Fig. 155.
Charnière.

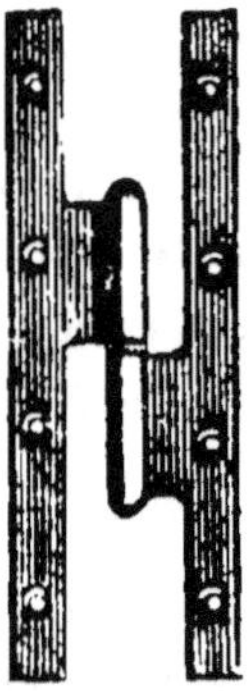

Fig. 156. — Pau-
melle double.

remplace par des *fiches* ou par des *paumelles doubles* (fig. 156), dont il existe un grand nombre de types ; suivant les dimensions des baies, il faut deux ou trois fiches ou paumelles par battant. Lorsque la baie d'ouverture ne comporte pas de châssis dormant, on emploie des *paumelles à gond à scellement* ou à *pointe*. Souvent les paumelles doubles sont à équerre ; on est alors obligé, au lieu de les visser dans le champ des châssis, de les placer à leur surface.

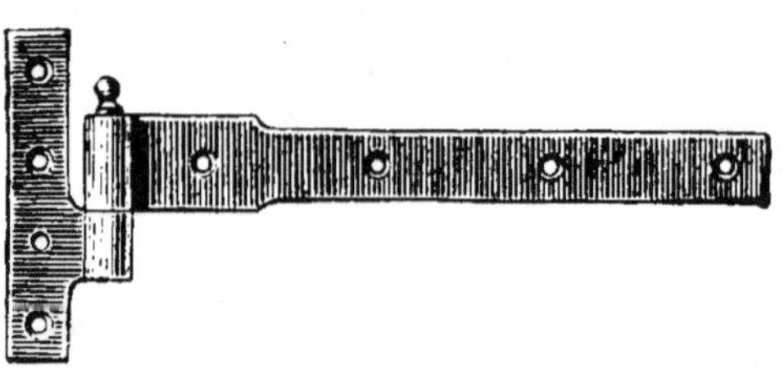

Fig. 157. — Penture à entailler à gond
à scellement.

Fig. 158. — Penture à entailler
à paumelle.

Pour les locaux servant de logement aux animaux ou de magasins, les ouvertures n'ont ordinairement pas de dormant, et, comme les paumelles n'offriraient

pas une résistance suffisante, à moins d'être à équerre et de
grande dimension, c'est-à-dire très coûteuses, on les remplace
par des *pentures à gond* (fig. 157), qui sont plus simples et
consolident en même temps la menuiserie mobile de la baie
(volet ou porte). La penture, comme le montrent les figures
157 et 158, est une simple bande de fer présentant à l'une de
ses extrémités un œil dans lequel passe la broche du gond,
fixée horizontalement sur la porte par des vis ou des boulons.
Pour les portes charretières très lourdes et pour les grilles
on est obligé d'avoir recours aux *pivots* et aux *crapaudines*

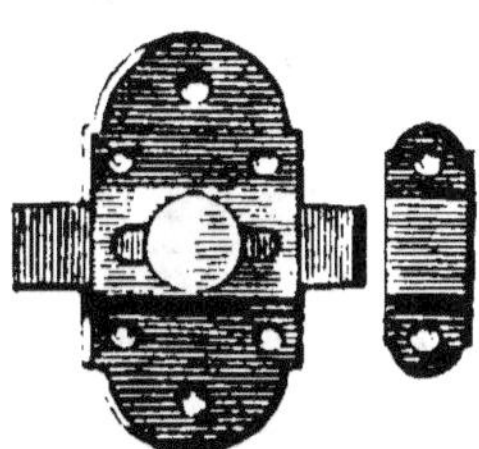

Fig. 159. — Targette
ordinaire.

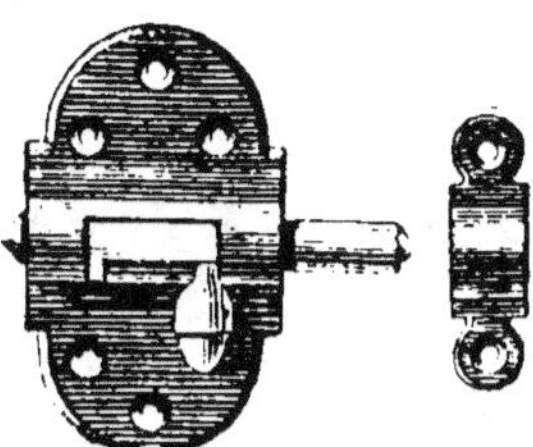

Fig. 160. — Targette
à pêne rond.

qui sont d'une solidité beaucoup plus grande. Si la baie
comporte une huisserie, le gond est remplacé par une paumelle (fig. 158). Les pentures peuvent être *ordinaires* ou *à
entailler*, les premières étant celles qu'on applique simplement
sur la menuiserie, sans la pénétrer.

Les appareils de fermeture des châssis mobiles, portes ou
fenêtres, sont très nombreux et dépendent de l'affectation du
local. Pour les fenêtres des maisons d'habitation on n'emploie
plus maintenant que les crémones et les espagnolettes. La
crémone consiste en une poignée commandant, par un pignon,
deux tiges à crémaillère en fers demi-ronds qu'on fait sortir ou
rentrer en tournant la poignée, qui doit être placée à une
hauteur commode ; la crémone est montée sur le battant de
meneau de la fenêtre et les tiges s'engagent, quand elle est
fermée, dans des *gâches* fixées au châssis dormant. Il existe de
nombreux modèles de crémones ; on en fait notamment pour
les portes et pour les grilles, mais dans ce cas elles sont ordinairement munies d'une serrure qui permet de les immobiliser.

L'*espagnolette*, d'invention plus ancienne, consiste en une tige cylindrique, terminée par deux crochets d'équerre avec elle, fixée également sur le battant de meneau de l'un des châssis par des sortes de pitons appelés *lacets*, dans lesquels elle peut tourner ; une poignée permet de lui faire décrire un quart de tour sur elle-même et d'engager les crochets dans des gâches spéciales fixées au dormant ; on retient la poignée en l'engageant dans une pièce spéciale appelée *support*.

Pour maintenir fermés les fenêtres à un battant, les portes et les volets simples, on emploie beaucoup de petits appareils de fermeture dont les plus simples sont les *targettes* (fig. 159 et 160), dont il existe de nombreux modèles. Pour les volets doubles on se sert de *crochets*, de *poignées de fléau* à *support* (fig. 161) ou de *ferme-persiennes* plus ou moins compliqués ; pour les

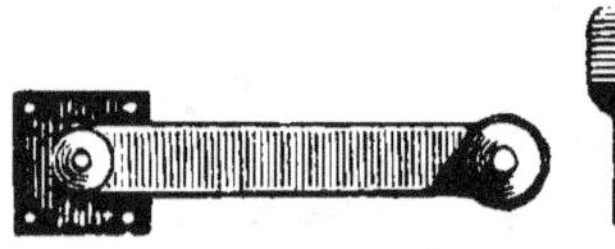

Fig. 161. — Poignée de fléau et son support.

maintenir ouverts, on scelle dans les murs des *pattes* et on fixe après les volets des *arrêts* dits de *persiennes*, dont on trouve beaucoup de systèmes. Les *clenches* (fig. 162 et 163) conviennent pour les portes; les unes sont à *pouce*, les autres à ressort. Elles tendent à disparaître pour être remplacées par les serrures dites *becs-de-cane* et par les *serrures à deux pênes*; ces derniers s'engagent dans une *gâche*, tandis que la

Fig. 162. — Clenche à pouce.

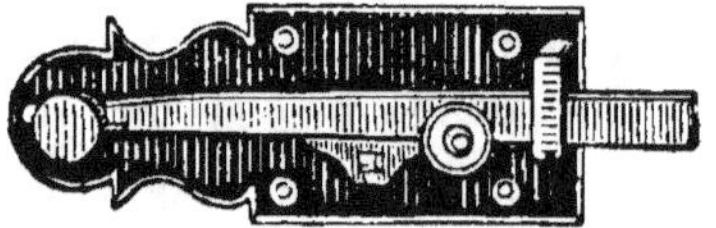

Fig. 163. — Clenche à ressort.

clenche est arrêtée par un crochet particulier appelé *mentonnet* (fig. 164). Le *loquet* (fig. 169) est très employé dans les bâtiments agricoles parce qu'il permet de fermer des portes mal ajustées, pour lesquelles les serrures ordinaires ne fonctionneraient pas. Les *loqueteaux*, dont deux des modèles qu'on rencontre le plus fréquemment sont représentés par les figures 166 et 167, sont à ressort et servent à assujettir les persiennes, les volets ou les châssis vitrés. Enfin les figures 165 et 168 nous montrent quelques-uns des types de *verrous* les plus courants ; les uns sont à déplacement horizontal et les autres à déplacement vertical. Pour les portes à deux vantaux, ces derniers s'engagent dans le sol ; il faut alors placer une butée (fig. 170 et 171) pour

Fig. 164.
Mentonnet.

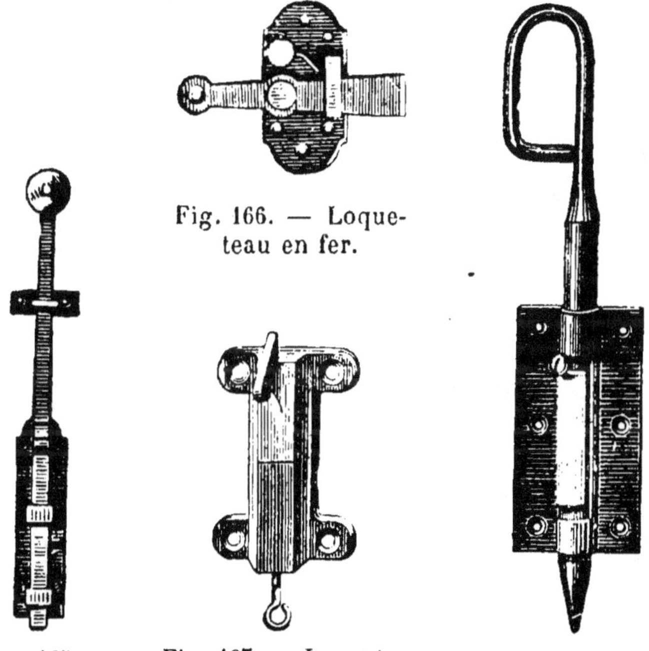

Fig. 166. — Loqueteau en fer.

Fig 165.
Verrou ordinaire.

Fig. 167. — Loqueteau
à pompe.

Fig. 168.
Verrou à douille.

arrêter les battants, butée qu'on appelle d'une manière générale *battement*. Les vantaux sont maintenus ouverts par des *arrêts dits de porte* (fig. 172).

Il existe encore de nombreuses pièces de serrurerie qu'il serait intéressant de connaître ; nous avons cependant signalé

les plus importantes en insistant sur leur description afin d'éviter
les malentendus qui, en raison de leur grand nombre et de leur
diversité, se produisent fréquemment quand on ne les désigne
pas avec une précision suffisante. Nous ne parlerons pas des
dimensions de ces pièces ni de leurs prix, parce qu'ils varient
beaucoup et qu'on trouve dans les quincailleries importantes

Fig. 169. — Loquet en fer.

Fig. 170.
Battement de
persienne.

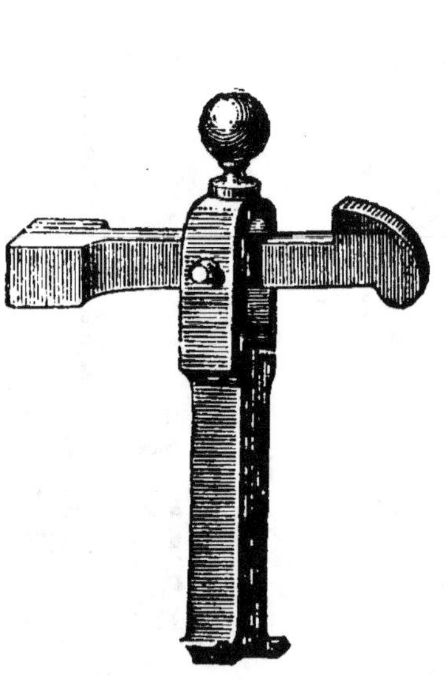

Fig. 172. — Arrêt de porte
où de grille.

Fig. 171. — Battement
à champignon.

toutes celles dont on a ordinairement besoin dans les constructions.

Il n'y a donc, en général, que certaines pièces de serrurerie
qui doivent être exécutées par le serrurier, comme les *consoles*
et les *potences* destinées à soutenir les planches servant de
rayons, ainsi que les *crampons* et quelques autres.

Nous terminerons le chapitre de la serrurerie en parlant d'un
travail spécial qui s'y rattache, mais qu'il ne faudrait pas

confier à des serruriers ordinaires ; nous voulons parler de l'installation des *paratonnerres*.

L'installation des *paratonnerres* doit être faite par des ouvriers spéciaux, d'après des plans bien établis ; elle comporte en effet des connaissances particulières et certaines précautions qu'il faut observer si l'on veut avoir une protection efficace ; non seulement une installation mal faite ne protège pas, mais elle peut même être une cause d'accidents ou d'incendie.

L'action des paratonnerres est double : d'une part, ils préviennent la chute de la foudre en évitant l'accumulation de l'électricité dans les constructions à protéger, en facilitant son passage dans l'atmosphère ; d'autre part, ils reçoivent seuls les décharges quand une trop brusque différence de tension électrique n'a pas permis aux électricités du sol et des nuages de se combiner naturellement par leur intermédiaire. Généraement l'action des paratonnerres est suffisante pour éviter les chutes de la foudre.

Les paratonnerres les plus en usage sont composés d'une grande tige en fer, légèrement conique, mesurant de 5 à 15 mètres de hauteur et ayant un diamètre moyen de 5 à 6 centimètres, diamètre qui varie du reste avec la hauteur du paratonnerre ; cette tige, montée sur un support spécial également en fer, placé sur la partie la plus haute de la construction (ce support est généralement fixé à un *poinçon* de la charpente), présente à sa partie inférieure, à quelques centimètres au-dessus de la toiture, une embase ayant pour effet d'empêcher l'eau de la pluie de s'infiltrer sous la couverture.

L'extrémité de la tige des paratonnerres est formée par une partie en cuivre présentant une pointe en platine ou, plus simplement encore, par un cylindre en cuivre rouge terminé lui-même par une partie conique bien aiguë. La pointe des paratonnerres doit être inoxydable et ne pas fondre sous l'action d'une violente décharge électrique ; c'est pour ces deux motifs qu'on emploie le platine ou le cuivre rouge, mais dans ce dernier cas la pointe a une forme spéciale et est même quelquefois dorée afin d'éviter son oxydation.

La partie inférieure de la tige est mise en communication aussi parfaite que possible avec la terre par un *conducteur* métallique continu ; ce conducteur suit les contours de la construction et va se terminer dans le sol, parfois à une assez grande distance et à une certaine profondeur, par un dispositif spécial appelé *perd-fluide*, ayant pour objet d'assurer la dissémination du fluide électrique dans le sol ; c'est pour faciliter cette dissémination qu'on place autant que possible les *perd-fluides* dans une couche d'eau permanente, dans un puits par exemple ou une nappe d'eau un peu étendue. Le conducteur doit communiquer avec toutes les parties métalliques de la construction (charpentes en fer, couvertures en zinc, chéneaux en plomb, etc.), et, lorsqu'il y a plusieurs paratonnerres, les relier entre eux.

Les conducteurs étaient autrefois formés par des fers carrés ayant 2 à 3 centimètres de côté ; on les remplace maintenant par des câbles en fils de fer galvanisés, ou en fils de cuivre lorsqu'on redoute l'oxydation du fer. Ces câbles sont faciles à poser et épousent bien le profil des bâtiments; ils sont soutenus de distance en distance, tous les 3 mètres environ, par des supports à fourchette auxquels ils sont maintenus par des goupilles rivées. On emploie aussi maintenant comme conducteurs de simples rubans en cuivre rouge, étamé ou non étamé, qu'on applique sur les murs et qu'on maintient au moyen de crampons spéciaux.

Les conducteurs, quels qu'ils soient, ne doivent présenter aucune solution de continuité et, comme les tiges des paratonnerres du reste, doivent avoir un diamètre suffisant pour ne pas être fondus par les courants qui les parcourent.

Les perd-fluides qui terminent dans le sol les conducteurs sont de différents modèles ; les plus simples sont formés par plusieurs pointes ou par des plaques de tôle qu'on place dans un puits ou une fosse remplie de braise ou de charbon, qui conduisent bien l'électricité et protègent le fer contre l'oxydation. Le perd fluide peut être constitué aussi par un panier en fil de fer galvanisé, d'une contenance d'un hectolitre, dans lequel on a mis du coke ; il existe enfin des perd-fluides perfectionnés, composés d'un ruban métallique inoxydable enroulé en spirale, faciles à immerger dans des nappes d'eau même de très faible profondeur.

La hauteur de la tige des paratonnerres dépend de la protection qu'on leur demande. L'expérience a prouvé qu'un paratonnerre protège efficacement un espace circulaire d'un rayon double de sa hauteur ; un paratonnerre de 10 mètres protégera donc un cercle de 40 mètres de diamètre; la hauteur des paratonnerres ordinaires varie entre 6 et 10 mètres.

Les paratonnerres bien construits pèsent 15 kilos le mètre lorsque leur hauteur ne dépasse pas 5 mètres, 20 kilos lorsque cette dernière est comprise entre 6 et 9 mètres, et 25 kilos quand la hauteur dépasse 10 mètres ; ces valeurs, bien entendu, peuvent varier légèrement et ne sont données qu'à titre d'indication. Nous terminerons l'étude des paratonnerres en rappelant qu'il est bon de les faire vérifier de temps en temps, afin de s'assurer que les conducteurs forment toujours un circuit continu et qu'aucune des parties de l'installation n'a été détériorée, fondue, ou oxydée.

V. — PEINTURE, TENTURE ET VITRERIE

I. *Peinture.* — Les peintures sont considérées à tort, dans les constructions rurales, comme un luxe inutile ; trop souvent négligées, elles sont même quelquefois complètement supprimées. Si, en effet, elles ont souvent pour objet un but décoratif ou ornemental, il ne faut pas oublier qu'avant tout leur rôle est d'assurer la conservation des parties sur lesquelles elles sont appliquées.

Il y a plusieurs sortes de peintures ; nous n'insisterons que sur celles ayant pour nous un intérêt immédiat comme la *peinture à la colle*, la *peinture à l'huile*, le *badigeon*, la *peinture au goudron*.

Les peintures sont composées essentiellement par un produit liquide, différent pour chaque genre, qui leur sert de base et qu'on colore ensuite différemment par l'addition d'ocres diverses.

1º *Peinture à la colle.* — Cette peinture, appelée aussi *peinture à la détrempe*, est formée d'un mélange de blanc de Meudon ou d'Espagne, d'eau et de colle, généralement de. colle forte ou de peau ; c'est à ce mélange que l'on ajoute le colorant. La colle forte, de Flandre ou de Givet, et la colle de peau se trouvent toutes préparées dans le commerce, mais on peut, à la rigueur, fabriquer soi-même cette dernière en faisant bouillir pendant plusieurs heures, avec un peu d'eau, des rognures de. peaux. La colle est fondue dans de l'eau, à chaud mais de préférence au bain-marie, pendant qu'on prépare, dans un autre récipient, un véritable lait, en délayant du blanc d'Espagne finement broyé dans un volume d'eau convenable ; on ajoute à ce lait le colorant, c'est-à-dire une ocre en poudre fine, préalablement broyée à l'eau ; il suffit alors de mélanger les deux liquides pour obtenir la peinture. Cette préparation est très simple, mais demande un certain tour de main, aussi est-il préférable de la faire exécuter par des ouvriers du métier.

On trouve maintenant dans le commerce, prêts à être employés, des mélanges de blanc et de colle, auxquels on a ajouté certains produits en vue d'en faciliter la conservation ; ces produits sont ordinairement désignés sous le nom de *blanc gélatineux.*

Dans la peinture à la détrempe la colle doit figurer dans des proportions convenables, car elle donne une peinture qui, lorsqu'elle est sèche, se détache sous forme d'écailles quand elle est en excès, et qui tient mal quand elle est en quantité insuffisante.

La présence de la colle oblige à employer tiède cette préparation, afin qu'elle soit bien fluide. On l'applique en plusieurs couches, presque toujours deux, sur une première non teintée dite d'*encollage* ; il faut avoir soin de ne passer une couche que quand la précédente est parfaitement sèche ; cette précaution est du reste d'ordre général et doit être observée pour toutes les peintures.

La peinture à la colle ou en détrempe est une peinture mate, d'un très joli effet, mais qui a l'inconvénient d'être très fragile. Elle s'enlève quand on la frotte et l'eau y fait des taches ; comme elle ne peut être lavée et que les raccords y sont impossibles, on est obligé de la recommencer en entier pour faire disparaître les souillures. Son emploi doit donc être exclusivement réservé pour les travaux d'intérieur et limité aux parties des bâtiments, en maçonnerie surtout, qui sont hors de l'atteinte des individus, telles que les plafonds par exemple.

Les variations qu'on rencontre dans la nature des produits qui composent ce genre de peinture nous empêchent de donner des chiffres relativement aux proportions de chacun d'eux ; les peintres du reste exécutent toujours ces mélanges sans les doser bien exactement, simplement par l'expérience des produits qu'ils ont l'habitude de manier. A cause des grandes quantités qui sont ordinairement nécessaires et de son bas prix, la peinture à la colle se prépare presque toujours dans des baquets, dont on verse ensuite le contenu dans des *camions.*

On fabrique maintenant certaines peintures, qu'on trouve toutes préparées dans le commerce, qui rappellent les peintures à la colle par leur aspect, mais sont moins salissantes et sont, surtout, beaucoup plus résistantes. Ces peintures, parmi lesquelles nous signalerons la *basaltine,* sont désignées sous des noms spéciaux ; elles peuvent, dans bien des cas, remplacer les peintures à l'huile.

2º *Peinture à l'huile.* — La peinture à l'huile, contrairement à la précédente qui doit être employée exclusivement à l'intérieur des bâtiments, est utilisée aussi bien pour l'extérieur que pour l'intérieur. Elle préserve les parements des murs contre l'action désagrégeante des pluies, les bois contre la pourriture, les métaux contre l'oxydation ; elle résiste très bien à l'eau et peut être lavée. On s'en sert avantageusement pour toutes les parties des constructions qui sont exposées à la pluie, à l'humidité ou aux atteintes de l'homme.

Comme elle est assez coûteuse, il est inutile, dans les constructions rurales, de l'appliquer sur les murs extérieurs, à moins que ceux-ci ne soient en plâtre fin et très soignés ; il faut la réserver pour les ouvrages en fer ou en bois (portes, fenêtres, volets, etc.), l'intérieur des pièces les plus fréquentées (corridors, escaliers, cuisines ou couloirs) et la partie basse des murs, la partie haute pouvant être peinte à la colle ou recouverte de tentures.

La base de la peinture à l'huile est un mélange d'*huile de lin* et de *blanc de céruse* appelé aussi *blanc de plomb* ou *blanc d'argent* (carbonate de plomb), produit qu'on remplace mainnant par le *blanc de zinc* (oxyde de zinc), qui est d'un prix plus élevé mais ne présente pas les mêmes dangers pour les ouvriers. Comme le mélange ainsi obtenu n'est pas assez fluide et fournit peu, on y ajoute comme dissolvant, de l'*essence de térébenthine*, et, afin que la peinture ne demande pas trop de temps pour sécher, un siccatif quelconque, très souvent de la litharge pulvérisée (oxyde de plomb). L'essence et le siccatif ne doivent pas être en excès, car autrement la peinture n'a pas de solidité et tient mal. C'est cette préparation qu'on additionne de colorants, qui sont les mêmes que ceux employés pour la peinture à la détrempe.

Les mélanges peuvent être faits dans des vases en grès, mais les ouvriers préfèrent ordinairement des pots cylindriques en tôle noire, quelquefois galvanisée, appelés *camions*, plus légers et non sujets à se casser. Les camions sont pourvus d'une anse qui permet de les accrocher facilement, par l'intermédiaire d'une S, aux échelons des échelles doubles employées par les peintres ; ils ne doivent pas présenter de soudure, car on les flambe pour les nettoyer. Ces récipients, qui sont très commodes, servent également pour les peintures à la colle, qu'on prépare généralement au préalable dans des baquets en bois ainsi que nous l'avons dit plus haut.

La peinture à l'huile doit être appliquée, comme la peinture à la colle, en plusieurs couches, généralement deux, mais mieux trois ; la première couche, dite d'*impression*, qui a pour but de préparer la surface à recouvrir, est faite avant le *rebouchage* avec une peinture quelconque, mais autant que possible dans le *ton définitif*, surtout pour les teintes claires au travers desquelles la couche d'impression reparaît toujours

3° *Lait de chaux et badigeon.* — On emploie beaucoup comme peinture, dans les campagnes, le *lait de chaux* et le *badigeon*, qui sont utilisés en même temps pour nettoyer et assainir certains locaux occupés par les animaux, comme les écuries et les bouveries, mais surtout les poulaillers ; leur bas prix, en permettant de les refaire tous les ans, donne la possibilité de détruire les insectes, leurs larves et leurs œufs, cachés dans les interstices des murs.

Le lait de chaux s'obtient en éteignant de la chaux grasse et en la mélangeant ensuite à une certaine quantité d'eau ; on peut se servir de ce lait quelques heures après sa fabrication.

Le badigeon est un lait de chaux, coloré avec les couleurs en poudre que nous avons signalées à propos des peintures à la colle et à l'huile, auquel on a ajouté certaines substances, ordinairement de l'alun, quelquefois un peu de térébenthine; pour en rendre la teinte plus agréable, on l'additionne parfois d'une certaine proportion de noir de fumée dissous dans du vinaigre. Le lait de chaux et le badigeon donnent des peintures très fragiles, qu'il faut recommencer de temps en temps ; on peut augmenter leur adhérence, et les rendre plus résistantes, en y incorporant certains produits. Il existe de nombreuses formules pour composer et préparer ces peintures.

Le lait de chaux ainsi que le badigeon *se couchent* avec des brosses analogues à celles dont on se sert pour les peintures à la colle, mais plus grosses ; en outre, comme ces peintures sont très bon marché et qu'on les réserve pour des travaux plutôt grossiers, les ouvriers prennent moins de précautions ; ils attachent notamment leurs brosses à de longs manches, de façon à n'avoir pas à monter sur des échelles ou tout au moins à pouvoir, d'une même place, couvrir une plus grande surface de mur.

Nous signalerons enfin que, pour le blanchiment des murs avec des laits de chaux ou des badigeons, on a obtenu d'excellents résultats, tant au point de vue pratique qu'au point de vue économique, en se servant de *pulvérisateurs* pour les appliquer, notamment du pulvérisateur « éclair » de Vermorel. Les blanchiments effectués avec ces appareils reviennent beaucoup moins cher que ceux faits à la brosse parce qu'ils ne nécessitent pas d'ouvriers spéciaux ; ils peuvent par suite être recommencés plus souvent. Leur bas prix provient de la rapidité avec laquelle un homme peut couvrir sans fatigue une grande surface et de ce qu'il peut, de terre, sans échafaudages, simplement avec une lance, atteindre jusqu'à 6 mètres et plus de hauteur.

Pour badigeonner les murs de la plupart de nos constructions rurales il suffira, avec ce procédé, de deux ouvriers, l'un pour la manœuvre du pulvérisateur, l'autre pour celle de la lance ; ce dernier déplacera le jet, constamment et lentement, de manière à former sur le parement à couvrir des bandes horizontales et verticales qu'il aura soin de croiser.

Ces peintures peuvent, sans inconvénient, être employées claires, mais on doit alors en appliquer plusieurs couches.

4° *Peinture au goudron.* — Les goudrons sont d'excellents produits pour la conservation des ouvrages en bois ; ceux ordinaires, provenant directement des usines à gaz, ont en outre l'avantage d'être d'un prix peu élevé. Il est recommandable de passer au goudron la partie inférieure des clôtures en bois (barrières et treillages), les tampons des regards ainsi que toutes les charpentes exposées à l'humidité, telles que celles des ponceaux et des pylônes supportant les pompes à purin. Cette peinture peut être appliquée par n'importe quel ouvrier de ferme ; son emploi régulier et périodique permet de réaliser des économies appréciables d'entretien, en augmentant la durée de tous les ouvrages qu'elle recouvre.

Le goudron s'applique à froid, mais il est préférable de le chauffer préalablement, car il devient plus fluide, s'étend mieux et sèche plus rapidement. Si cette peinture doit être exposée au soleil et si on craint qu'elle ne coule sous l'action de la chaleur, il faut, pendant qu'elle est encore fraîche, la saupoudrer de sable de rivière fin passé au tamis. Quand on veut la rendre plus résistante, on enlève, par un balayage, le sable en excès, c'est-à-dire celui qui n'a pas été collé par le goudron, et on refait une deuxième couche identique à la première. Ce sont ces peintures qu'il convient de passer sur les couvertures en planches et en carton.

Il existe dans le commerce des produits spéciaux pour la conservation des bois. Ces produits, parmi lesquels nous signalerons le *carbonyle*, le *microsol*, le *carbonyléum*, etc., sont très employés dans les campagnes pour protéger contre la pourriture tous les ouvrages en bois ; ils sont appliqués comme les peintures mais agissent en imprégnant les bois et en les rendant imputrescibles plutôt qu'en les recouvrant d'un enduit protecteur ; ordinairement dérivés du goudron, beaucoup portent des noms qui rappellent leur origine.

5° *Peinture au sable.* — On appelle ainsi une peinture à

l'huile dont chaque couche est saupoudrée, alors qu'elle est encore fraîche, de sable siliceux fin ; quand la première couche est sèche, on enlève le sable non adhérent et on en applique une deuxième en opérant comme pour la première. On obtient ainsi un enduit protecteur très solide, qui convient spécialement pour les pièces de bois exposées aux intempéries. Cette peinture, qu'on appelle encore *peinture au grès*, donne les mêmes résultats que la peinture au goudron, qu'elle remplace souvent, mais elle est d'un effet plus agréable ; son prix est du reste bien plus élevé.

6° *Protection des fers.* — Bien que le goudron protège efficacement la fonte et le fer contre l'oxydation, la peinture qui leur convient par excellence est la peinture à l'huile appliquée en trois couches, la première étant faite au minium (oxyde rouge de plomb) avant la pose. Cette première couche, qui ne représente qu'une très faible dépense parce qu'elle n'est estimée qu'une fraction minime du poids des pièces, est indispensable pour obtenir une bonne peinture (on dit que *le fer s'imprime au minium*) ; c'est sur cette couche d'impression qu'on appliquera ultérieurement les deux autres. Pour les travaux importants, la peinture au minium peut être remplacée avantageusement par certaines préparations très recommandables, comme la peinture antirouille Bessemer.

7° *Précautions générales à prendre pour les peintures.* — Pour que les peintures remplissent l'effet qu'on en attend, aussi bien au point de vue de l'aspect qu'au point de vue de la conservation, il faut qu'elles soient appliquées sur des surfaces nettes et bien sèches.

Pour les surfaces en maçonnerie, pierre ou plâtre, ainsi que pour celles des ouvrages de menuiserie, on procède en premier lieu à un *époussetage*, opération qui consiste à enlever, à la brosse de crin, la poussière qui les recouvre. On nettoie ensuite ces surfaces par un *grattage*, fait avec un grattoir triangulaire, et on bouche (*rebouchage*) les fentes et les trous, suivant leurs dimensions, avec du plâtre ou du mastic (*masticage*); le *mastic* dont on se sert est *à l'huile* ou *à la colle* selon la nature des travaux ultérieurs ; ces trois opérations (*époussetage, grattage et rebouchage*) sont indispensables. Les enduits neufs en plâtre

14.

sont généralement passés au papier de verre ; ce travail, appelé *égrainage*, est inutile dans la plupart des bâtiments ruraux. Dans les constructions soignées on unit parfaitement les surfaces mastiquées, et déjà enduites, par un *ponçage* à la pierre ponce, au grès ou au papier de verre.

Avant d'effectuer le masticage on applique d'habitude une première couche d'encollage ou d'impression légère (composée d'essence, d'huile de lin et de céruse s'il s'agit de peinture à l'huile), colorée autant que possible d'un ton analogue à celui que devra avoir plus tard la surface à peindre ; il est également recommandable de mélanger au mastic une certaine proportion du même colorant. Tous ces travaux préliminaires et toutes ces précautions ne sont pratiqués que dans les constructions soignées; ils doivent être réservés, dans les constructions rurales, pour les habitations ; pour les autres bâtiments un époussetage soigneux, un grattage partiel et un rebouchage suffisent ordinairement.

Pour le bois, il y a deux cas à considérer, suivant qu'il a été ou n'a pas été déjà peint. Si le bois est neuf, on peut le peindre directement, après toutefois l'avoir recouvert d'une couche d'impression, suivie d'un masticage ; s'il a déjà été peint, on doit procéder à un grattage préalable pratiqué au grattoir, après avoir ramolli la peinture par un *flambage* ; cette dernière opération est faite en employant un réchaud à charbon, ou mieux maintenant un éolipyle Paquelin (lampe à souder) ; dans les villes on se sert aussi avec avantage de chalumeaux à gaz. Quelquefois on se contente d'un lavage consciencieux à *l'eau seconde* ; on appelle ainsi une lessive caustique de soude, résultant de la dissolution dans l'eau de la *potasse du commerce* (carbonate de soude ou de potasse).

Les colorants employés dans les diverses peintures que nous venons d'étudier sont généralement des oxydes métalliques réduits en poudres impalpables. Nous n'indiquerons pas les proportions qu'il faut observer pour obtenir des tons déterminés, ces derniers variant à l'infini et dépendant de la nature ainsi que de l'état des surfaces sur lesquelles ces peintures seront appliquées ; à moins d'une grande habitude, le mieux est d'essayer sur la paroi même à recouvrir différentes teintes de la couleur désirée. Leur choix est souvent motivé par des considérations de prix, lesquels sont très variables.

Il existe enfin dans le commerce des peintures toutes préparées, dont plusieurs sont fort connues (*ripolin, vitralin,* etc.). Certaines possèdent un éclat qui rappelle celui de l'émail et sont très recherchées pour les parties des bâtiments exposées à l'humidité, ou qui doivent être lavées, parce qu'elles offrent une grande résistance. Ces peintures se vendent au poids, en bidons ou en boîtes.

Nous n'insisterons pas sur les quantités de peinture nécessaires pour couvrir une surface déterminée, ces quantités étant très variables et dépendant principalement de la nature des surfaces à peindre ainsi que du degré de fluidité de la préparation ; nous dirons cependant que, pour le bois et le plâtre, il faut en moyenne, par mètre superficiel, 350 à 400 grammes de peinture appliquée en trois couches, la première, celle d'impression, nécessitant 140 à 160 grammes, la seconde 110 à 130 et la troisième un peu moins.

II. *Tentures.* — On désigne ainsi les revêtements des parois intérieures des habitations ; ces revêtements se font en étoffe et surtout en papiers, appelés *papiers peints* ou *de tenture,* lorsque les peintures sont terminées. Nous n'insisterons pas sur les tentures en étoffe, parce que nous ne les emploierons pas dans les constructions rurales, celles en papier étant toujours suffisantes et d'un prix beaucoup moindre. *Le papier de tenture* est vendu en rouleaux mesurant ordinairement 8 mètres de longueur et $0^m,50$ de largeur ; son prix varie beaucoup et dépend de sa qualité ainsi que de la richesse des dessins.

Les rouleaux sont coupés en longueurs correspondant à la hauteur des pièces ; en général un rouleau donne trois *lés* pour des hauteurs de pièces ordinaires. Le papier est alors enduit de *colle de pâte* et appliqué sur la surface à revêtir, qui doit être nette et sèche, au moyen d'une brosse ou d'un balai sans manche ; pour les travaux soignés, comportant de belles tentures, on colle d'abord un premier papier, de qualité ordinaire, sur lequel on applique ensuite le papier définitif. Des *bordures*, en harmonie avec le papier et les dimensions des pièces, terminent le travail.

Lorsque les murs à tapisser sont humides, on tend à quelques centimètres de ces derniers, sur de larges tringles en bois formant cadres, des toiles qu'on recouvre de papier gris ou bulle avant d'y coller le papier proprement dit. On colle également, ou on interpose, des bandes de toile ou de papier sur les ferrures ainsi que sur les joints de certains ouvrages de menuiserie, avant de les recouvrir de tentures.

Dans les campagnes, pour cacher les solives apparentes de certains planchers, on fait quelquefois des faux-plafonds en collant des bandes de papier blanc sur des toiles tendues sur des cadres, appliqués contre les solives, ayant comme dimensions celles du plafond à cacher. Ces faux-plafonds en papier sont peints ensuite comme les plafonds ordinaires, avec des peintures à la colle ; ils sont d'un bas prix et contribuent beaucoup à la propreté des logements ; ils peuvent être malheureusement quelquefois une cause d'incendie.

III. *Vitrerie*. — La vitrerie traite de ce qui se rapporte aux verres à vitres et à leur pose. Pour réduire au minimum les travaux de vitrerie, notamment ceux qui sont relatifs à la taille des verres, taille qui donne toujours un déchet et entraîne une certaine casse, il faut autant que possible, dans les avant-projets, donner aux fenêtres, portes vitrées, vitrages et impostes, des dimensions qui permettent d'employer immédiatement les vitres du commerce, sans aucune taille, ou qui soient des sous-multiples sensiblement exacts des dimensions des verres commerciaux.

Les verres sont composés de différentes substances qui donnent, suivant les proportions de chacune d'elles, des produits transparents plus ou moins incolores. Les verres présentent toujours certains défauts, dont les plus communs, appelés *bouillons* ou *loupes*, ne sont autre chose que des bulles de gaz ou d'air emprisonnées dans l'épaisseur du verre ; souvent on voit à la surface des *stries* ou *côtes*, qui déforment les objets vus par transparence. Il y aurait encore d'autres défauts qu'il faudrait signaler, comme les *cordes*, les *nœuds*, les *filandres*, etc., mais les perfectionnements apportés dans la fabrication du verre les rendent maintenant fort rares.

Le verre doit présenter une épaisseur uniforme et une surface plane. Suivant sa qualité il est classé par le commerce en quatre catégories appelées *choix*, dont trois seulement sont employées dans les constructions. Au point de vue de l'épaisseur on distingue en outre trois sortes de verres ; le *verre simple*, dont l'épaisseur est comprise entre $1^{mm},2$ et 2 millimètres, peut, à la rigueur, être employé pour les portes et les fenêtres, bien qu'il soit préférable de prendre du *verre demi-double*, intermédiaire entre le verre simple et le *verre double* dont l'épaisseur varie entre 3 et 4 millimètres. Le verre double peut résister à la grêle ordinaire, il convient donc pour les marquises, les vérandas et les auvents ; dans les constructions rurales nous emploierons presque exclusivement des verres demi-doubles et doubles de 3e et 4e choix, en réservant ces derniers pour les fenêtres et pour les châssis vitrés des magasins et des logements des animaux.

Les verres se vendent par caisses de 60 feuilles pour les verres simples, de 40 feuilles pour les verres demi-doubles et de 30 feuilles pour les verres doubles ; les dimensions de ces feuilles varient beaucoup, le tableau suivant indique, en centimètres, celles qu'on emploie le plus souvent :

Longueurs.	Largeurs correspondantes.	Longueurs.	Largeurs correspondantes.
69	66	102	45
72	63	108	42
75	60	114	39
81	57	120	36
87	54	126	33
90	51	132	30
96	48		

En prenant comme dimensions moyennes de la feuille $0^{m2},45$ nous voyons que les caisses de verres simples, demi-doubles et doubles représenteront respectivement des surfaces de 27, 18 et 13,50 mètres superficiels. On admet comme poids moyen du mètre carré 4 kilogrammes pour les premiers, $6^{kg},250$ pour les seconds et 8 kilogrammes pour les derniers.

A côté des mesures précédentes, dites courantes, il en existe d'autres appelées *mesures lilloises*, qui diffèrent notablement des premières ; les mesures lilloises sont les suivantes :

Longueurs.	Largeurs correspondantes.	Longueurs.	Largeurs correspondantes.
138	36	96	57
132	39	93	60
126	42	87	63
120	45	81	66
114	48	78	69
108	51	75	72
102	54		

Comme nous l'avons dit, les verres à vitres se vendent en caisses contenant un nombre déterminé de *feuilles* ; certaines des mesures indiquées dans les deux tableaux que nous venons de donner, mesures courantes et *mesures lilloises*, se trouvent réunies dans une même caisse et constituent ainsi un assortiment varié de vitres de différentes dimensions. Le verre demi-double se vend aussi en caisses dites maraîchères contenant 100 feuilles mesurant $0^m,60$ sur $0^m,375$.

Dans les locaux où l'on ne demande aux fenêtres que l'éclairage, sans permettre la vue, on fait surtout usage de *verres dépolis au sable* ou *au tampon*. Les premiers sont obtenus par l'action de sable siliceux, dans des conditions déterminées, sur l'une des faces des vitres ; quant aux seconds, ils se font sur place, après la pose, en appliquant d'une manière spéciale une couche de peinture blanche à l'huile. On emploie également, pour le même usage, des *verres cannelés* ou *striés*, notamment le *verre cathédrale*, qui est épais, résistant et d'un excellent usage, mais qui est plus coûteux. Il existe enfin des verres colorés, avec lesquels on peut obtenir certains effets de lumière ; nous n'aurons pas à les employer dans les constructions agricoles.

Pose. — On doit tailler les verres le moins possible pour les raisons que nous avons déjà indiquées ; cette observation, importante pour les travaux exécutés à forfait ou par le fermier lui-même, n'est que d'un intérêt relatif quand ceux-ci sont faits à la série, car alors les prix de règlement sont fonction des surfaces vitrées, abstraction faite des dimensions des vitres, à moins toutefois que celles-ci soient hors mesure ; dans ce dernier cas il y a toujours des plus-values importantes qu'il faut autant que possible éviter.

La taille se fait au diamant ; une certaine habitude est nécessaire pour se servir convenablement de cet outil, qui doit fendre le verre et non le rayer, comme cela arrive toujours lorsqu'il n'est pas tenu convenablement ; pendant la taille on place le verre, surtout s'il est de grandes dimensions, sur une surface parfaitement dressée, recouverte d'un drap.

Une fois coupées, les vitres sont posées et maintenues avec des pointes sans têtes enfoncées obliquement, à l'aide d'un marteau spécial appelé *marteau de vitrier*, lorsque le châssis est en bois, et avec des coins en bois ou en fer engagés dans des trous disposés à cet effet, quand le châssis est en fer ; on procède ensuite au masticage. Le *mastic* des vitriers, analogue à celui des peintres, est composé de blanc d'Espagne, réduit en poudre, et d'huile de lin ; ces deux produits, auxquels on ajoute souvent de la céruse, sont mélangés intimement.

Pour les châssis de comble, quand les verres ne sont pas d'une seule pièce, on leur donne une coupe circulaire à la partie inférieure, de manière à ramener l'eau ruisselant à leur surface vers le milieu des vitres, et à l'écarter ainsi des fers. Nous ne parlerons pas de la vitrerie très spéciale des toitures ; nous dirons seulement que de grandes précautions sont nécessaires pour rendre les vitrages étanches et éviter les inconvénients de la condensation de la vapeur d'eau sur leur paroi intérieure.

DEUXIÈME PARTIE

DES BATIMENTS AGRICOLES

I. — PRINCIPES GÉNÉRAUX D'INSTALLATION

1° *Constructions urbaines et constructions rurales.* — Les constructions rurales et les constructions urbaines doivent être installées d'après des principes absolument différents. Tandis que les premières s'étendent en surface et sont en matériaux quelconques, la plupart du temps de provenance locale, les secondes au contraire, en raison du prix élevé du sol, présentent de nombreux étages et sont en matériaux de choix, amenés à pied d'œuvre parfois de très loin et à grands frais, de manière à permettre de réduire au minimum le gros œuvre et par suite d'obtenir une utilisation aussi complète que possible du terrain ; si les matériaux locaux ne présentent pas une résistance aussi grande que ceux employés dans les constructions urbaines, il suffit d'augmenter les dimensions des ouvrages pour leur donner la solidité nécessaire. Par suite le prix de revient des bâtiments agricoles, et partant celui de leur entretien, seront toujours moins élevés que ceux des villes, cependant moins exposés aux rigueurs des saisons. En général, dans une même ville, la hauteur des maisons, tout au moins pour celles de rapport, est fonction du prix du terrain sur lequel elles sont bâties, et, pour des villes différentes, on peut dire que le prix relatif du sol est en rapport avec le nombre d'étages des constructions ; des règlements, fixant la hauteur maximum des bâtiments et celle minimum des étages, limitent ce nombre.

Dans les constructions rurales, l'habitation du fermier ou du propriétaire peut faire exception à ces principes, le propriétaire devant chercher à avoir une habitation présentant toutes les commodités et le confort qu'on rencontre dans la plupart des constructions nouvelles, et le fermier ne refusant jamais de payer un supplément de fermage pour disposer d'une installation commode et agréable pour les siens et pour lui ; d'une manière générale ce confortable doit être fonction de l'importance du domaine, c'est-à-dire des exigences de la de la vie de celui qui est chargé de le faire valoir. Ces observations s'appliquent également aux habitations ouvrières, sur le confort et les bonnes dispositions desquelles on compte beaucoup pour retenir à la ferme la main-d'œuvre nécessaire aux travaux de l'exploitation.

Les logements destinés aux animaux, aux produits, aux récoltes et au matériel doivent être construits comme les locaux industriels, c'est-à-dire répondre parfaitement au but pour lequel ils sont établis, mais avec le minimum de dépense, en supprimant tout ce qui n'est pas utile et en choisissant comme matériaux ceux qui sont les moins coûteux mais qui, cependant, sont les mieux appropriés aux usages qu'on en attend. Toute disposition inutile, tout luxe, entraîne non seulement un supplément de fermage, mais aussi et surtout un supplément d'entretien ; d'autre part une économie mal comprise, dans la disposition des locaux comme dans l'emploi des matériaux, peut rendre les services incommodes et provoquer ainsi une augmentation de dépenses journalières, quelquefois même des accidents. Il faut donc, d'une part, éviter toutes les dispositions inutiles et, d'autre part, choisir parmi les matériaux pouvant être utilisés ceux qui sont les moins chers.

Pour les animaux, les locaux devront en outre être sains, d'un nettoyage facile et aérés sans être froids ; les services se feront mieux, plus rapidement, et les maladies seront moins à redouter. Pour les produits, il faudra des locaux secs, à l'abri des rongeurs et des insectes, clairs et d'un accès commode afin de rendre la surveillance aisée et par suite les pertes moindres.

Le choix des matériaux est donc simple, puisqu'il suffit d'étudier tous ceux qui remplissent le but proposé et de prendre parmi ces derniers ceux dont le prix est le moins élevé ; ainsi par exemple, pour couvrir un bâtiment, nous pourrons employer différentes espèces de tuiles, des ardoises, du zinc ; nous éliminerons les matériaux qui rempliraient mal le but à atteindre, et, s'ils peuvent tous être employés indifféremment, nous choisirons les moins coûteux.

2° *Emplacement des bâtiments.* — Une question très importante dans les constructions rurales, est celle du choix de l'emplacement des bâtiments. Au point de vue théorique ils doivent être au *centre de gravité des cultures*, de manière à réduire au minimum les distances parcourues chaque jour par les attelages pour se rendre au travail, et pour réduire au minimum également les transports des fumiers, des engrais et des récoltes ; la surveillance est en outre beaucoup plus facile à exercer. Ce centre est fort difficile à déterminer d'une manière absolue, par suite des différentes cultures faites sur un même domaine (prairies, céréales, racines, etc.), de leur changement annuel et aussi du morcellement de la propriété. De plus, on est presque toujours obligé de faire intervenir d'autres considérations, dont la plus importante est celle de l'eau ; les bâtiments doivent toujours être, en effet, à proximité d'un endroit où l'eau est abondante et saine (ruisseaux, rivières, sources, étangs, puits ou à la rigueur mares) ; donc, si d'une part la ferme doit occuper le centre de gravité des cultures, il faut d'autre part qu'elle soit à peu de distance d'une source abondante d'eau potable.

On tiendra compte aussi de la facilité de réception et d'expédition des produits et des récoltes ; toutes choses égales, on placera les bâtiments à proximité d'un chemin, d'un canal, d'une voie de grande communication ou mieux d'un chemin de fer, mais *on se gardera bien de les installer trop près ;* la ferme devra être à quelques centaines de mètres au moins de ces débouchés et y être reliée par un route particulière. Nous insistons sur ce dernier point, parce qu'ainsi l'exploitant est maître chez lui ; il peut agrandir ses bâtiments, en ajouter de nouveaux, faire de nouvelles cours, sans être soumis aux servitudes d'alignement et autres ; enfin les risques d'incendies dus à la malveillance sont moindres et leurs conséquences moins graves.

La question de salubrité intervient également dans le choix de l'emplacement de la ferme, les bâtiments devant, avant tout, être salubres. Comme la plupart des constructions rurales ne sont pas établies sur cave, ou tout au moins ne le sont que partiellement, et que la première condition de salubrité est de soustraire les logements à l'action permanente de l'humidité, on doit toujours choisir un sol parfaitement sain. Pour les habitations on aura la ressource de surélever les planchers de quelques décimètres et de les isoler par un *bitumage* ou une *forme en mâchefer*, mais pour les logements des animaux cela ne sera plus possible ; on pourra cependant les assainir dans une certaine mesure, en mettant des gouttières aux toitures et en faisant des pavages autour des murs pour les préserver de l'humidité causée par la pluie.

Dans les vallées, on assainira les bâtiments par des drainages · en pierres perdues ou en tuyaux afin de supprimer l'humidité des fondations, et, quand cette dernière aura pour origine des suintements provenant d'un coteau, le mieux sera de détourner les sources qui les produisent par un fossé ou une tranchée à ciel ouvert, ou encore par une galerie couverte si la profon- deur est trop grande ; cette tranchée ou cette galerie devra être dirigée obliquement par rapport aux lignes de niveau, de manière à les couper. Différents procédés ont été proposés pour empêcher l'humidité de *grimper* après les murs, mais ils ne peuvent être appliqués que pour le logement de l'exploitant ou des ouvriers ; nous en parlerons plus loin à propos de ces derniers.

Nous n'insisterons pas davantage sur les considérations relatives à l'hygiène et à la salubrité des bâtiments ruraux et nous laisserons aux ouvrages spéciaux l'étude approfondie de ces questions ; parmi ces ouvrages nous signalerons le traité très complet d'*Hygiène rurale*, d'IMBEAUX et ROLANTS, qui contient des indications précieuses sur l'hygiène à la campagne, ainsi que sur la salubrité des habitations rurales et des locaux affectés aux animaux de la ferme.

. 3° *Disposition des bâtiments.* — La disposition des bâti-ments d'une ferme est intimement liée à l'importance du do-maine. Lorsque l'étendue cultivée est faible, les bâtiments peuvent être réunis en un seul corps ; cette disposition, représentée en A (fig. 173), est commode et pratique tant que le bâtiment unique, renfermant tous les locaux spéciaux, ne dépasse pas une cinquantaine

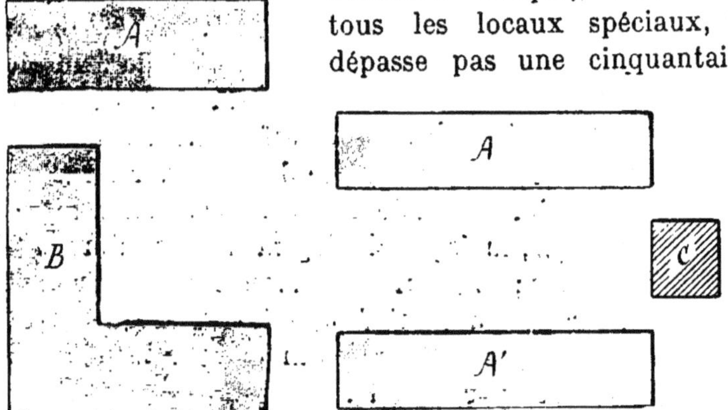

Fig. 173. —, Disposition des bâtiments (petite culture).

Fig. 174. — Disposition des bâtiments de la ferme (moyenne et grande culture).

de mètres, longueur au delà de laquelle la surveillance et les manutentions journalières deviennent difficiles et malaisées à cause des distances à parcourir.

Quand on peut grouper dans un même bâtiment tous les services de la ferme, on place au centre le logement très simple de l'exploitant et, de chaque côté, les locaux affectés aux animaux et aux produits, en rapprochant le plus possible de la maison d'habitation ceux où une surveillance continuelle est nécessaire, c'est-à-dire les écuries, les étables et les bergeries, et en écartant les autres (granges, fenils et greniers), qui sont souvent en outre une cause d'incendie. La façade principale du bâtiment est alors sur une cour, où on a l'habitude de placer la *fumière* ; la façade postérieure donne sur un jardin.

Lorsque les bâtiments sont dans une région où règnent, d'une manière permanente, des vents violents, il peut être bon de les disposer en deux corps d'équerre (B, fig. 173) et de les orienter de manière à abriter la cour, qu'il est alors facile de clôturer complètement.

Quand l'importance du domaine oblige à avoir plusieurs

bâtiments séparés, on les dispose en deux corps parallèles A et A' (fig. 174), distants d'une trentaine de mètres afin qu'il y ait entre eux une belle cour qu'on pourra facilement clore ; l'un des corps est réservé pour le logement du fermier et des animaux, l'autre pour celui des récoltes et du matériel.

Si l'importance du domaine l'exige, il est recommandable de placer le logement de l'exploitant en C (même figure), dans un pavillon isolé ; la surveillance est alors très aisée et les deux bâtiments latéraux sont exclusivement affectés à l'exploitation.

Dans les anciennes fermes les bâtiments étaient disposés suivant les côtés d'un rectangle ou d'un carré (fig. 175) ; la cour, qui n'avait qu'une entrée en D, était donc

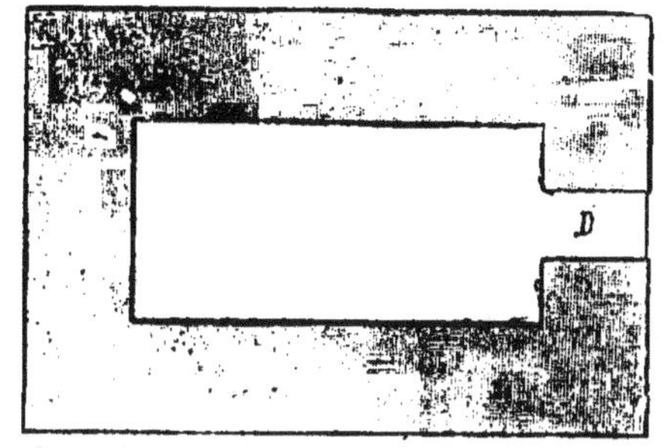

Fig. 175. — Disposition des bâtiments (grande culture).

entourée de tous les côtés par des constructions qui n'avaient aucune issue extérieure. Cette disposition, qui était très avantageuse parce qu'elle mettait la ferme à l'abri des maraudeurs, rend difficile ou impossible l'agrandissement des locaux ; il faut l'abandonner maintenant qu'elle n'a plus sa raison d'être et ne la recommander que pour les pays où il serait nécessaire de se mettre à l'abri du maraudage ou d'un coup de main,

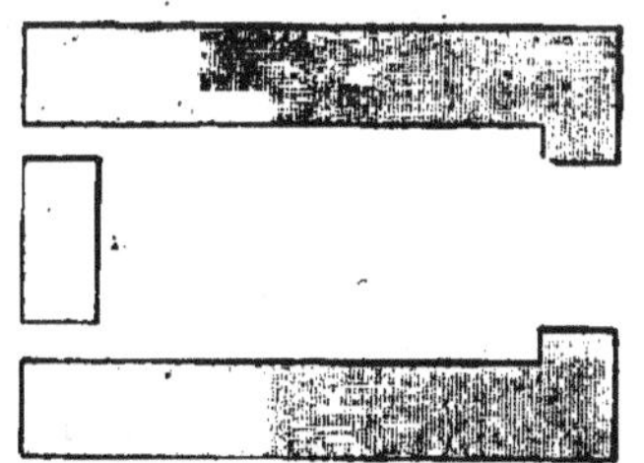

Fig. 176. — Disposition des bâtiments (grande culture).

comme dans certaines exploitations coloniales notamment. Il est préférable d'adopter celle représentée dans la figure 176, qui est analogue mais laisse plusieurs entrées et permet des agrandissements ultérieurs.

Dans les fermes anglaises importantes on dispose volontiers

les bâtiments en lignes parallèles, en les séparant par des cours, chacun d'eux étant affecté à un service bien déterminé ; cet arrangement rend facile l'installation de petits chemins de fer pour les desservir.

Nous compléterons ces indications générales sur la disposition des bâtiments des fermes en donnant le plan d'ensemble de ceux de la ferme nationale de Rambouillet, qui, établie d'après des plans bien étudiés et dans laquelle rien n'avait été négligé, doit être en effet citée comme type des anciennes fermes françaises.

La figure 177 en représente fidèlement la disposition ; nous l'avons exécutée d'après un plan que nous a très obligeamment communiqué M. Gasiorowski, inspecteur des palais nationaux. Ce plan, qui porte la mention « approuvé, ce 21 mars 1785 » avec la signature « d'Angiviller », est accompagné de la légende, datée de la même année, qui complète notre dessin ; aucune transformation importante n'a été apportée depuis cette époque dans l'ensemble des bâtiments ; leur affectation seule a subi quelques modifications, aussi la ferme de Rambouillet conserve-t-elle l'aspect qu'elle avait autrefois. Nous rappellerons que le domaine de Rambouillet fut cédé en 1783 par le duc de Penthièvre à Louis XVI, qui y fit immédiatement faire de nombreuses constructions, parmi lesquelles la ferme actuelle. « Les bâtiments, tels qu'on les voit encore, sont beaux et spacieux, et dans une situation saine et aérée. Le but du roi, agissant sous l'inspiration de M. d'Angiviller, administrateur général du domaine, était d'abord de fonder un établissement purement agricole, pour l'exploitation des terres du parc. On garnit la ferme naissante de chevaux et de bestiaux de choix, et on la meubla de magnifiques instruments aratoires. La direction administrative et la comptabilité en furent données à un M. Bourgeois, alors fermier général du domaine ; la culture fut confiée à un autre M. Bourgeois, riche et habile cultivateur de la Beauce... » (1).

Nous terminerons ce chapitre en signalant qu'une des prin-

(1) *Notice historique sur le Domaine et le Château de Rambouillet,* par M. Moutié (1850).

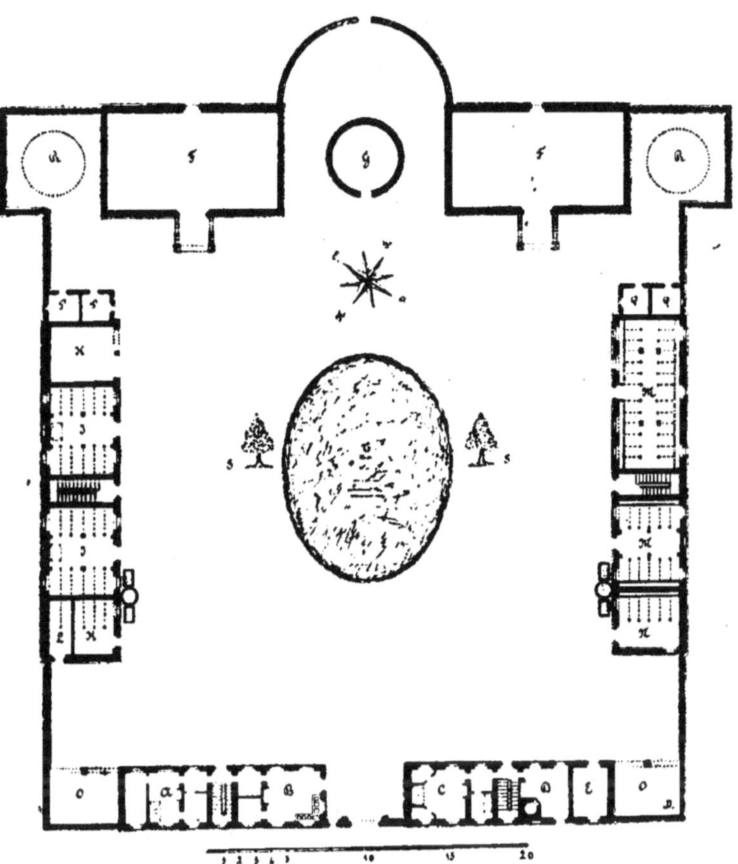

Fig. 177. — Plan des bâtiments de la ferme nationale de Rambouillet, d'après un plan de 1785 (1).

A, logement du fermier ; B, grande cuisine de la ferme ; C, petit logement de M. Bourgeois ; D, boulangerie et buanderie ; E, chambre pour les moissonneurs, à chauler les grains ; F, deux granges ; H, hangars pour serrer les équipages ; I, deux écuries de chacune 12 chevaux ; K, infirmerie pour les chevaux ; L, petite écurie ; M, deux écuries pour 37 vaches ; N, infirmerie pour les vaches ; O, hangars et bûcher ; P, poulailler ; L, toits à porcs ; R, meules hollandaises ; S, arbres pour donner de l'abri à la volaille ; T, trou à fumier.

(1) L'échelle représentée en bas de la figure est en toises.

cipales difficultés de l'établissement du plan d'ensemble d'une ferme réside dans l'obligation de donner la même profondeur et la même hauteur aux différents locaux de chaque corps de bâtiment, de manière à n'avoir qu'un alignement unique pour chacun d'eux et des greniers commodes ; ces conditions sont d'autant plus difficiles à réaliser qu'elles doivent se concilier avec celles d'un groupement intelligent des services et de dispositions intérieures parfois très différentes en raison des affectations spéciales.

4° *Possibilité d'agrandissement des bâtiments.* — Lors de la construction des bâtiments d'un domaine, il faut tenir compte parfois de certaines considérations, notamment de la possibilité de les agrandir lorsqu'ils deviennent insuffisants, soit par suite de l'augmentation de rendement des récoltes, soit par suite de l'accroissement du domaine lui-même. Dans les pays neufs en particulier, le colon ne peut généralement exploiter, tout au moins pendant les premières années, qu'une partie de son domaine ; plus tard il l'étend et améliore ses cultures ; il est alors obligé d'agrandir les locaux réservés au logement des animaux et des produits. Dans ces conditions, le mieux pour lui est d'édifier des bâtiments définitifs et bien établis, mais en ne leur donnant que l'importance exigée par l'état du domaine au moment de leur construction et en prévoyant, d'après un plan d'ensemble, la possibilité de les agrandir et de leur donner ultérieurement tout le développement nécessaire ; des constructions provisoires seraient forcément mal construites, d'une installation défectueuse et la dépense qu'elles auraient occasionnée serait perdue.

Le mode d'*extension* des bâtiments varie avec leur disposition qui elle-même dépend de l'étendue du domaine ; les principaux sont les suivants.

Pour les *petites exploitations*, pour celles ne comprenant qu'un corps de bâtiment A (fig. 178), il suffit de le prolonger suivant l'un des pignons, les deux si cela est nécessaire, et de continuer les logements et magasins déjà existants ou d'en créer de nouveaux. Quand les bâtiments sont sur une seule ligne, la maison d'habitation en occupe souvent, comme nous l'avons dit, la partie centrale ; il faut, dans ce cas, avoir soin de placer, spécialement dans les extrémités, les locaux dont il pourrait être plus utile d'augmenter l'importance, et de prévoir dans les pignons les baies à ouvrir.

Fig. 178. — Mode d'agrandissement des bâtiments (petites exploitations).

Ce mode d'agrandissement ne peut être adopté que lorsque le bâtiment primitif ne présente pas déjà une trop grande longueur, autrement la surveillance, ainsi que les services, en deviendraient difficiles ; on ne doit guère dépasser, comme longueur totale 50 à 60 mètres. La figure 178 représente schématiquement ce mode d'extension.

Dans les *moyennes exploitations*, il faut prévoir un autre mode d'agrandissement. Un bâtiment unique A (fig. 179) ne pouvant suffire à moins d'avoir une longueur excessive, on en construit un nouveau B en face du premier, en ayant soin de laisser entre eux un emplacement suffisant pour former une cour dans laquelle on pourra installer en F, si elle n'existe pas déjà, une fosse ou une plate-forme à fumier. Si· l'on veut

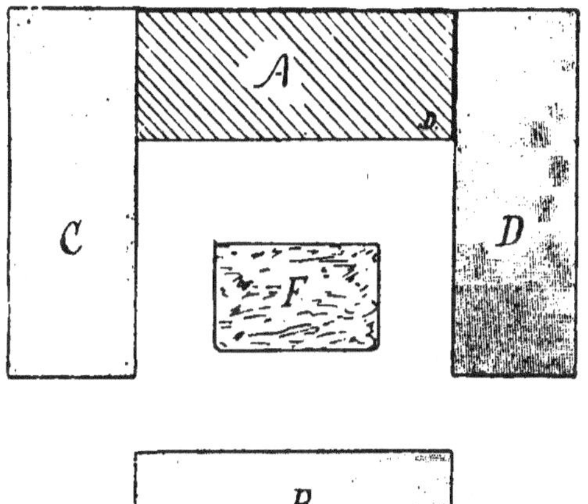

Fig. 179. — Mode d'agrandissement des bâtiments (moyenne culture).

immédiatement donner une plus grande importance aux locaux, il est plus simple de disposer deux ailes C et D, de chaque côté du corps principal, et de ne pas construire le bâtiment B ou tout au moins de le réserver pour un deuxième agrandissement ultérieur ; cette seconde disposition présente quelques avan-

15.

tages sur la précédente au point de vue de la facilité des services, de la surveillance, de l'abri de la cour et de la possibilité de la clore aisément.

Si la première installation comporte, comme dans certaines fermes anglaises, une série de bâtiments A, B, C, etc., disposés suivant plusieurs lignes parallèles (fig.180), le mode d'agrandissement à adopter consistera à les prolonger ou à faire, en face des premiers, une nouvelle série de bâtiments A′, B′, C′, qu'on pourra ne construire que successivement, au fur et à mesure des besoins. Cette disposition est fort peu répandue chez nous; elle ne convient que pour les très grands domaines.

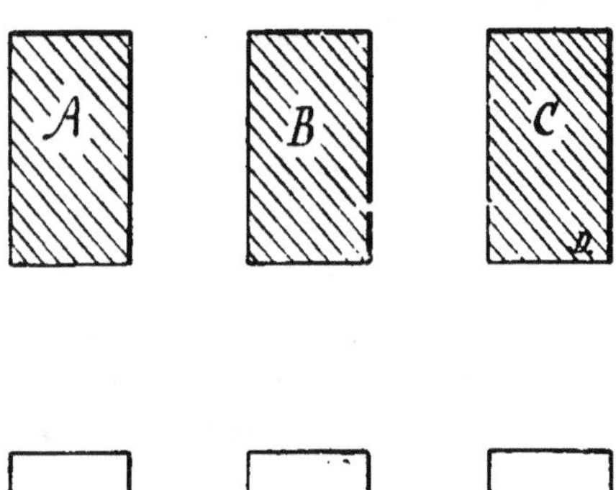

Fig. 180. — Mode d'agrandissement des bâtiments (grande culture).

Enfin on peut établir un nouveau corps de bâtiment en A′ (fig. 181) entre deux autres A et B déjà existants, mais il faut pour cela que, lors de la première construction, on ait prévu un écartement suffisant pour que les services puissent encore se faire commodément. Ce bâtiment peut aussi être installé perpendiculairement aux deux premiers, en A″, ce qui nous ramène à l'une des dispositions précédentes.

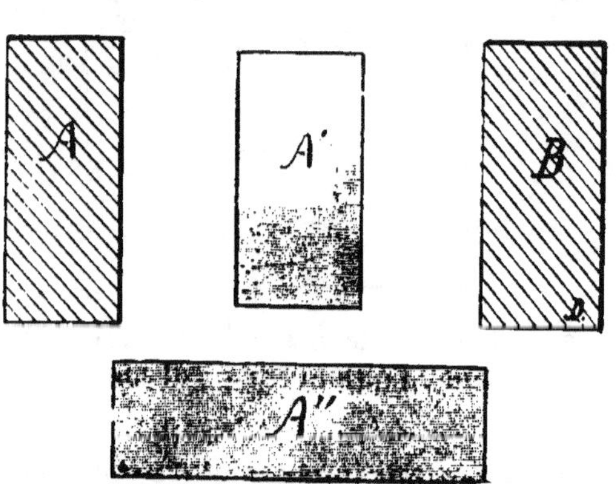

Fig. 181. — Autre mode d'agrandissement des bâtiments d'une ferme.

Les modes d'agrandissement que nous venons de passer en revue sont les principaux. Quels qu'ils soient, on doit en général, lorsqu'on a à créer une ferme, disposer les bâtiments de manière qu'il soit possible de les agrandir sans que les services en souffrent ; on peut ainsi réduire les frais d'installation des premières constructions, tout en les bâtissant d'une manière durable et commode. Ces considérations sont importantes à envisager dans la création d'un domaine, mais perdent presque tout leur intérêt quand elles s'adressent à de vieilles exploitations, pour lesquelles depuis longtemps les bâtiments ont le développement nécessaire ; dans ce cas il est presque toujours inutile de les agrandir et on ne peut que les améliorer ; il en est de même lorsqu'on réunit ensemble deux domaines, chacun d'eux possédant déjà les bâtiments qui lui sont nécessaires. Aux colonies au contraire, en Algérie, en Tunisie et ailleurs, le colon dispose ordinairement de concessions importantes que, presque toujours, il ne fait valoir que partiellement et progressivement ; il ne doit pas alors immobiliser, dans des constructions qui entraîneraient des dépenses élevées d'entretien, des capitaux qui seraient improductifs. Suivant l'importance probable que le domaine aura plus tard, les bâtiments devront donc être disposés d'après les principes que nous avons vus, puis agrandis au fur et à mesure des besoins.

II. — HABITATIONS RURALES

I. — Logements des ouvriers.

Les ouvriers agricoles peuvent être attachés d'une manière permanente à la ferme ou y être simplement de passage ; parmi les premiers, les uns sont célibataires et les autres y vivent en ménage. Nous ne nous occuperons que du logement des ouvriers attachés d'une manière permanente à la ferme, ou l'habitant, à l'exclusion de ceux qui demeurent dans le voisinage et y viennent chaque jour comme tâcherons ou journaliers.

1° *Ouvriers célibataires.* — On a l'habitude de loger un peu partout, dans les différents locaux de la ferme, les ouvriers célibataires ainsi que ceux employés temporairement pour certains travaux ; seuls, les ouvriers qui ont un service bien déterminé habitent dans le local où leur service les retient, comme les charretiers, bouviers, vachers et bergers, qui couchent dans les écuries, bouveries, vacheries et bergeries. Les logements de ces derniers se réduisent à des sortes de grands coffres en bois, solidement fixés aux murs par des consoles en fer ou en bois, à environ deux mètres du sol, de façon à rendre la surveillance plus facile et à ne pas occuper une place qui serait ainsi perdue. Ces coffres sont installés de préférence aux extrémités des locaux, à moins que ceux-ci n'aient une très grande longueur ; ils sont généralement clos sur toutes leurs faces, excepté sur le devant où ils ne le sont que par un rideau ; quelquefois cependant on peut les fermer, pendant la journée, au moyen de portes analogues à celles des armoires. Une planche, placée en avant du coffre, en facilite l'accès qui nécessite l'emploi d'une échelle fixe ou mieux mobile ; sur cette planche, les ouvriers placent souvent une caisse pour ranger leur linge et leurs effets, l'intérieur du coffre étant occupé par le lit. Dans toutes les fermes on trouve de ces installations, plus ou moins bien disposées, reléguées malheureusement trop souvent dans des coins obscurs, afin d'être moins embarrassantes. Nous ne nous occuperons pas de toutes les dispositions que l'on rencontre, parce qu'elles varient à l'infini et peuvent avoir été adoptées en raison de certaines considérations particulières, et nous donnerons comme type celle représentée par la figure 182.

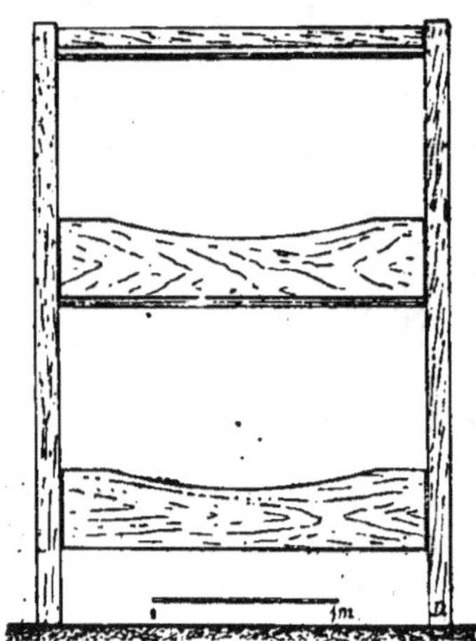

Fig. 182. — Lits pour gardes d'écurie ou d'étable.

Cette figure, exécutée d'après un croquis que nous avons relevé autrefois à Soindres, dans la ferme de M. A. Benoist,

montre, en élévation principale, un coffre à deux lits superposés ;
les dimensions intérieures des lits sont de 2 mètres de
longueur et de 1 mètre de largeur ; le premier lit est à 40 centimètres du sol et est limité en avant par une planche de
même hauteur, le plancher du lit placé en dessus étant à
90 centimètres au-dessus du bord supérieur de cette planche.
Au-dessous du premier lit se trouve un emplacement qui permet aux ouvriers de loger leurs effets. Cette disposition est
aussi bien comprise que possible, mais pour un seul lit il
vaudrait mieux remplacer les poteaux par des consoles et
les placer à une certaine hauteur, comme nous l'avons dit
précédemment.

Dans toutes les constructions nouvelles, ainsi que dans les
anciennes qui le comportent, il faudra abandonner les dispositions dont nous venons de parler et prévoir, à côté des logements nécessitant une surveillance de nuit (écuries, bouveries ou étables), une chambre spéciale convenablement
aménagée pour l'homme de garde. Cette chambre devra
avoir $2^m,60$ à 3 mètres de hauteur et 10 mètres carrés de surface
environ ; elle communiquera directement avec l'extérieur ainsi
qu'avec les locaux sur lesquels il sera nécessaire d'avoir
l'œil ; une croisée en assurera l'éclairage et l'aération, et de petits
châssis vitrés mobiles, donnant sur ces locaux, en permettront
une surveillance constante. Il sera recommandable de surélever
le sol de cette chambre de 50 à 60 centimètres au moins, tant
au point de vue de la salubrité de la pièce que de la commodité
du service de garde ; cette condition sera du reste ordinairement facile à réaliser en raison de la hauteur des logements
voisins, toujours supérieure à celle de la chambre.

On a l'habitude de répartir dans tous les locaux les ouvriers
qui sont de passage et ne viennent que pour effectuer certains
travaux, certaines façons culturales. Cette habitude est
générale mais elle est mauvaise, car alors la surveillance est
difficile et les ouvriers, mal logés, sont dans de mauvaises conditions hygiéniques ; ils peuvent en outre provoquer des incendies ; aussi est-il préférable de leur réserver deux pièces
aménagées l'une en dortoir et l'autre en réfectoire. Il n'y a pas
pour la première, de dispositions spéciales à recommander,

d'autant plus que généralement on utilise pour cet usage des chambres inoccupées ; il suffit, comme mobilier, de lits et de quelques chaises, une planche, soutenue par des consoles, servant à placer les malles ou valises renfermant les effets ; il faut seulement que le dortoir soit d'un accès facile et que les ouvriers n'aient pas, pour y parvenir, à traverser des magasins ou des logements occupés par les animaux. Quant au réfectoire, il ne présente pas non plus de dispositions méritant d'appeler l'attention ; il doit être carrelé, pour être commode à nettoyer, et pourvu d'un appareil permettant de faire une cuisine rudimentaire (fourneau très simple ou cheminée à hotte) ; son mobilier consiste en tables, bancs, armoires, buffets ou placards. Le réfectoire, mais surtout le dortoir, ne devront pas être humides. La propreté sera facile à assurer si on a soin, comme dans tous les logements semblables du reste, d'employer pour les carrelages des carreaux de bonne qualité, d'adopter des peintures lessivables, autant que possible vernissées, d'avoir des pièces bien claires et enfin de faire des arrondis à la rencontre des murs, soit entre eux soit avec les plafonds et les carrelages.

2° *Ménages ouvriers.* — Les ouvriers en ménage doivent disposer d'un logement plus complet. Ils occupent souvent des parties de bâtiments plus ou moins bien appropriées aux usages auxquels on les a affectées, ou mieux de petites constructions très simples, établies à quelque distance des bâtiments mêmes de la ferme, ou complètement isolées comme les maisons de garde ; c'est ce dernier mode de logement qui présente le plus d'avantages et doit être recommandé, bien qu'il soit un peu plus coûteux.

Des types très pratiques d'habitations sont fournis par les maisonnettes établies par les compagnies de chemins de fer pour leurs gardes-barrières ; installées sans aucun luxe, ces constructions présentent cependant tout ce qui est nécessaire à l'existence d'un ménage. En principe, elles doivent comprendre un rez-de-chaussée, construit partiellement sur cave et surélevé de 0^m,50 à 0^m,60, composé de deux ou trois pièces, dont la plus grande sert de *salle commune* et les autres de chambres à coucher ; un grenier, qui rend le local plus chaud en hiver et plus frais en été, permet de conserver le bois de chauffage et autres produits encombrants ; enfin une cave formant cellier, sert à loger les boissons et les denrées alimentaires. La salle commune doit s'ouvrir sur un perron composé de quelques marches, protégé par un appentis ou un auvent ; grâce à cette disposition, l'ouvrier peut laisser au dehors ses outils et ses vêtements de travail ; dans cette salle se trouve un fourneau pour le chauffage de la pièce et la préparation des aliments, et un évier pour l'évacuation des eaux ménagères. Le four destiné à la cuisson du pain, que l'on rencontre encore dans les anciennes constructions, n'a plus aujourd'hui sa raison d'être à cause de l'économie insignifiante que le ménage réalise en faisant lui-même son pain et à cause également de la facilité avec laquelle il peut s'en procurer. Les chambres à coucher ne présentent aucune disposition spéciale ; l'une, destinée aux parents, peut commander l'autre réservée aux enfants.

Une petite porte pratiquée dans l'un des pignons de la construction sert d'entrée au grenier, auquel on parvient au moyen d'une échelle mobile extérieure ; la cave est desservie, à l'extérieur également, par un escalier en pierre d'un accès facile.

La figure 183 représente le plan du rez-de-chaussée d'une habitation de ce genre : en *p* est le perron, couvert par un auvent, et en A la salle commune (salle à manger et cuisine) avec fourneau ou cheminée, table en *t* et évier en *e*; dans cette salle donne une première chambre C en commandant une plus petite *c*, qu'il serait facile de rendre indépendante en la faisant communiquer directement avec la salle commune. Les dimensions principales qu'il suffit de donner aux pièces sont

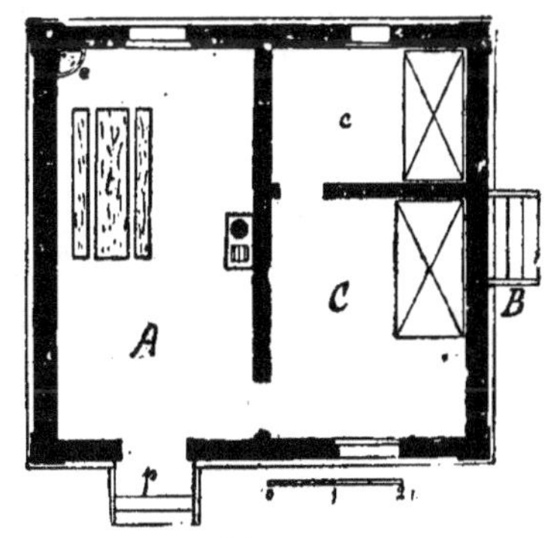

Fig. 183.
Habitation pour ménage ouvrier.

fournies par la figure, qui est à l'échelle indiquée ; leur éclairage et leur aération sont assurés par les fenêtres représentées, qu'on peut déplacer du reste quand certaines causes l'exigent (mitoyenneté, par exemple) ; la porte d'entrée doit être pourvue d'un châssis vitré fixe, ou à la rigueur d'une imposte, afin de contribuer à l'éclairage de la salle commune. L'escalier de la cave est en B ; il sera de préférence du côté opposé aux vents pluvieux, afin que la cave ne soit pas envahie par les eaux de pluie en cas d'orage, à moins toutefois qu'on ne préfère le protéger par un auvent ; il faut proscrire les fermetures à trappes qui sont incommodes et dangereuses.

On carrèlera la salle commune, mais les chambres seront planchéiées, ou mieux parquetées.

Dans ces logements les latrines consistent en une guérite, en bois ou en briques de champ, adossée à la maison, ou encore construite à quelque distance si cette dernière comporte un jardinet ; cette guérite sera pourvue de l'un des systèmes de vidange que nous étudions plus loin. Il faut abandonner les fosses fixes qui présentent certains inconvénients pour les habitations rurales isolées, à moins qu'elles ne dépendent d'exploitations possédant déjà tout le matériel nécessaire à la vidange des fosses à purin.

Les habitations dont nous venons de parler, comme celles plus importantes que nous allons voir, n'étant pas sur cave ou ne s'y trouvant que partiellement, sont humides ; il faut chercher à supprimer complètement cette cause d'insalubrité. Pour cela on doit les construire, tout au moins leurs soubassements, en bons matériaux, en meulière hourdée en mortier de chaux hydraulique par exemple.

Quelquefois on revêt le parement extérieur des murs d'un enduit de ciment ; ce procédé est insuffisant, il empêche bien l'humidité de sourdre au travers des murs, mais il n'empêche pas ces derniers de rester constamment humides.

Pour les parquets et les carrelages des rez-de-chaussée on arrête l'humidité en les établissant sur un léger béton, recouvert d'une couche de bitume ou d'une chape en ciment, ou encore sur un plancher surélevé, laissant entre les solives et le sol un intervalle de $0^m,40$ à $0^m,50$ qui sera ventilé par quelques soupiraux ; une épaisse couche de mâchefer, sous les carrelages comme sous les parquets, constitue aussi un excellent mode d'assainissement des rez-de-chaussée humides.

On empêche l'humidité des murs en les arasant à leur naissance et en intercalant dans la maçonnerie une chape en
bitume, des feuilles de plomb, des plaques d'ardoise ou des
carreaux en terre cuite ; ce moyen est très efficace mais,
comme il représente une dépense supplémentaire, il ne doit
être employé que quand il y a nécessité absolue. Quant aux
enduits hydrofuges, ils jouent le même rôle que les enduits de
ciment et procurent une amélioration sensible en empêchant
l'humidité intérieure des murs de suinter à leur surface ;
grâce à eux les papiers de tenture et les peintures résistent
plus longtemps.

Bien que les types de maisons ouvrières que nous venons
de décrire succinctement remplissent toutes les exigences
réclamées par la vie d'un ménage, on devra, suivant les circonstances, y apporter certaines modifications ; dans les habitations plus importantes que celles dont il vient d'être
question, il sera bon notamment de reprendre sur la salle
commune une petite pièce formant vestibule ; nous verrons plus
loin cette disposition à propos des maisons pour petits cultivateurs.

Nous compléterons ce que nous venons de dire au sujet
du logement des ouvriers en donnant les plans et élévation
(fig. 184) d'une habitation établie par M. Senet pour la Caisse
d'épargne de Troyes. Cette habitation est donnée par Imbeaux
et Rolants, dans leur *Traité d'Hygiène rurale*, comme type
de maison ouvrière agricole ; quoiqu'elle présente un confort
auquel les ménages ouvriers des campagnes ne sont pas habitués, tout au moins en général, nous la donnons comme
modèle, parce qu'elle est parfaitement étudiée et qu'elle peut
être adoptée notamment comme maison de garde.

Nous terminerons ce chapitre par les paragraphes suivants
que nous extrayons d'une étude que nous avons publiée, il
y a quelques mois, dans « *La Vie agricole et rurale* », sur les
habitations ouvrières agricoles.

« Une amélioration des logements s'impose si l'on veut
conserver à la ferme le personnel qui lui est indispensable ;
en donnant aux ménages une habitation suffisante, commode

et agréable, on parviendra plus aisément à les retenir ; un coin
de terre contribuera également beaucoup à attacher l'ouvrier
au sol... Une habitation doit, dans notre région, pour
répondre aux besoins d'une famille d'ouvriers agricoles, comporter un certain nombre de pièces qui, du reste, peuvent
être disposées de différentes façons, mais qui sont indispensables. Ces pièces sont : une grande salle, que nous appellerons
salle commune et qui servira de cuisine et de salle à manger ;
trois chambres à coucher (une pour les parents et deux
pour les enfants) ; un water-closet avec fosse d'aissances; et,
comme annexes, pour loger certaines provisions et abriter les
quelques outils nécessaires spécialement à la culture du jardin, un cellier-cave, un grenier et un appentis ou tout autre
local en tenant lieu. Sous cet appentis ou dans ce local on
devra pouvoir installer à la rigueur quelques cages à lapins
ou un poulailler rudimentaire.

Dans bien des cas il faudra en outre une citerne pour
recueillir les eaux provenant des toitures, mais cette dernière
ayant quelques inconvénients, notamment celui de représenter
une dépense élevée par rapport au prix d'ensemble de la construction, nous conseillons, chaque fois que cela sera possible,
de la remplacer par un poste d'eau sous pression au-dessus
de la pierre d'évier ou, par raison d'économie et pour éviter
les gaspillages qui se produisent toujours lorsque de l'eau est
fournie à discrétion, par une borne-fontaine placée de manière
à servir à l'alimentation en eau potable de tout un groupe de
maisons ouvrières. Dans beaucoup d'exploitations importantes
on trouve en effet, maintenant, une distribution d'eau sous
pression, et les frais d'installation d'une conduite seront
presque toujours moindres que ceux de la construction de citernes qu'il faudra pourvoir de pompes. Quant aux réservoirs
aériens, nous ne les recommanderons pas parce qu'ils deviennent
inutilisables en hiver.

La fosse d'aisances pourra être de dimensions très réduites
et avoir une capacité de quelques mètres cubes seulement, la
plupart des fermes disposant d'un matériel très suffisant
pour en effectuer la vidange facilement et aussi souvent qu'il
le faudra. Pour ce motif, les fosses septiques ne présenteront

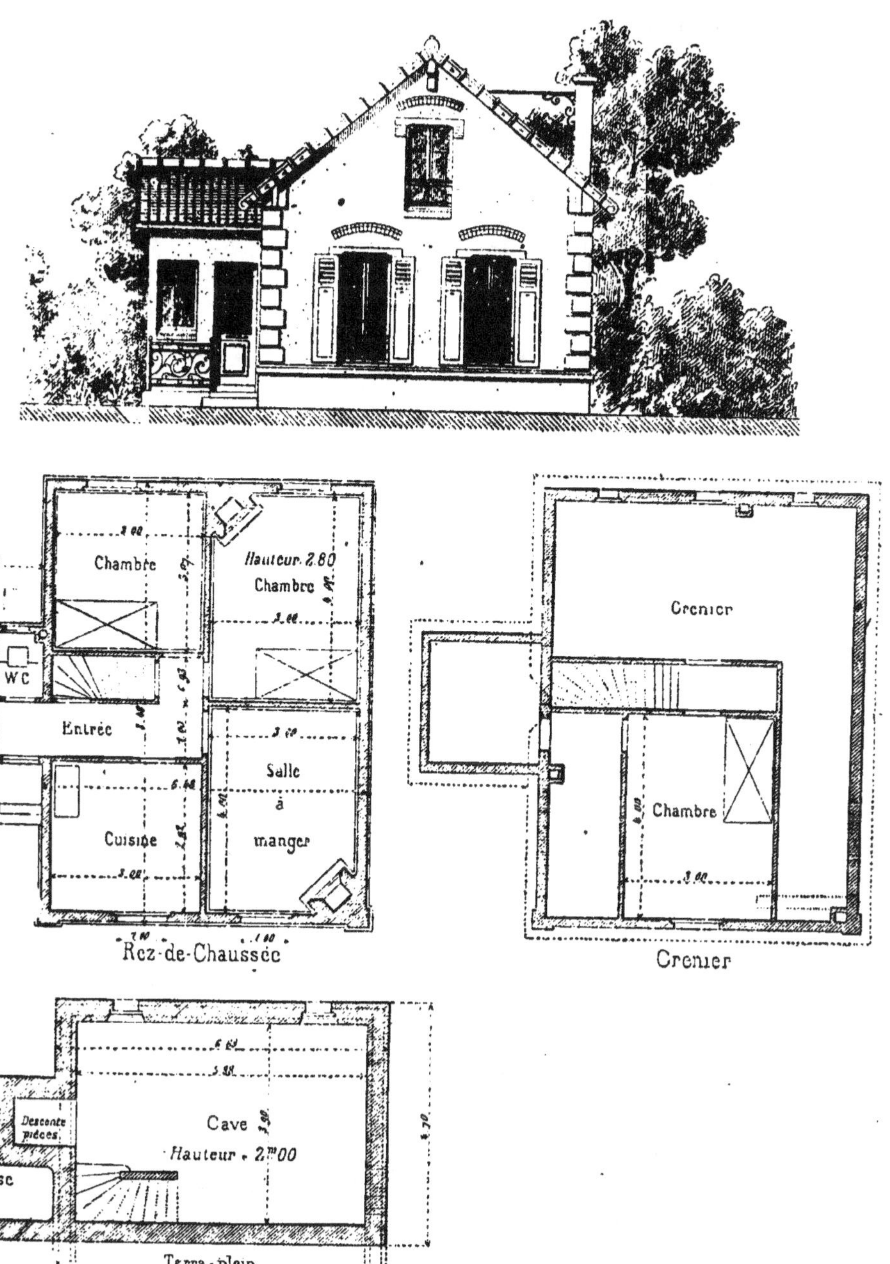

Fig. 184. — Habitation ouvrière de la Société des habitations
à bon marché.

pas d'intérêt dans le cas qui nous occupe ; de plus, la valeur comme engrais des matières couvrira largement le coût des vidanges.

En général, le fermier peut, tout au moins dans une certaine mesure, choisir un emplacement convenable pour la construction des logements de son personnel, parce qu'une proximité immédiate des bâtiments de la ferme n'est pas indispensable pour ce dernier. Il devra avant tout faire choix d'un terrain sain,

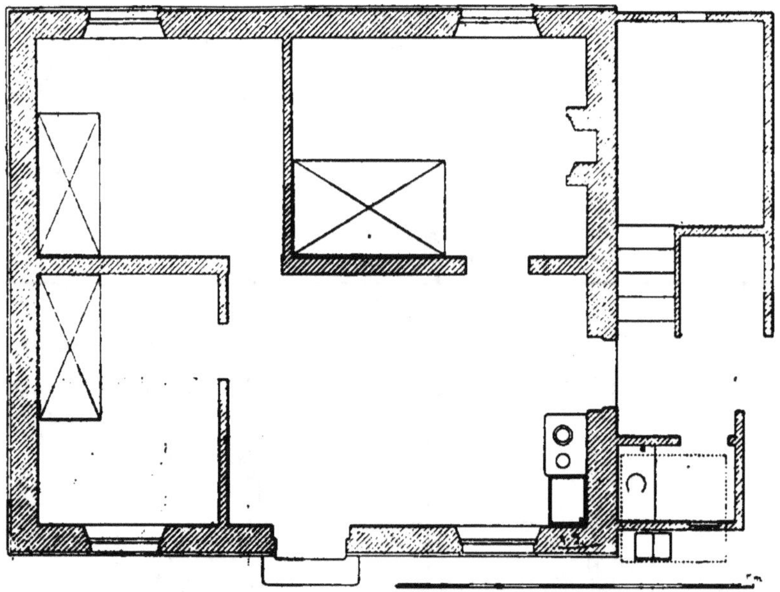

Fig. 185. — Habitation ouvrière agricole (plan).

l'humidité étant l'un des principaux facteurs de l'insalubrité, aussi bien d'une contrée que d'une habitation, surtout, et ce sera notre cas, si cette dernière n'est pas bâtie sur cave ; à titre d'indication, nous dirons qu'on admet souvent que le plus haut niveau de la nappe d'eau souterraine doit être au moins à un mètre au-dessous du pied des fondations des principaux murs. Lorsqu'on sera dans l'obligation de construire sur des sols humides, il faudra prendre quelques précautions, car, s'il est encore relativement facile d'éviter l'humidité dans un bâtiment en observant certaines règles lors de sa construction, il devient très difficile d'en combattre les effets lorsqu'il est achevé.

Il sera presque toujours possible de choisir une bonne orientation ; les motifs qui exercent d'ordinaire une influence sur son choix étant relatifs à des questions d'alignement ou de symétrie, deviennent en effet ici tout à fait secondaires. Généralement l'orientation la plus recommandable, celle qu'il faudra préférer si aucune raison n'en impose une spéciale, cor-

Fig. 186. — Habitation ouvrière agricole (élévation principale).

respondra à une exposition sensiblement au sud de la façade principale. Quelquefois cependant, des vents violents obligeront à en adopter une autre ou simplement à modifier un peu celle que nous venons de recommander.

Une exposition au sud contribue beaucoup à assainir les logements, sans pour cela les rendre trop chauds en été car si, en hiver, les rayons solaires pénètrent jusque dans l'intérieur même des pièces, grâce à leur grande obliquité, en été au contraire leur faible inclinaison les arrête aux parties avoisinant immédiatement les baies, laissant le fond des pièces dans une demi-clarté et par suite dans une fraîcheur relative.

Habitation sans étage. — En tenant compte des considé-

rations que nous venons d'exposer, nous avons été amené à
établir les deux types d'habitations ouvrières dont nos
dessins donnent, en plan, les dispositions et, en élévation,
l'aspect. Le premier type (fig. 185 et 186), que nous préférons,

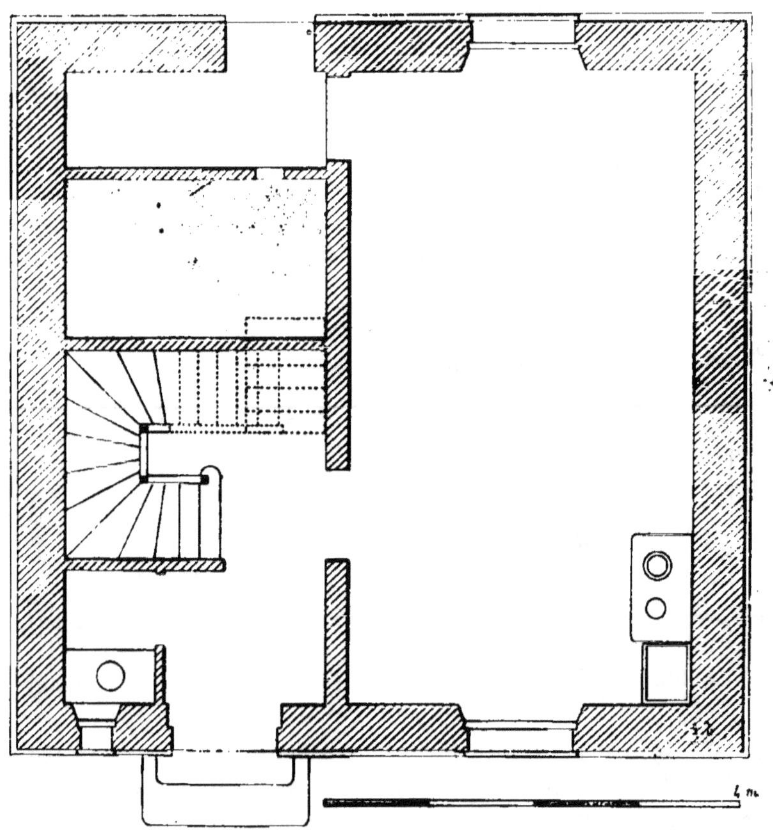

Fig. 187. — Habitation ouvrière agricole avec étage (plan du rez-
de-chaussée).

ne comporte qu'un rez-de-chaussée ; il est simple, familial et
peut, avec quelques modifications de détail, être adopté presque
partout. Le second (fig. 187, 188 et 189), comprend au
contraire un étage et rappelle certaines habitations ouvrières
industrielles ; il conviendra pour des cas particuliers, notamment pour les grandes exploitations situées à peu de distance

des villes, dans lesquelles la valeur du sol ne permet pas
de consacrer de grands espaces aux habitations ouvrières.
Tandis que le premier type suppose un jardin entourant l'habitation, le second n'admet qu'un jardinet étroit sur chaque
façade (de la largeur de ces dernières), car, comme nous le
dirons plus loin, pour qu'il devienne économique et par suite

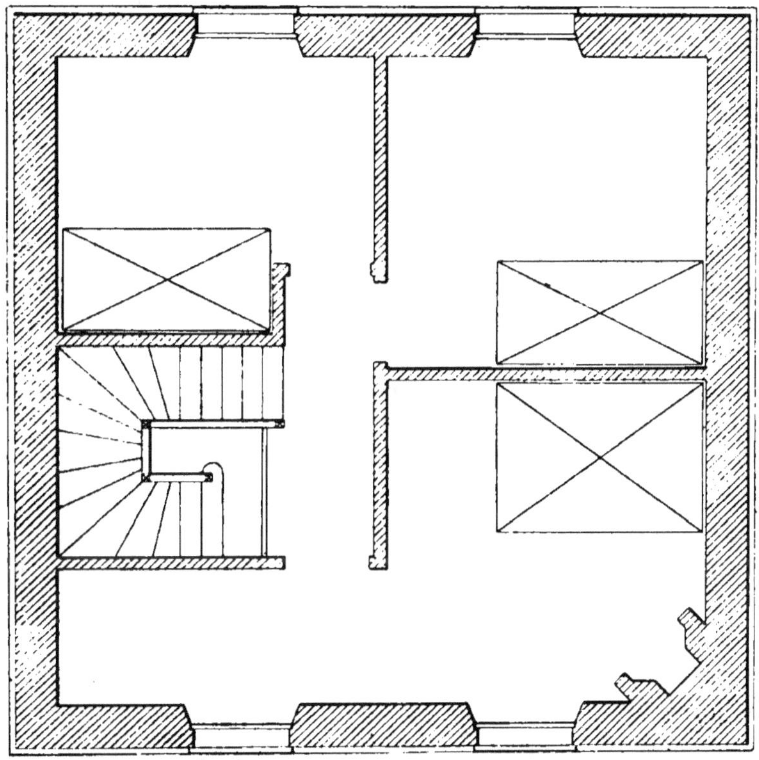

Fig. 188. — Habitation ouvrière agricole avec étage (plan de l'étage).

recommandable, il faut qu'il fasse partie d'une série d'habitations semblables, toutes mitoyennes suivant les pignons.
Ce type conviendra très bien pour la main-d'œuvre agricole
du voisinage des villes, moins stable que celle des campagnes
isolées, pour laquelle par suite un jardin n'offre qu'un attrait
relatif, et qui, en outre, est déjà en partie habituée aux commodités et aux distractions de la vie urbaine.

La figure 185 représente en plan, à une échelle indiquée au

bas de notre dessin, la disposition que, toutes choses égales, nous considérons comme la plus recommandable pour un logement sans étage. Comme on le voit, la salle commune est desservie par deux entrées dont l'une, sous un appentis formant auvent, contribuera beaucoup à la bonne tenue et à la propreté de l'habitation ; elle permettra, en effet, de ne pas y pénétrer directement pendant la mauvaise saison. Cette salle est éclairée par une fenêtre et une porte vitrée; nous lui avons donné 5 mètres de longueur sur $3^m,40$ de profondeur et nous avons représenté sur le plan l'évier et le fourneau de cuisine, afin d'en indiquer l'emplacement le plus convenable.

Les trois chambres à coucher, éclairées et aérées chacune par une fenêtre, donnent toutes sur la salle commune ; nous n'avons prévu de cheminée que pour la principale, en raison de la place qu'elles demandent, de la dépense de construction qu'elles occasionnent et de leur inutilité, motivée par le voisinage immédiat de la salle commune. Toutes les baies ont été placées de manière à rendre aussi facile que possible l'ameublement des pièces, ce qui est très important dans une construction où leur exiguïté rend parfois difficile le placement des meubles même les plus nécessaires.

Le cellier-cave, auquel on accède par un escalier de quelques marches, et les water-closets sont placés au dehors sous un appentis ; l'emplacement qu'ils occupent les rend très pratiques. Le dessus du cellier servira de grenier, et l'abri fourni par le reste de l'appentis sera suffisant pour ranger les outils de jardinage et placer les quelques cages à poules ou à lapins dont nous avons parlé.

Nous n'avons supposé au-dessus de l'habitation qu'un faux grenier. On pourrait cependant, en lui donnant un peu plus de hauteur, transformer très facilement ce faux grenier en un véritable grenier auquel on accéderait au moyen d'une échelle ou d'un escalier très simple, et d'une porte ménagée dans le pignon opposé à l'appentis. Le supplément de dépenses occasionné par cette amélioration ne nous paraît pas en rapport avec les services qu'elle rendrait, et nous estimons qu'il serait préférable d'augmenter un peu les dimensions de l'appentis que d'installer un grenier au-dessus des pièces.

Nous n'avons pas représenté la citerne, parce qu'elle ne sera pas toujours indispensable. Une citerne en ciment armé, de

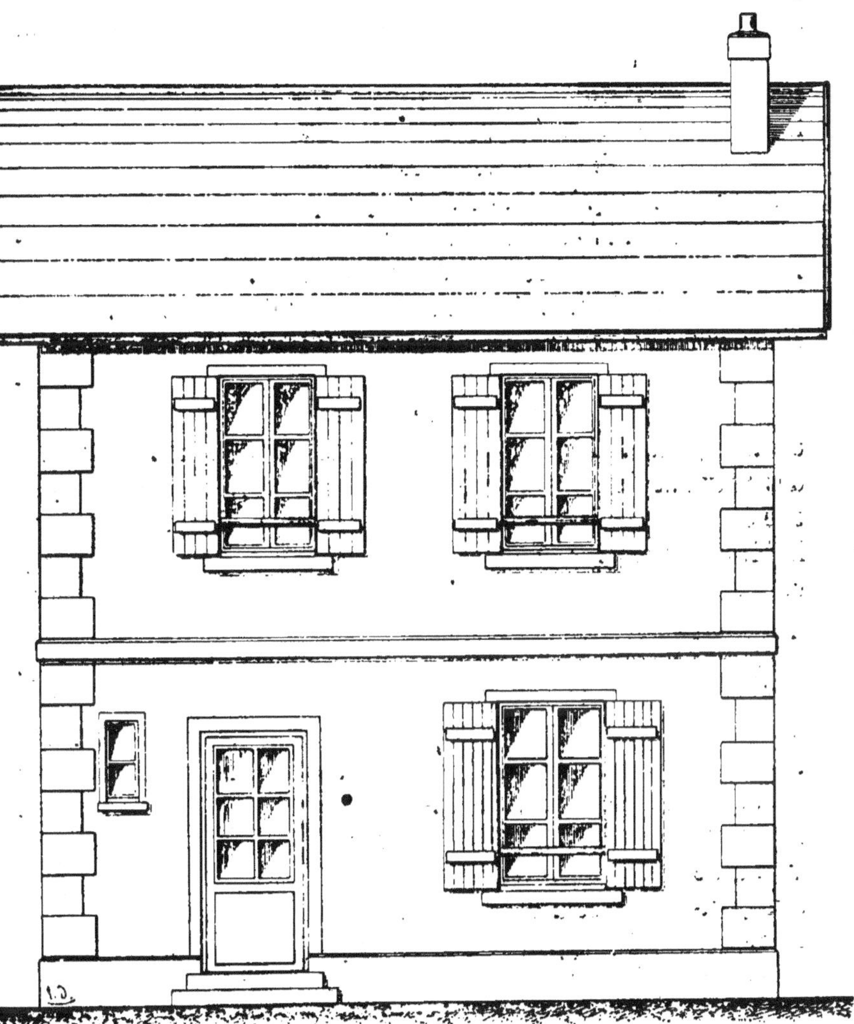

Fig. 189. — Habitation ouvrière agricole avec étage (élévation principale).

quelques mètres cubes, suffirait pour recueillir et conserver les eaux de pluie provenant de la couverture ; il faudrait la compléter par une pompe.

Danguy. — *Constr. rurales.*   16

Comme la figure 186 le montre, nous avons prévu deux marches à l'entrée de la salle commune : le sol intérieur de l'habitation sera donc surélevé de $0^m,35$ environ. Cette surélévation sera obtenue, tout au moins partiellement, avec des matériaux contribuant à l'assainissement des pièces, comme du mâchefer par exemple. En cas d'humidité excessive, un remblai plus important deviendrait nécessaire ou, ce qui serait plus efficace encore, on établirait un plancher en dessous duquel on laisserait un espace libre qui serait aéré par quelques ouvertures réservées dans les murs. Nous conseillons le carrelage pour la salle commune et des parquets pour les chambres.

On réaliserait une économie très appréciable en groupant ensemble deux habitations semblables ; un pignon ne possède en effet aucune ouverture et il serait facile d'établir, symétriquement par rapport à la première, une seconde maison semblable et mitoyenne. Il en résulterait une réduction importante des travaux de maçonnerie et de couverture, et la citerne, si elle était nécessaire, pourrait être commune. Chacune des deux habitations serait encore entourée de jardins sur trois façades, et on séparerait les deux jardins mitoyens par une clôture quelconque.

Habitation à étage. — Dans notre second type d'habitation (fig. 187, 188 et 189), nous avons cherché à réunir dans le minimum d'espace les différentes pièces dont nous avons parlé. Nous avons été amené ainsi à placer au premier étage les trois chambres à coucher et, au rez-de-chaussée, la salle commune, les water-closets, un escalier desservant les chambres, un petit vestibule précédant les différentes pièces et le cellier-cave avec, au-dessus et à côté, un emplacement servant de grenier et remplaçant l'appentis de notre projet précédent. Comme dans ce dernier également, nous avons donné aux pièces des dimensions très réduites, mais suffisantes pourtant ; il n'y aura aucun inconvénient à les augmenter si on ne craint pas un supplément de dépenses. Devant l'habitation sera un petit jardin d'agrément de quelques mètres, et, du côté de la façade postérieure, on fera un jardin potager plus important. Nous avons supposé que la maison ne serait desservie par un chemin que du côté de la façade principale seulement ; c'est pour ce motif que nous avons placé de ce côté la fosse d'aisances et par suite les water-closets ; il est en effet indispensable que la fosse d'aisances soit d'un accès facile, si on veut que les vidanges en soient faites commodément.

Nos dessins ayant été exécutés soigneusement aux échelles indiquées, nous n'insisterons pas sur les dimensions des ouvrages représentés. Ces dimensions ne sont du reste données qu'à titre d'indication et elles pourront subir toutes les modifications qu'on croirait devoir y apporter.

Nous n'avons pas parlé de la hauteur des pièces, auxquelles on donnera 2^m,60 à 3 mètres, ni de celle du cellier-cave qui pourra n'avoir que 2 mètres.

Le prix de revient des habitations que nous venons de décrire variera beaucoup suivant le mode d'exécution des travaux, le nombre d'habitations à construire et les ressources locales en matériaux de construction.

Cependant, en raison des prix élémentaires très élevés auxquels sont actuellement comptés les tavaux de construction, nous devons admettre qu'une habitation du premier type revindra à 4 000 ou 5 000 francs, et une du second à une somme notablement supérieure ; des rabais seront ordinairement consentis sur ces sommes, s'il en est exécuté plusieurs à la fois dans les conditions de mitoyenneté dont nous avons parlé.

Nous déconseillons toute économie qui serait réalisée aux dépens des dimensions des pièces et des ouvrages ou de la qualité et de la mise en œuvre des matériaux. Les constructions trop bon marché n'ont en effet qu'une durée limitée et sont d'un entretien coûteux. »

Comme nous venons de le dire, des économies importantes peuvent être réalisées dans la construction des habitations ouvrières en groupant sous un même toit, symétriquement, plusieurs logements indépendants ; on obtient ainsi des types très intéressants, mais qui sont plutôt industriels qu'agricoles, parmi lesquels nous signalerons les habitations ouvrière de l'usine de M. Menier, à Noisiel, et celles établies autrefois par M. E. Muller (cités ouvrières de Mulhouse).

II. — Habitation de l'exploitant.

L'importance du logement de l'exploitant est fonction de celle du domaine ; sous ce rapport nous distinguerons les habitations destinées aux métayers ou aux petits cultivateurs et celles établies pour les agriculteurs de la moyenne et de la grande culture (1). Nous ne donnerons pour chacune de ces catégories qu'un type réalisant autant que possible les conditions demandées ; en lui apportant certaines modifications, on pourra l'approprier aux exigences de toutes les contrées et de toutes les cultures.

1° *Métayage et petite culture.* — Pour les très petits domaines, que les cultivateurs exploitent seuls avec leur famille, les habitations ouvrières que nous venons de décrire suffisent quelquefois. On est cependant ordinairement obligé d'avoir recours à une habitation un peu plus importante, du genre de celle que la figure 190 représente en plan. Comme les précédentes, elle consiste essentiellement en un rez-de-chaussée surélevé avec grenier et cave, cette dernière étant placée de préférence sous les chambres à coucher afin de les assainir ; le grenier doit être d'un accès commode ; on y monte au moyen d'un escalier extérieur à crémaillère ou d'une échelle de meunier. En A est une grande salle commune avec une cheminée ou un fourneau de cuisine *c* et un évier *e*; cette salle sert de cuisine et de salle à manger, et son entrée, à laquelle on parvient par un perron de quelques marches, est abritée par un auvent. A droite, en C et C′, sont deux chambres à coucher principales communiquant avec la salle commune ; à gauche, en B, une petite pièce peut à la rigueur servir de chambre à coucher, ou, si elle n'est pas utilisée pour cet usage, être employée comme magasin pour les outils et les provisions ; enfin en D est une chambre servant de débarras. La cheminée

(1) Les exploitations sont dites de petite culture quand l'étendue cultivée est inférieure à 10 hectares, de moyenne culture quand cette dernière est comprise entre 10 et 40 hectares, et de grande culture lorsque l'étendue cultivée dépasse 40 hectares; ce sont ces nombres qui sont ordinairement admis dans la classification des exploitations d'après leur importance.

de la salle commune doit être en *c*, de manière à pouvoir chauffer, en choisissant un système convenable, les deux chambres à coucher, et on place l'évier en *e*. Si elle n'a pas une affectation spéciale, on a intérêt à faire l'entrée principale par la pièce B, qui sert alors de vestibule et rend inutile l'auvent ; avant de pénétrer dans le logement proprement dit, le cultivateur peut y abandonner ses vêtements de travail, et les ouvriers, qui prennent toujours leurs repas dans la salle commune, leurs outils.

On accède au grenier par l'escalier extérieur E placé à l'un des pignons, et à la cave par un autre escalier E′, de quelques marches disposé perpendiculairement au premier, mais en dessous. La disposition de la construction oblige à adopter comme toiture deux longs pans suivant les façades, avec pignons à croupes ou sans croupes sur les

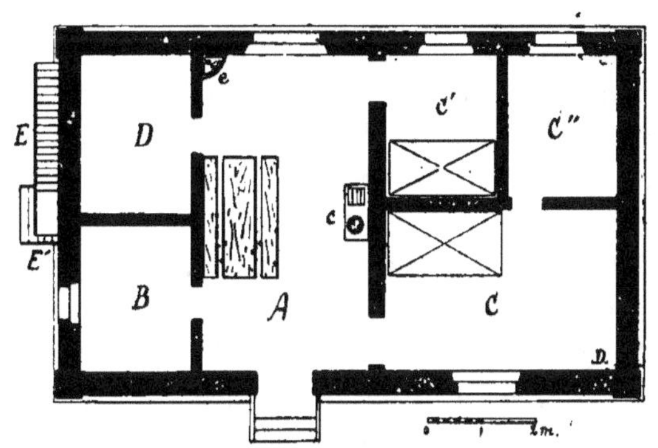

Fig. 190. — Plan d'habitation (petite culture).

côtés. Sur le plan nous avons indiqué une petite chambre C″, attenante à la chambre principale, qui pourra servir de bureau ou à la rigueur de chambre à coucher.

La façade principale donne sur la cour de la ferme, et celle opposée sur le jardin ; les chambres ont chacune une fenêtre, et la salle commune est éclairée par une porte vitrée et une fenêtre, ou deux portes vitrées si elle a deux issues ; les pièces A, B et D doivent être carrelées, afin d'être d'un nettoyage facile, et les chambres C, C′ et C″ autant que possible parquetées. Le cabinet est placé soit dans le jardin, soit simplement, comme cela se fait très souvent, dans la cour de la ferme, directement au-dessus de la fosse à purin.

Les dimensions principales des pièces sont données par le plan, qui est à l'échelle indiquée sur la figure ; ces dimensions

16.

peuvent du reste subir quelques variations, suivant les circonstances. Quant à leur hauteur, elle doit être de 2^m,60 à 3 mètres.

2º *Moyenne culture.* — La disposition précédente peut être conservée, mais il faut y adjoindre au moins deux pièces nouvelles, à la suite des chambres C et C″, dont le fermier à besoin comme chambres d'amis ou de domestiques. Cette nouvelle disposition, suffisante dans beaucoup de cas, est moins recommandable que celle que nous allons décrire maintenant, laquelle répond mieux aux exigences de la vie de ceux qui exploitent le sol et peut même être adoptée pour les grands domaines. L'habitation rappellera, comme aspect, celle que nous venons de voir, c'est-à-dire qu'elle consistera en un grand bâtiment, présentant deux - façades suivant les longs pans de la toiture, qui sera à pignons, à croupes ou à demi-croupes ; la façade principale donnera sur la cour et la façade postérieure sur le jardin ; la construction ne comportera qu'un rez-de-chaussée surélévé, avec grenier et cave partielle. Nous aurons en A (fig. 191) une grande salle commune avec entrée protégée par une marquise ou une véranda du côté F de la cour de la ferme ; cette salle aura également une issue sur les jardins et servira exclusivement de réfectoire au personnel. A gauche de la salle commune, en B′ et en D, deux pièces seront réservées, l'une pour les provisions, les ustensiles et le bois de chauffage, l'autre comme chambre de domestique. L'exploitant ne prendra plus ses repas dans la même salle que ses ouvriers, aussi lui faudra-t-il une salle à manger spéciale, en *s*, communiquant directement avec la cuisine *c* de manière que le service puisse être fait sans avoir à passer par la salle commune ; la cuisine devra aussi communiquer avec cette salle puisqu'elle servira également à la préparation des aliments des ouvriers. A côté de la salle à manger il faudra installer un bureau B, qui pourra être avec *window*, disposition agréable qui permet au fermier de surveiller plus facilement les divers services donnant sur la cour ; le fermier devra en outre se réserver au moins trois chambres pour lui et sa famille en C, C′ et C″, la chambre principale C donnant sur la cour de ferme. En E se trouvera l'entrée particulière de l'habitation, disposée de manière à desservir séparément les chambres, la salle à manger et le bureau. Dans le présent projet il n'a pas été prévu de cabinet, que nous avons supposé installé dehors ; il serait facile et recommandable de réserver dans la maison même un petit local pour cet usage.

Comme nous l'avons dit, l'habitation ne comportera pas d'étage, mais on pourra, si cela est nécessaire, installer dans le grenier, pour les domestiques, quelques chambres mansardées desservies par un escalier ménagé entre les pièces B′ et D.

Si l'importance du domaine ne rend pas indispensable le bureau dans lequel sont conservés les livres relatifs à l'exploi-

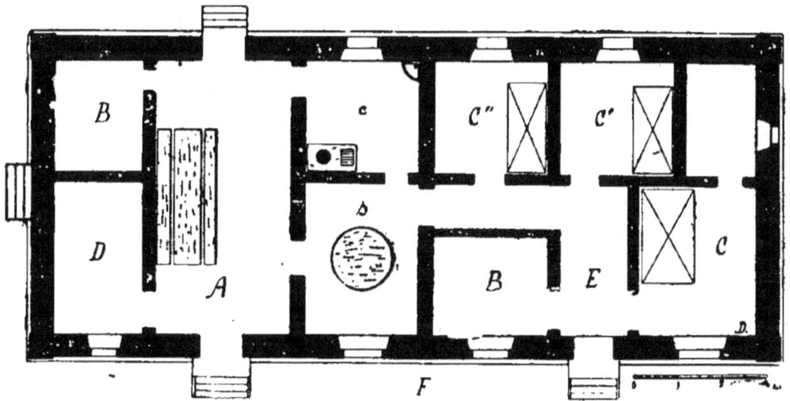

Fig. 191. — Habitation de l'exploitant (moyenne et grande culture).

tation et à la comptabilité de la ferme, on pourra diminuer la longueur de la construction en rapprochant la chambre C de la salle à manger et en réduisant un peu la largeur des deux chambres C′ et C″ placées derrière.

Ce plan d'habitation, qui résulte de la combinaison des meilleures dispositions que nous avons eu l'occasion de rencontrer, est très commode et répond bien aux exigences des moyennes comme des grandes exploitations ; la surveillance est facile et constante, les pièces où le fermier se tient ordinairement étant du côté de la cour de la ferme (bureau, chambre à coucher et salle à manger) ; elle est peu fatigante, toutes les pièces étant au même niveau et au rez-de-chaussée. C'est pour cette dernière raison que nous avons recommandé les habitations n'ayant pas d'étages, les nombreuses allées et venues du fermier étant ainsi beaucoup moins pénibles pour lui.

3º *Grands domaines.* — Pour les très grandes exploitations nous ne donnerons pas de types d'habitations, car elles deviennent, par suite des moyens dont dispose l'exploitant et des exigences de son genre de vie, de véritables villas qui doivent être établies d'après ses goûts particuliers avec tout le. confortable et même tout le luxe que lui permettent ses ressources. Dans tous les cas, le type que nous venons de décrire peut très bien convenir, à la condition d'installer le bureau dans la chambre C, et de transformer l'emplacement occupé primitivement par le bureau en un vestibule avec escalier conduisant à un premier étage, réservé spécialement pour les chambres proprement dites. Il faut également prévoir .une salle de billard qui remplacera la chambre C′; une salle de bain et un cabinet d'aisances occuperont la place de la chambre C″ de notre premier projet. La disposition du premier étage ne présente rien de particulier, la plus commode consistant en une série de chambres donnant toutes sur un couloir central, certaines pouvant cependant communiquer entre elles.

Dans tous les projets, quels qu'ils soient, il faut toujours placer les portes et les fenêtres d'après les dispositions intérieures des locaux et non, comme on le fait trop souvent, en ne tenant compte que de l'apparence extérieure et de la symétrie. On doit autant que possible concilier l'apparence extérieure et la symétrie avec la commodité intérieure, mais on devra toujours donner la préférence à cette dernière ; c'est par suite de l'inobservation de ce principe qu'on trouve beaucoup de constructions présentant de fausses fenêtres ou des fenêtres qui occupent dans les pièces des emplacements qui les rendent mal commodes. Il faut donc, tout en conservant le plus possible la symétrie à laquelle on est habitué et qui flatte l'œil, que les pièces soient convenablement éclairées et aérées, et que les portes soient placées de manière à bien répondre aux besoins qu'on en attend.

Au point de vue de l'établissement du devis estimatif détaillé et de l'exécution des travaux des habitations dont nous venons de parler, ainsi que des locaux que nous avons encore à étudier, le fermier devra établir un plan schématique de la construction qu'il veut faire bâtir, en spécifiant autant que possible les matériaux qu'il désire ; puis, suivant l'importance et le genre du travail, il soumettra son projet à un architecte, à un ingénieur, à un entrepreneur ou à un maître maçon, lequel lui en indiquera le prix de revient ainsi que les modifications qu'il pourrait y avoir lieu d'apporter au point de vue technique. Ce prix, qui dépend de celui de la main-d'œuvre dans le pays et des matériaux choisis, est trop variable pour que nous puissions en donner ici une idée, même approximative ; il faudrait en outre faire intervenir, dans l'évaluation des dépenses, l'épaisseur des murs, la nature des matériaux, etc., et les séries de prix de la région où le travail doit être fait, ainsi que les rabais que ces derniers comportent.

Le propriétaire peut aussi faire établir, d'après ses indications, plusieurs devis et choisir celui qui lui donne le plus complètement satisfaction.

III. — Installation intérieure.

Nous ne parlerons pas, dans ce chapitre, d'une question très importante dans les habitations urbaines, mais qui perd beaucoup de son intérêt dans les constructions rurales, celle de l'*aération* et de la *ventilation* des pièces habitées. Le prix du terrain et le genre même des constructions n'obligent pas à réduire au minimum, en largeur comme en hauteur, les dimensions des pièces qui, en outre, ne donnent jamais dans des cours étroites ; de plus, le genre de vie des habitants rendrait moins graves les inconvénients d'une aération insuffisante. Nous ne nous arrêterons que sur certaines questions relatives au chauffage et à la propreté des locaux.

1º *Chauffage des habitations.* — Dans les habitations destinées aux ouvriers, ou aux cultivateurs exploitant de très petits domaines, il n'y a pas d'appareils de chauffage spéciaux ; c'est le fourneau de la cuisine qui, installé dans la salle commune, sert pour le chauffage en même temps que pour la préparation de la nourriture. A la place de cet appareil il existait autrefois de grandes cheminées à hotte comprenant un *foyer* avec, au milieu, un *âtre* en matières réfractaires (briques ou tuiles), surélevé de quelques centimètres, au-dessus duquel était une *hotte*, terminée à la partie supérieure par la cheminée proprement dite et supportée à la partie inférieure par un véritable cadre, ordinairement en pierre, comprenant deux côtés soutenus par des *corbeaux* sur lesquels reposait une pierre transversale appelée *manteau* ; le manteau formait à sa partie supérieure une sorte de *tablette* sur laquelle on rangeait un grand nombre de petits ustensiles de ménage. En arrière le mur, appelé *contre-cœur*, était protégé par une *plaque de foyer* plus ou moins ornementale en fonte, ou un revêtement en briques et en tuiles plates de champ disposées de manière à former des dessins symétriques. Dans ces cheminées, qui consommaient beaucoup et chauffaient peu, était toujours accrochée, sous la hotte, une *crémaillère* pour suspendre les marmites, et des trépieds en fer servaient de supports aux autres ustensiles employés pour la cuisson des aliments.

Quand la grandeur des salles le permettait on donnait à ces cheminées des dimensions considérables ; dans les constructions actuelles, où les pièces sont plus nombreuses et plus petites, on les a remplacées par des fourneaux ou des cheminées beaucoup moins encombrantes.

Les cheminées modernes, dont il existe beaucoup de types et dont chaque modèle porte un nom particulier (*cheminées capucines, Pompadour, à modillons, à consoles*, etc.), servent presque exclusivement comme appareils de chauffage et comprennent encore un âtre (partie où on fait le feu) et en avant une pierre (généralement une plaque de marbre) appelée *foyer*. L'âtre communique directement avec le conduit de fumée et est entouré par un massif en maçonnerie comprenant deux parties verticales appelées *jambages* et une horizontale qui est le *manteau*, qu'on recouvre ordinairement d'une tablette en marbre ; presque toujours ces parties sont ornementées par des revêtements en marbre, quelquefois en bois, et les jambages reposent souvent sur de petits *socles* ; la figure 192 montre une cheminée en bois très simple, ne comportant que deux *jambages*, une *frise* et une *tablette*.

Le manteau et les jambages se raccordent avec l'âtre par trois panneaux obliques, souvent en produits céramiques vernissés; cette partie est désignée sous le nom de *rétrécissement*, quelquefois de *contre-cœur*, bien que ce dernier nom soit spécialement donné aux parois verticales de la cheminée entourant l'âtre. Ces cheminées sont pourvues d'un *rideau*, c'est-à-dire d'une trappe articulée en tôle, équilibrée par des contrepoids ; le rideau permet de régler l'intensité du tirage. Sur l'âtre on place des *landiers*, des *chenets*, ou des *grilles*, suivant les dimensions de la cheminée et le genre de combustible employé, et, après les jambages, on fixe des *croissants* pour recevoir la pelle et les pincettes.

Les cheminées repré·sentent un mode de chauffage agréable et sain, mais on leur reproche avec raison de très mal utiliser le combustible ; elles ne donnent en effet que de 6 à 13 p. 100 de la

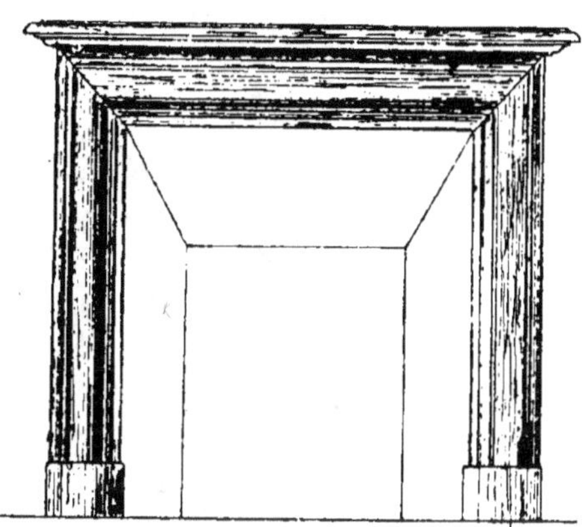

Fig. 192. — Cheminée.

chaleur produite, suivant leurs dispositions et la nature des combustibles. On a cherché à augmenter ce rendement en plaçant, sur le parcours des gaz qui s'échappent par le tuyau de fumée, un faisceau de tubes dans lequel s'établit automatiquement un courant d'air chaud lorsque la cheminée est allumée. Les figures 193 et 194 représentent une des meilleures de ces dispositions ; dans l'appareil représenté l'air pur du dehors arrive par un conduit spécial jusque sous l'âtre, en A ; il doit alors traverser une grille en fer B, formée de barreaux creux, pour gagner un gros tube qui alimente les deux *bouches de chaleur* D. Cette cheminée a un rendement très élevé et constitue un excellent appareil de chauffage ; elle donne comme les cheminées ordinaires de 6 à 13 p. 100 par rayonnement et beaucoup plus par les bouches ; en outre l'air chaud est de l'air pur, puisqu'il a été pris au dehors et non dans la pièce à chauffer. L'intensité du tirage des bouches est fonction de la température de la grille B et par suite proportionnelle à l'ardeur du feu dans la cheminée.

La figure 195 donne l'aspect d'un petit appareil très simple, sorte de siphon à air chaud basé sur le même principe, appelé

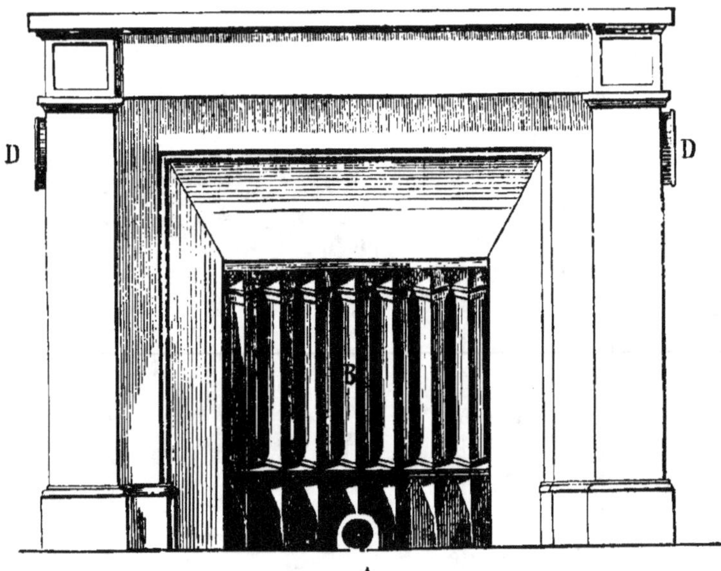

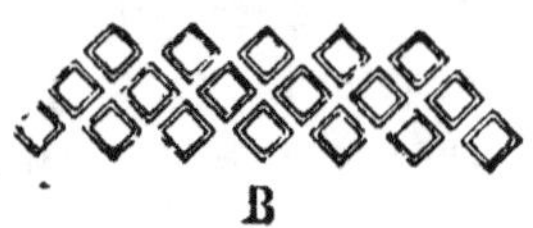

Fig. 193. — Cheminée Fondet.

A, élévation; B, coupe des tubes à air; D, bouches de chaleur.

par son inventeur *thermophore*. L'air qui se trouve en B s'échauffe, monte en C et s'échappe dans la pièce par la bouche D ; il en résulte un appel d'air et une circulation régulière s'établit. Comme on peut placer à une hauteur quelconque le support *mn* de l'appareil, on peut chauffer plus ou moins la partie B et par suite obtenir en C un courant d'air plus ou moins chaud.

Les cheminées, lorsqu'elles sont pourvues d'appareils analogues à celui représenté dans la figure 193, peuvent être installées de manière à chauffer à la fois plusieurs pièces ; il suffit pour cela de disposer convenablement les tuyaux parcourus par les gaz chauds ou d'établir des prises sur les bouches.

2° *Évacuation des eaux ménagères.* — Après avoir examiné la question du chauffage nous nous occuperons de celle de l'*évacuation des eaux ménagères*, qui se fait à la cuisine ou à la laverie par l'intermédiaire d'un *évier*.

L'évier (fig. 196) est une grande cuvette plate, rectangulaire ou carrée, à fond sensiblement horizontal ; cependant ceux d'angle, appelés éviers angulaires, n'ont ordinairement que trois côtés, dont un circulaire. Soutenus à hauteur d'appui par des consoles ou des supports, les éviers présentent, à leur partie la plus creuse, un tuyau d'évacuation qui conduit les eaux ménagères au dehors ; on les fait en pierre dure, en fonte

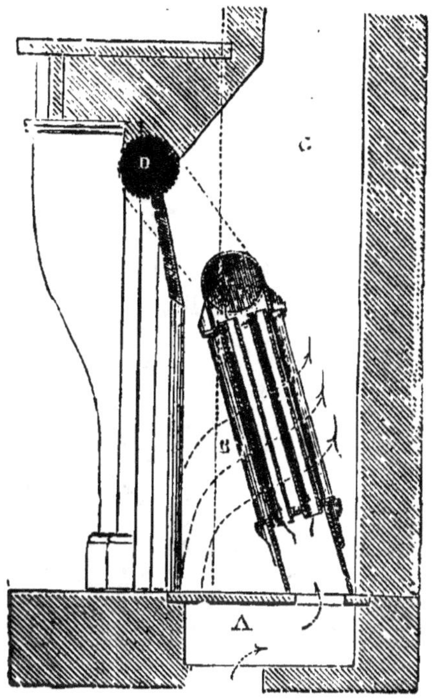

Fig. 194. — Coupe transversale de la cheminée Fondet.

A, prise d'air extérieur ; B, tubes prismatiques disposés en quinconces dans lesquels circule l'air à chauffer ; C, coffre de la cheminée,

émaillée ou, plus économiquement, en produits céramiques. Le tuyau d'évacuation est en plomb ; il débouche le plus souvent dans un ruisseau, quelquefois dans un baquet ou encore dans un petit bassin en ciment armé, dans lequel on recueille les eaux ménagères qui peuvent alors être utilisées pour l'alimentation des porcs. Ces systèmes sont assez primi-

tifs et, si on n'utilise pas ces eaux, le mieux est de les conduire
à la fosse à purin, dans un puisard, ou à la rigueur dans une
fosse fixe.

Dans tous les cas, il s'établit dans le plomb d'évacuation
un courant d'air qui ramène à l'évier les mauvaises odeurs
des eaux polluées ayant traversé le tuyau et celles provenant

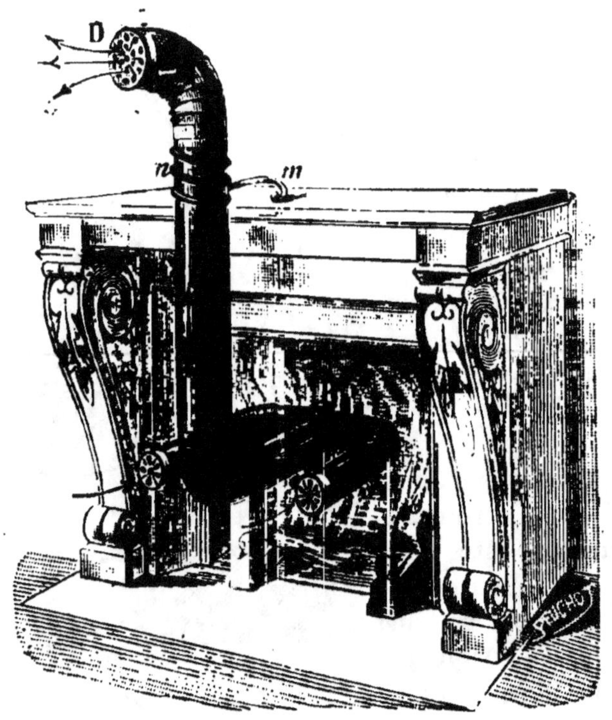

Fig. 195. — Thermophore J. J. P.

de la fosse ou du baquet où elles séjournent ; pour empêcher
ces émanations, ainsi du reste que tout retour d'air, on obture
la conduite d'évacuation en utilisant l'eau pour former un
véritable joint hydraulique ; cette obturation s'obtient très
simplement en installant directement sous l'évier, un siphon
en plomb ou en grès (fig. 197) présentant à sa partie inférieure
un bouchon permettant de le vider en cas de gelée ou d'ob-
struction. On emploie aussi très souvent, concurremment

avec le siphon, la disposition représentée dans la figure 198,
qui consiste à terminer le tuyau d'évacuation, sur la pierre
d'évier même, par une sorte de bonde appelée *bonde siphoïde* ;

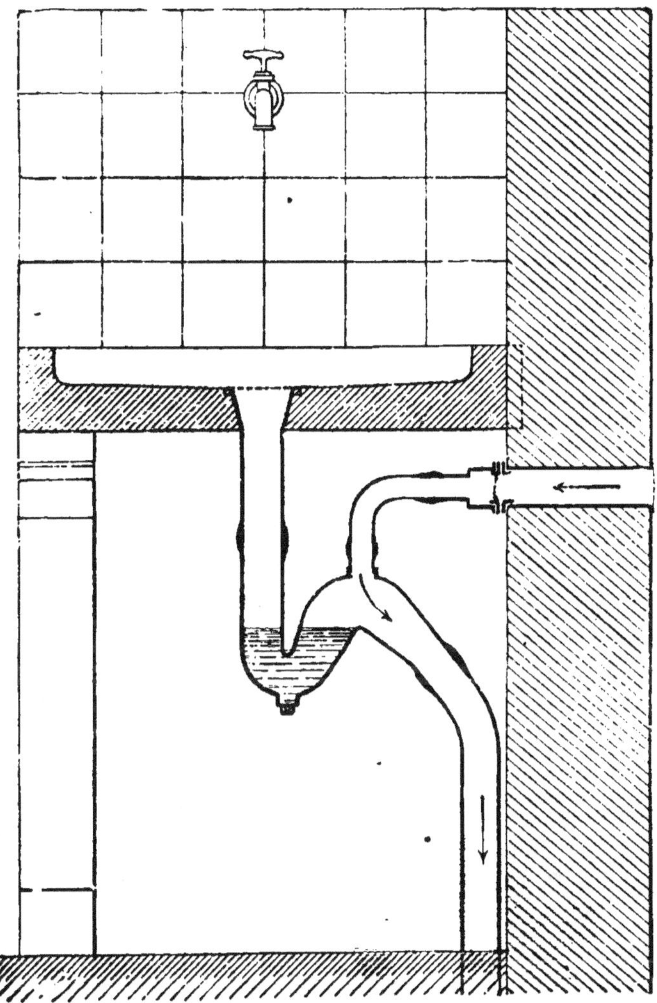

Fig. 196. — Pierre d'évier avec siphon ventilé.

les eaux sont obligées de passer entre la cuvette et le couvercle de cette bonde, pour s'écouler ensuite dans le tuyau ;
le couvercle doit être mobile et pouvoir s'enlever pour faciliter
les nettoyages. Quand on n'emploie qu'un siphon il faut garnir

l'orifice du plomb d'une grille afin d'empêcher les engorgements.

Dans ces deux systèmes, lorsqu'on doit être quelque temps sans jeter de nouvelles eaux, il est bon de faire une *chasse*,

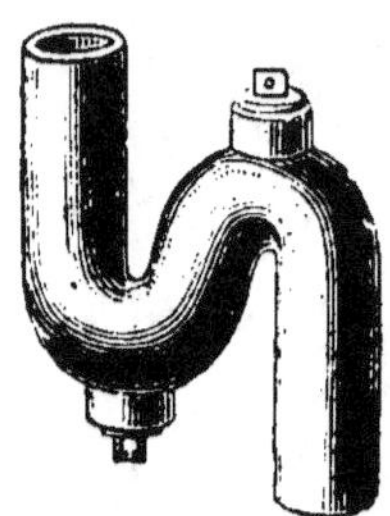

Fig. 197.
Siphon.

c'est-à-dire verser en une fois quelques litres d'eau propre pour chasser celles viciées du siphon et de la cuvette; le joint est alors parfait et, comme il est obtenu par des eaux propres, on n'a pas à redouter le dégagement de mauvaises odeurs.

Afin d'éviter tout retour de mauvaises odeurs par les tuyaux d'évacuation des éviers, on a perfectionné les siphons ordinaires et on a établi des siphons ventilés.

Dans certaines installations il arrive en effet quelquefois que, momentanément, il se produit une légère pression dans la conduite d'évacuation ; avec les siphons ordinaires les gaz, ne trouvant pas d'issue, barbotent dans

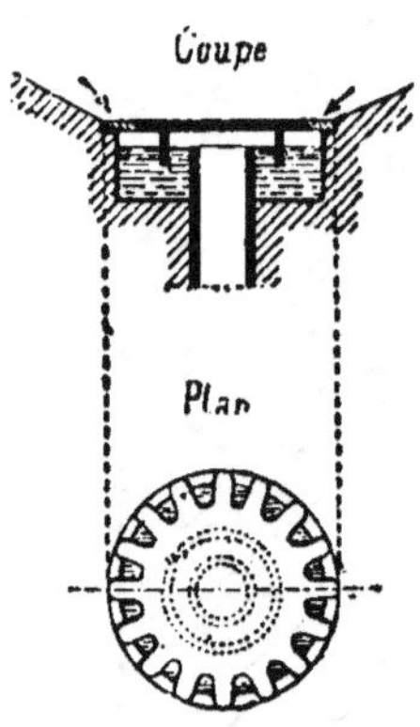

Fig. 198. — Bonde siphoïde.

le siphon et viennent se dégager dans la pièce où se trouve l'évier. Pour remédier à cet inconvénient on fait communiquer la canalisation avec l'air extérieur, comme le représente la figure 196 ; un siphon présentant cette disposition est appelé *siphon ventilé*.

On place généralement au-dessus des éviers un poste d'eau pour les besoins du ménage et pour faire facilement les chasses nécessitées par le siphon lors de son nettoyage.

Dans les installations très primitives on trouve des éviers communiquant directement au dehors par une rigole formant déversoir ; quelquefois une plaque s'engage dans une poche ménagée en avant de la rigole et forme avec l'eau que cette dernière contient une sorte de joint hydraulique analogue, comme principe, à celui d'un siphon ordinaire ; quant aux eaux ménagères, elles sont reçues à l'extérieur dans un baquet.

Cette disposition n'est pas recommandable, surtout pour les cuisines ou les laveries des habitations.

3º *Latrines et fosses d'aisances.* — Les cabinets dans les exploitations agricoles, tout au moins ceux destinés aux ouvriers, sont ordinairement fort mal installés ; souvent même il n'en existe pas. S'ils sont incommodes ou mal tenus, les ouvriers ne s'en servent pas ; il en résulte non seulement une cause de malpropreté au voisinage immédiat des bâtiments, mais aussi une perte appréciable d'un engrais riche.

Les cabinets destinés au personnel doivent être commodes et d'un nettoyage facile. Ils peuvent être placés dans la cour de la ferme, près des fumiers, ou sur la fosse à purin ; dans ce cas, ils consistent très souvent en de simples guérites en bois, peintes ou goudronnées soigneusement pour résister à la pourriture, mesurant 1ᵐ,20 de profondeur, un peu moins de largeur et 2 mètres de hauteur ; la toiture, en zinc, est en appentis si la guérite est adossée, ou en pavillon si elle est isolée. Cette guérite est fermée par une porte partielle, n'ayant au maximum que 1ᵐ,70 de hauteur de manière à en assurer constamment l'aération, et présente à l'intérieur un siège en bois, communiquant directement par une conduite en grès vernissé avec la fosse à purin. Bien qu'il soit assez difficile d'entretenir propres de semblables cabinets, ce sont cependant ceux qu'on trouve le plus communément dans les fermes à cause de la simplicité de leur installation.

Pour améliorer ces cabinets et en rendre le nettoyage plus pratique il faut, tout en conservant les dimensions et les dispositions que nous venons d'indiquer, les construire en briques à plat, ou à la rigueur de champ, et remplacer le siège en bois pas un *siège à la turque* en grès émaillé, analogue à celui représenté par la figure 199 ; la partie inférieure des murs devra être soigneusement recouverte d'un enduit de ciment, et le siège, dont les dimensions principales sont indiquées sur la figure, communiquera directement avec la fosse à purin. Les systèmes à *chasse d'eau* automatique ou à *effet d'eau* ne peuvent généralement pas être employés dans ces installations parce qu'ils sont délicats et surtout parce qu'ils exigent une relativement grande quantité d'eau sous pression,

eau qui en outre remplirait trop rapidement les fosses ; si
on n'a pas à redouter ces inconvénients on doit les adopter,
car ils permettent de placer sur le tuyau de descente un siphon
en grès qui, par suite de l'eau qu'il contient, empêche le retour
des gaz de la fosse.

Pour le nettoyage des cabinets établis sans chasse d'eau
et par suite sans siphon, le mieux, si l'on dispose d'eau sous
pression, est d'établir, près de la porte de la guérite, un poste
d'eau sur lequel on peut monter facilement un tuyau en
caoutchouc de quelques mètres de longueur, muni d'une
lance ; le nettoyage devient alors facile et peut être fait à
intervalles réguliers sans exiger une grande dépense d'eau. Nous recommandons ces sortes de cabinets et ce mode de nettoyage pour toutes les installations en commun, qu'elles soient à un ou plusieurs compartiments.

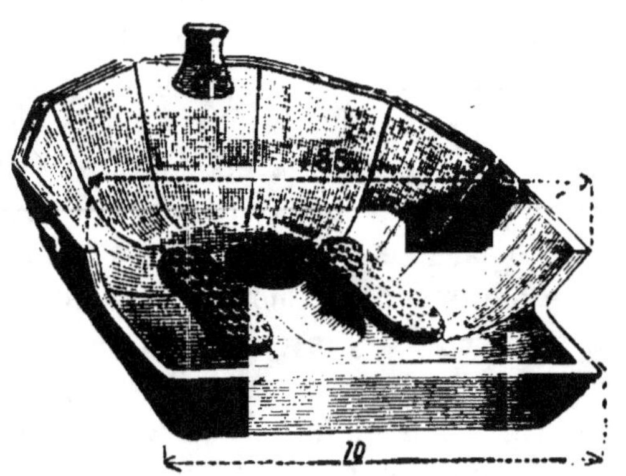

Fig. 199. — Siège commun à la turque.

La figure 200 représente un type de latrines adopté à
Grignon pour le service du personnel de la ferme. Ce cabinet,
dont les dimensions sont données par les deux dessins de
cette figure, qui sont construits à l'échelle reproduite sur l'un
d'eux, est formé d'une charpente en fer hourdée en briques
de champ et est couvert en tuiles ; chacune des faces latérales
est pourvue de deux châssis en bois garnis de lames de persiennes, qui servent à la fois à l'éclairage et à l'aération. La
porte est également en bois et les paumelles sont disposées
de manière qu'elle se ferme toujours d'elle-même ; l'intérieur
de la cabine est pourvu d'un siège à la turque. Deux cabinets,
semblables à celui représenté, sont placés entre les tas de fumier,
de chaque côté du pylône de la pompe à purin et sur la fosse
elle-même, avec laquelle ils communiquent directement.

Lorsqu'il n'est pas possible d'installer les cabinets communs de l'exploitation sur la fosse à purin ou en communication avec elle, on peut avoir recours à un système, imaginé par Goux vers 1865, qui fut employé à l'Exposition universelle de 1867 et qui est encore très répandu actuellement dans les camps, les casernes et certains établissements publics hospitaliers. Goux s'était proposé de transformer les déjections

Fig. 200. — Cabinet d'aisances (élévations principale et latérale).

humaines en un fumier analogue au fumier de ferme, sans odeur appréciable et d'une manipulation facile ; il arrivait à ce résultat en faisant absorber les liquides et le gaz des déjections par des substances poreuses sèches avant toute fermentation et dans des conditions déterminées. Dans ce système on ménage sous la cabine une fosse facilement accessible, dans laquelle on place un tonneau analogue à celui que représente la figure 201 ; ce tonneau est étanche et est muni de deux anses F formant crochets pour en rendre le transport commode ; son fond supérieur a été supprimé. Le fond infé-

rieur est garni d'une couche B de matières absorbantes de
10 à 15 centimètres d'épaisseur, sur laquelle on place en C un
moule tronconique, d'un diamètre inférieur à celui de la bar-
rique de 15 à 20 centimètres, autour duquel on tasse soigneusement les mêmes matières absorbantes ; ceci fait, on retire
le moule, ce qui est facile par suite de sa forme et de la poignée
dont il est muni, et le tonneau est prêt à être utilisé ; il n'y a
plus qu'à le mettre en place, sous le siège du cabinet. Comme
matières absorbantes, on peut employer toutes les matières
poreuses sèches, en préférant les
plus riches en principes fertilisants, de manière à augmenter
la valeur de l'engrais produit ;
on peut prendre notamment de
vieux chiffons de laine, des
bourres, des menues pailles, des
poussières et des balayures ménagères, de la tourbe, de la
tannée, des varechs et des algues,
des vases sèches, etc., etc., et
même à la rigueur des tiges et
des feuilles sèches de plantes
herbacées. Il faut ajouter à ces
matières 5 p. 100 de sulfate de
fer (couperose commune du
commerce) ou 6 p. 100 de sul-

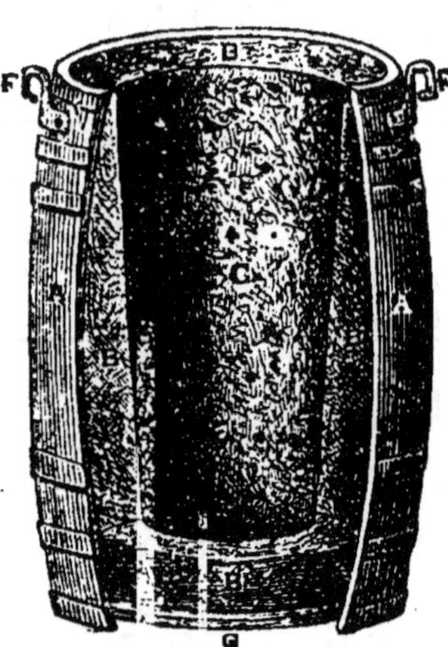

Fig. 201. — Tonneau-récipient
Goux.

fate de chaux (plâtre cuit) ; on peut du reste employer tout
produit ayant pour effet de fixer l'ammoniac ; la chaux, bien
entendu, doit être exclue à cause de sa propriété bien connue
de provoquer le dégagement de ce gaz.

La quantité des matières absorbantes est d'environ 20 p. 100
de celle des matières absorbées ; par suite un tonneau préparé
comme il vient d'être indiqué et d'une contenance de 145 litres
peut recevoir 120 kilos de matières fécales, liquides et solides.

Quand le tonneau est plein il contient un engrais analogue
au fumier de ferme, mais beaucoup plus riche ; il suffit alors
de le couvrir d'un peu des matières absorbantes qui servent
à le préparer, de l'enlever et de le vider sur un compost, en

ayant soin de recouvrir les matières qu'il contenait de quelques centimètres de terre. Si le tonneau a été bien préparé il ne doit sortir aucun liquide et ne se dégager aucune odeur appréciable. Au bout de très peu de temps cet engrais, qui se manipule à la fourche, peut être employé, bien qu'il soit préférable de le laisser se décomposer pendant deux ou trois mois.

Avec ce système on voit que l'on a intérêt à réduire au minimum les lavages de la cuvette afin d'obtenir un engrais plus riche et d'avoir à changer moins souvent le tonneau ; dans ce but, Goux avait fait établir des cuvettes plus larges à leur partie inférieure qu'à leur partie supérieure, afin de supprimer les lavages nécessités par celles de forme ordinaire. Ces sortes de cuvettes n'avaient pas d'inconvénient dans ce cas particulier, les matières absorbantes empêchant le dégagement des mauvaises odeurs.

Une installation Goux comporte donc en résumé un ou deux tonneaux récipients, un moule en métal ou en bois, une brouette spéciale pour transporter commodément les tonneaux et, si ces derniers sont dans une cave, une paire de moufles pour les retirer. La main-d'œuvre est insignifiante puisque, d'après des expériences déjà anciennes, un seul homme peut transporter les engrais produits par deux mille hommes. Quant aux matières absorbantes, il y en a trop d'utilisables pour qu'il soit difficile de s'en procurer, les menues pailles et la tourbe sont notamment toujours faciles à avoir en réserve.

Bien que ce système soit surtout recommandable pour les cabinets en commun, quand on n'a pu les disposer près de la citerne à purin, on peut cependant aussi l'employer avantageusement dans les habitations des petites exploitations, lorsqu'on ne veut pas faire la dépense d'une installation comportant une *fosse fixe*, une *fosse mobile* ou une *fosse septique.*

Fosses. — Pour les habitations, tout au moins pour celles installées avec un certain confort, on préfère les *fosses fixes* ou les *fosses mobiles* et, souvent maintenant, les *fosses septiques* ; on a recours à ces systèmes lorsque les cabinets sont dans l'habitation même, mais on peut se contenter du précédent s'ils sont à l'extérieur et isolés.

17.

Les *fosses fixes* sont de véritables citernes en maçonnerie hydraulique, rendues parfaitement étanches par un revêtement en ciment ; les angles rentrants doivent avoir été soigneusement arrondis afin de rendre les nettoyages plus faciles et, pour la même raison, le fond doit présenter une sorte de cuvette plus basse dans laquelle s'accumule le liquide lors des vidanges.

La figure 202 montre très schématiquement le principe de la disposition la plus recommandable pour les fosses d'ai-

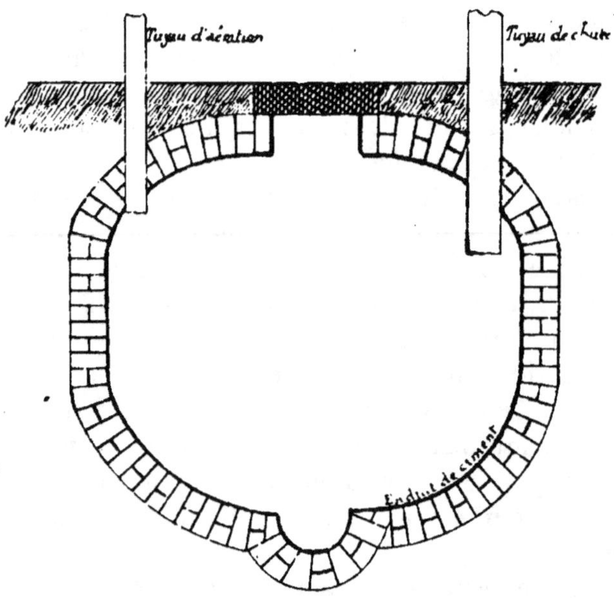

Fig. 202. — Fosse d'aisances fixe.

sances. A la partie inférieure de la fosse on a aménagé une cuvette qui permet d'en effectuer complètement la vidange ; comme la fosse ne présente aucun angle, son nettoyage et sa visite sont faciles, et on a moins à redouter des infiltrations dans le sol, ces dernières ayant presque toujours lieu par des fentes qui se produisent dans les angles que présente la maçonnerie, à la suite de tassements inégaux résultant des pressions exercées par les murs.

Ces fosses ont trois ouvertures : dans la première passe le

tuyau dit *de descente* ou *de chute* des cabinets ; de la seconde part une cheminée qui débouche à la partie supérieure de la construction et sert de *ventilateur* (le but du ventilateur est d'aérer la fosse ; on recommande de le faire dépasser la toiture de l'habitation de 1^m,50 ou 2 mètres, précaution qu'il n'est pas utile d'observer à la campagne) ; la troisième ouverture est un trou d'homme, qui sert à la vidange, au nettoyage et aux réparations, auquel on donne une section suffisante pour qu'un ouvrier puisse y passer. On ferme ce trou par une plaque de fonte ou mieux par une dalle en ciment armé ou en pierre, la fonte s'oxydant sous l'action des gaz et de l'humidité permanente de la fosse ; on jointoie soigneusement cette dalle avec du ciment, afin d'empêcher toute émanation. Comme la vidange est faite par cette ouverture, on la place de manière qu'elle soit d'un accès facile.

On admet que la capacité des fosses doit être de trois hecto-litres par individu et par an, mais avec les installations nouvelles à chasse d'eau, il faut compter sur un volume beaucoup plus grand, aussi ces installations sont-elles peu recomman-dables lorsqu'on ne dispose que de fosses fixes. Quand on le peut, il est avantageux de leur donner une capacité telle qu'on n'ait à les vider qu'une fois par an, et de s'arranger pour que ce travail soit fait pendant la saison froide. Au point de vue de la profondeur, on la limite à 3 mètres ou 3^m,50 au maximum, car au delà les pompes ordinaires à purin fonction-nent mal et ne peuvent plus être employées ; il deviendrait alors nécessaire d'avoir recours au système primitif des seaux, qu'on emploie encore journellement dans les campagnes ; avec une profondeur ne dépassant pas 3 mètres on peut utili-ser une pompe à purin quelconque.

Les *fosses* dites *mobiles* sont en maçonnerie ordinaire ; elles sont établies sous le cabinet même et servent à loger un tonneau ou même un simple baquet. Afin d'être d'un transport commode, les baquets sont munis d'anses et la contenance des tonneaux ne doit pas dépasser 2 hectolitres ; on se sert aussi, notamment dans les villes, de *tinettes*, c'est-à-dire de réservoirs cylindriques en zinc ou mieux en tôle galva-nisée contenant de 70 à 80 litres. Les tonneaux qu'on utilise ont le fond supérieur percé d'une ouverture de 0^m,20 de diamètre, dans laquelle s'engage le tuyau de descente des cabinets ; il est facile, pendant les transports, de fermer hermétiquement cette ouverture avec un couvercle en bois luté à la glaise. Le transport des tonneaux se fait sans difficulté et n'occasionne pas de dégagement appréciable de mauvaises odeurs. Il faut, bien entendu, que le caveau dans lequel se trouve le tonneau soit fermé par une dalle facilement accessible et soit parfaitement ventilé par une cheminée d'aération comme les fosses fixes.

Dans les campagnes, lorsqu'on ne dispose pas du matériel nécessaire aux vidanges, on a maintenant souvent recours aux *fosses septiques*. Nous n'entrerons pas dans le détail de leur fonctionnement au point de vue chimique et nous nous conten-

Fig. 203. — Fosse septique avec lits bactériens de contact.

terons de citer les passages suivants d'une étude qu'en a faite récemment M. Granderye dans « La Vie agricole et rurale » :

« La fosse septique, dont l'idée remonte à Mouras, de Vesoul (1880), consiste en un réservoir étanche, où vient se déverser le produit des water-closets, des eaux ménagères et des égouts et d'où s'écoule un liquide en partie épuré par l'action des microbes anaérobies (vivant en l'absence d'air). De ce premier réservoir, l'effluent se rend dans une fosse à ciel ouvert, garnie de matières poreuses où les microbes aérobies (vivant en présence d'air) achèvent de l'épurer...

« *Description d'une fosse septique.* — Il est nécessaire, pour le bon fonctionnement de la fosse, d'avoir dès le début une séparation convenable des produits solides d'avec le liquide. Les produits solides, peu à peu désagrégés, passent ensuite à l'état dissous, ou sont mis en suspension et subissent à leur tour l'action microbienne. Cette séparation première se fait dans la fosse. La coupe de l'ensemble d'une semblable installation est représentée par la figure 203.

La *fosse septique* proprement dite, d'un volume variable (de 1 à 2 mètres cubes pour une petite installation), présente à la partie inférieure un radier incliné, se terminant à un puisard où se rassemblent les matières solides lourdes, et d'où on peut les extraire au moyen du trou d'homme, ménagé dans ce but (ce qui doit être fort rare) et pour les réparations éventuelles. Dans les grandes installations, on fait précéder la fosse septique d'un *décanteur* qui sépare les matières solides et où commence déjà l'action microbienne. A cette fosse, bien étanche, construite en pierre et ciment, fait suite le *lit bactérien*. Il consiste en un bassin cimenté, peu profond, mais offrant une large surface, dont le

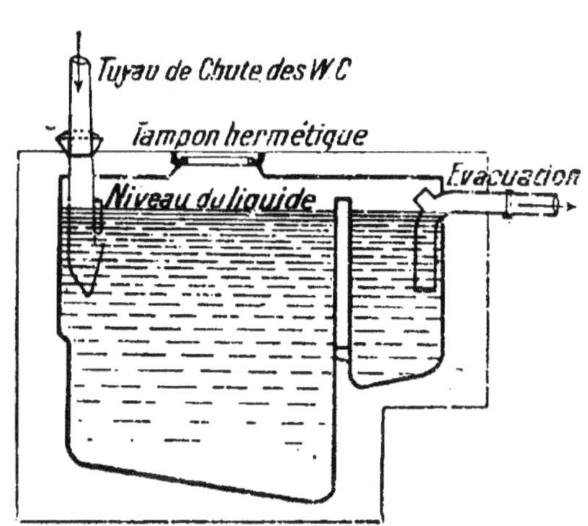

Fig. 204. — Fosse septique Bezault.

fond est garni de drains se réunissant à un collecteur. Les drains sont surmontés d'une couche de $1^m,50$ à 2 mètres de matières poreuses qui doivent satisfaire aux conditions suivantes :

1º Présenter une surface considérable ;

2º Être difficilement attaquables ;

3º Ne pas se désagréger à la longue.

On peut employer le coke, du gravier, des fragments de briques, du mâchefer, des scories du volume d'une noix, ou de la tourbe en grosse fibre ; les trois dernières matières poreuses citées sont les meilleures, satisfaisant entièrement aux conditions ci-dessus énoncées.

Si un seul lit bactérien d'oxydation est insuffisant, on doit en construire un autre à la suite, dit *de deuxième contact*, agencé de même.

Enfin, un canal permet à l'effluent de se rendre à la rivière, ou mieux, car il est riche en nitrites, nitrates, sels ammoniacaux et phosphates solubles, de s'emmagasiner dans la citerne d'où on l'extrait en temps utile au moyen d'une pompe, ou de s'épandre dans une prairie à irriguer et à fertiliser.

Pour que la fosse et les lits bactériens puissent travailler normalement, il ne faut pas qu'ils soient surchargés, c'est-à-dire qu'il est nécessaire que la concentration du liquide ne soit point trop haute, et que son écoulement ne s'effectue point trop rapidement, de façon à laisser aux microbes épurateurs le temps suffisant d'agir. On doit donc, quand la fosse n'a pas encore fonctionné, la remplir — les lits bactériens aussi, du reste — avec de l'eau. A la première arrivée des matières provenant des water-closets ou des éviers, un volume d'eau égal sera expulsé de la fosse sur le lit bactérien, au moyen du siphon placé le plus haut possible dans la fosse. Les microbes anaérobies dont pullule l'effluent commencent leur œuvre, et, à chaque apport, en même temps qu'une portion passe dans le lit bactérien, le liquide s'enrichit en matières à épurer et en microbes dont le travail devient bientôt intense.

Sur le lit bactérien, le liquide, grâce à la porosité des scories offrant une surface considérable, devient le champ d'action des microbes aérobies ; les premiers qui le peuplaient ont été tués par l'oxygène de l'air, tandis que les seconds l'ensemencent à leur tour et fixent l'oxygène sur les divers composés carbonés qui se présentent. Les bacilles nitrificateurs sont les plus nombreux, et leur activité, pour transformer les composés azotés, est considérable.

Pour de petites installations, où l'apport des matières à épurer est relativement faible, l'épuration biologique s'effectue donc par intermittence (épuration dite « par contact »). Mais pour de grandes quantités d'effluent — eaux d'égouts d'une ville — il est préférable d'opérer l'épuration « par percolation »; l'effluent de la fosse septique est alors distribué en pluie fine, continuellement, soit par des ajutages fixes, soit par un tourniquet hydraulique..... »

III. — LOGEMENT DES ANIMAUX

I. — Écuries.

On appelle *écuries* les locaux qui servent de logement aux équidés. On distingue ordinairement trois genres d'écuries : celles qui sont destinées aux chevaux de travail (écuries agricoles ou industrielles), les écuries de luxe, réservées dans les exploitations rurales pour les chevaux du propriétaire ou du fermier, et celles d'élevage.

1° *Écuries agricoles ou industrielles.* — Elles doivent réaliser les conditions d'hygiène réclamées par les chevaux, c'est-à-dire être saines, aérées, chaudes et présenter les dispositions les plus avantageuses pour que les services de nettoyage et d'alimentation se fassent dans les meilleures conditions possible.

Il faut, en premier lieu, que chaque cheval puisse disposer d'un emplacement suffisant. Les dimensions de cet emplacement, qu'on appelle souvent *stalle*, dépendent de la taille des animaux, mais elles sont en moyenne de $1^m,75$ pour la largeur et de $2^m,40$ pour la longueur, en prenant des valeurs un peu plus grandes pour les bêtes de forte taille et un peu moindres pour les petites ; on admet en général que la longueur de la stalle, non compris la mangeoire, doit être égale à celle de l'animal, et on adopte comme largeur sa hauteur prise au garrot de manière qu'il puisse se coucher. Les chevaux étant placés les uns à côté des autres, il est facile de calculer la longueur à donner à un bâtiment devant loger un nombre donné d'animaux, où, inversement, déterminer combien de chevaux peuvent tenir dans un bâtiment déjà existant. Pour la profondeur de l'écurie il faut ajouter à la longueur des emplacements des animaux ($2^m,40$) la largeur des mangeoires (50 à 60 centimètres) et celle du couloir de service, qui doit avoir $1^m,50$ ou 2 mètres de largeur ; si, comme cela a lieu parfois, on accroche au mur du passage de service les harnais de chaque cheval, en face de l'emplacement qu'il occupe, on doit compter 50 ou 60 centimètres en plus. La profondeur du bâtiment est donc comprise entre $4^m,40$ et $5^m,50$, mais il n'y a aucun inconvénient à donner un peu plus de largeur au

passage de service, et par suite au bâtiment, si on ne craint
pas un supplément de dépenses ; une semblable écurie est dite
écurie à un rang et convient lorsqu'on n'a à loger qu'une
dizaine de chevaux. Dans les fermes on rencontre souvent des
écuries à un rang comprenant un nombre beaucoup plus considérable d'animaux, mais ce sont alors de vieux bâtiments,
construits pour un autre usage, qui ont été transformés en
écuries, ou encore de vieilles constructions établies comme on
le faisait autrefois en disposant les bâtiments tout autour de
la cour de la ferme, de manière à la clore.

L'expérience a montré qu'une porte suffit par huit à dix
chevaux, et que, pour l'éclairage et l'aération, il faut une

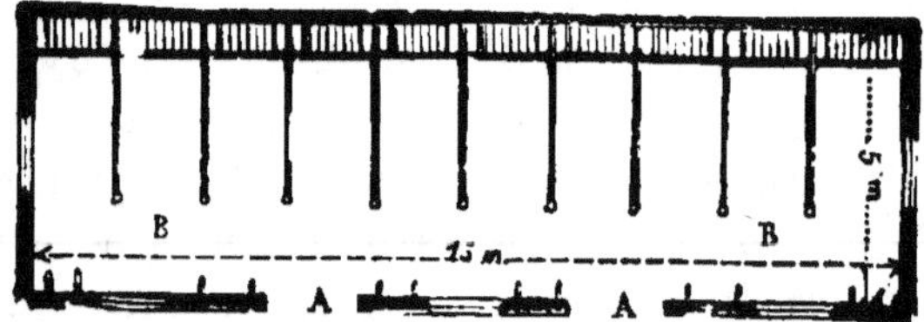

Fig. 205. — Ecurie simple.

fenêtre par deux ou trois animaux; nous aurons plus loin
l'occasion de reparler de ces portes et de ces fenêtres. Quant
à la hauteur de l'écurie, elle doit être de 3 mètres au moins, afin
d'assurer une aération suffisante ; au-dessous de cette hauteur
une ventilation bien étudiée s'impose. Les murs, en maçonnerie
ordinaire, ont 40 ou 50 centimètres d'épaisseur, de manière à
être chauds et à résister aux chocs auxquels ils sont exposés.

Dans les écuries à un rang, on peut avantageusement
utiliser les angles du bâtiment pour y placer d'un côté un coffre
à avoine, et de l'autre une armoire pour ranger le matériel de
pansage et les produits pharmaceutiques indispensables, dont
on a besoin en cas d'accidents ou de maladies. La figure 205
donne le plan d'une écurie à un rang pour dix chevaux, éclairée
par trois fenêtres et desservie par deux portes, avec passage de
service en B. Il est bon d'avoir un homme de garde la nuit, et,
par suite, de réserver une place pour un lit ; ce lit, installé
d'après la disposition que nous avons indiquée précédemment,
peut être placé au bout de l'écurie, au-dessus du coffre à

avoine si la place est restreinte, ou mieux au centre dans une
chambre spéciale, si les dimensions du bâtiment le permettent.

Lorsque l'écurie comporte plus de huit ou dix chevaux, il
devient économique d'adopter la disposition à deux rangs,
dites *dos à dos*, avec couloir de service au milieu ; la figure 206
montre schématiquement cet arrangement. Les dimensions
générales étant les mêmes que précédemment, nous aurons
comme largeur de l'écurie : deux râteliers de 60 centimètres,

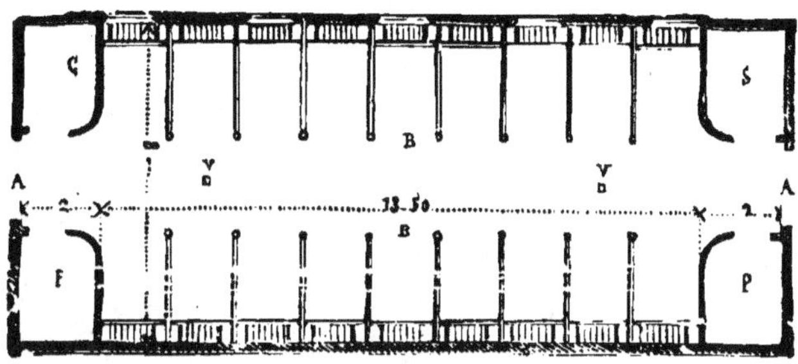

Fig. 206. — Écurie double dos à dos.

deux rangs de stalles de 2ᵐ,40, un passage central de 2 mètres,
soit 8 mètres. En A sont les portes, placées suivant les pignons,
en B les animaux et en V des cheminées servant à l'aération et
à la ventilation ; dans les quatre encognures du bâtiment on a
réservé des emplacements C, F, P, S, pour le lit du garde
d'écurie, les harnais, les médicaments, les outils de pansage,
et les coffres à avoine.

On dispose aussi quelquefois les animaux tête à tête ;
comme il n'est pas utile d'avoir un couloir entre les râteliers
pour le service de l'alimentation, l'écurie se présente comme
le montre la figure 207 : les portes sont en A, suivant les
passages B, ou encore latéralement, et on a placé en C les
coffres à avoine avec le lit du garde de nuit au-dessus ; quelques
cheminées V complètent l'aération assurée par les fenêtres. La
nécessité d'avoir deux passages oblige à donner à l'écurie une
largeur plus grande que dans la disposition précédente, cette
largeur varie entre 9 et 10 mètres ; sous ce rapport ce genre
d'écurie est moins avantageux.

Quant à la longueur des écuries, elle dépend du nombre

d'animaux à loger, mais elle ne doit pas dépasser 18 à 20 mètres. Dans des écuries aussi importantes, il est recommandable d'avoir un local spécial pour les harnachements, qui représentent un capital élevé, mais on peut placer au dehors, sous un auvent ou un appentis vitré, les harnais d'un usage journalier ; cette disposition est avantageuse et commode parce que, étant à l'air, ces derniers sèchent mieux que dans l'écurie et parce qu'elle permet de *garnir* les animaux à l'abri de la pluie. Les portes des passages se trouvent aux extrémités des couloirs, mais on pourrait, si cela était nécessaire, en avoir d'autres

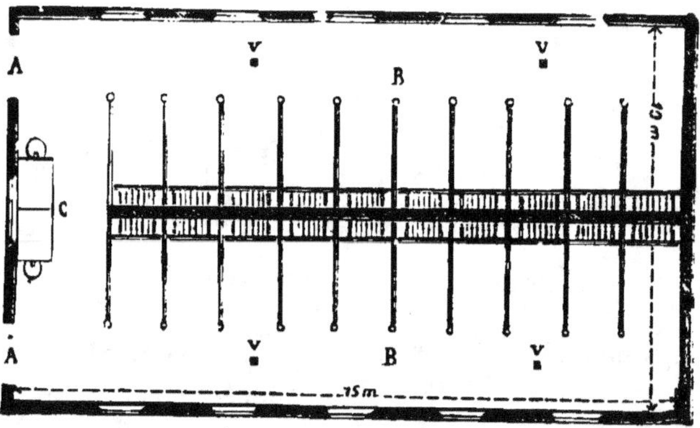

Fig. 207. — Écurie à deux rangs tête à tête.

de chaque côté ; des fenêtres assurent l'éclairage ainsi que l'aération. Les fermes de la charpente sont disposées dans le sens le moins large du bâtiment, et la façade, avec les portes, se trouve suivant l'un des pignons.

Pour un nombre plus considérable de chevaux, on conserve ces dispositions mais en les répétant ; ces sortes d'écuries sont appelées écuries dos à dos ou tête à tête à rangs transversaux. Il est bon alors de ménager à l'intérieur un passage de 1ᵐ,50 de manière, en faisant communiquer les couloirs entre eux, à faciliter les services et la surveillance, qui peuvent ainsi se faire sans avoir à sortir au dehors. Il n'est pas utile de réserver des passages entre les râteliers, comme nous le recommanderons plus loin pour les bouveries et les vacheries, parce que si les bœufs, notamment ceux à l'engrais, et surtout les vaches, ne doivent pas être dérangés, il faut au contraire que les chevaux s'habituent à leurs conducteurs qui, lorsqu'il n'y a pas de passage spécial, sont obligés de pénétrer dans les stalles pour leur apporter leur nourriture. Quand on ne craint pas de perdre ce dernier avantage et de donner un peu plus de largeur aux écuries, on dispose tous les animaux dans le même sens ; les passages de service, qui servent également à l'alimentation, n'ont alors que 1^m,50 et la distribution de la nourriture se fait beaucoup plus facilement, surtout si on adopte des types d'auges pouvant être desservies du couloir. Les dimensions des écuries disposées de cette façon sont, pour chaque travée, de 4^m,50 environ (0^m,60+2^m,40+1^m,50) et il faut, par rang, une porte de sortie. En augmentant la largeur des passages on peut, à la rigueur, y accrocher les harnais de service, mais il est préférable de les conserver ailleurs, par exemple sous un appentis, comme dans la disposition dont nous avons parlé précédemment.

Dans la plupart des fermes on utilise, comme écuries, des bâtiments déjà existants, n'ayant pas été spécialement établis pour cette affectation ; c'est pour cela que les chevaux sont ordinairement logés par six ou huit dans de petites écuries à un rang, souvent complètement séparées.

Cette façon de faire complique un peu les services, mais, en cas de maladie, elle rend la contamination moins facile ; elle n'a pas d'inconvénients sérieux si on a soin de grouper ensemble les animaux formant une même *attelée*.

L'écurie simple à un rang, pour cinq ou six chevaux, et l'écurie double dos à dos avec couloir central donnant directement dans la cour de ferme, pour un nombre double d'animaux, sont les deux types les plus recommandables dans les exploitations agricoles ; quand on a un plus grand nombre de chevaux à loger nous conseillons l'usage d'écuries voisines et semblables, du type précédent, c'est-à-dire d'écuries élémentaires doubles dos à dos ne renfermant chacune qu'une dizaine de stalles.

Détails d'installation. — Le sol des écuries doit être résistant, imperméable, ne pas être glissant et présenter une pente suffisante pour assurer l'écoulement des urines. Les meilleurs sols sont formés par un pavage bien fait en bons pavés de grès ou de granit, jointoyés avec du mortier ciment, sur forme de sable de rivière ; le dallage en ciment (béton avec revêtement en mortier de ciment sur lequel on a tracé des lignes perpendiculaires et qu'on a passé à la boucharde, de manière qu'il ne soit pas glissant) donne une aire beaucoup moins résistante, qui se dégrade tôt ou tard. Nous ne conseillerons pas les pavages en briques, qui offrent à notre avis une résistance insuffisante quand il s'agit de gros chevaux de culture, mais qui, faits en briques de bonne qualité et protégés par une abondante litière, sont très recommandables pour les écuries de luxe ; ceux en bois sont bons, mais s'imprègnent d'urine à la longue ; l'asphalte a l'inconvénient de se ramollir en été et, sous le poids des chevaux, devient inégal ; aussi le pavage en bois et l'asphalte ne sont-ils pas employés dans les écuries agricoles.

La partie de l'écurie occupée par les animaux doit présenter une certaine inclinaison, afin d'assurer l'écoulement du pissat vers des rigoles parallèles aux passages de service ; ces rigoles le conduisent dans une canalisation qui l'amène à la fosse à purin.

Afin de réduire au minimum la différence de niveau entre les passages et les mangeoires, on a proposé d'établir deux pentes différentes mais dans le même sens : la première, du côté de la crèche et sur un tiers environ de la longueur de la stalle, ne sera que d'un demi-centimètre par mètre ; la seconde, sur les deux autres tiers de la longueur, aura au moins un centimètre. Cette disposition permet d'obtenir une différence de niveau insignifiante entre les aplombs des animaux, tout en assurant un écoulement régulier des urines ; elle devient surtout recommandable quand on emploie, pour confectionner le sol, des matériaux qui ne sont pas unis et rigoureusement imperméables, car alors on est obligé d'adopter des pentes beaucoup plus prononcées que celles que nous venons d'indiquer.

En arrière des emplacements réservés aux chevaux, le long du passage de service, se trouve une rigole qui reçoit les urines et les conduit au dehors ; cette rigole peut être faite comme un simple caniveau et être très peu prononcée, ou au contraire avoir une section comme celle indiquée dans la figure 208 ; on doit alors la faire en pierres taillées, de manière à éviter les infiltrations qui se produisent souvent quand on la compose en matériaux de petites dimensions. Dans les écuries de luxe on lui donne un profil spécial et on la couvre avec des grilles en fonte ou avec des plaques de tôle perforé (fig. 209). La pente des rigoles doit être de 10 à 15 millimètres par mètre ; on lui donne deux sens lorsque ces dernières présentent une certaine longueur, afin d'éviter les dénivellations trop prononcées.

Quand les pentes sont convergentes on place un regard au point de réunion des rigoles et, par une canalisation souterraine en tuyaux de

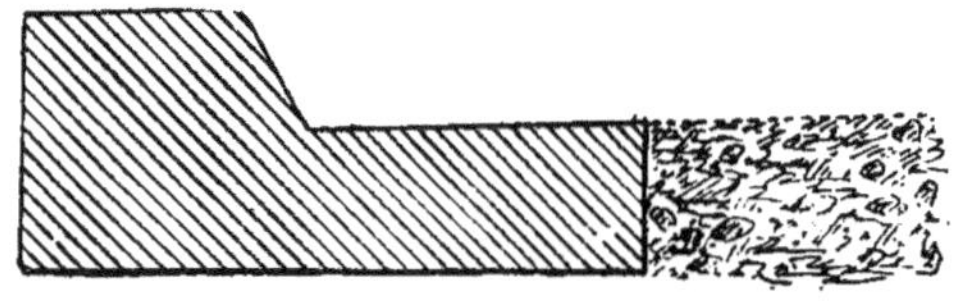

Fig. 208. — Profil de rigole.

grès vernissé présentant une forte pente ($0^m,02$ à $0^m,03$ par mètre), on conduit les urines à la fosse à purin ; si au contraire les pentes sont divergentes, les rigoles peuvent généralement déboucher directement au dehors. Afin d'empêcher le retour des gaz de la fosse à purin il est recommandable de placer, en tête de la canalisation, qui doit avoir un

Fig. 209. — Rigole couverte.

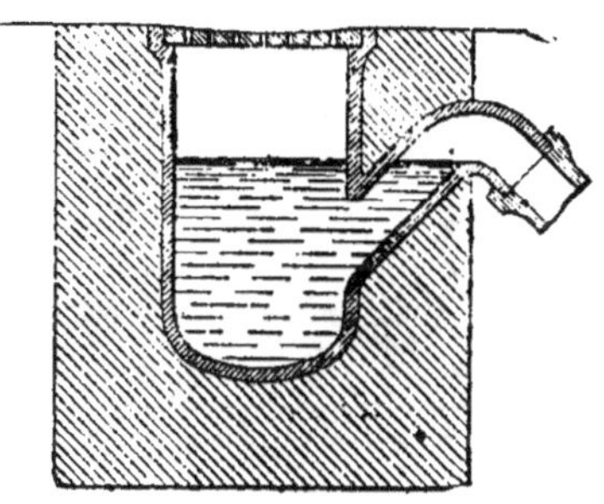

Fig. 210. — Siphon de cour.

diamètre suffisant (10 à 12 centimètres), soit un siphon comme celui représenté dans la figure 210, soit une bonde à fermeture hydraulique (fig. 211) analogue à celle dont nous avons parlé à propos des éviers, pourvue d'une grille *a* pour empêcher les engorgements. Quand la rigole débouche directement au dehors, on empêche les courants d'air en plaçant dans l'épaisseur du mur une plaque en métal ou en poterie, plongeant dans la rigole dont on a augmenté la profondeur à cet endroit de manière à avoir encore une obturation siphoïde; cette disposition est beaucoup moins bonne que la précédente au point de vue des nettoyages et ne doit être employée que quand on ne peut pas placer un siphon ou une bonde.

Les appareils destinés à recevoir la nourriture comprennent ordinairement un *râtelier*, pour les fourrages, et une *auge* pour l'avoine, le son ou les rations analogues. La figure 212 donne en I la coupe de la disposition qu'on rencontre le plus fréquem-

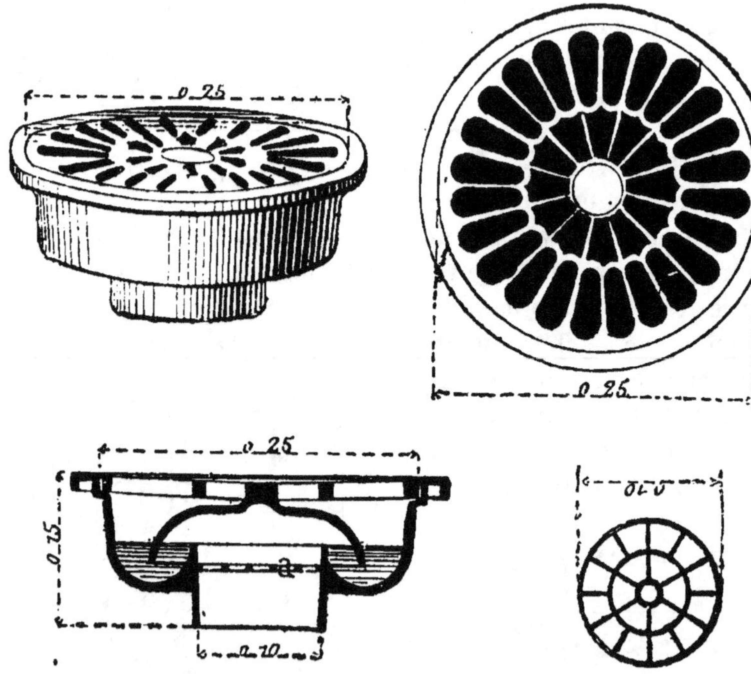

Fig. 211. — Bonde siphoïde. — Élévation, plan,
coupe et plan de la grille *a*.

ment : en B est le râtelier, formé de deux longrines en bois A qui sont maintenues aux murs, à la partie inférieure par des pattes et à la partie supérieure par des tirants *p* placés de distance en distance; ces deux longrines sont réunies tous les $0^m,15$ par des barreaux en fer ou en bois C, appelés *roulons*. Au-dessous du râtelier se trouve l'auge D, formée de solides planches en chêne, soutenues par des ferrures scellées dans les murs et, de place en place, par des supports *s* en bois ou en maçonnerie ; la figure, qui est à l'échelle indiquée, nous donne les

dimensions ordinairement adoptées. On reproche, à cette disposition, d'obliger les chevaux à faire des mouvements fatigants
pour prendre le fourrage, dont, de plus, la poussière et les
menus débris leur tombent dans les oreilles et les yeux ; pour
cette raison nous recommandons la disposition représentée en II

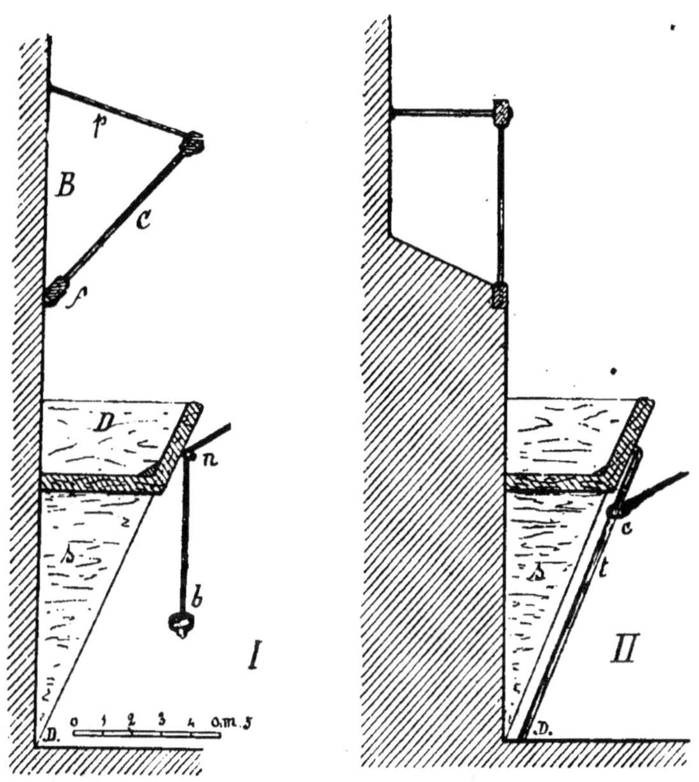

Fig. 212. — Crèches et râteliers d'écurie.

(même figure) qui remédie aux inconvénients de la précédente
et qui n'a que ceux d'être plus coûteux et d'exiger un peu plus
de profondeur, le râtelier et l'auge n'étant pas superposés. On
fait aussi de très bonnes auges en ciment armé et on en trouve
quelquefois en pierre.

Dans les installations nouvelles on emploie beaucoup des
râteliers entièrement en fer, du type de celui représenté en 1
(fig. 213), qui malheureusement sont souvent d'une construction

un peu légère, et des auges indépendantes en fonte émaillée, à un ou deux compartiments (fig. 214), l'un des compartiments servant de mangeoire et l'autre d'abreuvoir. Ces genres de râteliers et d'auges conviennent surtout quand les animaux sont séparés par des *cloisons mobiles*; dans le cas contraire, on peut employer des auges et des râteliers d'angle qui tiennent moins de place; ce sont notamment ces modèles qu'il faut préférer pour les box. Pour ces derniers on adopte aussi, pour mettre le foin, des sortes de paniers en fer appelés *fourrières*,

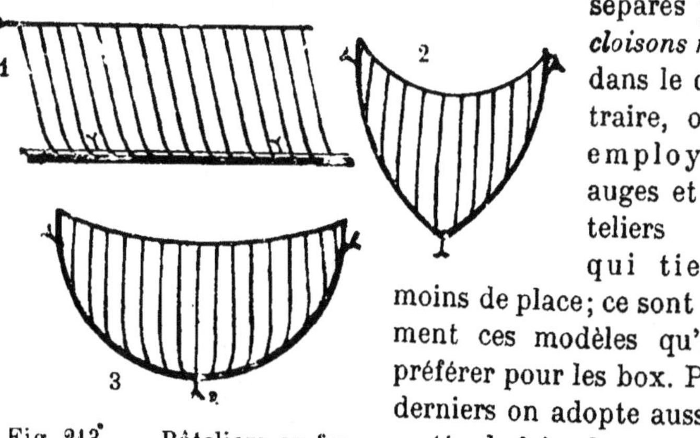

Fig. 213. — Râteliers en fer.

qu'on place dans les angles et dans lesquels ont met le fourrage; il est bon que ces paniers soient en partie fermés par des barreaux de manière que les animaux ne puissent pas retirer trop

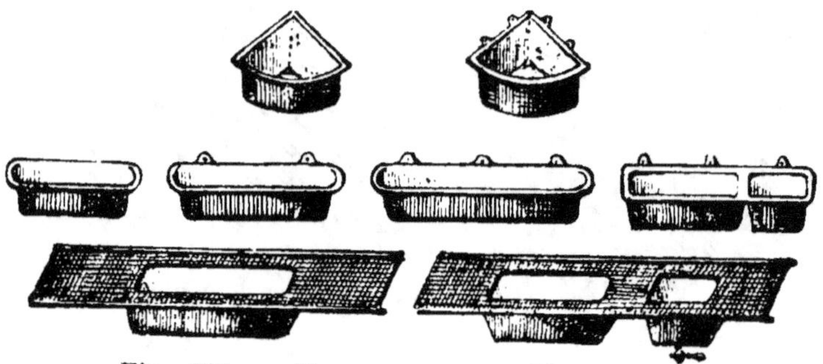

Fig. 214. — Mangeoires en fonte émaillée.

facilement le foin qu'ils contiennent et ne le gaspillent pas.

Les chevaux doivent être séparés les uns des autres par des cloisons ayant bour but de les empêcher de se gêner mutuellement et aussi de se battre (cette précaution est inutile pour les animaux de l'espèce bovine en raison de leur caractère beaucoup plus calme). Les séparations peuvent être fixes ou mobiles;

celles mobiles, généralement suffisantes, étant plus simples et moins coûteuses, sont de beaucoup les plus employées.

Les *séparations mobiles*, appelées *bat-flancs*, sont formées de quelques fortes planches solidement réunies (fig. 215),

suspendues d'une part à un anneau fixé à la mangeoire et d'autre part à une chaîne où à une corde attachée au plafond de l'écurie ; ces séparations peuvent donc, tout en isolant les chevaux, se déplacer dans une certaine mesure ; il

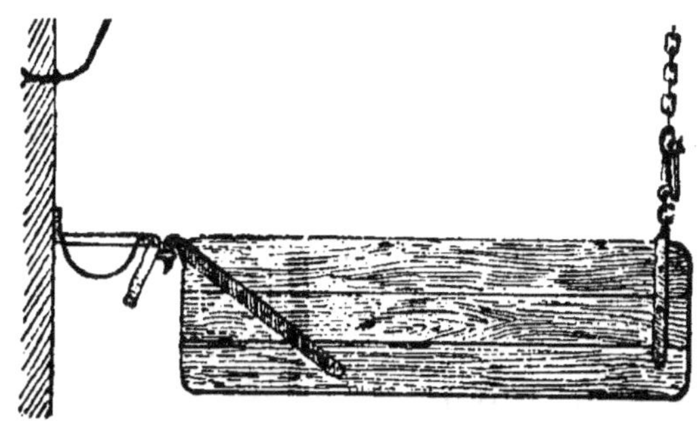

Fig. 215. — Bat-flanc.

faut les faire avec des bois qui n'éclatent pas sous l'action des coups qu'ils reçoivent car il se formerait des échardes qui blesseraient les bêtes ; certains sapins, l'aune et le grisard remplissent très bien cette condition essentielle. Parfois on forme le bat-flanc par un simple madrier ou une grosse perche ; d'autres fois on le constitue au contraire par une véritable cloison garnie de nattes de paille.

Comme il arrive quelquefois que les animaux *s'embarrent* dans les bat-flancs, il faut absolument pouvoir décrocher facilement ceux-ci pour les dégager ; on obtient ce résultat en intercalant sur la chaîne ou la corde de suspension du bat-flanc un petit appareil appelé *sauterelle*. Les sauterelles, dont il existe de bons modèles, doivent permettre de faire tomber instantanément le bat-flanc, par une manœuvre simple, car c'est le plus souvent par les ruades et les *embarrures* que les chevaux se blessent. Un modèle très pratique, qui peut être en bois ou en métal, est représenté dans la figure 216 ; il est formé essentiellement par une sorte de grande aiguille, attachée à la partie inférieure de la corde ou de la chaîne de suspension et passant dans une boucle ou un anneau relié, par un bout de corde ou de chaîne, à l'extrémité du bat-flanc ; l'aiguille est maintenue contre la corde par un anneau qu'il suffit de soulever pour libérer le bat-flanc. La sauterelle de droite de la figure rentre dans une catégorie spéciale, celle des sauterelles *automatiques*, c'est-à-dire des sauterelles qui se déclanchent d'elles-mêmes quand on exerce une pesée sur le bat-flanc ; pour obtenir ce résultat, la boucle inférieure est disposée de manière à faire ouvrir la sauterelle, dont l'aiguille est simplement maintenue par un anneau incomplètement fermé *a*, dont les branches s'écartent sous l'action d'un effort anormal. Il existe

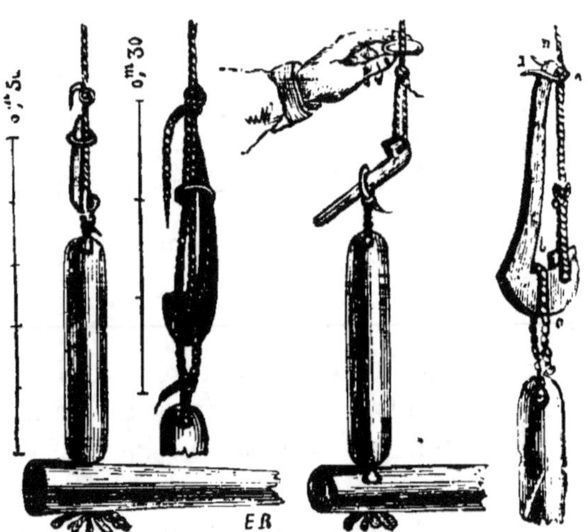

Fig. 216. — Sauterelles.

également des sauterelles automatiques en fonte, dont le déclenchement est obtenu par la compression d'un ressort à boudin intérieur. Enfin on fabrique aussi des sauterelles à pompe, très simples mais non automatiques, dont les deux parties sont réunies par un excentrique commandé par un petit levier extérieur.

Les *cloisons fixes*, qui déterminent des emplacements appelés *stalles*, empêchent complètement les chevaux de se gêner ou de se battre ; on donne aussi le nom de *stalles* aux séparations elles-mêmes. Pour être efficaces, ces cloisons doivent avoir au moins 1^m,10 à l'arrière, de manière que les chevaux ne puissent pas s'embarrer et 1^m,80 à 2 mètres à l'avant pour qu'il leur soit impossible de se mordre. Un bon modèle est réprésenté par la figure 217, car, tout en isolant parfaitement les chevaux, il leur permet de se voir et de s'habituer les uns aux autres.

Certaines stalles sont séparées par des cloisons fixes à leur partie supérieure et mobiles à leur partie inférieure. Ce genre de séparation est très recommandable, car il présente les avantages de la stalle sans en avoir les inconvénients ; il est en particulier très utile dans les écuries où le manque d'emplacement oblige à donner à chaque stalle le minimum de largeur ; de cette façon on évite les accidents par coups de pieds, morsures, etc., et, d'autre part, grâce à la mobilité des panneaux inférieurs, les chevaux ont plus d'espace pour se coucher.

Tandis que les bat-flancs n'ont ordinairement que de 2 mètres à 2^m,50, on donne aux cloisons fixes une longueur un peu plus grande (2^m,50 à 3 mètres).

Un point important, dans les écuries, est le mode d'attache des animaux. On doit en effet chercher à éviter les accidents qui se produisent lorsque les chevaux se prennent dans leurs longes ; on adopte presque toujours, pour cela, des dispositions empêchant ces dernières de flotter.

Fig. 217. — Stalle d'écurie.

Il faut en outre pouvoir, en cas d'accident ou d'incendie, libérer rapidement les bêtes en coupant leurs attaches ; cela est impossible quand on emploie des chaînes que, de plus, on ne peut pas décrocher quand les animaux les tendent en tirant sur elles. Donc quand des considérations particulières ou économiques obligeront à adopter les chaînes, dans les écuries importantes bien entendu, il faudra les terminer par un bout de corde ou de lanière afin de faire disparaître les deux inconvénients que nous venons de signaler.

Pour que la longe ne flotte pas, on se contente ordinairement de la faire passer dans un anneau n, fixé à la mangeoire (I, fig. 212, page 311) et d'y attacher un billot en bois b qui ne peut passer dans l'anneau ; le billot maintient tendue la longe et la longueur de cette dernière détermine le degré de liberté qu'on veut laisser aux animaux.

Un autre mode d'attache qu'on rencontre aussi (II, fig. 212) est celui qui consiste à terminer la longe par un anneau *c* coulissant sur une tringle en fer *t* fixée d'une part à la mangeoire et scellée, d'autre part, dans le sol. Cette disposition est beaucoup moins bonne que la précédente, car les animaux peuvent très facilement, en baissant la tête, prendre leurs membres antérieurs dans leurs longes ; aussi toutes les dispositions de ce genre sont peu recommandables. Quelquefois on place, immédiatement au-dessous de l'anneau de la mangeoire, un conduit en fonte dans lequel se déplace le billot d'arrêt ; ce mode d'attache est très bon.

Une longe suffit pour attacher les chevaux, à moins qu'il n'y ait pas de séparations ; dans ce cas il vaut mieux les attacher, comme les bovins, à deux anneaux placés à droite et à gauche de chaque stalle.

2° *Écuries de luxe.* — Dans ces écuries chaque bête occupe un emplacement, limité par des cloisons fixes du genre de celle représentée dans la figure 217, formant *stalle* ; les dispositions générales sont les mêmes que celles que nous venons de voir, mais on donne ordinairement aux emplacements réservés aux animaux des dimensions un peu plus grandes, ainsi du reste qu'au passage de service. Dans chaque stalle on place, dans les angles, une auge pour l'eau, une mangeoire pour l'avoine et un râtelier d'angle ou mieux une fourrière pour le foin. Comme on ne regarde pas à un supplément de dépenses, on emploie des matériaux de choix (séparations entièrement en chêne avec *protecteurs*, ferrures nickelées, etc.), et on adopte des dispositions harmonieuses ; souvent même on place les animaux dans des box analogues à ceux des écuries d'élevage, mais plus petits.

3° *Écuries d'élevage.* — Les juments avec leurs poulains occupent des *box*, c'est-à-dire des compartiments entourés de barrières ayant 1ᵐ,80 à 2 mètres de hauteur, formées d'une partie inférieure pleine surmontée de claires-voies. Ces box sont ordinairement carrés et mesurent 4 mètres environ en tous sens ; ils communiquent généralement d'une part avec des parcs ou des cours appelés *paddocks* et, d'autre part, avec un couloir de service ; la figure 218 donne la coupe d'une semblable installation. Le couloir de service a ordinairement 2 mètres de largeur et est au même niveau que les box ; il sert à l'enlèvement des litières et de passage aux animaux lorsqu'on veut les changer de compartiments ; quand il est réservé exclusivement au service de l'alimentation, on le fait plus étroit et, parfois, on le surélève.

L'éclairage et l'aération des écuries sont assurés par les fenêtres et les portes. Les fenêtres, dont les châssis sont en bois ou en fer, doivent être disposées de manière à ne pas déterminer des courants d'air pouvant occasionner des refroidissements chez les animaux ; pour cela, il faut les placer à une hauteur suffisante, 2 mètres au moins, et les faire ouvrir

Fig. 218. — Coupe d'un box.

vers l'intérieur de haut en bas, pour que l'air ne vienne jamais frapper directement les chevaux ; quelquefois même, pour éviter tout courant d'air, on adopte des fenêtres-ventilateurs à soufflet. En principe elles doivent être larges et basses ; on leur donne souvent de 0^m,80 à un mètre de hauteur et de 1^m,30 à 1^m,80 de largeur. La figure 219 donne, parmi beaucoup d'autres, une disposition très adoptée. En général, toutes les fenêtres d'écurie sont analogues et ne diffèrent que par leurs appareils de fermeture et leur mode de commande ; *comme pour toutes celles destinées au logement des animaux, il faut proscrire les petits bois transversaux* qui gênent l'écoulement de l'eau à la surface des vitres et qui en outre, pour cette raison sont rapidement détruits par la rouille ou la pourriture; à l'extérieur, cette eau provient de la pluie et, à l'intérieur, de la condensation de la vapeur d'eau.

Les portes contribuent aussi l'éclairage et à l'aération. On emploie beaucoup les portes coupées, à un ou deux vantaux; la partie inférieure reste fermée et empêche les chevaux qui viendraient à se détacher, de s'échapper, ainsi que certains animaux, tels que les chiens et les volailles, d'entrer dans les

Fig. 219. — Fenêtre d'écurie ou d'étable.

écuries. Les portes ont au moins 1^m,20 à 1^m,50 de largeur et sont pourvues d'appareils de fermeture ne faisant aucune saillie; il faut, en outre, les munir d'arrêts afin qu'elles ne battent pas et que les chevaux ne les trouvent pas en partie fermées, lors de leurs passages. Ces portes, *ainsi que toutes celles des locaux occupés par des animaux, doivent s'ouvrir de l'intérieur vers l'extérieur;* cette remarque est surtout importante pour les portes des porcheries et des bergeries, car autrement il arrive qu'on ne peut pas les ouvrir lorsque les animaux sont couchés devant elles ou cherchent à sortir.

Quand les fenêtres et les portes ne donnent pas une aération suffisante, on est obligé de l'activer en plaçant convenablement quelques *ventouses* ou des cheminées de ventilation.

Infirmerie. — Dans les fermes importantes il est nécessaire d'adjoindre aux écuries proprement dites un lazaret indépendant; cette nécessité ne date pas d'aujourd'hui, puisque sur le plan de la ferme nationale de Rambouillet, que nous donnons page 259 et qui date de 1785, figurent, en K et en N, deux infirmeries, l'une pour les chevaux, l'autre pour les vaches. Ce lazaret, devant être susceptible de recevoir un ou plusieurs animaux suivant les circonstances, sera aménagé en box avec râteliers fixes et mangeoires démontables ; il sera bon que ses murs soient garnis, jusqu'à une hauteur de 1^m,50 environ, de planches analogues à celles des bat-flancs, de façon que l'on puisse y mettre un cheval atteint de coliques sans risques de blessures pour l'animal et de dégradations pour les murs.

Quand le local sera assez spacieux pour contenir plusieurs chevaux à la fois, il faudra pouvoir le diviser, si besoin est, par des séparations démontables.

Une infirmerie ainsi comprise serait d'une grande utilité, particulièrement dans le cas de maladies contagieuses ; les animaux atteints pourraient être isolés aussitôt reconnus malades et l'on éviterait ainsi la contamination dans bien des cas.

II. — Étables.

Les animaux de l'espèce bovine sont logés dans des locaux dont la disposition varie légèrement suivant qu'ils sont destinés à des animaux d'élevage, à des vaches laitières, à des animaux à l'engrais ou à des bœufs de travail. Ces locaux, appelés d'une manière générale *étables*, prennent plus spécialement le nom de *vacheries* ou de *bouveries* suivant qu'ils sont affectés aux vaches ou aux bœufs ; cependant dans certains pays, tels que la Suisse, on appelle volontiers les étables des *écuries*.

I. — *Élevage*. — Comme le régime de la liberté complète donne de très bons résultats pour les animaux d'élevage, on se contente d'installer dans les pâturages réservés aux animaux, pâturages qui sont entourés de haies naturelles ou de clôtures artificielles, de petits hangars ou des parquets couverts sous lesquels sont disposées quelques crèches. Ces abris, qui souvent sont précédés d'une petite cour, permettent au bétail de se garantir des intempéries pendant les périodes de mauvais temps.

II. — *Animaux de travail*. — Les bœufs de travail sont placés dans les *bouveries* comme les chevaux dans les écuries ; on peut seulement, en raison de leur tempérament paisible, réduire un peu les dimensions des emplacements réservés à chacun d'eux et ne leur donner que 1^m,40 de largeur et 2^m,30 de profondeur. Les dispositions générales des bouveries et des vacheries étant les mêmes, nous nous servirons indifféremment des dessins des unes et des autres dans nos descriptions.

Les aliments consommés par les bœufs nécessitent des mangeoires de grande capacité qui, en outre, doivent être disposées de manière qu'il soit facile d'y déposer la nourriture sans déranger les animaux ; c'est pourquoi nous recommanderons, pour le service de l'alimentation, l'usage d'un couloir suffisamment large pour qu'on puisse y circuler avec une brouette, un petit chariot ou un wagonnet.

Comme le couloir de service peut à la rigueur n'avoir que $1^m,20$ de largeur, on voit que si l'on n'a pas de passage pour l'alimentation, la largeur d'une étable à un rang pourra n'être que de 4 mètres. Cette disposition convient pour les bouveries peu importantes, mais il est préférable de réserver un couloir de 1 mètre pour l'alimentation et d'augmenter un peu la largeur de celui de service ; la bouverie a alors en coupe la disposition indiquée dans la figure 227 (page 332). Quand le nombre des bœufs devient plus considérable, il est absolument nécessaire de les disposer sur plusieurs rangs, deux tout au moins ; ils peuvent être alors *dos à dos*, avec un passage de service commun, ou *tête à tête* (fig. 235, page 338), le couloir d'alimentation servant dans ce cas pour les deux rangées de bêtes ; ainsi donc celles-ci seront sur un rang, avec ou sans couloir d'alimentation pour les petites bouveries et, pour celles plus importantes, tête à tête ou dos à dos, sans ou mieux avec couloir d'alimentation ; ces manières de disposer les animaux s'appliquent aussi aux vacheries. Pour les bœufs de travail, la disposition tête à tête, avec couloir d'alimentation commun, est la plus recommandable ; ils sont mieux séparés et on peut placer les jougs en face de chaque emplacement, le long des murs ; la figure 235 montre le principe d'une semblable installation. Comme les bœufs aiment le calme, les bouveries devront être tranquilles et faiblement éclairées.

Détails d'installation. — La résistance du *sol* des bouveries peut être beaucoup moindre que celle du sol des écuries, les bœufs n'étant pas ferrés, ou n'ayant que de légers fers, et étant surtout beaucoup plus placides que les chevaux ; il faut aussi qu'il soit imperméable et non glissant. On peut employer les briques posées à plat, ou mieux de champ, sur une aire en béton de quelques centimètres ; pour les passages de service, s'ils sont très longs et servent pour un grand nombre d'animaux, il vaut mieux faire un bon pavage.

On obtient également un très bon sol avec un béton de 10 à 15 centimètres d'épaisseur, qu'on recouvre d'une couche de mortier de ciment sur laquelle on a passé la *boucharde* pour qu'elle ne soit pas glissante. Les carreaux céramiques et les dalles donnent des aires résistantes et étanches mais dont beaucoup ont le défaut de devenir glissantes.

Dans les installations importantes on a intérêt, aussi bien pour les étables que pour les écuries, à donner deux épaisseurs différentes aux matériaux constituant le sol des stalles, la plus faible, sur la moitié environ de la longueur de ces dernières, étant du côté des mangeoires c'est-à-dire du côté qui fatigue le moins. On obtient facilement ce résultat en disposant différemment les matériaux ou, s'il s'agit de béton, en faisant varier son épaisseur ; en outre, quand les produits employés sont de qualités différentes, on réserve les meilleurs pour les parties avoisinant les couloirs de service.

La pente du sol doit être suffisante pour amener les urines vers une rigole disposée le long du passage de service ; suivant la nature des matériaux, une pente de un ou deux centimètres par mètre est nécessaire. Cette rigole est quelquefois couverte par une grille ou par des plaques métalliques perforées ; quand il existe une certaine différence de niveau entre le passage et les emplacements réservés aux animaux, on la fait en briques, ou mieux avec des bordures ou des pierres taillées (fig. 208), de manière à soutenir le pavage ou le dallage du passage de service et à ne pas avoir à redouter d'infiltrations dans le sol. Les rigoles couvertes sont généralement en fonte, elles présentent les mêmes dispositions que celles que nous avons indiquées à propos des écuries ; leur pente, ainsi que celle des stalles, varie, comme nous l'avons dit, entre un et deux centimètres suivant la nature des matériaux qui les constituent. S'il y a des inconvénients à ce qu'il y ait une certaine dénivellation entre les membres antérieurs et postérieurs des bêtes on adopte pour profil transversal des emplacements occupés par les animaux deux pentes différentes, l'une très faible du côté de la crèche, l'autre beaucoup plus prononcée du côté du couloir de service, ou on rétablit les aplombs par une litière abondante.

Les *mangeoires* doivent être de grande capacité et disposées de manière que les animaux ne se gênent pas, ni ne puissent se blesser mutuellement en prenant leur nourriture. On place souvent des râteliers dans les bouveries ; cette disposition est défectueuse et il faut la rejeter ; ces râteliers, analogues à ceux des écuries, sont en fer et en bois ou tout en bois, avec *roulons* écartés d'une quinzaine de centimètres. Les râteliers, dont nous avons signalé les inconvénients dans le chapitre relatif aux écuries, sont encore plus incommodes pour les bœufs que pour les chevaux ; le seul avantage qu'ils pourraient avoir serait celui d'une faible économie ou d'un moindre gaspillage de fourrage, car il est moins facile aux animaux de répandre leur nourriture pour la trier quand elle est dans un râtelier. La figure 221 montre une disposition de crèche pour bouverie avec râte-

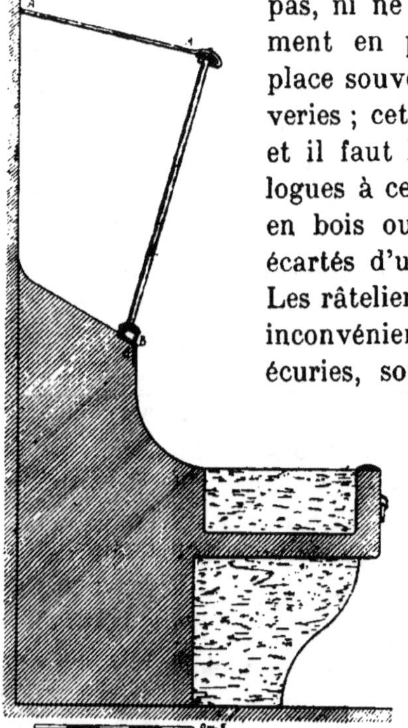

Fig. 220. — Crèche et râtelier de la bouverie de Grignon.

lier en fer ; cette disposition, qui avait été adoptée pour la bouverie de Grignon, a été modifié il y a quelques années en raison des inconvénients qu'elle présentait et remplacée par celle représentée par la figure 220. Cette transformation, qui a constitué une amélioration importante, a été facile : le râtelier courbe a été remplacé par un râtelier droit, maintenu de place en place par des tirants A dans une position presque verticale ; les roulons de ce râtelier, dont le fond est incliné de manière à ramener dans l'auge tous les débris de fourrage qui pourraient y rester, sont rivés sur deux fers demi-ronds, le fer inférieur B étant à quelques centimètres au-dessus du bord de la crèche afin de faciliter son nettoyage ; l'arête vive de la maçonnerie a été consolidée par un fer cornière C. Les deux figures 220 et 221 étant à l'échelle indiquée, nous ne donnerons pas les dimensions de leurs différentes parties.

Il est plus recommandable de placer tous les aliments (racines, pulpes, fourrages verts ou secs, etc.) dans de grandes auges ayant comme longueur la largeur de l'emplacement de chaque bête, 50 ou 60 centimètres de largeur et 40 ou 50 centimètres de profondeur. Ces auges sont d'un nettoyage facile, surtout quand elles ont été construites en ciment armé ou en briques avec revêtement en ciment. Leur bord doit être à $0^m,50$ au moins et à $0^m,80$ au plus, au-dessus du sol ; il faut arrondir les angles vifs car, à l'intérieur, ils sont une cause de malpropreté et, à l'extérieur, ils ne présentent aucune soli-

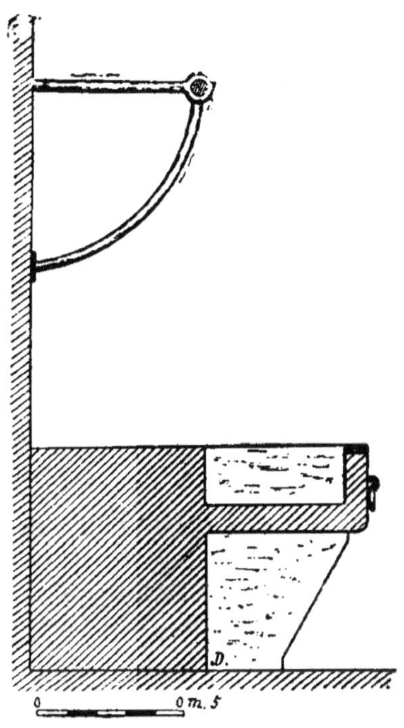

Fig. 221. — Crèche et râtelier de bouverie.

dité. La figure 223 représente une auge dont nous avons relevé autrefois le profil dans la bouverie de la ferme de M. A. Benoist, à Soindres, près Mantes ; ces auges, en ciment armé, répondent bien au service qu'on leur demande ; voici comment elles sont construites : on fait en premier lieu une armature métallique ayant la forme de l'auge (fig. 222) ; cette armature est composée de tringles en fer ordinairement rondes, de 6 à 7 millimètres de diamètre, réunies entre elles par un lacis en fils de fer ; ces tringles, placées parallèlement à l'axe de l'auge, sont écartées de 2 à 3 centimètres ainsi du reste que les fils de fer du lacis, l'ensemble formant des sortes de mailles ayant sensiblement 2 centimètres en tous sens. Suivant la grosseur des tringles employées on peut les écarter un peu plus ou un peu moins et, pour augmenter la solidité des auges, on peut les diviser en compartiments ; les tringles doivent che-

Fig. 222. — Construction d'une auge en ciment armé.

vaucher, c'est-à-dire ne pas toutes se terminer suivant un même plan. Il faut fixer à l'armature les brides des anneaux d'attache des animaux, car il n'est plus possible ensuite de faire de scellements. Cette armature métallique est noyée dans un mortier composé de ciment et de graviers ayant la grosseur d'un pois ; il faut environ 400 kilos de ciment par mètre cube de gravier. Lorsque ce mortier est bien pris, on le recouvre d'une chape en mortier de ciment et de sable fin, ce dernier entrant pour un tiers dans la composition du mortier ; cette chape, faite avec soin, donne à l'auge une surface unie, lisse et régulière. On peut, en opérant de cette façon, construire toutes sortes d'ouvrages en ciment armé, notamment des réservoirs, des bassins, des auges pour les écuries, les bergeries, les porcheries, etc. ; il suffit de faire varier la grosseur des tringles et des fils de fer employés ou, dans certains cas, leur écartement.

Pour faciliter le service ainsi que pour empêcher les animaux de se prendre réciproquement leur ration et de se blesser, on place souvent, en avant des auges, une barrière à claire-voie présentant, en face de chaque emplacement, une ouverture par laquelle les bêtes sont obligées de passer la tête pour manger. Ces dispositions sont appelées *cornadis* ; nous les décrirons plus en détail dans le paragraphe relatif aux vacheries pour lesquelles elles sont plus particulièrement recommandables.

Pour ne pas se blesser mutuellement, les animaux doivent être attachés, au moyen de chaînes, à deux anneaux placés à droite et à gauche de chaque emplacement, de façon à leur laisser une liberté suffisante tout en limitant cependant l'amplitude de leurs mouvements. Ces chaînes sont formées de quatre branches réunies par un anneau central, les deux branches inférieures étant attachées aux anneaux scellés aux auges et les deux supérieures se réunissant de manière à former un collier autour du cou de l'animal ; quelques anneaux intermédiaires permettent d'allonger plus ou moins cette sorte de collier. Ce mode d'attache est celui qu'on emploie également pour les vaches.

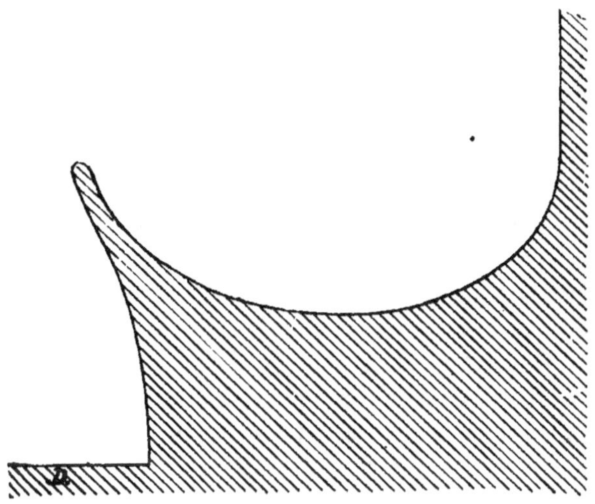

Fig. 223. — Crèche de bouverie.

A propos des bouveries pour bœufs de travail nous donnerons les élévations longitudinale et latérale de l'appareil, appelé *travail,* dont on se sert pour ferrer les bœufs (fig. 224). Cet appareil, qui est l'accessoire indispensable de toute bouverie un peu importante, consiste essentiellement en une solide charpente en chêne formée de pièces soigneusement assemblées et maintenues par des ferrures ; il est composé de quatre forts poteaux scellés dans le sol, réunis à leur partie supérieure par des traverses ; quelquefois, pour donner plus de rigidité à cette charpente, les poteaux sont également maintenus dans le sol par un cadre solidement boulonné. De chaque côté sont deux *treuils* ou *moulinets,* pourvus de crochets auxquels on attache les trois sangles qui servent à enlever les animaux pendant le ferrage ; ces moulinets sont manœuvrés par des leviers et sont maintenus par ces mêmes leviers, qu'on laisse en place, ou, dans certains appareils, par des roues à rochet. En avant se trouve un joug que l'on peut avancer ou reculer et, de chaque côté, il y a une pièce spéciale en bois, appelée *genouillère*, susceptible d'un certain déplacement ; le joug servira à immobiliser l'animal et sur la genouillère on placera le pied à ferrer. A l'arrière une barre, que l'on peut également avancer ou reculer et qui est quelquefois remplacée par un moulinet, permet de lever les pieds de derrière. Enfin des anneaux convenablement placés servent à attacher les courroies employées pour maintenir les animaux.

La figure 224 représente très exactement un type de travail employé à l'École de Grignon ; comme nous avons exécuté cette figure rigoureusement à l'échelle, il suffira de s'y reporter pour connaître les dimensions de l'une quelconque des parties de l'appareil. Ces appareils, que l'on trouve tout fabriqués chez certains constructeurs spéciaux mais que l'on peut faire établir sur place par un charpentier et un forgeron, doivent être autant que possible installés sous un hangar ou sous un appentis, ou pourvus d'une toiture abritant les animaux à ferrer ainsi que les maréchaux chargés de cette opération.

III. — *Bouveries d'engrais.* — Les bouveries d'engrais sont analogues aux bouveries de travail comme dispositions générales, mais un couloir d'alimentation est recommandable ; on pourra seulement réduire un peu l'espace réservé à chaque animal. Elles doivent être plus chaudes et plus obscures pour que les animaux y soient tranquilles ; les fenêtres devront donc être basses et il sera bon de plafonner ces bouveries, ce sera le meilleur moyen d'avoir une température douce et constante. On peut composer le plafond comme celui représenté par la figure 100 (p. 156), par de petites voûtes en briques reposant sur des solives apparentes en fers à double T, ce genre de plafond, qui a été adopté pour la bouverie de Grignon, exige seulement que les solives soient soigneusement recouvertes, de temps en temps, de peinture à l'huile, afin d'empêcher que la vapeur d'eau, qui se condense toujours sur le métal, ne le détériore. Pour les murs, un badigeon annuel à la chaux vive, fait en mai, est la peinture la plus recommandable ; ce badigeon pourra avantageusement être teinté en bleu, on a en effet reconnu que cette couleur, notamment dans les étables, contribuait beaucoup à en écarter les mouches.

Les animaux n'ayant pas à sortir, les passages et les portes peuvent être réduits, en nombre comme en dimensions. Les

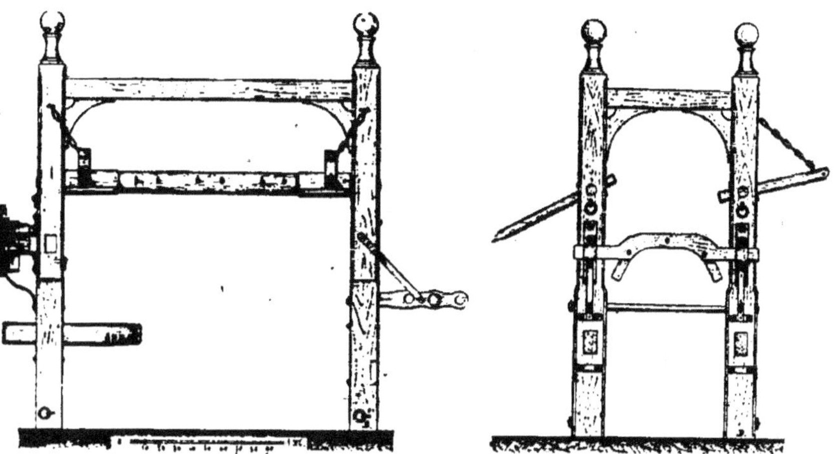

Fig. 224. — Travail à ferrer (élévations longitudinale et latérale).

auges présentent souvent un compartiment pour l'eau, qui doit être ni trop chaude, ni trop froide et, autant que possible, à la température de la bouverie ; on peut à la rigueur utiliser entièrement les auges comme abreuvoir, à certaines heures de la journée, à la condition qu'elles soient étanches et qu'elles soient disposées de manière à être vidées commodément et complètement. L'arrivée de l'eau et son évacuation sont faciles à obtenir dans toutes les auges à la fois par une disposition convenable et le fonctionnement d'un seul robinet par canalisation, pour l'arrivée et pour l'évacuation, ou d'un robinet à trois voies pour les deux canalisations.

IV. — *Vacheries.* — Les vacheries doivent être, comme les bouveries d'engrais, des locaux tranquilles, chauds et plutôt obscurs et humides. Elles présentent en outre des emplacements spécialement réservés pour les veaux, à moins que, .

comme on le fait dans certaines fermes où le but principal est la production du lait, on ne garde pas les jeunes ; dans ce dernier cas, le plus simple est de former, au moyen de quelques claies fixées à des brides scellées dans les murs, des comparti- ments qu'on peut monter ou démonter commodément ; souvent on se contente d'attacher les veaux à des anneaux, dans de petites stalles.

Suivant leur nombre, les vaches sont placées sur un ou plusieurs rangs, la disposition tête à tête devant alors être préférée (fig. 235, p. 338). Le service de l'alimentation et des fumiers doit, autant que possible, être assuré par des wagon- nets afin d'être fait facilement, sans demander trop de main- d'œuvre et surtout sans déranger les animaux ; un couloir d'alimentation est donc indispensable.

Les *fenêtres*, dont les appuis sont au moins à deux mètres au-dessus du sol pour ne pas déterminer des courants d'air pouvant gêner les vaches, servent à la fois à l'éclairage et à la ventilation ; il faut qu'elles soient basses pour que l'éclairage ne soit pas trop vif et il est recommandable qu'elles s'ouvrent de haut en bas comme celle que nous avons représentée figure 219 (p. 318), de manière à empêcher les courants d'air directs sur les animaux ; quelquefois on les munit de stores et même d'un grillage à mailles fines afin d'empêcher le passage des mouches ; cette précaution est inutile pour les étables sombres. Pour l'aération, on ménage souvent des cheminées d'appel dans le plafond et des ventouses dans les murs ; il faut pouvoir ouvrir et fermer facilement ces ouvertures.

La hauteur des vacheries est fonction du climat ; elles sont d'autant plus basses que le climat est plus froid, à moins que, comme nous l'avons vu dans quelques belles vacheries de la Suisse, on ne les chauffe en hiver. Dans les environs de Bulle nous avons visité autrefois des *écuries* n'ayant que 1ᵐ,80 de hauteur et dans lesquelles la largeur des emplacements réser- vés aux animaux, qui cependant étaient de forte taille (sim- menthals et fribourgeois), ne mesurait qu'un mètre ; la raison qui avait amené à adopter des dimensions aussi réduites était la rigueur du climat ; l'ancienne vacherie de Grignon avait au contraire 4ᵐ,65 de hauteur et les emplacements 1ᵐ,55 de

la rgeur. Dans l'établissement d'une vacherie on peut considérer ces deux nombres (1^m,80 et 4^m,65) comme étant les limites
extrêmes entre lesquelles on doit faire varier la hauteur des
étables.

Il faut donner aux portes une largeur suffisante pour laisser
passer deux animaux de front, excepté toutefois dans les
étables de montagne où les animaux ne sortent que très rarement ; il est alors préférable de réduire le plus possible les
dimensions des portes pour empêcher le refroidissement des
locaux ; il est évident qu'il n'est pas utile d'avoir de grandes
portes lorsque le bétail quitte les étables en mai pour n'y
rentrer que dans les premiers jours de novembre et n'en plus
sortir ensuite avant le printemps suivant. Pour les vacheries
ordinaires, où les animaux sortent fréquemment, il faut faire
les portes à deux vantaux et, bien qu'elles n'aient souvent
que 1^m,20, leur donner au moins 1^m,50 de largeur ; une porte
est suffisante pour une quinzaine de vaches.

Toutes les vacheries doivent être installées avec *cornadis*
de façon à éviter les accidents, faciliter le service d'alimentation et empêcher le gaspillage de la nourriture ; nous verrons
plus loin (p. 331) en quoi consiste cette disposition.

Il est indispensable que le *sol* soit résistant, imperméable
et non glissant ; il peut présenter, comme celui des bouveries,
deux pentes différentes dans le même sens, l'une du côté
de la crèche, très peu prononcée, l'autre du côté du passage de
service, ayant deux centimètres par mètre ; on est ainsi
assuré d'avoir un bon écoulement des urines sans avoir une trop
grande dénivellation entre les deux bipèdes des animaux ;
une litière bien faite pourra du reste corriger cette dénivellation.

On peut constituer économiquement le sol des stalles avec
des briques posées à plat ou mieux de champ sur un léger béton,
ainsi du reste que celui des passages, bien que pour ces derniers on puisse employer des matériaux plus résistants, des
carreaux céramiques par exemple ou des pavés ; d'une manière générale on choisira les matériaux les moins chers qui rem-
pliront le mieux les trois conditions énoncées précédemment.

Dans certaines vacheries très bien comprises, comme on en

rencontre en Suisse, pays où la paille est rare, on forme souvent le sol par une claire-voie en bois ou quelquefois en fer. Dans ce même pays, surtout dans les parties froides, il existe beaucoup de chalets dont l'aire des *écuries* est composé par un véritable plancher continu en bois, disposition très propre, saine, chaude, d'un prix peu élevé à cause de l'abondance du bois, qui permet d'employer comme litière de la sciure, très commune dans ces régions ; nous donnerons plus loin, parmi beaucoup d'autres, le profil d'une semblable vacherie que nous avons relevé dans les environs de Bulle, ville placée au centre des Alpes fribourgeoises.

Nous avons eu l'occasion de visiter autrefois des étables fort intéressantes dans cette région, toutes tenues avec un soin et une propreté remarquables. Les chalets étaient à peu près tous du même type : au rez-de-chaussée se trouvaient d'un côté l'*écurie* et de l'autre l'habitation ; à l'étage supérieur il y avait un grenier auquel on accédait par un plan incliné, appelé *pont de grange*, aboutissant à une large porte charretière. La hauteur des étables ne dépassait pas 1ᵐ,80 et une obscurité presque complète y régnait. Les animaux occupaient des planchers inclinés vers une rigole placée le long d'un couloir de 0ᵐ,80 à 1 mètre de large, couvert en planches, dont les interstices laissaient passer le *lisier*. La litière était peu abondante par suite de la rareté de la paille et on employait plus généralement le foin des marais ou la sciure de bois. Le purin s'écoulait dans une fosse située directement au-dessous de l'étable et servait à arroser le fumier qui était l'objet de soins minutieux et multiples ; en été, notamment, on recouvrait ce dernier de terre afin d'en empêcher la dessiccation. Quand les animaux étaient sur deux rangs, ils laissaient entre leurs croupes un passage variant entre 1 mètre et 1ᵐ,50 de largeur ; séparés à la tête seulement, le fourrage leur était généralement donné par des guichets. Dans les anciens chalets on plaçait la nourriture si haut que les animaux étaient obligés de manger la tête constamment levée ; de cette position résultait une déformation de la colonne vertébrale, qui avait pour effet de relever l'attache de la queue, que tous les animaux avaient et ont souvent encore extrêmement proéminente ; cette déformation, que l'on a cherché à faire disparaître, se rencontre de moins en moins.

Les troupeaux de cette région étaient soumis au régime de l'alpage, c'est-à-dire que vers la belle saison ils montaient dans la montagne pour n'en redescendre qu'à l'automne.

Cornadis. — Les cornadis sont des dispositions recommandables d'une manière générale dans toutes les étables (vacheries et bouveries), parce qu'elles facilitent beaucoup le service de l'alimentation, évitent les accidents et empêchent les animaux de gaspiller leur nourriture ; ce sont en principe

Fig. 225. — Cornadis de Grand-Jouan.

des cloisons pleines (fig. 225) ou à claire-voie (fig. 226), qui séparent les animaux des crèches et présentent des ouvertures par lesquelles les bœufs ou les vaches sont obligés de passer la tête pour prendre les aliments déposés dans les auges. Une disposition très pratique et qui peut être prise pour type est celle de l'ancienne va-

Fig. 226. — Cornadis
des étables bretonnes.

cherie de Grignon représentée par les figures 227 et 228 : entre l'emplacement B, réservé aux animaux et les auges étaient placés, tous les 1^m,55, des poteaux en chêne réunis entre eux en haut et en bas par des traverses ; dans les cadres ainsi formés, qui correspondaient chacun à la place d'une bête, quatre barreaux de fer limitaient une ouverture centrale de 0^m,50 de largeur par laquelle les vaches devaient passer leur tête pour prendre la nourriture déposée dans la crèche ; les barreaux qui limitaient l'ouverture avaient 0^m,030 de diamètre et les autres 0^m,025 seulement (on remplace quelquefois ces barreaux pleins par des tubes en fer de 0^m,05 de diamètre et, dans beaucoup de vacheries, on donne aux ouvertures des cornadis jusqu'à 0^m,60 et même 0^m,70 de largeur). Immédiatement en arrière du cornadis se trouvait une auge A

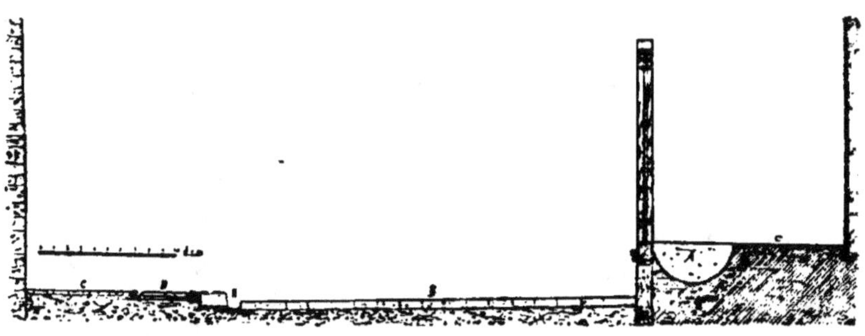

Fig. 227. — Coupe transversale de l'ancienne vacherie de l'École de Grignon.

(fig. 227) de forme hémicylindrique et, par suite, d'un nettoyage facile, qui mesurait 0^m,60 de diamètre ; elle était en maçonnerie recouverte d'un enduit en ciment. Entre l'auge et le mur il y avait un passage de service ayant 0^m,80 de largeur ; dans une installation importante, il y aurait avantage à augmenter la largeur de ce passage et à la porter à 1^m,30, afin de pouvoir y installer un petit chemin de fer ou tout au moins y circuler avec des brouettes chargées ou

Fig. 228. — Cornadis de l'ancienne vacherie de Grignon.

de petits chariots ; dans beaucoup de vacheries nous avons vu donner à ce passage 1^m,50.

Les animaux étaient attachés, au moyen de chaînes spéciales, à deux anneaux fixés à la traverse basse du cornadis et écartés de 0^m,75 (fig. 228) ; l'emplacement réservé à chaque vache avait 2^m,70 de longueur et, en arrière, se trouvait un couloir C de 1^m,50 de largeur parcouru par un petit chemin de fer Decauville D à voie de 0^m,40 d'écartement, petit chemin de fer qui allait à la fumière et aux magasins. Cette largeur de 1^m,50 pour le couloir est très suffisante dans toutes les installations ; quant à la longueur réservée aux animaux,

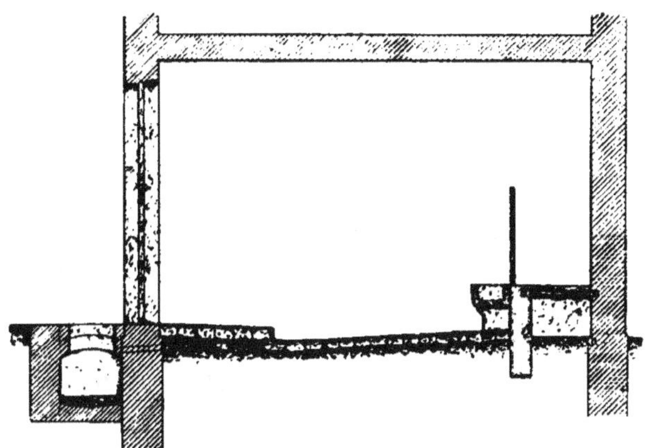

Fig. 229. — Coupe transversale de la vacherie de la ferme nationale de Rambouillet.

nous l'avons vue exceptionnellement portée jusqu'à 4 mètres, mais elle est ordinairement comprise entre 2^m,35 et 2^m,65 pour des animaux de grande race.

Le couloir de service était en carreaux céramiques à surface striée et les emplacements des animaux en briques posées à plat sur un léger béton et jointoyées soigneusement au ciment. Toutes ces dispositions étaient bonnes, bien que le passage de service fût plutôt glissant ; on peut les adopter avantageusement parce qu'elles sont simples, économiques et qu'elles conviennent aussi bien pour les vacheries à deux rangs tête à tête que pour celles à un rang ; il faudrait seulement, dans le premier cas, donner une largeur suffisante au couloir d'alimentation C′ afin de permettre l'usage de wagonnets pour apporter les rations.

La figure 229 donne la coupe transversale de la vacherie de

la ferme nationale de Rambouillet qui, comme dispositions générales, rappelle celles de Grignon. En arrière des emplacements réservés aux animaux, emplacements qui mesurent

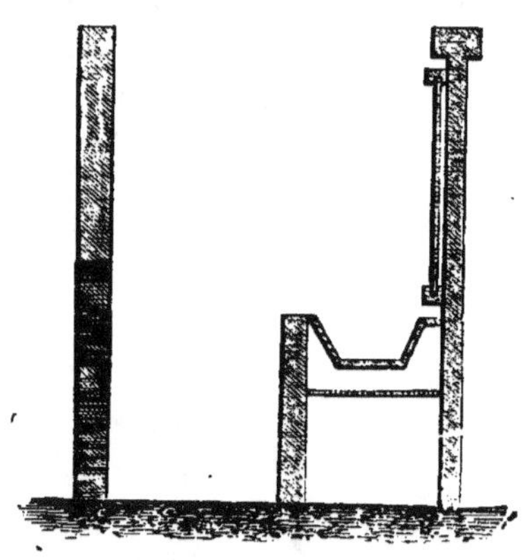

Fig. 230. — Cornadis mobile
(coupe).

1^m,85 de largeur et 3^m,20 de longueur, se trouve un passage de service de 1^m,70, et, en avant, sont des auges de 0^m,60 de largeur totale ainsi qu'un couloir d'alimentation d'un mètre. Le sol de cette vacherie, dont la hauteur est de 3^m,80 environ, est formé, pour l'emplacement réservé aux vaches comme pour le passage de service, par un pavage jointoyé au ciment; les auges sont en ciment armé.

Le caniveau qui se trouve en arrière des animaux conduit les urines dans un citerneau extérieur d'où elles sont ensuite dirigées sur la citerne à purin.

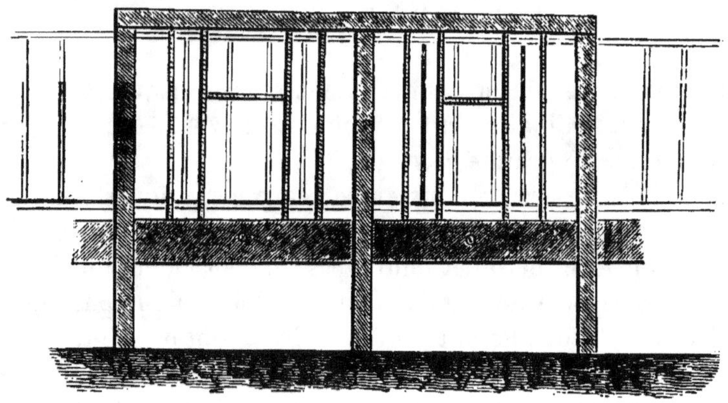

Fig. 231. — Cornadis mobile (élévation).

Afin de faciliter la distribution des rations, les cornadis sont souvent complétés par des dispositions, permettant de fermer leurs ouvertures, dont deux sont surtout employées. La première, qui est la plus simple, consiste à placer derrière le cornadis, du côté de la mangeoire, une sorte d'échelle mobile ou claire-voie, présentant des ouvertures correspondant à celles du cornadis, qu'on peut déplacer en la faisant coulisser dans des glissières ; les figures 230 et 231 montrent, en coupe et en élévation, le principe de cette disposition. Lorsque les ouvertures de la claire-voie correspondent avec celles du cornadis les animaux peuvent prendre librement leur nourriture, mais, si on vient à tirer la claire-voie, ses barreaux les ferment et empêchent les animaux d'atteindre les auges. On peut ainsi condamner rapidement tous les cornadis d'un même rang, par un simple déplacement de quelques décimètres de l'échelle mobile. Suivant la longueur de cette échelle on la monte sur des galets ou sur des billes et on obtient son déplacement directement ou par l'intermédiaire d'un mécanisme (levier ou engrenage) multipliant l'effort de l'ouvrier chargé de la manœuvrer.

L'échelle mobile est généralement en fer, et nous donnons dans la figure 232 une bonne disposition que nous avons relevée autrefois dans une ferme appartenant à M. Cusenier ; les

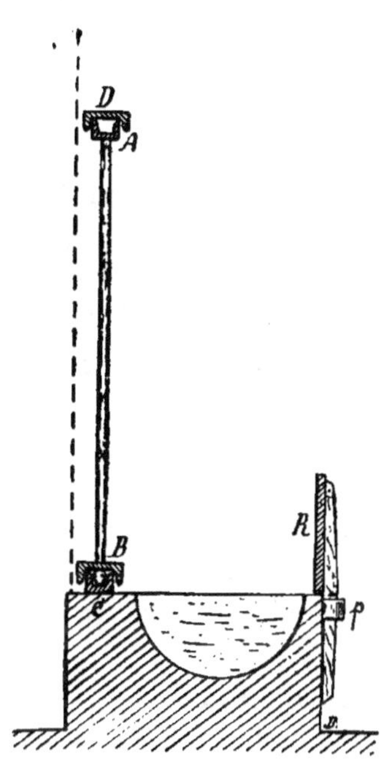

Fig. 232. — Cornadis mobile en fer.

deux lisses A et B de la claire-voie, formées par des fers en U, d'inégale section, étaient guidées par des fers C et D, en U également. Comme la figure le montre, il n'est pas possible à la paille ou à la poussière de venir gêner le roulement des galets ou des billes de support, et par suite celui de la claire-voie.

Pour que le système que nous venons de décrire puisse fonctionner, il faut que tous les animaux aient au préalable retiré leurs têtes des ouvertures, ce qu'un vacher habitué à ses bêtes obtient assez facilement à la voix. Pour remédier cependant à cet inconvénient on emploie une autre disposition, un un peu plus compliquée, que nous avons également vu employer dans certaines vacheries très bien installées de la Suisse ; elle consiste à placer devant chaque cornadis une grille spéciale très simple, formée de quelques barreaux seulement et montée sur charnières, qu'on peut ouvrir ou fermer. Lorsque ces grilles sont poussées, les auges sont dégagées et le service est facile ; ouvertes, on les maintient perpendiculairement aux auges par des verrous, ce qui empêche complètement les animaux de se prendre mutuellement leurs rations. La figure 233 donne le

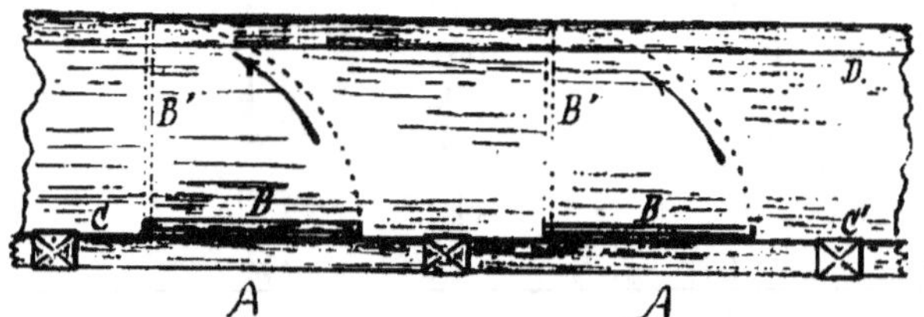

Fig. 233. — Cornadis à volets.

plan d'une semblable disposition ; les animaux étant du côté A et le cornadis en CC′, chaque ouverture est fermée par une grille ou un volet B qui prend la position B′ lorsqu'il est ouvert.

Les auges des cornadis sont quelquefois pourvues de colliers en fer p (fig. 232), scellés du côté du couloir d'alimentation, dans lesquels on peut passer des sortes de ridelles mobiles R afin d'augmenter leur capacité ; cette disposition rend souvent des services dans des cas particuliers.

Enfin nous signalerons que dans les vacheries construites dans les pays froids, en montagne notamment, on isole souvent complètement l'auge A du couloir de service C (fig. 234) par une cloison C′ en planches présentant de petites ouvertures O, fermées par des volets pleins, par lesquelles on jette le fourrage dans les mangeoires.

Dans certaines vacheries on place de véritables petites stalles, comme le montre la figure 235, pour séparer les animaux et les empêcher de se blesser, ou simplement une planche B de 0^m,40 ou 0^m,50 de largeur (fig. 234) ; ces stalles peuvent rendre des services, mais elles sont inutiles quand les animaux sont convenablement attachés à deux anneaux, au moyen de chaînes.

Dans les étables suisses notamment on emploie des appareils, que nous n'avons jamais vus fonctionner du reste, qui permettent de décrocher instantanément tous les animaux ; ils consistent en principe en une tringle en fer courant tout le long du cornadis, terminée par une poignée et présentant des crochets par l'intermédiaire desquels les vaches sont attachées ; un simple déplacement de cette tringle dégage les anneaux des chaînes et rend la liberté aux animaux. Ce mode d'attache a été imaginé afin de pouvoir libérer très rapidement toutes les bêtes en cas d'incendie et, à la condition de bien fonctionner, il peut rendre de réels services

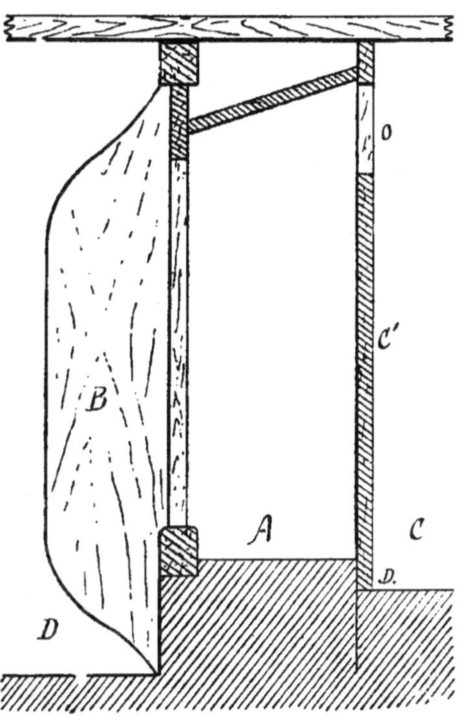

Fig. 234. — Cornadis des environs de Bulle.

dans les étables parce que, les animaux étant retenus par des chaînes, il n'est pas possible de les détacher lorsqu'ils tirent sur ces dernières, et aussi parce que, en cas de sinistre, il est encore relativement facile de chasser de leurs étables des bovins rendus à la liberté. Dans les écuries, au contraire, ces appareils ne seraient pas d'une grande utilité, car les chevaux refusent presque toujours de quitter leurs écuries en feu et il est généralement impossible de les en faire sortir, à moins de les emmener séparément et de leur couvrir la tête.

Enfin la dernière disposition que nous signalerons à propos des vacheries est celle qui consiste à placer de distance en distance, dans les étables importantes, des chaînes ou des barrières mobiles en travers des passages, de manière à empê-

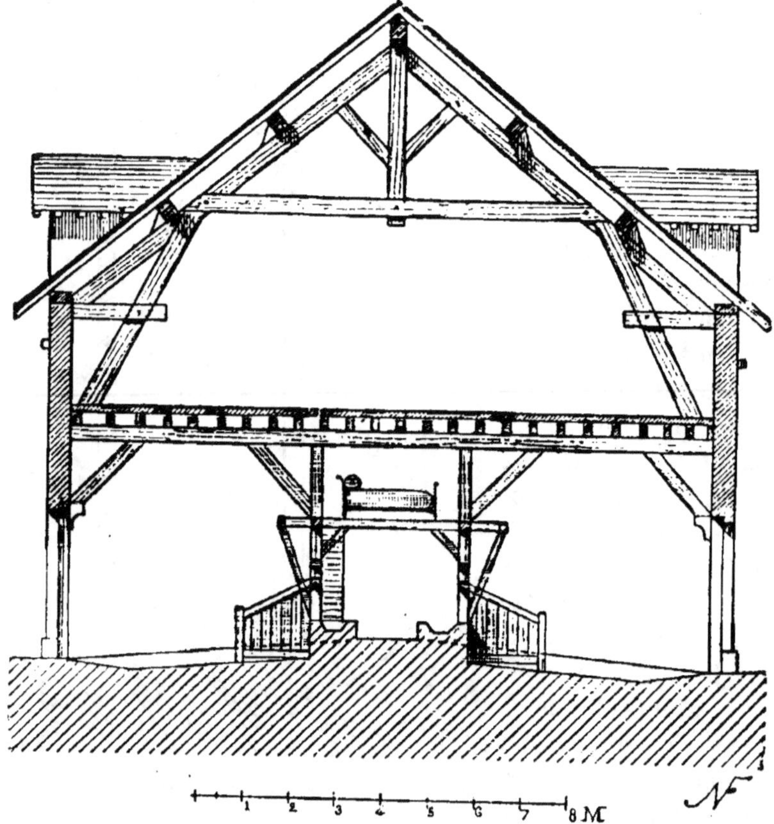

Fig. 235. — Étable double tête à tête avec couloir d'alimentation
(coupe).

cher les vaches qui viendrait à se détacher, de s'échapper et d'occasionner des accidents ; ces barrières facilitent en outre la sortie et la rentrée des animaux, et leur permettent de retrouver plus facilement leur place.

Nous n'insisterons pas sur les emplacements destinés aux veaux ; il suffit en effet de leur réserver de place en place

quelques stalles, ou mieux de les installer aux extrémités de
la vacherie ; ils sont alors attachés à des anneaux dans de
petites stalles ou mis dans de petits *box*. Les taureaux sont
également placés dans des cases spéciales, aux extrémités de la
vacherie ; il est bon, non seulement de les attacher à un solide
cornadis, mais aussi de les enfermer dans des box afin d'éviter les accidents qui se produisent quand ils parviennent à
rompre leurs chaînes.

Il faut, dans les vacheries, comme du reste dans la plupart des
locaux occupés par des animaux, aménager un coffre avec lit,
ou mieux une chambre spéciale du type de celle dont nous
avons parlé page 265, pour qu'un homme de garde puisse y
passer la nuit. Cette précaution est inutile pour les porcheries ;
elle évite souvent des accidents dans les bergeries et est indispensable lorsque les animaux sont à l'attache.

III. — Bergeries.

Les bergeries, c'est-à-dire les bâtiments servant de logements
aux moutons, doivent être saines, aérées, plutôt froides que
chaudes et plutôt sèches qu'humides, les moutons craignant la
chaleur et l'humidité ; pour ces motifs, elles sont souvent
ouvertes, d'un côté tout au moins. Il est bon de les diviser en
compartiments, afin de pouvoir distribuer facilement la
nourriture et séparer les animaux par lots de cinquante à cent
bêtes, de manière à réunir ensemble ceux d'une même catégorie.
Ces compartiments ont des dimensions suffisantes pour que les
moutons puissent se coucher, et présentent un développement
de crèches qui permet à tous les animaux de manger en même
temps.

L'expérience a montré qu'un mouton exige en moyenne
un emplacement de 0^m,33 sur 1^m,20 ; comme on doit tenir
compte de la place occupée par les râteliers et de l'espace
nécessaire aux animaux pour se remuer, il faut compter par
mouton une surface ayant de deux tiers à un mètre carré, soit,
par lot de cent bêtes, de 66 à 100 mètres superficiels. Comme
les bergeries sont généralement rectangulaires, il est facile de
calculer immédiatement combien on peut loger de moutons

dans un bâtiment donné et, inversement, quelles sont les dimensions qu'une bergerie doit avoir pour qu'elle puisse loger un nombre de moutons déterminé.

Les crèches ont $0^m,50$ de profondeur et une longueur qui dépend du nombre des animaux qui y mangeront en même temps ; cette longueur est en moyenne de $0^m,33$ par mouton. Autant que possible elles sont placées le long des murs ; cependant, comme le développement de ces derniers est généralement insuffisant, on est obligé d'en installer dans le milieu des compartiments.

La largeur des bergeries n'est pas indifférente, puisqu'elles doivent avoir un développement de crèches déterminé et un espace suffisant pour les animaux, tout en étant aussi économiques que possible. Calculons cette largeur : deux murs opposés étant pourvus de crèches ($2 \times 0^m,50$), les moutons se trouveront dos à dos lorsqu'ils seront à manger ($2 \times 1^m,20$) ; comme il faut un certain espace entre les deux rangées d'animaux ($0^m,70$ à $0^m,80$ au minimum), nous voyons que ces deux murs devront être à $1 + 2,40 + 0,70$, soit $4^m,10$ au moins ; une bergerie à deux rangs aurait donc $4^m,10$ de largeur et une à quatre rangs $8^m,20$. En général il est commode, quand on le peut, d'adopter comme bergerie un long bâtiment de $4^m,50$ environ de profondeur et d'une longueur suffisante, qu'on divise ensuite par des râteliers doubles de manière à former des compartiments, dont on peut faire varier facilement la largeur.

Il existe de très bonnes bergeries comprenant deux parties bien distinctes, en avant un parc couvert et en arrière une partie fermée qui est la bergerie proprement dite (fig. 246 page 351) ; bien qu'elles occupent une profondeur double, 9 mètres environ, elles sont très avantageuses quand la disposition des bâtiments de la ferme en permet l'accès facile des deux façades. Nous donnerons comme type de ce genre de bergerie, celle de l'École nationale de Grignon, que nous décrivons plus loin.

Les bergeries sont pourvues de portes pour la sortie des animaux, l'apport de la nourriture et des litières et l'enlèvement des fumiers. Leur mobilier consiste en des crèches et des cuves à eau ; quelquefois les crèches sont scellées aux murs,

disposition plutôt défectueuse, comme nous le verrons ;
quant à celles qui servent de séparation, elles sont toujours
mobiles, de manière qu'on puisse les supprimer lorsqu'elles
deviennent inutiles ou qu'on est obligé de modifier les dimensions des compartiments ; un râtelier spécial est réservé pour
le sel.

Sol. — Ordinairement on n'enlève le fumier des bergeries
qu'à de longs intervalles, parfois cinq ou six fois par an seulement, suivant l'abondance de la paille, d'où la nécessité d'avoir
des crèches mobiles afin de pouvoir les élever à mesure que le
niveau du sol s'exhausse. Les litières s'accumulent par couches
les unes sur les autres et doivent avoir une épaisseur suffisante
pour absorber les urines ; le mouton du reste n'en donne que
fort peu. Comme il est coûteux et difficile d'avoir un sol rigoureusement étanche et qu'il n'y a pas lieu de s'occuper de
l'écoulement des urines à cause de leur faible quantité, de
l'épaisseur des litières et de la grande dimension des cases, on
forme ordinairement le sol des bergeries, tout au moins celui
des bergeries d'élevage, avec de la terre battue qu'on recouvre
ensuite d'une couche de marne ou d'une matière analogue
très absorbante, pouvant former un bon engrais ; si cependant on
tient à le rendre complètement imperméable, on le constituera
par un dallage en ciment (chape en mortier de ciment sur
béton) de faible épaisseur. Nous signalerons enfin qu'on a fait
des planchers en bois à claire-voie analogues, comme principe,
à ceux qu'on trouve dans certaines vacheries, c'est-à-dire
composés de claies formées de lattes de 3 à 4 centimètres
espacées de 20 à 25 millimètres, placées au-dessus de fosses
étanches présentant un écoulement convenable ou renfermant
des matières absorbantes (sciure de bois, tourbe, marne, etc.),
empêchant les émanations et retenant les urines.

Crèches. — Les crèches des bergeries sont disposées comme
celles des écuries, mais elles sont de dimensions moindres ; elles
présentent les mêmes avantages et les mêmes inconvénients,
selon les systèmes.

La disposition la plus commune et cependant la moins
recommandable, est celle qui consiste en un râtelier incliné à
roulons en bois, en dessous duquel se trouve une auge formée

de deux planches clouées ensemble et maintenues par des ferrures ; ces râteliers ont ordinairement 0^m,50 de hauteur et des roulons écartés de 0^m,12. La figure 236 donne l'aspect d'une crèche double de ce type, qu'on fait également avec râteliers en fer.

Fig. 236. — Râtelier double.

Les crèches de la Bergerie nationale de Rambouillet, qui sont en maçonnerie et par suite fixes, se rapprochent de ces sortes de râteliers, bien qu'elles aient, sur ces derniers, des perfectionnements impor-

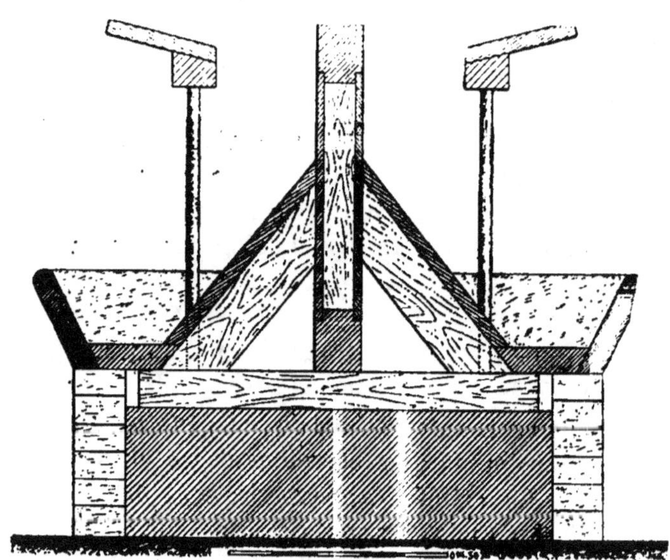

Fig. 237. — Râtelier double à barreaux verticaux.

tants : le râtelier, notamment, a des barreaux presque verticaux et son fond, soigneusement cimenté, présente une forte pente, de manière à ramener vers l'auge, de forme hémi-cylindrique et placée immédiatement en dessous, les débris de foin qui y restent ; de plus, à sa partie supérieure, une large planche horizontale empêche les animaux de manger à même et, par suite, supprime le gaspillage qui en ré-résulte, tout en facilitant la distribution des fourrages. Ces

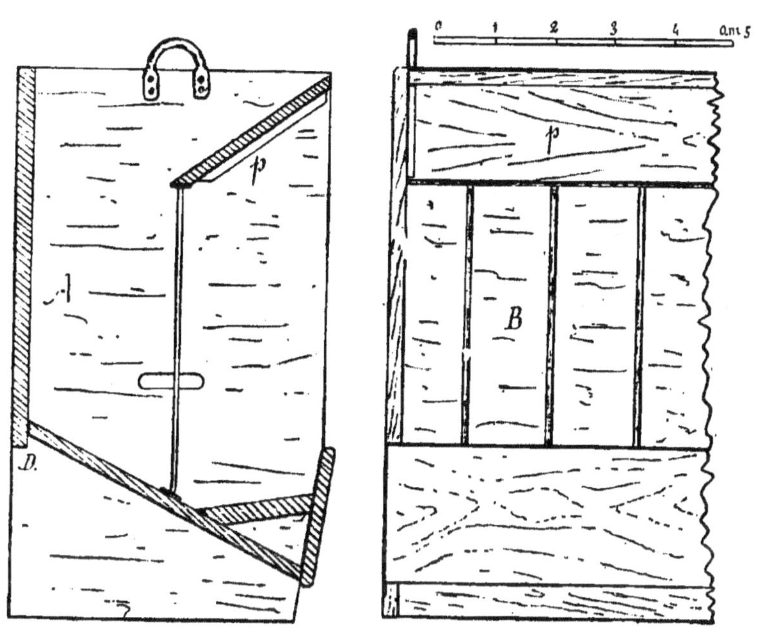

Fig. 238. — Râtelier de la bergerie de Grignon.
A, coupe transversale; B, élévation principale.

crèches ont comme inconvénient d'être fixes et les roulons, bien que très peu inclinés, devraient être verticaux ; les débris de foin tombent en effet dans les yeux et les oreilles des animaux pendant qu'ils mangent et surtout salissent leur toison, inconvénient très appréciable pour des mérinos comme ceux de Rambouillet. La figure 237 représente un modèle de râtelier, proposé pour cette bergerie, analogue à ceux actuellement employés, mais à roulons verticaux et construit partiellement en bois.

Les râteliers bien établis (fig. 238) sont verticaux et à

roulons en fer ; l'auge, placée en dessous, est disposée de manière à recevoir les menus débris de fourrage qui tombent du râtelier, mais à ne pas permettre aux jeunes animaux de s'y coucher, comme ils le font trop souvent aux dépens de la propreté de la nourriture. On met quelquefois une claie ou une planche mobile formant couvercle pour empêcher les animaux de prendre le foin à même le râtelier, ou plus simplement une planche oblique *p* qui donne le même résultat et facilite, comme nous venons de le dire, le remplissage de la crèche. Il existe un autre genre de râtelier qui possède les mêmes avantages mais dont les échelles, inclinées en sens contraire du sens ordinaire, sont mobiles ; on les ouvre pour introduire le foin, puis on les referme et on les maintient par des crochets. Cette disposition, qui convient pour les râteliers doubles comme pour les simples, empêche les animaux de gaspiller le foin et de sauter dans les râteliers, comme cela arrive quelquefois ; ce modèle existait autrefois à Grignon.

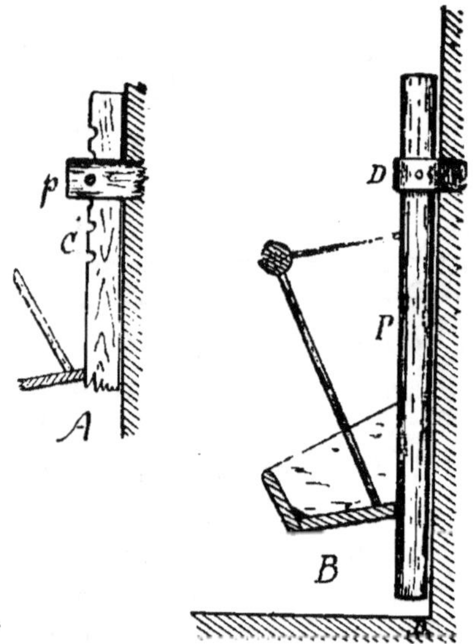

Fig. 239. — Modes de suspension des râteliers de bergerie.

Les crèches dont nous venons de parler ont ordinairement comme côtés des panneaux pleins en bois, formant pieds et pourvus de ferrures qui permettent de les susprendre au moyen de chaînes ou de tringles ; on peut ainsi, suivant l'épaisseur de la couche de litière, les élever facilement en les accrochant plus ou moins haut, et, en outre, on n'a pas à redouter que les animaux les renversent. Cette disposition est surtout recommandable pour les râteliers de milieu ; quant à ceux qui sont appuyés contre les murs, on peut les soutenir au moyen de pièces C (A, fig. 239), formant crémaillères, et de supports *p* scellés dans la ma-

çonnerie ou au moyen de potelets P (B, fig. 239) percés de
trous, passant dans des colliers D fixés aux murs, dans lesquels on les arrête avec des broches en fer ; ces deux
modes de suspension sont très pratiques, ainsi du reste que
celui par chaînes qui est représenté dans la figure 246 ;
quand ces dernières doivent avoir une certaine longueur, il
est économique de les
remplacer par des trin-
gles en fer terminées
par quelques maillons
seulement.

Lorsque le dévelop-
pement des râteliers est
insuffisant, on place des
crèches de milieu ayant
une forme circulaire ou
polygonale. Une crèche
de milieu comprend un
râtelier formant cor-
beille et au-dessous une
auge : le modèle repré-
senté dans la figure 240

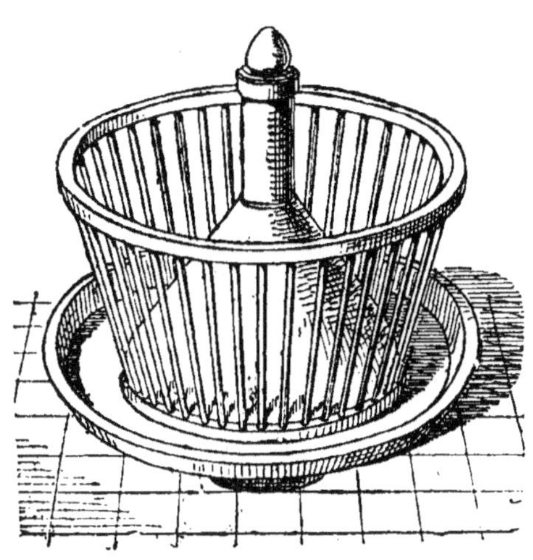

Fig. 240. — Râtelier circulaire.

est d'un type qu'on rencontre communément dans les fermes,
mais qui le plus souvent est établi entièrement en fer
et en fonte. A Grignon on emploie un modèle analogue, d'une
construction un peu plus compliquée, l'auge étant en bois
et de forme polygonale ; la partie supérieure, en tôle, forme
entonnoir et empêche en même temps les animaux de prendre
le fourrage par le dessus.

Les crèches du type de celle représentée par la figure 238,
mais doubles et symétriques, constituent également de très
bons râteliers de milieu.

Il existe des bergeries établies sur le principe des vacheries,
avec *cornadis* ; cette disposition, commode pour le service,
est relativement coûteuse d'installation. On peut alors avantageusement employer des wagonnets pour apporter les aliments, en installant une voie dans le couloir de service et, à la
rigueur, quand ce dernier est trop étroit, en faisant rouler les

wagonnets directement sur les bords des auges, qu'on renforce alors par des fers cornières ; comme, dans ce cas, la caisse du wagonnet déborde au-dessus des auges, il est bon de pouvoir fermer les cornadis, pendant la distribution de la nourriture, au moyen d'une claie par exemple. Pour les moutons, les cornadis consistent généralement en cloisons en planches, de 1 mètre de hauteur, présentant des trous permettant aux animaux de passer la tête.

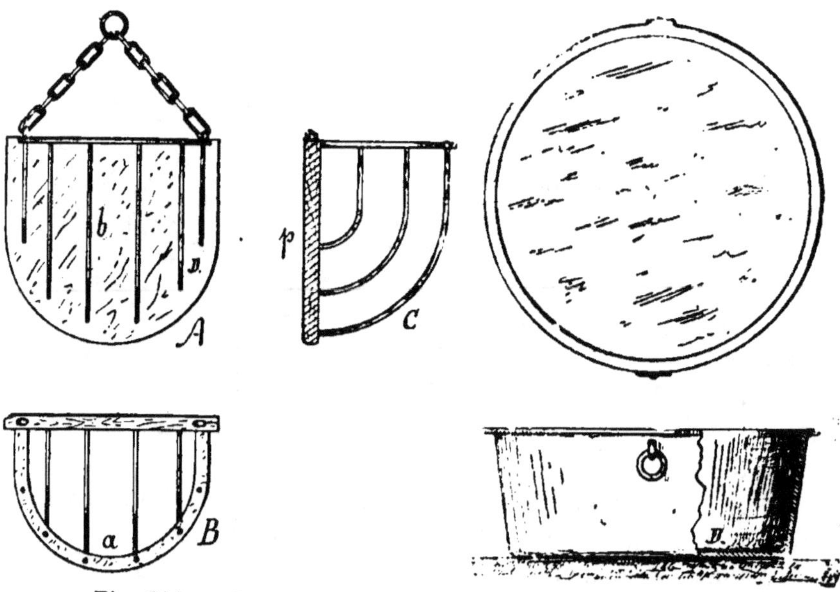

Fig. 241. — Panier à sel.   Fig. 242. — Cuve à eau.
A, élévation ; B, plan ; C, coupe.   Plan et élévation.

Le mobilier des bergeries est complété par de petits râteliers dans chacun desquels on met un morceau de sel gemme, substance dont les moutons sont très friands et qui leur sert de condiment. Ces petits râteliers sont constitués par des sortes de corbeilles qu'on accroche par deux chaînes à des crochets scellés dans les murs. Le modèle représenté par la figure 241 est celui employé à Grignon ; il est formé par une planche et quelques barreaux en fer, rivés d'une part à la planche et d'autre part à une arcade demi-circulaire a ; la planche p mesure 0^m,33 de hauteur et 0^m,35 de largeur, et le diamètre de l'arcade est de 0^m,30 ; six barreaux *b* forment la corbeille. Enfin il doit y avoir, dans chaque compartiment, une cuve pour l'eau ; la figure 242 représente celles employées à Grignon ; elles sont en fonte et ont 0^m,65 de diamètre et une trent ai e de centimètres de profondeur. Nous recommandons aussi les auges fixes en ciment armé, logées partiellement dans des

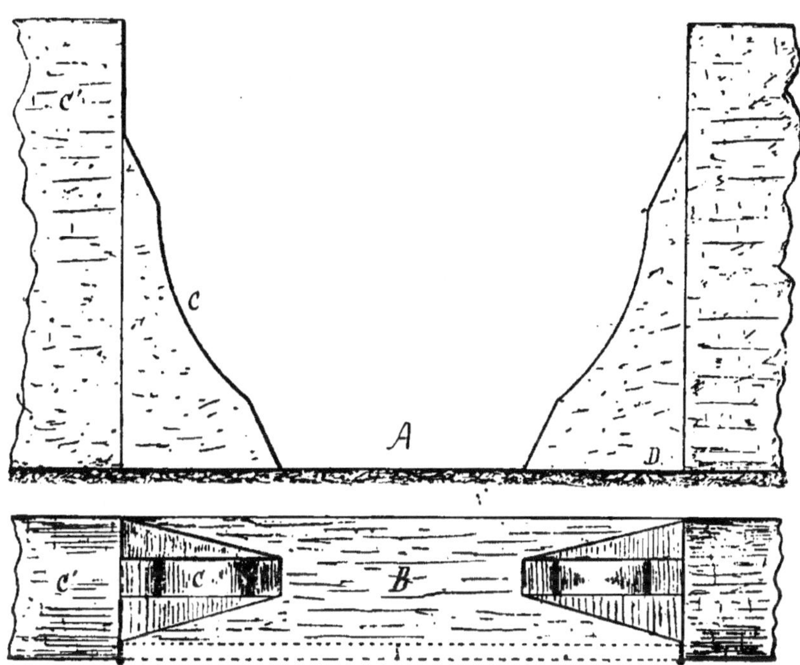

Fig. 243. — Porte de la bergerie de Grignon $\left(\text{échelle } \frac{1}{25}\right)$.
A, élévation ; B, plan.

niches ménagées dans l'épaisseur des gros murs et alimentées directement par une canalisation d'eau sous pression ; cette disposition a l'avantage de réduire au minimum l'espace perdu et de faciliter le curage des compartiments.

Portes et séparations. — Les *portes* des bergeries présentent des dispositions spéciales en vue d'éviter les accidents qui se produisent à la sortie et à la rentrée des moutons qui, toujours, cherchent à passer tous ensemble, ce qui occasionne souvent des avortements chez les brebis.

Dans l'ancienne bergerie de Grignon, bâtie par Polonceau, le seuil des portes, qui avaient 1^m,25 de largeur, était surélevé de 0^m,50 au-dessus du sol ; les animaux y accédaient au moyen de deux plans inclinés de 0^m,95 seulement de largeur, l'un fixe à l'extérieur, l'autre mobile en planches à l'intérieur. Les moutons ne pouvaient s'engager que deux de front pour franchir les portes.

Dans la bergerie actuelle de l'École il existe une disposition encore plus pratique qui donne entière satisfaction ; elle consiste simplement à rétrécir le bas des portes de manière à empêcher les moutons de se presser entre leurs montants. La figure 243 représente en élévation (A) et en plan (B) une de ces portes, qui sont à deux vantaux avec arrêt au milieu et sont munies d'une poignée de fléau pour fermeture. Leur largeur est de 1^m,50 à 0^m,85 du sol et leurs pieds-droits se rapprochent ensuite suivant des parties courbes, en maçonnerie recouverte d'un enduit de ciment, figurées en C ; au seuil la largeur de la porte n'est plus que de 0^m,65. Cette disposition, qui est plus pratique que la précédente au point de vue des services et de la propreté, n'est, bien entendu, nécessaire que pour les portes affectées exclusivement au passage des moutons. On a également fait, dans le même but, des portes dont les pieds-droits étaient évidés à la hauteur du corps des animaux. Il existe aussi des bergeries dans lesquelles les montants des portes sont pourvus de rouleaux verticaux en bois A (fig. 244), arrangement beaucoup moins recommandable car, s'il facilite le passage des animaux, il ne supprime pas les pressions ; il arrive de plus qu'à chaque instant les rouleaux ne tournent pas.

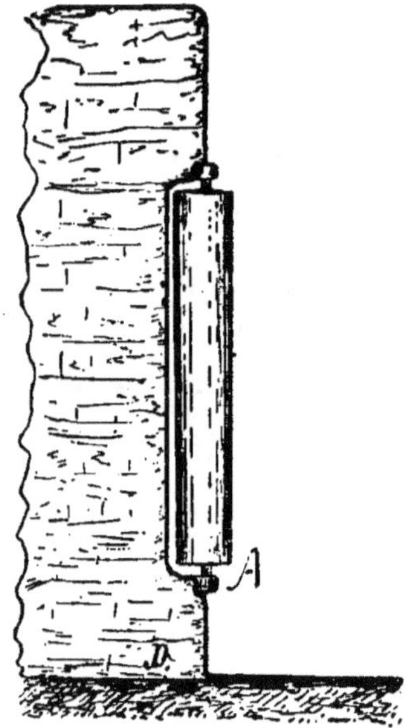

Fig. 244. — Porte de bergerie à rouleaux.

De toutes ces dispositions, il faut préférer celle représentée par la figure 243.

Les portes de communication entre les compartiments doivent s'arrêter à une certaine hauteur au-dessus de leurs seuils ou pouvoir être élevées facilement à mesure que le niveau du sol s'exhausse par suite de l'accumulation des

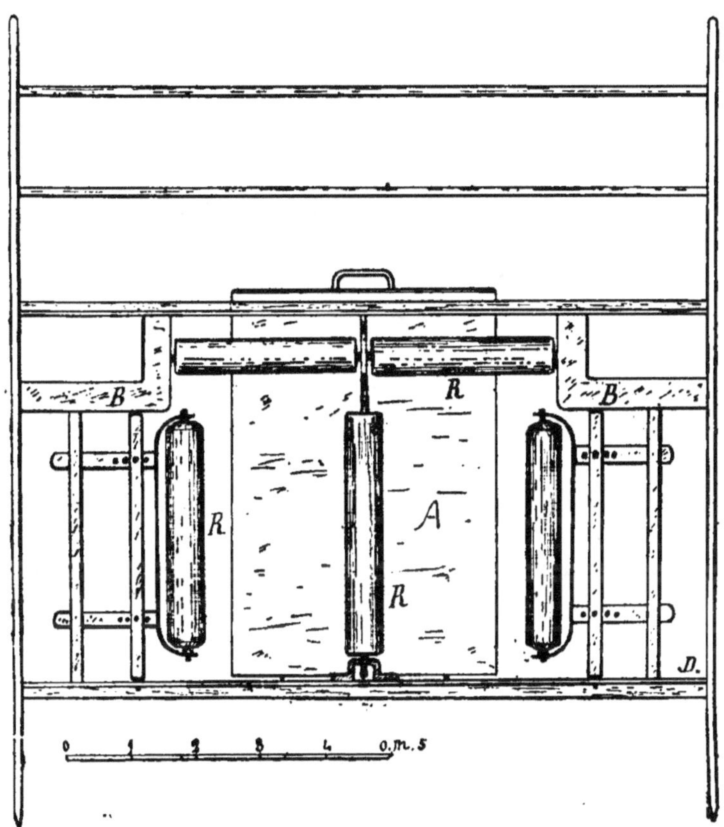

Fig. 243. — Claie de Carson et Toone pour le passage des agneaux.

litières. Les plus simples et les plus pratiques sont formées par une barrière à claire-voie, ou une simple claie en bois, munie de deux colliers formant pentures, coulissant le long d'une grosse tringle en fer scellée à l'un des montants de la porte ; cette dernière est soutenue à la hauteur voulue au moyen d'une chaîne qui est accrochée directement à une ferrure convenablement disposée ou passe d'abord sur une poulie de renvoi.

Il existe aussi des portes spéciales pour laisser passer seulement les jeunes ; ces portes consistent en principe en claies formant barrières, ayant en leur milieu une ou deux ouvertures rectangulaires dont on peut faire varier les dimensions. La figure 245 représente une claie de ce type, celle de Carson et Toone, de Warminster, qui est employée à la bergerie de l'École de Grignon ; les ouvertures sont limitées par des rouleaux en bois R qu'on peut rapprocher plus ou moins de manière qu'il soit possible de faire varier leur section. Les rouleaux latéraux, qui sont en outre maintenus par des ressorts placés en B, qui cèdent sous la poussée s'effacent quand une jeune bête éprouve des difficultés pour passer ; les rouleaux supérieurs peuvent être élevés ou abaissés et un volet A en tôle sert à fermer le passage. Ce genre de séparation rend de grands services, car il permet de parquer les mères tout en laissant une liberté complète aux jeunes ; on peut notamment ainsi donner aux agneaux une nourriture spéciale, en ne laissant qu'à ces derniers l'accès des compartiments où elle est déposée.

Quant aux séparations, comme nous l'avons dit, elles sont ordinairement faites par les râteliers eux-mêmes, le développement de ceux placés le long des murs étant presque toujours insuffisant ; il faut seulement, pour la commodité du service, réserver entre ces râteliers de séparation des passages de $0^m,80$ au moins, fermés par le légères portes, faisant communiquer entre eux tous les compartiments.

Les bergeries doivent être très aérées et plutôt froides ; seules les bergeries d'élevage font exception à cette règle générale et sont relativement chaudes ou mieux comprennent des compartiments chauds et d'autres aérés. On peut donc donner aux bergeries une hauteur quelconque, qu'on réduit en général au minimum, de façon à pouvoir installer, au-dessus, des granges ou des fenils, ou de façon à diminuer le prix de revient de leur construction ; cette hauteur varie presque toujours entre 3 et 4 mètres. Pour les motifs précédents beaucoup de bergeries ne sont pas plafonnées, ou ne le sont que partiellement par de faux planchers.

Dispositions générales des bergeries. — Nous donnerons comme type celui de la bergerie de Grignon, construite il y a une quarantaine d'années bien disposée pour l'élevage, elle est commode d'installation et remplit toutes les conditions réclamées pour ce genre de bâtiment.

Cette bergerie (fig. 246) est formée par un long corps de

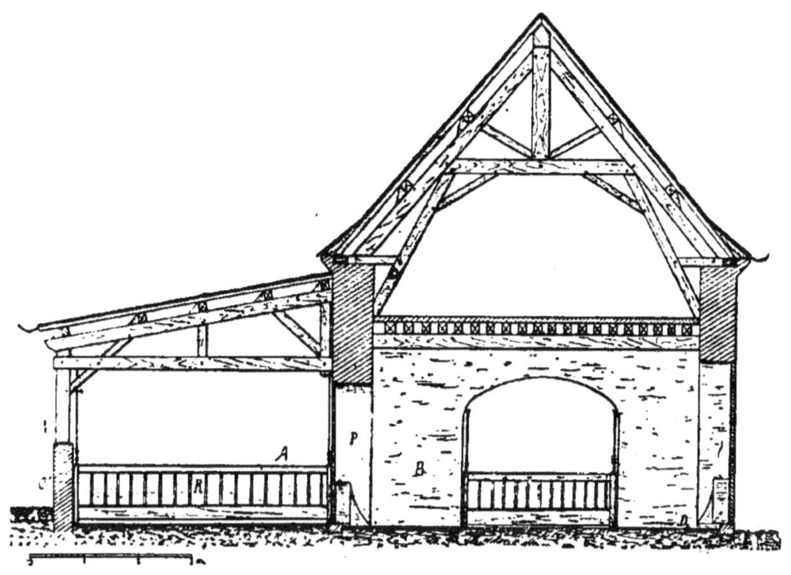

Fig. 246. — Bergerie de Grignon (coupe transversale).

bâtiments divisé en deux parties, l'une *A* couverte par un appentis formant *parc*, l'autre *B* fermée, communiquant par des portes *p* avec la première. Ce bâtiment, dont la figure 246 représente la section, est divisé, tous les 6 ou 7 mètres en moyenne, par des râteliers accrochés aux charpentes, de manière à former des cases pouvant contenir 80 moutons environ ; ces râteliers sont du modèle décrit précédemment (page 343, fig. 238), mais doubles et symétriques. Les parcs extérieurs, protégés par un appentis couvert en tuiles, sont clos par des murs en maçonnerie C' de 1^m,15 de hauteur et de 0^m,35 d'épaisseur. Le bâtiment principal, qui est divisé de distance en

distance par quelques gros murs B, est plafonné et a 3ᵐ,50
de hauteur ; il communique avec l'appentis par des portes
pleines à deux vantaux s'ouvrant de l'intérieur vers l'extérieur,
portes qui présentent une disposition permettant l'aération
et dont les pieds-droits ont le profil spécial que nous avons
décrit page 348, afin d'empêcher les accidents lors de la sortie
des moutons. Les portes de service donnant sur la cour de la
ferme ont 1ᵐ,55 de largeur et sont identiques à celles faisant
communiquer avec les *parcs* la partie fermée ; il y a deux
portes de sortie par compartiment et une porte de communication entre la partie intérieure et le parc correspondant.

Pour être recommandables, les bergeries du genre de celle
que nous venons de décrire doivent avoir leur deux façades
principales très accessibles, condition qui n'est ordinairement
pas réalisable dans la plupart des fermes par suite de la disposition des bâtiments autour d'une cour centrale ; pour
cette dernière raison notamment, nous avons été amené à
adopter comme type général de bergerie le suivant, qui conviendra aussi bien pour celles d'élevage que pour celles
d'engraissement. La bergerie consistera en un grand bâtiment
rectangulaire, relativement bas, de 10 à 12 mètres de profondeur et d'une longueur en fonction de l'importance du troupeau ;
ce bâtiment sera divisé longitudinalement par une cloison fixe
basse, et, transversalement, par des râteliers mobiles qui
formeront des compartiments dont la largeur, variable à volonté,
sera proportionnée à l'importance des lots à recevoir. La partie
arrière sera seule plafonnée, de manière a être plus chaude,
et aura une profondeur telle que, pendant l'affourrage, les
moutons d'une division transversale devront pouvoir y être
enfermés, les crèches étant toutes dans la partie antérieure
de la bergerie ; des portes, en nombre suffisant, seront prévues
dans la cloison transversale pour qu'il soit facile de faire
passer les moutons d'un compartiment quelconque dans le
compartiment postérieur correspondant. Le service journalier
sera fait par de grandes portes coupées, ménagées du côté de la
façade principale et donnant directement dans chacun des
compartiments ; sur la façade postérieure, ou sur les façades
latérales, on prévoira une ou deux grandes portes pleines pour

l'enlèvement des fumiers de la partie arrière de la bergerie.
Quant à l'éclairage et à l'aération, déjà assurés par les portes
coupées, ils seront complétés par un certain nombre de fenêtres
longues et basses.

La bergerie de Rambouillet, qui est annexée à la ferme nationale, rappelle comme dispositions générales celle de Grignon,
bien qu'elle comprenne plusieurs bâtiments séparés et soit de
construction plus ancienne. A la bergerie proprement dite sont
attenants des parcs, mais ces derniers ne sont pas, comme
à Grignon, couverts par un appentis ; aussi, en été, sont-ils
trop chauds et, en hiver, ils deviennent d'une humidité excessive ; il faut absolument que ces courettes, attenantes aux bergeries, soient couvertes, les moutons craignant beaucoup
l'humidité et la chaleur. La bergerie actuelle, établie d'après
des plans qui remontent à 1858, a une origine beaucoup plus
ancienne que nous rappellerons en donnant les quelques
lignes ci-dessous que nous empruntons à la « *Notice historique
sur le domaine et le château de Rambouillet*» publiée en 1850
par M. A. Moutié : « Ce fut l'année suivante, en 1786, que l'idée
vint d'établir une bergerie pour la propagation des bêtes à
laine fine en France. On obtint du roi d'Espagne, par l'entremise
de M. de la Vauguyon, alors ambassadeur, l'autorisation de
faire acheter un troupeau de mérinos. Ce troupeau, composé
de quarante-deux béliers, trois cent trente-quatre brebis et sept
moutons conducteurs, conduit par cinq bergers espagnols,
quitta les campagnes de Ségovie le 15 juin 1786 et arriva à
Rambouillet le 12 octobre suivant, réduit au nombre de trois
cent trente-six individus. Il fut logé provisoirement dans
les bâtiments de Mocquesouris et de l'ancienne ménagerie, car
la bergerie principale n'était pas encore bâtie et ne le fut que
dans les premières années de l'empire. Telle fut l'origine de
ce magnifique troupeau mérinos de Rambouillet, dont la célé-
brité est devenuue universelle... »

L'ancienne bergerie de Grignon, qui a été transformée
et est maintenant aménagée en salle de collection, était un
immense bâtiment rectangulaire de 70 mètres de longueur
et de 18 mètres de largeur environ, divisé transversalement en
compartiments par des claies ou des crèches doubles ; elle avait

été construite vers 1829 par Bella d'après les plans de Polonceau. Les fermes, faites de bois en grume simplement refendus étaient supportées par des piliers en maçonnerie, entre lesquels se trouvaient de petits murs en briques de 1^m,40 présentant des portes ayant la disposition particulière que nous avons décrite page 348, imaginée pour empêcher les animaux de se blesser ; les fermes étaient en outre soutenues par deux séries de poteaux reposant sur des dés en pierre. La toiture, qui débordait de près de 3 mètres tout autour, formait un auvent permettant d'abriter du petit matériel. A la partie supérieure, aménagée aujourd'hui en galerie, se trouvait un grenier auquel on accédait par les pignons qui étaient à croupe très peu prononcée. Ce bâtiment, très sain, exposé sensiblement au nord-est, convenait très bien pour une bergerie ; on a conservé du reste à la nouvelle bergerie la même orientation.

Dans les fermes où les bâtiments existent déjà et où il n'est pas possible d'en installer de spéciaux, on utilise pour e logement des moutons de petites constructions basses, bâties économiquement et très souvent n'ayant pas de plafond ou ayant comme plafond un faux plancher. Éclairées par quelques fenêtres étroites, ces bergeries sont fermées par des *portes coupées* qui servent comme portes de service tout en remplaçant les fenêtres pour l'éclairage et l'aération. Le battant inférieur de ces portes est maintenu par un loquet et est renforcé par de longues pentures ; sa hauteur doit être de 1^m,20 environ ; le battant supérieur, qui est presque toujours constamment ouvert, est analogue au battant inférieur et est muni d'un appareil de fermeture permettant de le fixer à ce dernier ; si la largeur de la baie l'exige, on adopte des portes coupées à deux vantaux. Au-dessus de chacune des portes on réserve parfois une imposte, qui remplace une fenêtre pour l'éclairage tout en coûtant moins cher, puisqu'il suffit simplement de donner à la baie un peu plus de hauteur ; quant aux râteliers, ordinairement fixes et analogues aux râteliers d'écurie du type représenté dans la figure 212-I, ils sont comme toujours appliqués contre les murs. Ces sortes de bergerie sont très communes.

On retrouve dans beaucoup de fermes des bergeries de

ce genre ; les anciennes bergeries étaient du reste établies
sur les principes de ces dernières : c'étaient des bâtiments
bas, éclairés par quelques fenêtres, parfois divisés en compartiments, avec des râteliers disposés le long des murs. La
figure 247 donne le plan de l'une des bergeries de la ferme de la
Pommeray, qui fait partie du domaine de Rambouillet, d'après
un plan portant la date du 25 septembre 1821 ; cette bergerie,
couverte en chaume, était formée par un bâtiment rectangulaire de 7^m,16 de largeur et de 23^m,60 de longueur, divisé en
deux compartiments inégaux mesurant respectivement 12^m,55
et 9^m,32 de longueur intérieurement ; des crèches étaient
disposées tout autour de ces deux compartiments, qui pouvaient

Fig. 247. — Ancienne bergerie de la ferme de la Pommeray.

communiquer entre eux et étaient éclairés par de nombreuses
fenêtres.

Un type très simple de bergerie, qui convient notamment
pour les installations provisoires, consiste en un bâtiment
rectangulaire fermé suivant les pignons et l'un des longs pans,
et ouvert sur la façade ; orienté de façon à recevoir la pluie et
le vent du côté fermé, ce bâtiment doit avoir une toiture débor-
dant de 1 mètre au moins du côté de la façade de manière à
former auvent. La bergerie est close sur le devant par un mur
de 1^m,20 ayant autant de portes qu'il y a de compartiments
intérieurs ; elle doit en effet comprendre une série de compartiments pouvant contenir de 50 à 100 bêtes, ou plus s'il y a
lieu, communiquant entre eux par des passages. Il faut qu'il
y ait constamment un compartiment inoccupé pour que le
service puisse se faire commodément (enlèvement des fumiers
et apport de la nourriture) ; la nourriture est distribuée d'abord

dans le compartiment inoccupé, dans lequel on fait passer ensuite les moutons du compartiment voisin, qui, une fois évacué, est affourragé et dans lequel on introduit les bêtes du compartiment suivant, et ainsi de suite de proche en proche. Ce type de bergerie ne sera pas à recommander pour les bergeries d'élevage car, outre qu'il existe pour ces dernières des dispositions meilleures, il suppose des lots d'animaux interchangeables et de même importance.

Comme ces sortes de bergeries peuvent être basses, que leurs murs n'ayant qu'une charge insignifiante à supporter peuvent être bâtis très économiquement en briques et en pisé, qu'elles n'ont pas de grenier (il suffit, si on veut les rendre plus chaudes d'y faire un faux plancher) elles reviennent au minimum de dépenses.

Les *béliers* sont ordinairement séparés du reste du troupeau et vivent dans de petits box, c'est-à-dire dans des compartiments formés par des cloisons en planches ou en maçonnerie de $1^m,20$ de hauteur. A Grignon ces compartiments ont $2^m,30$ en tous sens et font partie de la bergerie même : les murs, en briques à plat, ont $0^m,11$ d'épaisseur et $0^m,95$ de hauteur ; une porte de $0^m,70$ en assure le service. Il y a autant de compartiments que de béliers ; chaque compartiment est pourvu d'un panier à sel, d'un petit baquet en bois pour l'eau et d'un râtelier, analogue à ceux de la bergerie, mesurant toute la largeur du compartiment, soit $2^m,30$.

Refuges. — Dans certains pays, les moutons vivent constamment dehors ; dans ce cas, on fait des abris où ils viennent ce réfugier en hiver ; cette pratique est suivie surtout en Angleterre et en Écosse. Les abris consistent en murs disposés de façons différentes : nous donnons ci-contre deux dispositions choisies parmi beaucoup d'autres. Dans un premier type (B, fig. 248), l'abri est composé par trois petits murs disposés de manière à former un double T ; en orientant convenablement le mur principal lors de la construction de l'abri, le berger trouve toujours en *p*, *p'*, *p"* ou *p'''*, un espace protégé contre les bourrasques. Dans un deuxième type, le refuge consiste en une enceinte circulaire (A, fig. 248), composée souvent de deux murs concentriques, entre lesquels on a planté certaines essensces résineuses et des arbrdeaux à feuilles persistantes pour augmenter l'efficacité de l'abri, bien qu'on se contente souvent d'un simple mur; dans le premier cas, on a ménagé un passage sinueux P, de manière à empêcher les vents violents de s'engouffrer dans le refuge et, quand il n'y a qu'un seul mur, on réserve quelques entrées basses pour les moutons, le berger étant obligé de franchir le mur au moyen d'une échelle double.

Les refuges de ce genre, qui doivent avoir des dimensions en rapport avec le nombre de moutons à loger mais dont, toutes choses égales, l'efficacité comme abri est d'autant plus grande qu'ils sont plus petits, sont d'une installation économique, puisque les pierres, la terre et les arbrisseaux qui les composent se trouvent toujours sur place ; leur entretien est en outre à peu près nul.

Parcs. — Dans certaines régions, les mou-

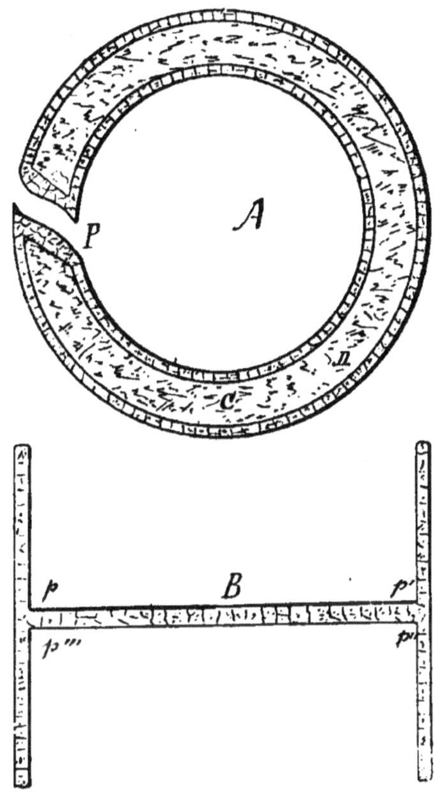

Fig. 248. — Refuges pour moutons.

A, refuge circulaire ; B, refuge simple.

tons ne vivent constamment dans les champs que pendant une partie de l'année, principalement aussitôt après l'enlèvement des récoltes ; on pratique alors le parcage. Les parcs qu'on emploie ordinairement sont composés de claies en bois de 2 mètres de long et de $0^m,80$ à $1^m,20$ de hauteur, formées de cadres garnis de barreaux espacés de $0^m,15$, de manière que les jeunes moutons ne puissent s'échapper; en outre, ces cadres sont quelquefois renforcés par des tirants en fer. Les claies s'assemblent entre elles au moyen d'anneaux presque toujours en fer et sont maintenues verticales par des pièces en bois appelées *crosses*, présentant une double béquille à l'une de leurs extrémités et, à l'autre, un trou dans lequel passe un piquet en bois ou en fer, qu'on enfonce dans le sol.

Comme le parcage se pratique généralement en changeant les parcs une fois toutes les vingt-quatre heures et qu'il est nécessaire qu'ils soient installés d'avance, il faut disposer d'une

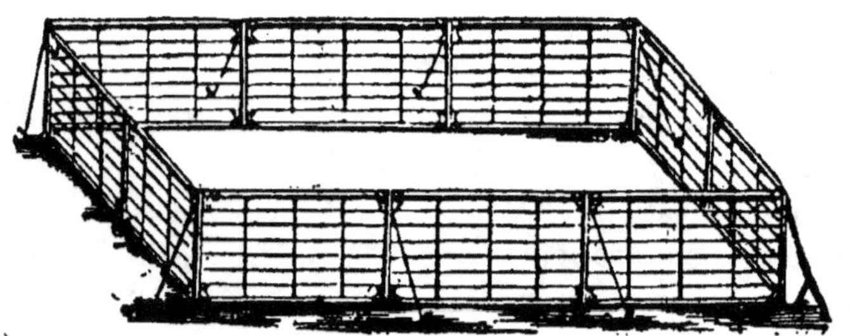

Fig. 249. — Parc à moutons.

quantité suffisante de claies pour former deux parcs à la fois. Quand on ne parque les animaux que la nuit, un seul jeu de claies suffit. On compte, au maximum, un mètre carré par mouton et le parcage n'est économique que quand on le pratique avec deux ou trois cents moutons au moins.

On fabrique des claies en fer (fig 249), mais celles en bois sont plus légères, d'un maniement commode et sont très faciles à réparer. Les claies en fer ont ordinairement 2 mètres de longueur ; elles sont formées d'un cadre rigide en fers profilés, renforcé par des équerres ; les barreaux, qui sont horizontaux, sont souvent en tringles de $0^m,008$ de diamètre.

Abris pour berger. — Quand on pratique le parcage, le berger reste toujours à proximité de son troupeau, aussi doit-il avoir avec lui une petite maisonnette montée sur roues, qu'il peut déplacer lui-même. Ces cabanes sont formées d'une sorte de caisse rectangulaire en bois, ayant 2 mètres de longueur, $1^m,20$ de largeur et 1 mètre de hauteur au moins, supportée par deux ou trois roues, de $0^m,60$ à $0^m,70$ de diamètre.

Lorsqu'elles sont montées sur deux roues, ces maisonnettes sont munies de brancards pour en faciliter les déplacements. Tout en planches, elles sont couvertes en zinc ou en carton bitumé ; un lit en occupe entièrement l'intérieur, dans lequel on pénètre par une porte ayant 0^m,40 sur 0^m,80 ; enfin une petite fenêtre en assure l'éclairage et l'aération. Il existe d'autres types de ces maisonnettes, mais celui-ci, qui est très répandu, satisfait à toutes les exigences de ce genre d'abri.

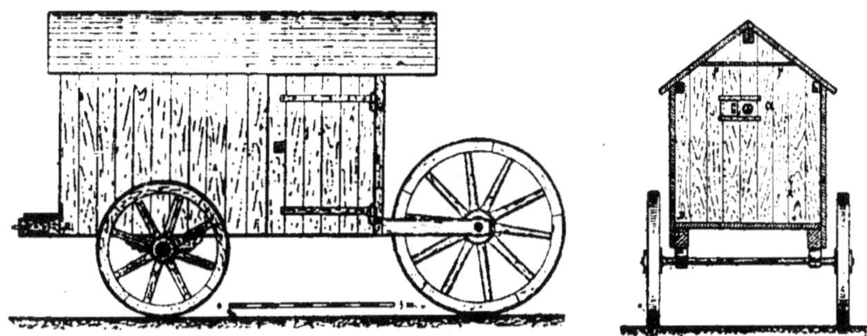

Fig. 250. — Cabane de berger (élévation longitudinale
et coupe transversale).

La figure 250 représente en élévation longitudinale et en coupe transversale, à une échelle indiquée sur la figure elle-même, une cabane de berger très employée en Beauce. Comme la figure le montre, cette cabane, qui mesure 1^m,95 de longueur, 0^m,95 de largeur et 1 mètre de hauteur à la naissance du toit, est supportée par trois roues, celle d'avant ayant 1^m,10 de diamètre et celles d'arrière 0^m,75 seulement. Construite entièrement en planches assemblées à rainures et languettes, elle est couverte par un toit de 2^m,32 de longueur qui déborde les deux pignons de manière à les protéger contre la pluie ; la porte mesure 0^m,65 de largeur. Deux ouvertures circulaires a, de quelques centimètres de diamètre, sont ménagées, l'une dans la paroi opposée à la porte, l'autre dans celle du pignon d'arrière ; des planchettes intérieures formant volet et coulissant dans des rainures permettent de fermer ces ouvertures. A l'intérieur une planchette p formant rayon constitue le seul ameublement de la cabane ; à l'extérieur les deux membrures inférieures sont réunies par des planches faisant tablette et sont terminées chacune par un crochet permettant l'emploi d'un attelage pour les déplacements à quelque distance.

IV. — Porcheries.

Dans toutes les exploitations agricoles, il y a toujours quelques porcs pour utiliser les eaux ménagères, mais ordinairement ils ne font pas l'objet d'un élevage ou d'un engraissement spécial et on se contente, pour les loger, de ce qu'on trouve partout sous le nom de *toits* à porcs.

Le *toit* à porcs ordinaire consiste en un appentis ayant environ 2 mètres ou 2ᵐ,50 de profondeur ; un petit mur bas forme clôture du côté de la façade et, de distance en distance, des séparations déterminent des loges dont chacune est pourvue d'une porte et d'une auge. Comme ces *toits* sont d'un voisinage plutôt désagréable, tant au point de vue de l'odeur qui s'en dégage que des cris des animaux, il faut choisir pour leur installation un emplacement convenable mais aussi écarté que possible des autres locaux de la ferme.

On doit avoir recours à ce genre de porcherie, toutes les fois que les porcs ne sont pas l'objet d'un commerce spécial et qu'il n'y a, à la ferme, que les quelques animaux nécessaires à l'utilisation des eaux grasses ; dans le cas contraire on est obligé de recourir aux porcheries proprement dites qu'on divise, au point de vue de leur étude, en *porcheries d'élevage* et en *porcheries d'engraissement*, ces dernières ayant du reste beaucoup de dispositions communes avec les premières.

I. — *Porcheries d'élevage.* — On ne met jamais les porcs en commun, à moins de disposer de grands enclos ; ordinairement on les isole dans des loges carrées ayant au moins 2 mètres de côté, dans lesquelles les animaux sont libres. Généralement chaque loge est occupée par un verrat ou une truie, seule ou avec ses petits ; lorsque les petits sont sevrés, on les place dans une loge à part et on les sépare ensuite à mesure qu'ils grossissent.

Les loges sont placées les unes à côté des autres et donnent d'un côté sur un couloir de service et de l'autre sur des cours, aussi grandes que possible, où les animaux peuvent sortir, sinon toute la journée, du moins à certaines heures. Suivant l'importance de la porcherie, les loges doivent être sur deux rangs, avec un passage de service central (fig. 254), ou sur un seul rang avec couloir sur le côté (fig. 251). Les auges sont placées du côté du couloir et non dans la cour ; elles présentent des dispositions ayant pour but de permettre de les remplir et de les nettoyer sans avoir à pénétrer dans les loges.

La disposition sur un rang, qui convient pour les installations ne comportant qu'une dizaine de loges placées dans un bâtiment en appentis, est économique et très recommandable ; en donnant $1^m,50$ à 2 mètres au couloir de service, qui en tout cas ne doit pas avoir moins de $1^m,15$, la largeur totale de la porcherie n'est au maximum que de 4 mètres. Les courettes, dans lesquelles donnent les loges, ont 2 mètres de largeur sur 3 ou 4 mètres de longueur, mais quelquefois on fait une cour commune pour plusieurs loges et, dans ce cas, on lui donne comme largeur celle des loges qu'elle dessert et 4 mètres au moins de profondeur ; ces courettes, à moins qu'elles ne soient de grande étendue, doivent avoir un sol imperméable et suffisamment résistant pour que les porcs ne puissent le fouiller. En général il n'y a pas en effet d'inconvénient à laisser les porcs ensemble dans un même parc ; dans le cas contraire, il est toujours facile de les faire sortir à des heures différentes.

Les porcheries de l'École nationale de Grignon présentent les dispositions que nous venons de décrire et nous les donnerons comme exemple, parce que, étant simples d'installation et économiques de construction, elles sont cependant très pratiques au point de vue de la propreté, de la facilité des services et de l'hygiène des animaux ; la figure 251, qui est à l'échelle, en donne la coupe, le plan et les dimensions. Comme cette figure le montre, la partie couverte comprend un couloir de service C, de $1^m,70$ de largeur, séparé des loges D, qui ont 2 mètres en tous sens, par des cloisons C′, en bois et en briques à plat, de $0^m,11$ d'épaisseur et de $1^m,15$ de hauteur. A chaque extrémité du couloir sont des portes P, à deux vantaux, dont la partie supérieure présente une disposition permettant l'éclairage et surtout l'aération, consistant en une sorte de grille en bois qu'on peut déplacer devant des fentes, de manière à les masquer plus ou moins complètement ; des châssis vitrés mobiles R complètent ces moyens d'éclairage et d'aération. Chaque loge est pourvue d'une auge A à volet mobile, dont nous donnons plus loin la reproduction exacte en élévation et en coupe (page 370) ; des portes p permettent d'entrer dans les loges, qui communiquent d'autre part avec des parcs E, par des portes identiques à celles du couloir de service mais protégées intérieurement, à leur partie inférieure, par de fortes plaques de tôle. Les parcs ont comme largeur celle de deux loges et comme profondeur $3^m,85$; ils sont donc communs à deux loges et une porte p' permet d'y entrer pour les nettoyer ; leur sol est formé par un bon pavage en grès et ils sont entourés d'une grille élégante en fer de $1^m,20$ de hauteur. Les loges et le couloir de service ont comme sol un briquetage, formé de briques posées à plat sur un léger béton et jointoyées au ciment, avec pente du couloir vers les parcs, où les urines non absorbées par les litières s'écoulent au dehors.

Là porcherie d'engrais de Grignon présente la même disposition que la porcherie d'élevage, mais les parcs ont été supprimés et les urines sont reçues dans une rigole souterraine placée à l'extérieur, le long du bâtiment, d'où elles sont conduites à la fosse à purin par une canalisation en tuyaux de grès vernissé. Dans une nouvelle porcherie d'engrais, récemment construite, les briques formant le revêtement du sol ont été remplacées par des carreaux en verre, très durs, absolument imperméables et par suite faciles à entretenir d'une propreté parfaite ; de plus, tous les angles formés par les raccordements des murs entre eux ainsi qu'avec les carrelages ont été supprimés et remplacés par des arrondis en ciment, ce qui facilite beaucoup les nettoyages. Cette porcherie peut être donnée comme type ; elle conviendra, en y apportant quelques modifications, à tous les cas particuliers.

Dans certaines porcheries d'élevage, pour les loges réservées aux truies tout au moins, nous avons rencontré une disposition intéressante imaginée en vue d'empêcher les porcelets

d'être étouffés par leur mère contre les parois des loges, comme
cela arrive quelquefois ; cette disposition consiste en de
fortes barres en bois A (fig. 252) scellées dans les murs à 0^m,15

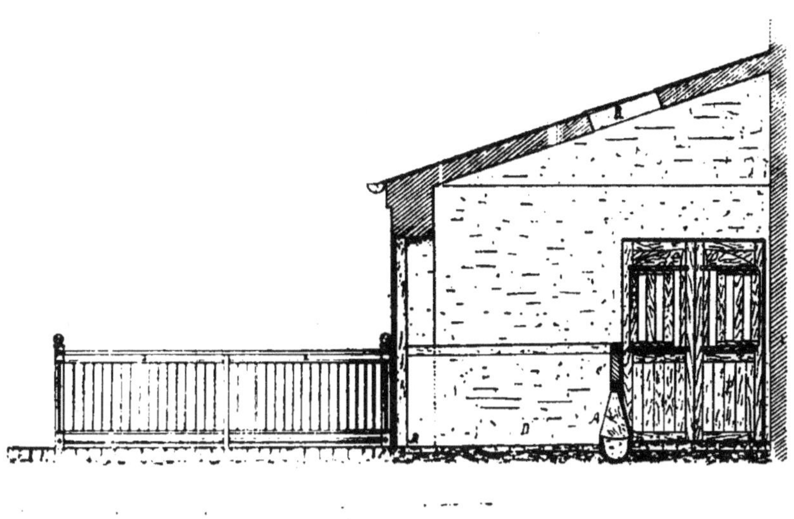

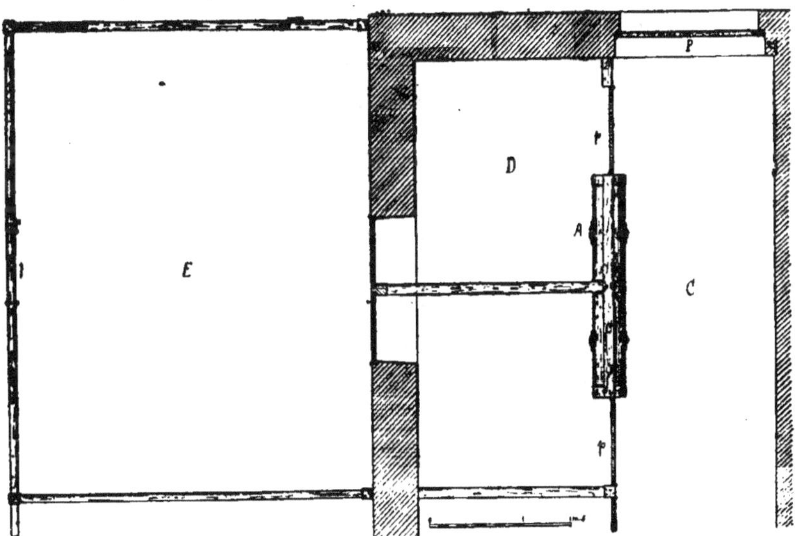

Fig. 251. — Porcherie de Grignon (coupe transversale et plan).

ou 0^m,20 de distance et à 0^m,20 ou 0^m,30 de hauteur, de manière
à déterminer, le long des cloisons, des passages empêchant les
jeunes d'être écrasés par leur mère en se couchant ; on peut

remplacer ces barres par de gros barreaux en fer plein ou creux. Quand l'épaisseur des cloisons est trop faible pour assurer aux scellements une solidité suffisante, ou les fait dans le sol, bien que cette disposition soit moins recommandable que la précédente parce qu'elle gêne lorsqu'on procède au curage des loges.

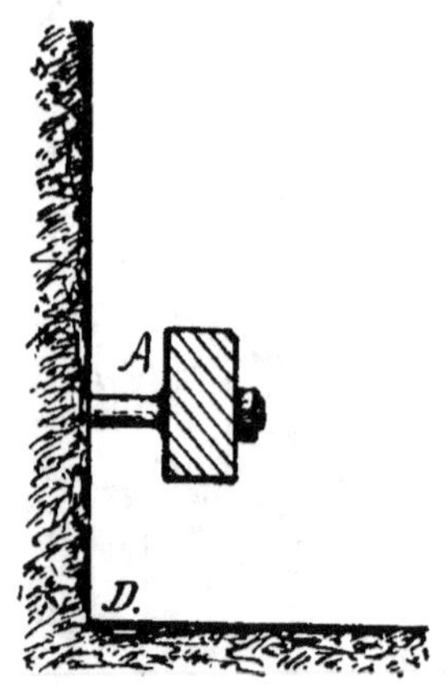

Fig. 252. — Disposition des loges pour truies.

Lorsque les loges sont sur deux rangs, une dizaine de chaque côté, la porcherie se présente sous l'aspect d'un bâtiment à pignons peu élevés, puisqu'il ne comporte pas de grenier, et, si on craint que la porcherie ne soit froide, on fait un faux plafond. Le couloir est dirigé suivant les pignons avec portes aux deux extrémités ; les parcs sont de chaque côté, sur les longs pans, et communiquent directement avec les loges. Pour les porcheries très importantes on agrandira le bâtiment en longueur et on donnera un peu plus de largeur au couloir de service pour pouvoir y installer un petit chemin de fer qui servira à l'enlèvement des fumiers et à l'apport de la nourriture.

L'éclairage et la ventilation sont assurés au moyen de châssis vitrés placés dans la toiture, ce qui est possible puisqu'il ne doit pas y avoir de grenier au-dessus des porcheries, et par les portes qui présenteront des dispositions spéciales permettant l'aération.

Les figures 253 et 254 donnent en plan et en coupe la disposition d'ensemble d'une semblable porcherie (le passage de service étant en 1, les loges en 2 et les cours en 3), et la figure 255 son aspect extérieur. Bien que, sur le plan, des auges soient indiquées dans les cours il faudra toujours préférer celles intérieures, qui sont suffisantes et beaucoup plus commodes. La toiture présente une disposition très recommandable au point de vue de l'aération, mais qu'on supprime souvent par raison d'économie ; elle complique en effet considérablement la construction. On pourrait encore adopter, comme porcherie double, la disposition représentée page 362, mais en ayant de chaque côté, symétriquement, une série de loges D et de cours E.

II. — *Porcheries d'engraissement*. — Les dispositions générales de ces porcheries sont les mêmes que celles que nous venons d'examiner, mais les courettes ne sont pas indispensables, les animaux ne sortant pas ou ne sortant que pendant le curage des loges. Le local doit être en outre plus sombre, afin que les porcs y soient tranquilles ; ces

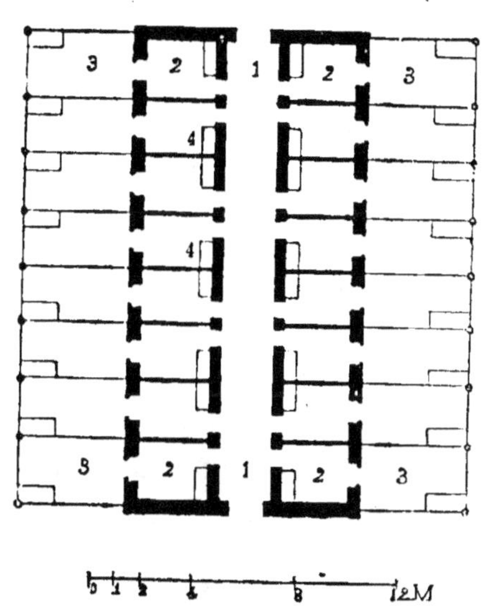

Fig. 253. — Plan de porcherie double.

derniers sont ordinairement deux par deux dans chaque loge. Comme la disposition que nous avons signalée précédemment (page 364, fig. 252) est ici inutile, les dimensions des loges se trouvent sensiblement augmentées.

On doit enfin réserver, dans toutes les porcheries ou dans un local y attenant, une ou plusieurs chambres pour la préparation de la nourriture ; dans ce local sont de grandes auges et un appareil à cuire les aliments. Suivant l'importance de la porcherie, le transport de la nourriture se fait à bras, dans des seaux, ou sur de petits wagons, la salle de préparation étant alors reliée à la porcherie par un chemin de fer à voie étroite.

Nous allons étudier maintenant les dispositions spéciales que l'on rencontre dans toutes les porcheries bien installées.

Détails de construction. — Les porcheries n'ayant qu'une faible hauteur, on peut, à la rigueur, ne donner aux murs qu'une épaisseur de $0^m,30$ s'ils sont en moellons et de $0^m,22$ s'ils sont en briques ; toutefois, à la partie inférieure un soubassement plus épais est nécessaire pour résister à l'humidité, aux heurts et aux dégradations causées par les animaux. Il ne doit pas y avoir de greniers ni de magasins au-dessus des porcheries, à cause de l'odeur forte qui s'en dégage.

Il faut que le sol soit imperméable et ne puisse être affouillé par les porcs ; dans beaucoup de porcheries bien tenues on n'enlève le fumier que tous les deux jours et parfois même à de plus longs intervalles. On le fait en béton de chaux hydraulique, avec un revêtement en ciment, et on lui donne une légère pente pour assurer l'écoulement des urines vers une rigole d'une dizaine de centimètres de largeur, qui les conduit

Fig. 254. — Coupe transversale d'une porcherie à deux rangs.

au dehors. On peut aussi employer l'asphalte, qui est plus coûteux d'établissement et moins commode à réparer. Les briques bien cuites, posées à plat sur un léger béton et jointoyées au ciment, ainsi que les carrelages en carreaux de grès et en dalles de verre, qui sont d'un prix beaucoup plus élevé, donnent un sol imperméable et très résistant.

Les murs de séparation des loges doivent être revêtus d'un enduit de ciment pour résister à l'humidité causée par les lavages continuels, ainsi qu'aux dégradations faites par les animaux et, tout en présentant une résistance suffisante, être aussi peu épais que possible, afin d'occuper le minimum d'emplacement ; les murs en moellons ne sont pas recommandables parce qu'il faut leur donner une trop grande épaisseur.

Les meilleures séparations sont en briques à plat et n'ont que 0m,11 ou 0m,12 de largeur; on peut augmenter leur résistance en les maintenant par de solides cadres en chêne, composés de poteaux réunis entre eux par des lisses ; les montants des portes sont également en bois. Quand on dispose de très bonnes

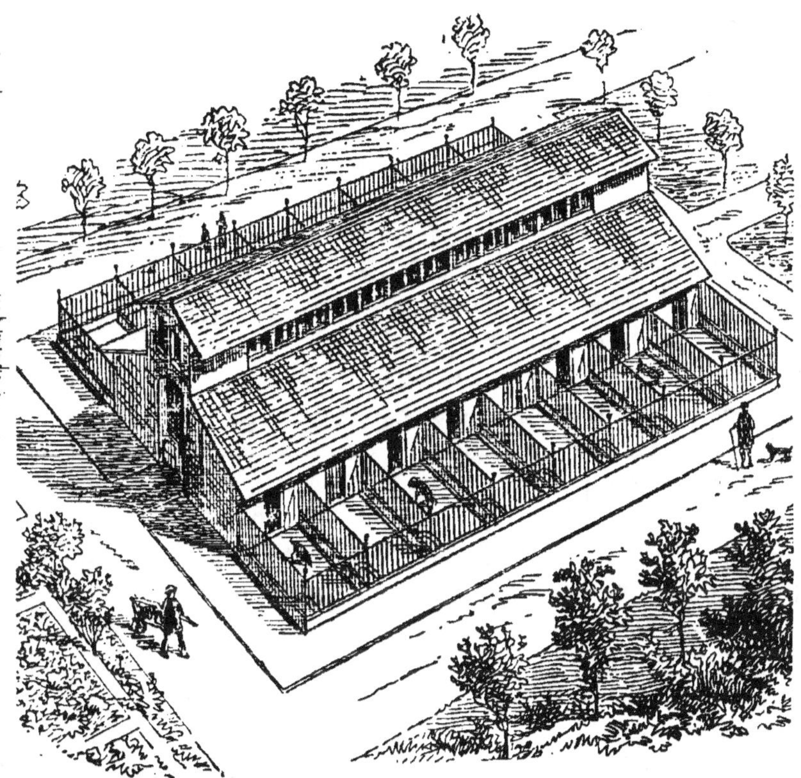

Fig. 255. — Vue perspective de la porcherie précédente.

briques on peut à la rigueur, en soignant beaucoup le travail, les mettre de champ et ne donner aux cloisons que 0m,06 seulement, mais il est préférable de lés mettre à plat et de porter leur épaisseur à 0m,11.

On fait aussi quelquefois des séparations en bois en employant de bonnes planches, assemblées à rainures et languettes, maintenues par de forts poteaux ; ces cloisons sont presque aussi coûteuses que celles en briques et d'une durée moindre.

Les carreaux de plâtre donnent des séparations très économiques mais manquant de solidité et d'imperméabilité. Enfin on remplace parfois les cloisons pleines du couloir de service par de petites grilles en fer de même hauteur, en raison des avantages qu'elles présentent dans certains cas.

La hauteur des séparations des porcheries varie entre 1 mètre et 1^m,50, mais en général on doit leur donner 1^m,10 ou 1^m,20 ; quelquefois cependant il est nécessaire qu'elles aient un peu plus, notamment pour les loges des verrats.

Auges. — La nourriture que l'on donne aux porcs exige, comme appareils d'alimentation, des auges, qui sont fixes ou mobiles et dont la capacité dépend de la quantité de nourriture à recevoir ; cette quantité varie entre 5 et 8 ou 10 kilos par animal et par repas. Les auges ont souvent 0^m,40 de longueur sur 0^m,20 à 0^m,30 de largeur et une vingtaine de centimètres de profondeur, soit de 16 à 24 litres de capacité totale ; pour les loges occupées par plusieurs animaux on admet une longueur d'auge de 30 à 40 centimètres par animal.

Les dispositions des auges sont très variables ; il faut pouvoir les remplir et les nettoyer facilement sans avoir à pénétrer dans les loges ; leur longueur doit être suffisante pour que les animaux puissent manger tous à la fois sans se gêner. On en fait en bois, en ciment, en pierre, en ciment armé et en fonte, ces dernières étant les plus recommandables ; les premières durent peu, aussi ne conviennent-elles que pour les installations provisoires ; celles en ciment sont très bonnes, mais elles doivent être faites sur place. Les auges en pierre sont assez coûteuses, elles présentent les mêmes avantages que celles en ciment mais sont d'un nettoyage plus difficile à cause de leurs parois qui sont généralement moins régulières. Les auges en ciment armé et en béton comprimé sont ordinairement faites dans des fabriques spéciales et il n'y a plus qu'à les poser ; ce même avantage existe pour les auges en fonte, qui ont en outre celui de tenir moins de place. Les auges en fonte émaillée sont moins recommandables que les auges en fonte ordinaire, elles sont en effet plus coûteuses que ces dernières et ne présentent aucun avantage sur elles.

Les auges en pierre et en ciment ont une section sensiblement rectangulaire mais doivent présenter une partie plus creuse, dans laquelle s'accumulent toutes les matières liquides restant dans les auges, afin d'en faciliter le nettoyage ; leurs parois ont $0^m,06$ environ d'épaisseur et leurs angles sont soigneusement arrondis.

Les auges en fonte ordinaire ou émaillée ont une section hémicylindrique et sont d'un entretien très facile ; celles de grande longueur, qui conviennent lorsqu'on met plusieurs animaux dans une même loge, présentent quelquefois de distance en distance des arcs en fer qui augmentent leur solidité et en même temps les divisent en compartiments, de sorte que les animaux se gênent moins pour manger ; cette disposition est surtout recommandable pour les auges mobiles qu'on met dans les loges et qui sont destinées aux porcelets.

Dans les anciennes porcheries, ainsi que que dans les toits à porcs d'une installation primitive, les auges, en pierre ou en maçonnerie, sont entièrement dans les loges et ne communiquent pas avec l'extérieur ; les nettoyages ainsi que le service de la nourriture sont, par suite, très incommodes et même dangereux, puisqu'il faut pénétrer dans les loges où sont les animaux ou les en faire sortir ; on les a améliorées en les faisant communiquer au dehors par des sortes d'entonnoirs en ciment permettant de verser les rations dans les auges, sans avoir à entrer dans les compartiments ; la figure 256 donne l'aspect d'une semblable disposition.

Dans les porcheries bien installées on place toujours les auges exactement dans l'épaisseur des cloisons des loges, et un volet permet de les

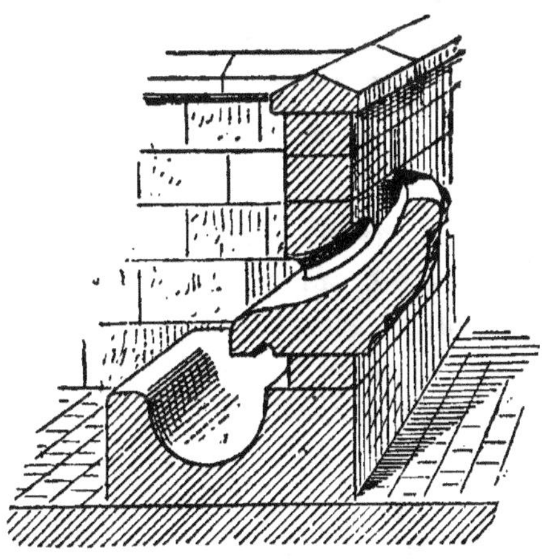

Fig. 256. — Auge de porcherie.

faire communiquer, soit avec la loge, soit avec le couloir de service, pour l'apport de la nouriture et les nettoyages. Une très bonne disposition, simple et économique, est employée à la porcherie de Grignon ; elle consiste en une auge en fonte A (fig. 257) de 0^m,33 de largeur, de 0^m,20 de profondeur et de 1 mètre de longueur, placée exactement au milieu de la cloison C' ; les petits côtés de cette auge présentent une courbure ayant pour centre l'axe des gonds du volet B ; ce volet, qui a 1 mètre de largeur sur 0^m,55 de hauteur et est protégé intérieurement par une feuille de tôle,

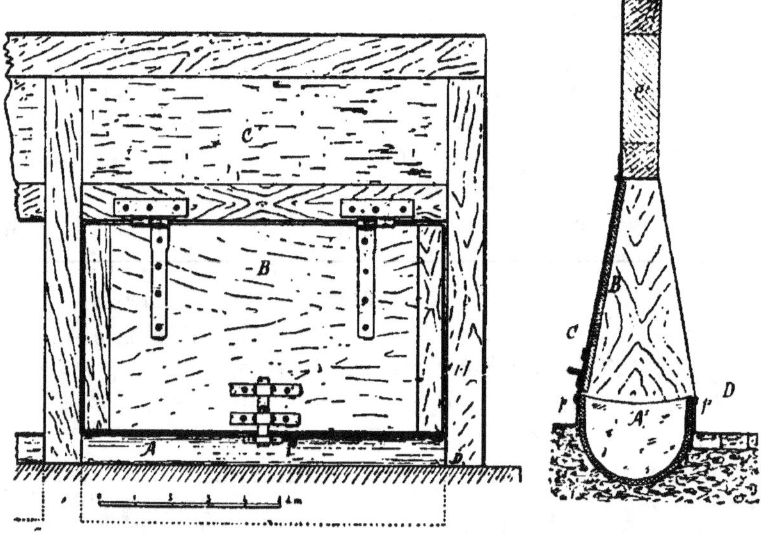

Fig. 257. — Auge de la porcherie de Grignon (élévation et coupe).

peut, au moyen d'un verrou, être arrêté dans des gâches en fer *p* rivées sur chacune des deux faces de l'auge. Grâce à cette disposition, l'auge pourra être mise en communication soit avec le couloir de service C, soit avec la loge D ; la figure 257 montre en outre le mode de ferrement des volets. Cet arrangement est applicable également aux auges en pierre ou en briques ; mais comme alors, presque toujours, la gâche du verrou se descelle au bout de peu de temps et que les réparations qu'on est obligé de faire ne durent pas, il faut remplacer le verrou central par une barre transversale en fer ou par deux verrous latéraux avec gâches fixées aux montants de l'auge, montants qui sont presque toujours en chêne.

Dans le commerce on trouve des auges avec volets entièrement en fonte et
fer, prêtes à poser;
les volets sont arti-
culés autour de
charnières placées
à la partie supé-
rieure d'un cadre
métallique. Il exis-
te d'autres systè-
mes plus perfec-
tionnés, comme
celui représenté
par la figure 258
dans lequel le vo-
let, en fonte, a la

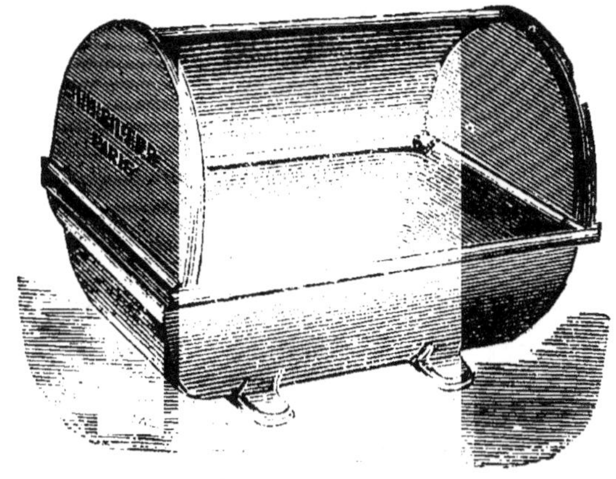

Fig. 253. — Auge en fonte à trappe.

forme d'un quart de cylindre et peut coulisser dans des gorges
ménagées dans deux joues latérales venues de fonte avec les
petits côtés de l'auge ; grâce à cette forme, l'auge est bien dégagée et les ani-
maux peu-
vent manger
commodé-
ment. Les au-
ges des por-
cheries doi-
vent avoir
toujours
leurs bords
à quelques
centimètres
au moins au-
dessus du sol.

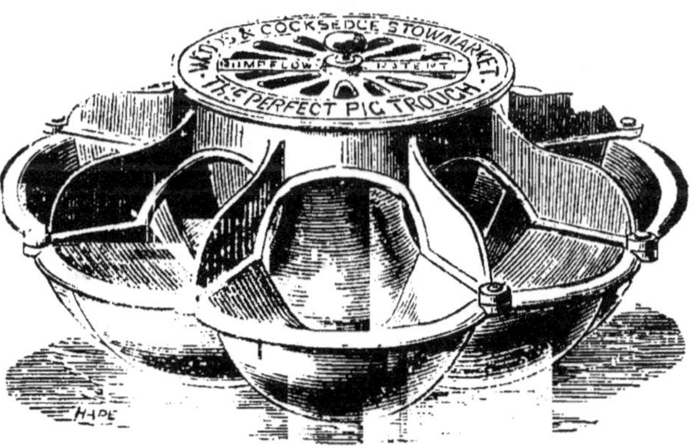

Fig. 259. — Auge à compartiments.

Pour les jeunes animaux, on se sert d'auges spéciales très
basses qu'on place dans l'intérieur même des loges ; elles sont
en fonte, mais peuvent être à la rigueur en bois, puisqu'elles
ne servent que temporairement; elles sont alors rectangulaires.
Les auges rectangulaires en fonte sont parfois doubles et

formées de deux auges basses, divisées dans le sens de la longueur par des séparations.

Les auges circulaires sont en fonte (fig. 259) et sont également divisées en compartiments ; cette division par des séparations empêche les jeunes de se vautrer dans les auges et de se bousculer pendant les repas, mais il faut, bien entendu, que les porcelets puissent manger tous en même temps, c'est-à-dire qu'il y ait au moins autant de compartiments que de porcelets. Dans le modèle représenté, la nourriture est versée dans un entonnoir central fermé par un couvercle, et se répartit dans les divers compartiments.

Les auges en bois sont beaucoup plus simples : ce sont des caisses ayant, en section, la forme d'un trapèze et dont les parois sont consolidées par des arcades en fer qui, en même temps, les divisent en compartiments. La figure 260 donne la coupe d'une auge de cette catégorie employée à

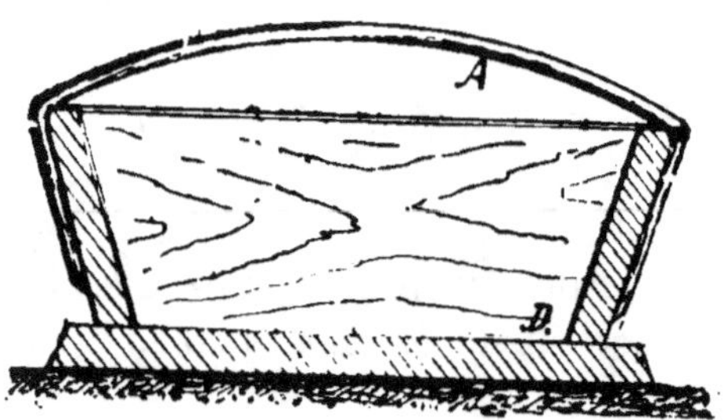

Fig. 260. — Auge pour porcelets.

Grignon; cette auge mesure 10 centimètres de profondeur 26 centimètres de largeur à la partie supérieure et 1^m,45 de longueur; elle est divisée en trois parties par deux arcades en fer A, et les bords sont consolidés par une bande de feuillard. On en met une ou plusieurs dans les compartiments occupés par les porcelets, suivant le nombre de ces derniers.

Cours. — Les cours, qui, comme nous l'avons dit, ne sont nécessaires que pour les porcheries d'élevage, doivent être attenantes aux loges et communiquer directement avec elles; lorsqu'on ne peut pas leur donner de grandes dimensions, comme cela arrive souvent, il est indispensable que leur sol soit imperméable et puisse résister aux affouillements des porcs; le meilleur sol est alors constitué par un bon pavage jointoyé en mortier hydraulique, présentant une pente de quelques centimètres par mètre afin d'assurer l'écoulement des urines ainsi que des eaux pluviales ou de lavage. Quelquefois on conserve le sol naturel, mais, quand on tient à empêcher les animaux de le fouiller, on est obligé de leur mettre un anneau au nez, pratique qui n'est pas à conseiller; le sol naturel est très recommandable, mais ne convient que quand les porcs ont à leur disposition de grands enclos.

On recommande, mais ceci n'est pas indispensable, de pourvoir chaque parc d'un petit bassin étanche où les animaux pourront se baigner ; il suffit de donner à ces bassins, qui communiquent entre eux ou au contraire sont alimentés séparément, 50 ou 60 centimètres de profondeur, 70 à 80 centimètres de largeur et 1^m,50 à 2 mètres au moins de longueur ; ce sont de véritables cuvettes, qui doivent toujours occuper la partie haute des cours, de façon à ne jamais recevoir les eaux ruisselant à leur surface, lesquelles sont ordinairement plus ou moins souillées; la figure 261 donne en A le plan et en B la coupe d'un semblable bassin. Quelquefois on supprime tous ces petits bassins et on les remplace par un seul plus grand, où l'on mène les animaux quand on le juge nécessaire ; ce bassin unique peut être quelconque si on laisse aux animaux la faculté de se baigner quand ils le veulent; dans le cas contraire, surtout si on a un grand nombre de porcs à baigner, le mieux est de faire un bassin circulaire ou rectiligne, très étroit, dans le genre de celui représenté par la figure 261 mais avec des pentes plus douces et des petits murs latéraux formant garde-fous dans lequel la profondeur augmente progressivement jusqu'au milieu pour diminuer ensuite, avec une profondeur maximum de 1 mètre à 1^m,20 environ; la largeur doit être telle que les animaux ne puissent par se retourner pour revenir en arrière, c'est-à-dire être de 60 à 65 centimètres. Deux couloirs étroits servent l'un pour l'arrivée des animaux et l'autre pour leur sortie. Il suffit, dans ces conditions, d'engager les porcs dans le couloir d'arrivée pour qu'ils soient obligés de traverser le bassin pour sortir.

Lorsque le bassin est circulaire, les deux passages, d'arrivée et de sortie, sont l'un à côté de l'autre. Dans l'exécution de la fouille, on doit rejeter la terre au milieu, de manière à constituer un léger terre-plein sur lequel on plantera quelques arbres et arbrisseaux qui, en été, protégeront le bassin contre l'ardeur du soleil ; bien entendu ce dernier doit être étanche, c'est-à-dire soigneusement cimenté, pouvoir être vidé facilement pour les nettoyages et être disposé de manière à permettre de baigner rapidement un grand nombre d'animaux. Nous rappellerons enfin

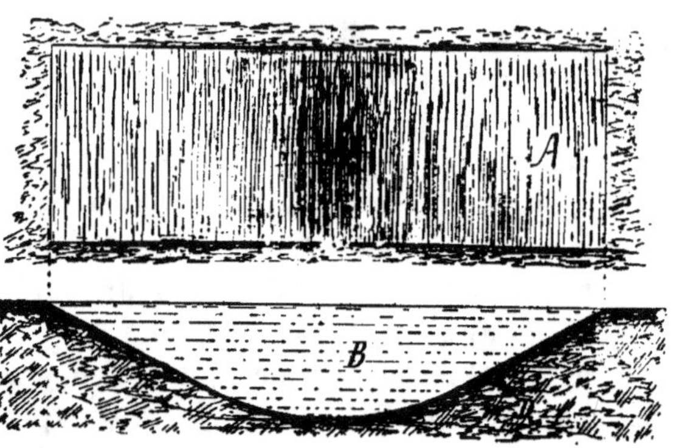

Fig. 261. — Bassin de porcherie (plan et coupe).

que dans beaucoup de bonnes porcheries il n'existe aucun bassin et que les animaux s'en passent cependant très bien.

Dans les villes, les porcheries, ainsi du reste que les vacheries, tout en n'appartenant pas à la même classe, sont considérées comme établissements insalubres et incommodes. Elles doivent être l'objet, comme ces dernières, d'une autorisation spéciale (accordée par le préfet de police pour le département de la Seine et une partie de celui de Seine-et-Oise) à la suite d'une demande faite dans des conditions déterminées. Les porcheries visées sont celles qui comprennent plus de six animaux adultes et qui ne font pas partie d'une exploitation agricole, ou qui appartiennent à un établisssment agricole situé dans une agglomération d'au moins 5 000 habitants. Les autorisations ne sont généralement accordées que sous certaines conditions d'installation et d'entretien.

V. — Poulaillers et clapiers.

I. — *Poulaillers*. — Les poulaillers les plus simples sont formés d'une grande chambre de 3 à 4 mètres de profondeur, de 2 mètres à 2m,50 de hauteur et d'une longueur

dépendant du nombre de volailles à loger, ayant comme
mobilier une échelle servant de *perchoir*, et, le long des murs,
des paniers ou des casiers comme pondoirs. Le *perchoir* ou
juchoir le plus répandu est incliné et peut s'enlever pour
faciliter les nettoyages ; il consiste en une sorte d'échelle
formée par deux montants réunis tous les 30 ou 40 centimètres environ par des barreaux ronds ou mieux de section
sensiblement carrée, sur lesquels se perchent les volailles. Quand
le poulailler est très long, le perchoir est divisé en travées de
2 à 3 mètres ; cette disposition, qui est la plus employée,
présente quelques inconvénients : en premier lieu, les poules
voulant toujours occuper les perches les plus hautes pour
dormir, il en résulte chaque soir des batailles et des chutes ;
en second lieu, comme elles se trouvent en partie les unes
au-dessus des autres, elles se salissent mutuellement ; les
nids sont en outre dans de très mauvaises conditions, au point
de vue de la propreté aussi bien qu'au point de vue de la
tranquillité ; les œufs sont enfin malaisés à dénicher.

'Ordinairement, dans toutes les exploitations, on trouve
d'autres volailles que des poules, il y a notamment des dindons,
des pintades, des oies et des canards, et, non seulement on
élève ces différentes volailles, mais aussi on en engraisse
une partie ; il devient alors nécessaire d'avoir un local bien
agencé, réunissant tous les services de la basse-cour, et on est
obligé d'installer un pavillon spécial, divisé en chambres distinctes, pour les oies, les canards, etc., les volailles d'élevage
et celles à l'engrais, ainsi qu'un pondoir et un couvoir.

L'orientation du poulailler n'est pas indifférente, car les
volailles exigent un habitat sain ; la façade, exposée au levant
ou à la rigueur au midi, bien que cette dernière exposition soit
moins bonne, doit être protégée des vents du nord et de l'ouest.
Il faut en outre que le poulailler soit facile à nettoyer et que
les poules soient à l'abri de leurs nombreux ennemis; enfin,
si l'on dispose d'un parquet, on l'installe de manière qu'il
reçoive le soleil le plus longtemps possible.

Dans les installations importantes et bien comprises, les
paniers du pondoir sont remplacés par des nids formés par
de petites cases cubiques en briques ou en ciment, mesurant

40 centimètres en tous sens, disposées le long des murs ; il est avantageux de ménager derrière les nids un passage de 60 centimètres de largeur au moins et d'avoir un guichet, mesurant 10 centimètres sur 15, pratiqué dans chaque loge, afin de pouvoir prendre les œufs sans avoir à entrer dans le pondoir même ; il faut, bien entendu, que les ouvertures des nids soient fermées par une trappe ou une petite porte. Ces poulaillers peuvent être établis très légèrement, en briques de champ ou à plat.

On dispose les nids, quand ils sont en maçonnerie, par rangées horizontales, la première pouvant n'être qu'à une vingtaine de centimètres du sol ; pour les rangées suivantes, il est bon de placer, devant les niches, des échelles et même des promenoirs pour permettre aux volailles d'y accéder facilement. Aux extrémités du passage intérieur, il est commode d'avoir des casiers pour déposer les œufs, et au milieu une sortie ; une hauteur de 2 mètres est suffisante pour un semblable pondoir.

De chaque côté du pondoir, on réserve deux pièces, l'une qui servira à l'engraissement, l'autre de couvoir ; la première est pourvue d'*épinettes*. Enfin, deux autres chambres, placées aux deux ailes du pavillon, sont affectées aux autres volailles (pintades, dindons, oies ou canards).

On fait aussi coucher les poulets d'élevage au premier étage dans une grande pièce appelée *dortoir*, dans laquelle ils parviennent au moyen d'un petit plan incliné, garni de baguettes demi-rondes ; cette pièce n'a souvent que 2 mètres de hauteur. Le dortoir est pourvu de perchoirs formés de barreaux ayant de 28 à 33 millimètres de côté, fixés sur de petits poteaux ou plus simplement sur des traverses qui présentent des encoches et sont scellées dans les murs ; on recommande aussi d'employer, pour les perchoirs, des barres ayant une dizaine de centimètres de largeur et une épaisseur qui dépend de leur longueur ; les poules s'y tiennent mieux et fatiguent moins quand elles dorment. Toutes ces barres sont disposées suivant un plan incliné à 45° et forment une véritable échelle, ou au contraire sont placées à la même hauteur, à $0^m,60$ ou $0^m,70$ du sol ; dans le premier cas elles sont à 40 ou 50 centimètres les unes des autres et, dans le second, à 25 ou

30 seulement ; comme nous l'avons dit plus haut, le second système est préférable au premier, mais il demande un peu plus de place. Quand l'emplacement le comporte, il est avantageux d'avoir des perchoirs mobiles car, comme il est possible de les déplacer, les nettoyages sont plus faciles. Suivant les races on compte qu'une poule occupe sur les perchoirs une longueur de 20 à 30 centimètres.

Le plan incliné donnant accès au dortoir peut être à l'extérieur, mais il est préférable qu'il soit à l'intérieur du poulailler.

L'installation est complétée par des augettes pour le grain et des abreuvoirs pour l'eau ; les augettes et les abreuvoirs sont disposés de manière que les volailles ne puissent pas monter dedans et souiller leur contenu ; sous ce rapport, les abreuvoirs siphoïdes sont pratiques. L'aménagement des poulaillers se réduit donc à peu de chose et cependant, dans beaucoup de fermes, il laisse à désirer.

Pour les oies et les canards on installe, à l'intérieur de la pièce qui leur est réservée, un petit trottoir circulaire surélevé de 10 à 12 centimètres, qui devra être sablé.

Pour les dindons il faut un trottoir plus élevé et un solide perchoir, qu'on forme souvent avec une vieille roue hors d'usage fixée à $0^m,80$ ou 1 mètre au-dessus du sol ; on fait également des perchoirs sur ce principe, mais il est plus simple de les disposer comme ceux destinés aux poules. Enfin la partie supérieure du poulailler présente parfois un petit clocher servant de pigeonnier.

Lorsqu'on est obligé, pour loger les volailles, d'aménager des bâtiments spéciaux ou de vieilles constructions, il faut se reporter aux principes que nous venons de voir, et ce n'est que dans le cas où l'on a des races dont on tient à conserver la pureté, qu'on a recours à de petits pavillons indépendants, en bois ou en maçonnerie, avec parcs séparés.

Aménagement. — Comme les poules craignent l'humidité et comme, lorsque le sol est imperméable (pavage ou béton), il devient nécessaire de le laver de temps en temps, ce qui détermine une certaine fraîcheur, on préfère souvent la terre battue et on se contente, pour les nettoyages, de simples balayages ; quand il est imperméable, on doit le recouvrir de sable en été et de paille en hiver. Si l'on ne craint pas l'humidité, on le rend résistant et étanche en le recouvrant d'une chape en ciment, en bitume ou en asphalte, appliquée sur la terre même, ou mieux sur un léger béton; dans ce cas, on le surélève et on lui donne une certaine pente pour assurer l'écoulement de l'eau ; deux pentes, convergeant vers le milieu des chambres, sont recommandables et, afin que le local soit toujours sain et sec, il est bon de recouvrir la partie basse des murs d'un enduit en ciment d'au moins $0^m,70$ de hauteur ; le reste des murs, avec des arrondis dans les angles, doit être soigneusement uni pour ne pas offrir de refuge aux insectes et pour qu'il soit facile chaque année de détruire la vermine par un badigeonnage à la chaux. Les murs en maçonnerie sont quelquefois froids et humides, aussi fait-on beaucoup de poulaillers en bois ; ces derniers sont plus sains, seulement, pour qu'ils soient moins froids en hiver, on est obligé de les doubler avec des paillassons qui, servant de refuge aux insectes, seront désinfectés de temps en temps; ces poulaillers en planches sont beaucoup moins coûteux d'installation que ceux en maçonnerie, mais, en raison de l'entretien qu'ils demandent et de leur faible durée, ils reviennent finalement à un prix plus élevé.

Les poulaillers doivent être aérés et clairs, aussi on y ménage des fenêtres, qu'on a soin de grillager ; quand il y a un grand nombre de volailles dans une même pièce, il faut ménager pour l'aération quelques cheminées de ventilation. Les portes présentent des guichets qu'on ferme par des trappes.

Lorsque le nombre de poules à abriter n'est pas considérable, ou que dans la ferme il en existe plusieurs variétés ou catégories qu'on tient à ne pas mettre ensemble, on doit avoir recours à des poulaillers très simples qu'on installe dans des clos distincts; on peut en outre placer dans ces clos des abris provisoires pour les poussins, analogues à celui représenté dans la figure 262.

Les nids, lorsqu'ils sont constitués par des niches, peuvent être en bois, mais ceux en maçonnerie sont plus propres; on en fait avec de grandes tuiles plates, ainsi qu'avec des ardoises quand celles-ci ne sont pas d'un prix trop élevé ; on peut enfin,

très pratiquement, employer le ciment armé. Tous ces nids
forment des loges identiques dont on a soigneusement arrondi
les angles ; ils sont appuyés à une cloison légère qui sépare le
couloir de service, cloison qui a été construite au préalable. On
emploie avec avantage pour leur confection, lorsqu'ils sont en
ciment, de petits mandrins en bois ayant exactement la forme
à leur donner, mais d'une section un peu moindre vers la
partie postérieure que vers la partie antérieure, afin qu'on

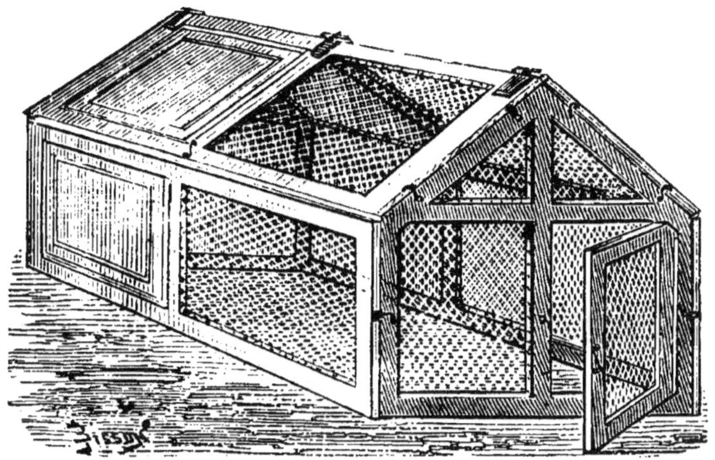

Fig. 262. — Cage démontable pour poussins.

puisse les retirer aisément et obtenir une légère pente pour
l'écoulement de l'eau lors des nettoyages ; on fait ensuite sur
le devant un rebord de quelques centimètres, avec un trou
d'égouttage pour l'eau. Pour rendre le dégagement des mandrins plus facile on peut les faire en quatre parties, entre
lesquelles on place des coins en bois qui les maintiennent
écartées et qu'il suffit d'enlever pour qu'elles se rapprochent et
soient, ainsi, aisées à retirer ; quatre de ces mandrins au moins
sont nécessaires pour la construction des nids.

Pour les *pigeonniers de fuite* on peut aussi adopter ce genre
de nids, mais en ne leur donnant que 20 ou 25 centimètres seulement en tous sens ; quelquefois cependant on en porte la
largeur à 0^m,30 et la profondeur à 0^m,35 ou même 0^m,40.

Dans les poulaillers on préfère parfois avoir des nids indépendants, amovibles, formés par des paniers spéciaux en osier (fig. 263), ces paniers, dont la forme rappelle celle d'une calotte sphérique, ont 0^m,35 de largeur, autant de longueur et 0^m,25 seulement de profondeur ; ils présentent en arrière une forte barre en bois qui permet de les accrocher. Ces nids, comme ceux en maçonnerie, sont remplis de foin ou de paille brisée et sont disposés par rangées, la première étant au niveau du sol ou mieux à 30 ou 40 centimètres au-dessus. Les nids en osier sont surtout avantageux dans les installations peu importantes où leur petit nombre n'oblige pas à recourir à ceux en planches ou en maçonnerie, qui occupent beaucoup moins de place. Les pondoirs, comme les couvoirs, doivent avoir une température douce, être bien aérés et très propres.

II. — *Clapiers.* — Les lapins sont logés dans des cases, placées sur un, deux et quelquefois trois rangs, mesurant au moins 0^m,60 de largeur, 0^m,80 de profondeur et une soixan-taine de centimètres de hauteur. Ces cases, dont on place généralement la première rangée à une certaine hauteur au-dessus du sol pour la commodité du service, sont parfois divisées en deux compartiments, l'un obscur vers le fond,

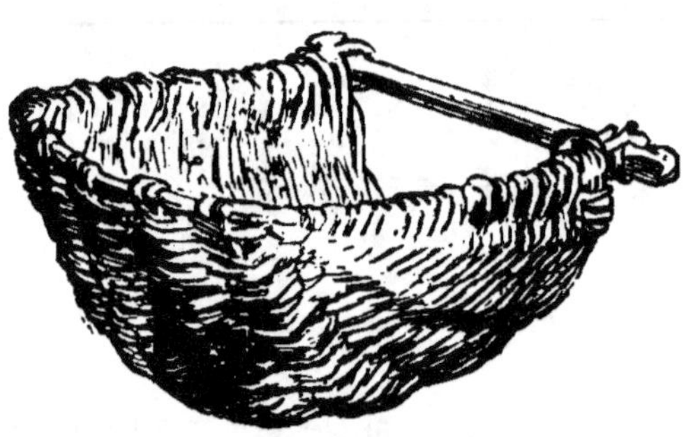

Fig. 263. — Pondoir en osier (Roulpier-Arnoult.

l'autre plus clair sur le devant, avec *fourrière* pour mettre la nourriture ; cette disposition en deux compartiments n'est utile que pour les loges réservées aux mères, afin de leur permettre de faire leurs nids dans de meilleures conditions.

Les clapiers sont souvent en bois, mais alors leur durée, qui dépend de l'humidité du local, de la nature des bois employés et des soins dont ils sont l'objet, est toujours assez limitée ; il est préférable de les faire en maçonnerie avec revêtement intérieur en ciment ; les briques à plat, et à la rigueur de champ, sont très recommandables, elles permettent

en effet de construire économiquement et en plein air des
clapiers d'une durée très grande ; lorsque ces derniers sont en
bois, on est obligé de les installer sous un appentis ou dans un
bâtiment déjà existant, pour les protéger contre les intempéries.
Il faut donner au fond des loges, qui doit être en zinc lorsque
celles-ci sont en bois, une légère pente, de manière à assurer

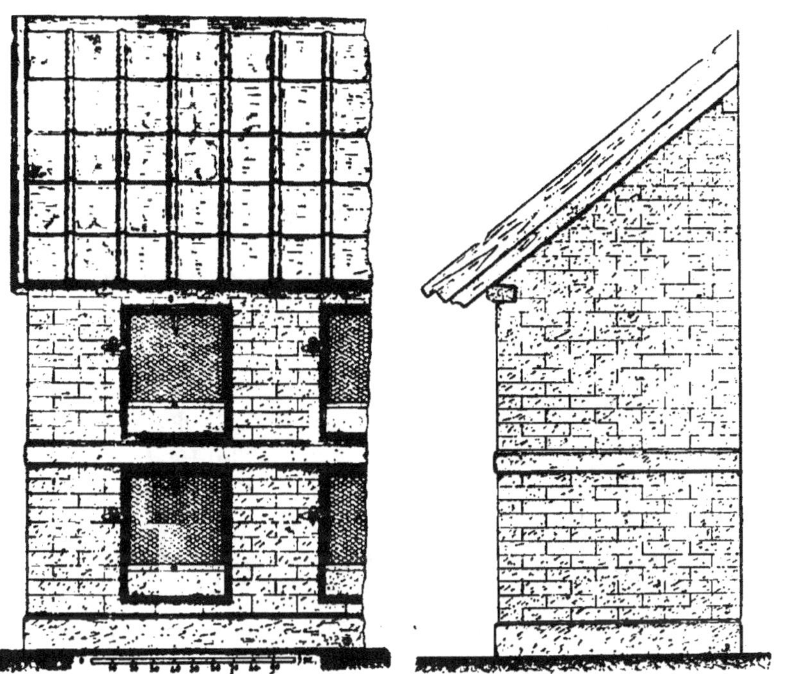

Fig. 264. — Clapier du château de Louveciennes (élévations
principale et latérale).

l'écoulement des urines ; on place parfois aussi des faux-fonds
à claire-voie pour assainir les compartiments et faciliter leur
nettoyage ; cette dernière disposition n'est pas indispensable.
Toutes les cases sont fermées par des portes grillagées ;
chaque lapine en occupe une spéciale avec ses petits, qu'on
place plus tard dans des cases séparées lorsqu'ils n'ont plus
besoin d'elle. Dans les élevages importants on peut aussi
réunir ensemble tous les jeunes dans quelques grandes pièces
légèrement obscures mais bien saines, en ayant soin de les

classer par catégorie et par sexe afin qu'ils ne se battent pas.

La figure 264 donne, en élévations longitudinale et latérale, à une échelle construite sur le dessin lui-même, la vue des clapiers très bien organisés que M. E. Baillière possède dans sa belle propriété de Louveciennes. Ces clapiers, dont nous n'avons représenté en élévation principale que les deux premières loges, les suivantes ayant les mêmes dispositions et les mêmes dimensions que celles figurées, sont construits en briques à plat et sont couverts en tuiles ; leur construction remonte à une soixantaine d'années, à l'époque où le château de Louveciennes appartenait au maréchal Maignan. Les loges, qui sont sur deux rangs superposés, sont cubiques et mesurent 1 mètre en tous sens ; leur aire, soigneusement cimentée, présente une pente qui assure l'écoulement des urines vers un tuyau qui traverse la cloison postérieure de chacune d'elles et débouche dans une sorte de rigole à ciel ouvert et à forte pente, placée derrière le clapier ; à chaque série de loges correspond une semblable rigole, il y a donc deux de ces rigoles puisque le clapier comporte deux séries de loges. Cette disposition est très simple et il n'y a pas à redouter d'obstructions dans la canalisation, puisqu'elle est à ciel ouvert excepté dans la traversée des parois des loges ; il faut seulement que la partie postérieure du clapier soit accessible, et par suite que ce dernier ne soit pas adossé à une construction.

La partie particulièrement intéressante de ces clapiers réside dans la disposition des portes qui présentent un système perfectionné et très pratique de *fourrières*. Ces portes, dont l'une est représentée en élévation et en coupe par la figure 265, sont formées par un cadre métallique en fer rond, mesurant 0^m,65 de hauteur et 0^m,53 de largeur ; elles sont maintenues d'un côté au moyen d'une sorte de penture et d'un pivot, autour desquels elles peuvent tourner, et, du côté opposé, une fermeture, rappelant un moraillon, permet de les fermer soit avec un cadenas, soit simplement avec une broche. Chaque cadre est divisé en deux parties inégales par une traverse en fer rond ; la partie inférieure est formée par une augette en tôle, de section triangulaire, ayant comme longueur la largeur du cadre et pouvant pivoter autour de la traverse

basse de ce dernier, de manière à occuper la position indiquée
dans la figure, ou une position symétrique mais de l'autre côté ;
un ressort maintient cette augette dans la position indiquée
sur le dessin. La partie supérieure du cadre forme une sorte de

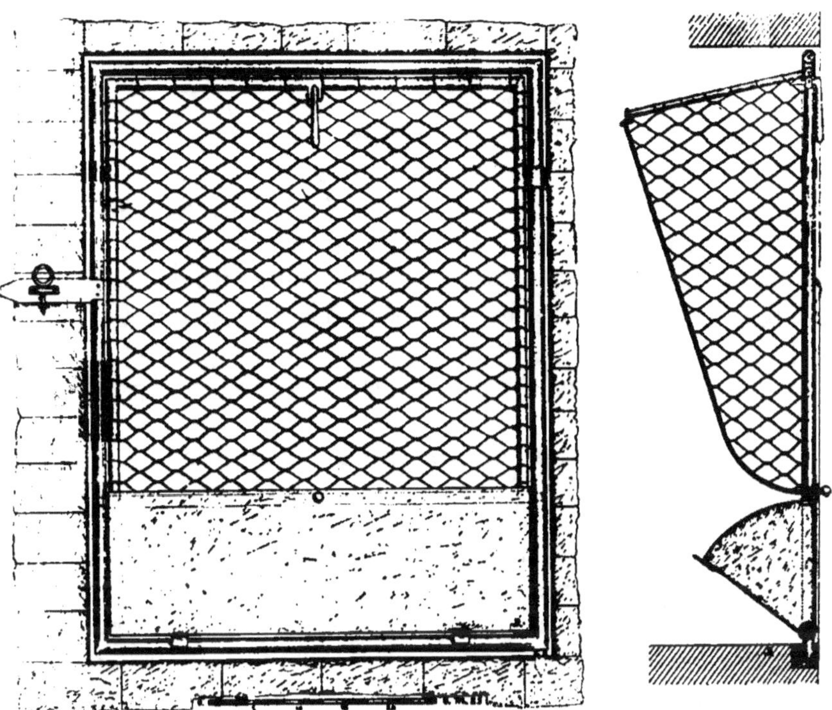

Fig. 265. — Élévation et coupe des portes du clapier précédent.

hotte, dont la paroi antérieure et les parois latérales sont en
grillages mécaniques et dont la paroi postérieure, c'est-à-dire
celle qui se trouve dans la loge, est composée par des barreaux
de manière à constituer un véritable râtelier ; cette hotte peut,
comme l'augette, pivoter autour de sa traverse inférieure et
se rabattre à l'extérieur ; un verrou la maintient dans la position indiquée sur la figure. L'augette est réservée pour les
farines ou les racines, et la hotte, qui forme panier, pour les
fourrages. On voit qu'avec cette disposition on peut donner
à manger aux animaux sans avoir à ouvrir la porte, qui peut

rester fermée à clef, simplement en tirant à soi l'augette et le panier et en les repoussant après les avoir remplis ; on n'a donc pas à craindre que les lapins s'échappent et on réalise en outre une économie de temps dans la distribution des rations ; de plus il y a un moindre gaspillage de nourriture.

Lorsqu'on n'a qu'un nombre restreint d'animaux et qu'on dispose de pelouses, on peut employer le *parcage* en se servant de cages mobiles spéciales sans fond, appelées parfois *garennes*, dont le dessus est grillagé de manière à mettre les lapins à l'abri des oiseaux de proie et de certains animaux carnassiers ; ces sortes de parcs, qui sont circulaires ou rectangulaires, comprennent un petit abri en planches formant cabane ; légers et faciles à transporter, ils conviennent surtout dans les parcs où il existe des pelouses dont on peut ainsi tirer parti.

IV. — LOGEMENT DES RÉCOLTES ET DES PRODUITS

I. — Pailles et céréales en gerbes.

Afin de protéger les céréales en gerbes contre les intempéries on les emmagasine, après la moisson, sous des hangars ou dans des bâtiments spéciaux, appelés *granges* ; comme ces bâtiments, qui ne sont occupés que pendant une partie de l'année (les céréales étant ensuite battues et les grains vendus ou mis dans des greniers), sont généralement insuffisants, le cultivateur est obligé, tout au moins pour une partie de sa moisson, de disposer en *meules* les gerbes qu'il a récoltées, pour les mettre à l'abri de la pluie.

I. — *Meules.* — Les meules sont tronconiques ou prismatiques, les premières étant encore appelées *permanentes* ou *rondes* et les secondes *continues* ou *carrées*. Les meules rondes comprennent une partie A (fig. 266) en forme de tronc de cône dont la petite base repose sur le sol, et une partie conique B, formant toit, dont la hauteur est d'environ les trois cinquièmes de la hauteur totale. En général ce genre de meules, dans la région de Paris notamment et dans beaucoup d'autres départements, est réservé pour les gerbes, celles prismatiques au contraire étant surtout adoptées pour la paille

non liée ou en bottes ; souvent ces deux types de meules se trouvent réunis l'un à côté de l'autre, le cultivateur battant une meule de gerbes pour en retirer le grain et formant à côté une nouvelle meule, prismatique cette fois, avec la paille battue. Les meules prismatiques sont plus faciles à con-
fectionner, mais comme elles ne renferment ordinairement que de la paille, elles sont généralement moins bien cons-
truites que les meules rondes. Le petit cultivateur cependant fait volontiers des meules car-
rées, même pour les céréales non battues, parce qu'il n'a pas toujours la quantité de gerbes nécessaires pour établir une meule tronconique ; dans la grande culture, quand la

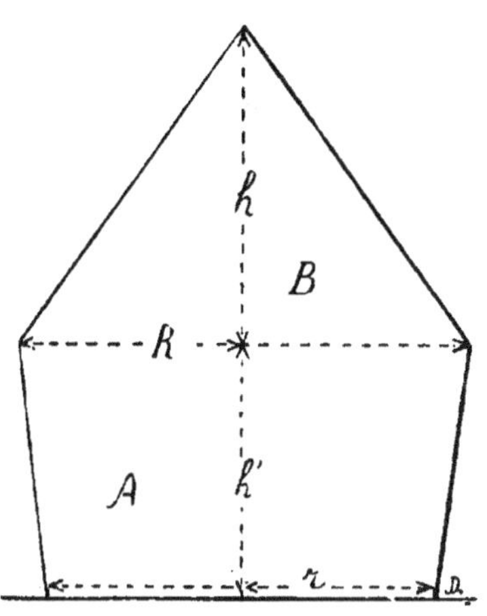

Fig. 266. — Meule ronde.

récolte doit être battue immédiatement, comme cela arrive dans beaucoup de régions, on a parfois aussi recours aux meules prismatiques. Les meules permanentes exigent de 2 500 à 5 000 ou 6 000 gerbes ordinaires pesant de 10 à 12 kilos ; les autres peuvent être faites avec un nombre quelconque.

Voici comment on procède ordinairement dans la confection des meules : sur un terrain sain, horizontal et autant que possible sur une partie légèrement surélevée, afin que les eaux ne puissent pas y séjourner (dans le cas contraire, il est néces-
saire de faire une rigole circulaire autour de la meule pour les en écarter), on trace sur le sol, au moyen d'un cordeau, un cercle représentant la base de la meule ; sur l'emplacement ainsi déterminé on fait un premier lit, appelé *sous-trait*, en matières sèches, ordinairement en fagots d'épines, d'ajoncs, de hêtre ou de tout autre bois, ou, à la rigueur, avec des bottes de paille. Ces fagots, qui peuvent servir plusieurs fois s'ils sont mis au sec après l'enlèvement des meules, sont placés en cercles en commençant par la périphérie, la tête vers le centre

de la meule ; le second cercle de fagots, qui est concentrique au premier, est placé de la même manière, mais le pied dirigé vers le centre et chevauchant en partie sur le premier. On forme ainsi un lit aussi régulier que possible, ayant un diamètre et une épaisseur déterminés, en engageant plus ou moins les rangées de fagots les unes dans les autres.

En Angleterre on a proposé de remplacer le sous-trait, qui s'il protège efficacement la récolte contre l'humidité ne la met pas à l'abri des rongeurs, lesquels se servent des fagots pour gagner les gerbes, par de petits supports en fonte rappelant par leur forme des chandeliers. Ces supports sont placés suivant plusieurs circonférences concentriques, ordinairement deux, et sont espacés entre eux de 1 mètre à 1^m,50 ; ils soutiennent de grands cercles constitués par des barres de fers méplats sur lesquels reposent des perches. On fait ainsi très rapidement un plancher de 6 à 7 mètres de diamètre, sur lequel on établit ensuite la meule. Chacun des supports est formé d'une âme en fonte présentant quatre nervures, afin de la rendre résistante et légère, d'un pied et d'une tête hémisphérique pour que les petits rongeurs ne puissent pas s'en servir pour grimper dans la meule ; les têtes des supports ont en outre des parties saillantes pour mieux maintenir les cercles supportant les perches. Cette manière d'établir les meules, qui nécessite une certaine habitude et un matériel spécial, ne s'est pas répandue chez nous. Elle n'est du reste efficace contre les rongeurs qu'autant que ceux-ci n'ont pas été, comme cela arrive très souvent, introduits dans la meule avec les gerbes elles-mêmes.

On recouvre quelquefois le sous-trait d'une couche de paille, sur laquelle on dispose ensuite les gerbes par lits successifs, le côté du grain, tout au moins dans les gerbes de la périphérie, étant vers le centre ; cette opération, appelée *tassage*, demande une grande habitude ; elle est faite par un ouvrier habile, désigné sous le nom de *tasseur*, auquel des aides, qu'on appelle *broqueteurs*, passent les gerbes : ces dernières sont placées soigneusement les unes à côté des autres et fortement serrées par le tasseur qui se déplace à reculons, en les appuyant avec ses genoux. Le premier lit de gerbes est disposé comme le premier lit de fagots, en commençant par la périphérie ou mieux par le centre ; il faut que les épis ne reposent pas, autant que possible, sur le sous-trait et que les lits successifs offrent une pente très légère de l'intérieur vers l'extérieur. Les autres lits s'établissent en plaçant alternativement les gerbes en sens contraire et entre celles du lit précédent ; quelquefois cependant on les dispose en spirale, l'épi vers le centre.

Comme le diamètre des meules rondes augmente progressivement jusqu'à une hauteur variant entre 3 et 5 mètres, le tasseur doit faire déborder les lits successifs ; il faut que le plus grand diamètre ait environ un mètre de plus que celui de la base ; le diamètre décroît ensuite rapidement et régulièrement pour devenir nul au sommet. Le tasseur veille en outre à ce que les lits soient uniformes et sensiblement horizontaux, afin d'empêcher les tassements et les glissements de se produire irrégulièrement ; les meules mal faites doivent être étayées.

Lorsque la hauteur ne permet plus aux ouvriers d'envoyer directement les gerbes des voitures sur la meule, on a recours à un échafaudage mobile, appelé *pont*, sur lequel se tient un ouvrier qui prend les gerbes qu'on lui passe de la voiture et les envoie à son tour aux aides qui se trouvent sur la meule ; presque toutes ces opérations sont faites au moyen de fourches spéciales, à deux dents et à long manche.

On reproche aux ponts, qui sont très commodes et employés partout, d'occasionner quelquefois de graves accidents quand un charretier maladroit les accroche, en approchant une voiture. Il est évident qu'ils peuvent tomber en entraînant les ouvriers qui y sont montés ; aussi parfois on préfère se servir d'un plancher analogue à celui du pont lui-même, mesurant au moins 1^m,20 sur 0^m,80, qu'on fixe directement à la meule au moyen de deux forts pieux appointis, de 3 mètres à 3^m,50, qui sont enfoncés entre les gerbes. Ce plancher supprime l'inconvénient que nous venons de signaler mais est moins commode.

Lorsque la meule est terminée elle ne craint plus les averses, mais il faut cependant la couvrir. Pour cela deux ouvriers, un couvreur et un aide, sont nécessaires ; l'aide confectionne de petites bottes de paille, appelées *poupées*, provenant d'une récolte précédente, qu'il passe au couvreur, monté sur une grande échelle appuyée contre la meule ; ce dernier commence la couverture par en bas, en appliquant les poupées les unes contre les autres et en les maintenant à des poignées de paille tirées des gerbes. Avant de placer le premier lit de poupées, le couvreur commence par entourer la meule d'un gros cordon en paille de 30 centimètres de diamètre à la hauteur où commence la couverture, c'est-à-dire au plus grand diamètre ; ce cordon, qui sert à relever la couverture pour écarter les eaux, est maintenu par des piquets enfoncés dans les gerbes. Les différents lits de poupées doivent se recouvrir les uns les autres, de manière que la couverture présente une surface continue et régulière. Souvent on maintient chacun de ces lits par des cordes en paille, qu'on attache autour de la meule sous le lit suivant, ou plus simplement maintenant par des fils de fer. Il est bon, pendant la confection d'une meule, de pouvoir disposer d'une bâche pour la couvrir la nuit, dans le cas où elle ne serait pas terminée dans la journée, ainsi qu'en cas d'averse.

Une meule de 4 000 à 5 000 gerbes peut être confectionnée en une journée ; il faut environ six hommes pour la manutention des gerbes et les voitures doivent se succéder sans interruption ; bien entendu la couverture demande plus de temps, puisqu'elle n'est faite ordinairement que par deux ouvriers.

Nous n'insisterons pas sur la construction des meules prismatiques ; elle est analogue à celle des meules rondes, mais elle est plus simple, les lits se plaçant naturellement les uns sur les autres.

Lorsqu'on a une meule à établir, après avoir fait choix d'un emplacement convenable, il faut calculer les dimensions qu'elle doit avoir pour loger une quantité déterminée de gerbes ; occupons-nous seulement des meules rondes, les calculs pour les meules prismatiques se faisant d'une manière analogue, mais plus simplement. La hauteur des meules est en général de 10 à 11 mètres et varie peu, leur volume dépend donc surtout de leur diamètre ; lorsqu'on dispose d'une grange renfermant une machine à battre, on cherche parfois à ce que chaque meule représente la capacité disponible dans la grange, de manière à pouvoir rentrer en une fois une meule entière, qui est ensuite battue ; si le battage a lieu sur place, on n'a pas à se préoccuper de cette considération et il n'y a pas d'inconvénient à faire de grosses meules.

Les deux solides qui composent une meule ronde, cône et tronc de cône, sont assemblés par leur grande base ; il existe une différence d'un mètre environ entre le plus grand et le plus petit diamètre du tronc de cône, de manière que la meule, tout en étant stable, soit aussi à l'abri que possible de la pluie. Le volume total de la meule se compose de la somme des volumes du cône $\left(\dfrac{1}{3}\,\pi\,R^2 h\right)$ et du tronc de cône $\left(\dfrac{1}{3}\,\pi\,h'\,(R^2 + r^2 + Rr)\right)$; on donnera à h 6 mètres ou une valeur voisine, et à h' 4 mètres environ. Dans ces formules R et r représentent les rayons de la grande et de la petite base du tronc de cône (fig. 266), et h et h' les hauteurs respectives du cône et du tronc de cône.

On admet en général que, pour des hauteurs de 6 à 10 mètres, le bon blé, en gerbes, pèse de 80 à 120 kilos le mètre cube ; le blé versé, de 50 à 70 ; l'avoine, de 90 à 120 ; l'orge, de 95 à 125, et le seigle, de 90 à 110. On peut facilement transformer ces poids en nombre de gerbes lorsqu'on connaît le poids de celles-ci ; en général celles de blé, liées à la main, pèsent une douzaine de kilos, et celles d'avoine 8 à 9 seulement ; le poids de celles faites à la machine varie entre 5 et 7 kilos. Comme on le voit, le poids du mètre cube des céréales est très variable ; il dépend notamment de leur état de dessiccation, de la longueur de la paille, de la qualité de la récolte et, bien entendu, de la hauteur sous laquelle elles sont tassées.

Si nous donnons à une meule 7 mètres de diamètre à la base, 8 mètres à la naissance de la couverture et 10 mètres de hauteur totale (4 au tronc de cône et 6 à la partie conique), le calcul indique, en employant les formules que nous venons de voir un volume d'environ 275 mètres cubes ; une semblable meule nécessiterait 2 200 gerbes de blé de 12 kilos, en supposant que le mètre cube de récolte tassée renferme 8 gerbes et pèse 96 kilos. En général les meules rondes contiennent de 2 500 à 4 000 ou 5 000 gerbes.

Les meules sont construites dans les champs mêmes où les céréales ont été récoltées, ou dans des cours spéciales atte-nantes aux fermes quand on n'a pas à craindre que l'agglomération de plusieurs meules soit un danger grave d'incendie.

II. — *Granges.* — Dans l'établissement d'une grange il faut, en premier lieu, se préoccuper des dimensions à lui donner pour qu'elle puisse abriter la récolte qu'on se propose de conserver.

On admet, quand les gerbes sont tassées sous une hauteur de 5 à 6 mètres, qu'elles pèsent une centaine de kilogrammes par mètre cube. Comme les granges sont généralement de forme rectangulaire il est facile d'en connaître le volume, et par suite le poids de gerbes qu'on peut y loger, ou leur nombre si on connaît leur poids moyen. Prenons comme exemple le cas suivant, celui d'une petite grange (fig. 267) mesurant 8 mètres de profondeur, 12 mètres de façade et une hauteur de 6 mètres aux sablières; sa capacité sera de 576 mètres cubes, on pourra donc abriter 57 600 kilogrammes de gerbes (en prenant le nombre de 100 kilogrammes au mètre cube) soit 5 760 gerbes de 10 kilos, ou 4 800 de 12 kilos.

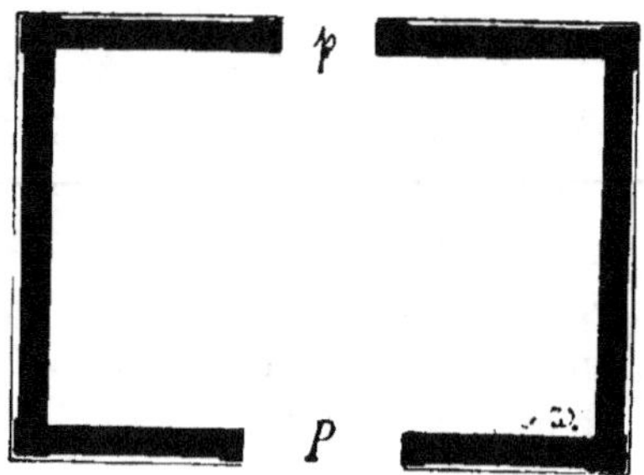

Fig. 267. — Plan d'une grange.

Souvent le problème se pose en ordre inverse, et on a comme point de départ la surface cultivée en hectares ou le rendement en grain de l'exploitation. Examinons ce cas et cherchons les dimensions à donner à une grange capable d'abriter la récolte de 8 hectares de blé : nous commencerons par rechercher combien on récolte d'hectolitres par hectare sur le domaine dont il s'agit ; il est toujours plus facile de se procurer ce nombre que le poids total de la récolte, les cultivateurs n'ayant généralement pas de pont à bascule à leur disposition pour peser chaque chariot rentré, mais connaissant toujours la quantité de grain qu'ils produisent. Supposons 30 hectolitres par hectare ; si le grain pèse 80 kilogrammes l'hectolitre, nous aurons 30 × 80 ou 2 400 kilogrammes de grain. Or, comme pour le blé le poids du grain représente sensiblement le tiers du poids total de la récolte, cette dernière sera par suite de 2 400 × 3 = 7 200 kilogrammes par hectare et, pour 8 hectares, de 57 600 kilos ou 576 mètres cubes, en prenant 100 kilos comme poids du mètre cube ; il nous faut donc disposer d'une grange cubant 576 mètres. Pour en trouver les dimensions, nous nous donnerons immédiatement sa hauteur, qui sera de 6 mètres, une hauteur plus grande présentant certains inconvénients pour tasser la récolte, et une hauteur moindre réduisant le volume de la grange sans en diminuer notablement le prix de construction ni en augmenter les commodités. Nous pourrons aussi arrêter sa largeur qui sera indiquée par la portée des fermes, lesquelles devront être aussi simples que possible, fixons-la à 8 mètres; la longueur sera alors donnée en écrivant l'égalité des volumes $576 = L \times 6 \times 8$, soit 12 mètres. Quand la grange doit occuper un emplacement déterminé il est parfois impossible d'augmenter sa longueur ; dans ce cas, on augmente sa profondeur ou, si cela est absolument indispensable, sa hauteur.

Les données qu'il est nécessaire de connaître pour déterminer les dimensions d'une grange, dans un avant-projet, sont donc, en résumé, la quantité de récolte à abriter, c'est-à-dire le poids de la récolte par hectare ou son rendement en hectolitres, et la surface cultivée.

Si, comme cela arrive souvent, on veut effectuer les battages dans la grange même, on doit en augmenter les dimensions de quantités qui dépendent du type de la batteuse dont on se sert. Il en est de même quand le bâtiment est humide, car il faut alors laisser, entre les murs et les tas, un espace libre d'au moins 1 mètre dans lequel l'air peut circuler, bien qu'on se contente souvent, dans ce cas, d'interposer un lit de fagots entre les parements des murs et les gerbes.

Généralement, dans les petites exploitations, les granges permettent d'abriter la totalité des récoltes ; dans les moyennes et les grandes exploitations, il devient impossible de les mettre toutes à couvert et on doit avoir recours aux meules, quoique ce procédé de conservation demande davantage de main-d'œuvre et entraîne souvent un certain déchet ; dans ces exploitations, les granges devraient avoir en effet des dimensions telles que les services précaires qu'elles rendraient ne seraient pas en rapport avec le capital qu'elles auraient absorbé et les dépenses d'entretien qu'elles occasionneraient ; seuls les *hangars* deviennent alors recommandables. C'est pour cette raison que beaucoup de cultivateurs font battre leurs céréales aussitôt après la moisson et ne conservent en meules que les pailles, dont la valeur est peu élevée ; ils rentrent le grain dans les greniers, ou mieux, quand les cours sont avantageux, ils s'en débarrassent immédiatement, ne gardant que ce qui est nécessaire pour les besoins de la ferme.

Maintenant que nous avons déterminé les dimensions à donner aux granges, voyons quelles sont les conditions qu'elles doivent remplir et les dispositions qu'il y a lieu d'adopter : il faut que l'air y circule librement, de manière à éviter les fermentations, et que les voitures puissent y entrer et en sortir facilement, afin de réduire au minimum les manutentions.

Prenons comme exemple, pour une petite exploitation, la grange dont nous avons calculé précédemment les dimensions (12 mètres de façade, 8 mètres de profondeur et 6 mètres de hauteur aux sablières). Nous disposerons, bien entendu, les fermes de la charpente suivant la profondeur, elles devront donc avoir 8 mètres de portée ; puis nous diviserons la grange en un certain nombre de travées au moyen de ces fermes ; nous pourrons les mettre exactement à 4 mètres, ce qui nous donnera trois travées et nécessitera deux fermes. Le bâtiment sera clos sur ses quatre faces par des murs qui n'auront à supporter que le poids de la toiture, mais qui devront résister aux poussées exercées intérieurement par les céréales engrangées ; si l'on tient à réaliser une légère économie, on pourra parfois réduire leur épaisseur et soutenir les fermes au moyen de contreforts extérieurs ou de poteaux.

Pour que les voitures puissent entrer et sortir facilement, la disposition la plus recommandable consiste à faire deux portes placées en face l'une de l'autre suivant les façades ; l'une sert à l'entrée des voitures pleines et doit avoir 3^m,50 à 4 mètres de largeur sur 5 à 6 mètres de hauteur ; l'autre, au contraire, ne sert que de sortie aux voitures déchargées et peut n'avoir que 2^m,50 sur 3 mètres ou 3^m,50. Il est très facile, avec cette disposition, de remplir successivement les deux travées latérales ; pour la travée centrale, on fait entrer les voitures à reculons. Quand cela sera nécessaire on se servira, pour *tasser* la partie supérieure de la récolte, de ponts analogues à ceux dont nous avons parlé à propos de la confection des meules.

L'aération des granges est assurée par des barbacanes ménagées dans l'épaisseur des murs (barbacanes qu'on doit toujours garnir de grillages métalliques pour empêcher le passage des petits rongeurs et des oiseaux) et l'éclairage par des châssis vitrés dormants, si la couverture est métallique ou en ardoises, et par des tuiles de verre si elle est en tuiles ; l'aération et l'éclairage sont en outre complétés par les portes, qui sont toujours ouvertes pendant les manutentions. Les châssis vitrés mobiles ne sont pas recommandables dans le cas qui nous occupe, à cause des complications qui existent dans leur commande, mais on place parfois dans les toitures des granges des chatières pour contribuer à leur aération.

Souvent, par raison d'économie ou encore quand la grange se trouve dans la cour d'une ferme dans laquelle on n'a pas à redouter des risques d'incendie, on n'élève les murs que sur trois côtés, en laissant la façade complètement dégagée; il faut alors orienter le bâtiment de manière que celle-ci soit opposée aux vents pluvieux, qui sont généralement des vents d'ouest dans nos régions.

Pour les exploitations très importantes, on est obligé de construire des granges de plus grandes dimensions et on peut alors porter leur hauteur jusqu'à 7 et même 8 mètres. Si, par exemple, nous avons à loger la récolte de 100 hectares de céréales, donnant en moyenne 8 000 kilogrammes de gerbes par hectare, en prenant 100 kilos comme poids du mètre cube de gerbes tassées, le volume de la grange occupé exclusivement par les céréales devra être de 8 000 mètres cubes et par suite nous pourrons écrire, en appelant L la longueur du bâtiment et p sa profondeur, $L.p. 7 = 8\,000$ ou $L.p = 1\,143$; comme la profondeur est donnée par la portée des fermes qui ne dépassera pas 20 mètres, nous aurons pour la façade, en adoptant cette dernière dimension, $L = \dfrac{1143}{20} = 57$ mètres de longueur environ.

Si la grange n'est fermée que sur trois côtés, le nombre des travées peut être quelconque, puisqu'il est possible d'entrer dans toutes les travées avec des voitures ; dans le cas contraire, il faut que ce nombre soit un multiple de 3 et adopter la disposition précédente en plaçant une porte par chaque groupe de trois travées. En adoptant 4^m,50 comme écartement des fermes de charpente, nous aurons pour chaque groupe de travées 3 × 4,50, c'est-à-dire 13^m,50, nombre qui est contenu quatre fois dans les 57 mètres de la façade, mais nous donne comme reste 3 mètres ; nous pouvons, sans inconvénient, espacer un peu plus les fermes et répartir ces 3 mètres entre toutes les travées ; il suffira pour cela d'ajouter à l'écartement primitif 3 : 12 ou 0^m,25. L'écartement exact des fermes devra donc être de 4^m,75.

Quand on n'adopte pas cette disposition, il peut arriver que quelques-unes des fermes se trouvent au-dessus des portes ; dans ce cas, il faut absolument former leurs linteaux par des filets, des poutres armées ou des poitrails. C'est également à

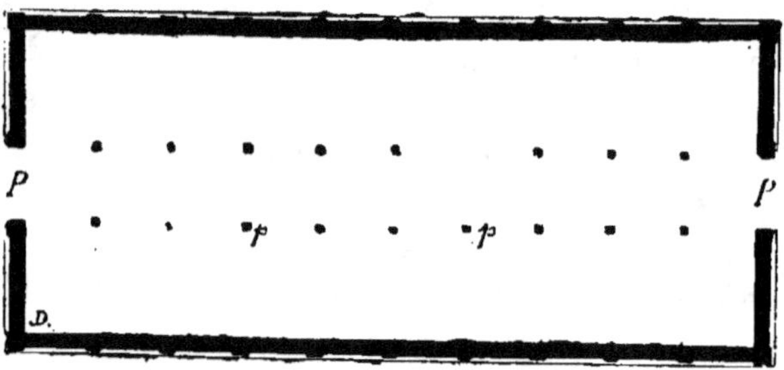

Fig. 268. — Grange.

ce genre de poutres qu'il faut avoir recours lorsque les granges sont ouvertes sur l'une de leurs faces, mais on doit alors les soutenir de distance en distance par de solides poteaux qu'on place directement sous chaque ferme. D'une manière générale il faut toujours éviter de placer des baies sous les appuis des fermes ou des maîtresses poutres, même en renforçant leurs linteaux.

On peut établir les granges sur un autre principe en prenant, comme façade, l'un des pignons (fig. 268) ; la largeur du bâtiment est alors de 18 à 20 mètres (celle des fermes de la charpente) et sa longueur dépend de la quantité de récolte à loger ; les portes sont suivant les pignons et les voitures traversent la grange dans toute sa longueur. Quand la portée l'exige, on soutient les fermes par deux rangées de poteaux p, qui doivent laisser entre eux un passage central d'au moins 4 mètres. Ce type de grange est surtout pratique lorsque ses dimensions sont telles qu'elles permettent de laisser le passage central constamment libre ; on peut y placer une machine à battre et faire les battages à couvert, avec le minimum de main-d'œuvre, et on peut également, en toute saison, engranger des récoltes de nature différente.

Détails de construction. — Le sol des granges est généralement formé par une couche de terre franche ou d'argile, simplement battue et nivelée ; quand on redoute l'humidité on le surélève et on le fait en matériaux perméables. Comme la ventilation n'est jamais assurée d'une manière parfaite, il est habituellement recommandable de placer un sous-trait en fagots, en paille très sèche de colza ou en produits analogues.

Si l'on a beaucoup à redouter les rongeurs, il est bon de constituer l'aire de la grange par un béton soigneusement établi ; on a aussi proposé, dans ce cas, de disposer les gerbes sur une sorte de plancher à claire-voie, soutenu par des supports analogues à ceux dont nous avons parlé à propos de la confection des meules, et de les isoler des murs en laissant un certain espace entre elles et ces derniers.

Les meurtrières ou barbacanes destinées à l'éclairage et surtout à l'aération sont ordinairement placées sur deux rangs, l'un à 3 ou 4 mètres et l'autre immédiatement en dessous des sablières ; on leur donne communément $0^m,30$ de largeur et $0^m,70$ de hauteur.

Lorsqu'on ménage dans la couverture des chatières, on doit avoir soin de les vitrer ou mieux de les grillager.

L'épaisseur des murs varie avec leur écartement, leur hauteur, la nature des matériaux employés, la disposition des charpentes et le poids de la couverture. Quand leur hauteur ne dépasse pas 6 mètres, on leur donne souvent 0^m,60 à la base et 0^m,40 au sommet ; il est cependant plus simple d'adopter une épaisseur uniforme et de soutenir chaque ferme par des contreforts extérieurs construits soigneusement et en matériaux de bonne qualité, ou par de solides poteaux intercalés dans la maçonnerie. Les murs ne doivent présenter intérieurement aucune aspérité pouvant servir de refuge à la vermine.

. La couverture doit être parfaitement étanche, mais n'a pas besoin d'être chaude; aussi, lorsque l'on recherche la légèreté,

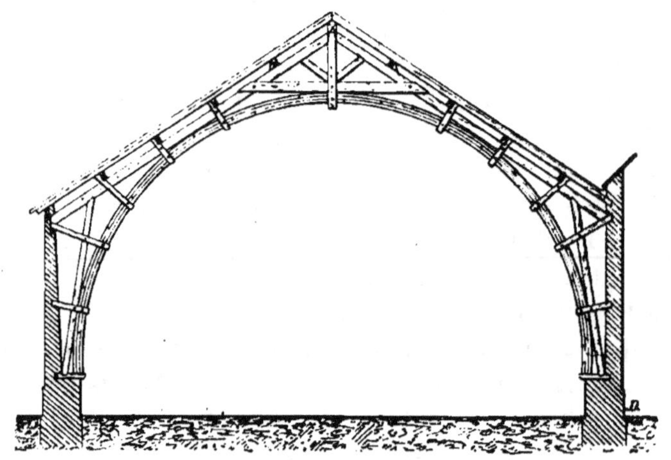

Fig. 269. — Grange de la ferme du Manet.

on peut utiliser la tôle ondulée. Les tuiles mécaniques donnent de très bonnes toitures qui n'ont que l'inconvénient d'être lourdes et par suite d'exiger de très solides charpentes ; on préfère souvent employer des matériaux plus légers, les ardoises naturelles ou artificielles sont alors tout indiquées.

Afin d'augmenter la capacité des granges en diminuant l'embarras des charpentes, on a proposé d'adopter pour fermes celle du colonel Emy, dont nous avons indiqué le principe à propos des fermes de charpente en bois (page 135). Comme type de grange de ce modèle, nous signalerons celle de la ferme de M. Gilbert, au Manet, près Versailles. Construite en 1870 avec les pierres provenant de la démolition d'un colombier, cette grange (fig. 269) mesure 46 mètres de longueur et 20 mè-

tres de largeur dans œuvre ; sa hauteur, sous le cintre, est de
11 mètres. Les arcs, en plein cintre, reposent sur des murs qui
ont 7m,33 de hauteur et ont 18m,50 de portée ; comme ils
n'ont pas d'appui intermédiaire, il n'y a aucun espace perdu. La
capacité de cette grange est d'environ 8 000 mètres cubes et on
peut y loger de 50 000 à 60 000 gerbes de blé de 9 à 10 kilo-

Fig. 270. — Porte à coulisse à galets roulants de Fontaine.

grammes ; elle a coûté, en déboursés seulement, une partie des
matériaux provenant directement du domaine, 25 000 francs.

La figure 271 représente, en coupe transversale et en
plan, l'une des granges de la ferme nationale de Rambouillet ;
les fermes de la charpente, comme la coupe le montre, ont été
remplacées par des voûtes ogivales en maçonnerie. Quelques
modifications ont été apportées à ces granges, notamment en
ce qui concerne les appentis latéraux qui y sont accolés et les
planchers ; dans l'une d'elles, en effet, il n'y a plus de plan-

DANGUY. — *Constr. rurales.*   23

chers, ces derniers ayant dû être détruits probablement à la suite d'un incendie.

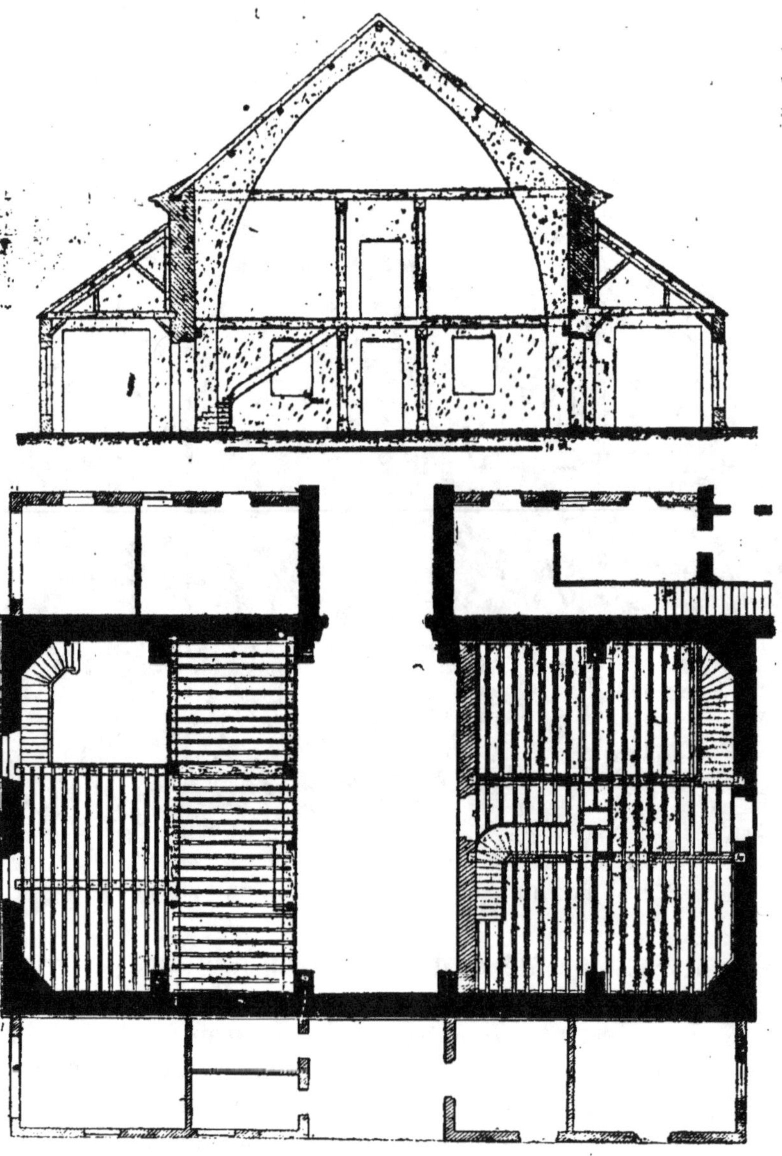

Fig. 271. — Coupe transversale et plan de l'une des granges de la ferme nationale de Rambouillet.

Les portes des granges doivent être de grandes dimensions

aussi, au lieu d'employer des portes ordinaires, qui, dans ce cas, deviennent très coûteuses et souvent se déforment, ce qui en empêche le fonctionnement, on préfère les *portes roulantes*; ces portes sont à un ou deux vantaux et sont pourvues de galets roulant sur un rail qui, suivant les systèmes, se trouve à la partie supérieure ou à la partie inférieure de la baie. Autrefois les galets des portes roulantes étaient toujours à la partie inférieure, la construction de la porte, et surtout la pose du rail, en étant plus faciles ; on renonce maintenant de plus en plus à cette disposition parce que le rail est toujours recouvert de boue ou de terre et qu'alors la porte fonctionne mal ou pas du tout. Il faut donc de préférence placer le rail à la partie supérieure, de manière que la porte soit suspendue, et la maintenir, à la partie inférieure, par quelques guides. Le rail, en fer méplat, est fixé au linteau par de solides ferrures, et les galets, qui sont à gorge, sont montés dans des chapes spéciales.

Comme les axes des galets ne sont

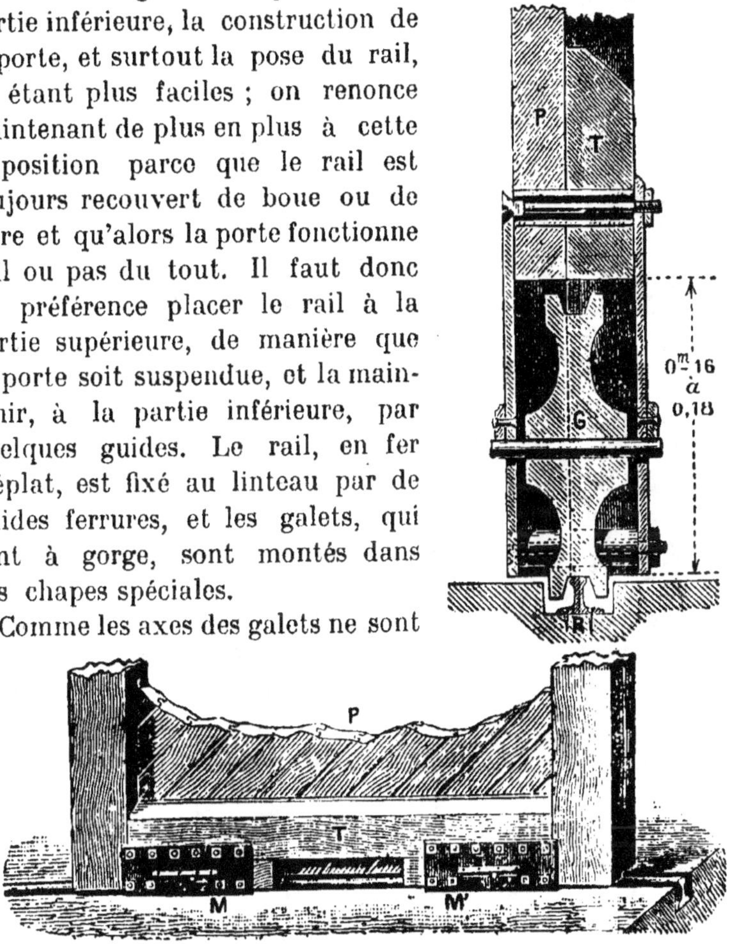

Fig. 272. — Montures Fontaine pour porte roulante.

que très rarement graissés et que ces portes sont très lourdes il est avantageux d'employer le système représenté dans la figure 270, dans lequel les axes des galets *roulent* eux-mêmes dans des fentes au lieu de tourner dans des coussinets. Ce genre de portes est beaucoup plus facile à manœuvrer et est recommandable non seulement pour les portes de grandes dimensions, mais aussi pour celles de certains locaux, parce qu'elles sont douces, ne battent jamais et ne sont point encombrantes. La figure 272 représente, à une plus grande échelle, le même système de galets, mais appliqué à la partie inférieure de la porte : en M′ et en M sont les deux ferrures qui contiennent les galets G, qui roulent sur un rail R. Dans les constructions rurales il faut seulement, comme nous venons de le dire, placer de préférence le rail à la partie supérieure des portes (fig. 273), à moins que l'affectation du local ne permette de l'entretenir toujours très propre.

Les portes roulantes, quel que soit leur système, doivent être protégées par un petit auvent, à moins qu'elles ne soient déjà abritées naturellement par la disposition des toits.

III. *Hangars.* — Les hangars rendent de grands services dans les exploitations agricoles modernes ; ils remplacent les granges et on peut y mettre à l'abri, rapidement et d'une manière économique, des produits de toute nature ainsi que les récoltes. Ils permettent d'abriter les appareils de transport (chariots et charrettes) et, momentanément, certaines machines délicates et encombrantes, telles que les moissonneuses simples et les moissonneuses-lieuses ; enfin, en cas d'averses subites, on peut y remiser des chariots de foin ou de gerbes que le manque de temps n'aurait pas permis de décharger. Il est donc très avantageux de pouvoir disposer, dans toutes les exploitations, de quelques hangars, à cause des multiples services qu'ils rendent.

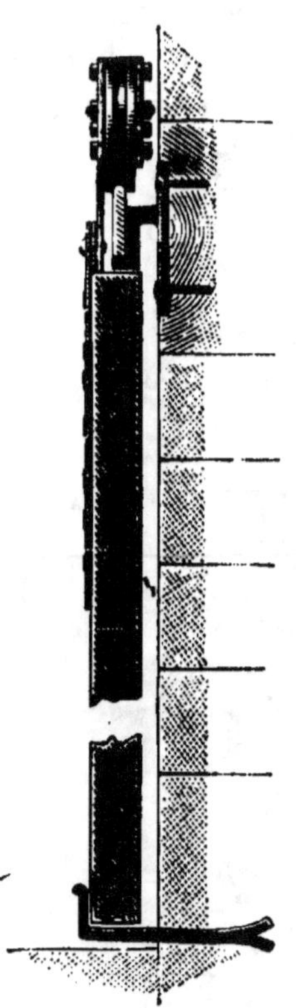

Fig. 273. — Porte suspendue à galets roulants.

Il y a quelques années seulement, presque tous les hangars
agricoles étaient en bois. On commence maintenant, dans les
domaines importants tout au moins, à en rencontrer de construction entièrement métallique. Un peu plus coûteux que
ceux en bois, les hangars en fer peuvent être de plus grandes
dimensions ; leurs principaux avantages proviennent de ce
que leurs fermes, tout en étant plus légères et moins encombrantes que celles en bois, conviennent pour des portées et

Fig. 274. — Hangar Pombla.

des écartements plus grands ; pour ces raisons, toutes choses
égales, le volume couvert est plus considérable et l'engrange-
ment plus facile. Mais, tandis que les hangars en bois de
dimensions courantes peuvent être construits par presque tous
les charpentiers de campagne, les hangars métalliques, pour
être économiques et bien conditionnés, doivent être établis
par des spécialistes, dans des ateliers bien outillés ; pour ce
motif, les renseignements que nous donnerons seront plus
spécialement relatifs aux hangars en bois, dont nous nous
occuperons surtout.

Par suite de leur légèreté et de leur prix de revient relativement peu élevé, on donne aux hangars de grandes dimensions :
de 10 à 20 mètres de largeur couramment, 4 mètres au moins
de hauteur sous égout aux petits et 7 à 8 aux grands; on en
trouve fréquemment ayant 40 ou 50 mètres de longueur. On
les compose essentiellement de fermes légères et bien rigides,
écartées de 3 à 5 mètres, supportées par des poteaux reposant

sur des *dés* en pierre naturelle ou artificielle, afin de les préserver de l'humidité; les fermes sont assemblées aux poteaux, et l'ensemble est consolidé par des *liens* et des *contre-fiches*. Afin de réduire les dimensions des pièces de charpente, on emploie parfois des couvertures légères, en carton bitumé ou en produits analogues, en zinc, en ardoises artificielles ou métalliques, ou en tôle ondulée ; il faut choisir des couvertures ne pouvant pas être arrachées par le vent, ou les protéger en dessous par un voligeage jointif ; celles que l'on préfère et que l'on adopte presque partout sont en tuiles ou en ardoises de grandes dimensions. On laisse toujours la toiture déborder les alignements des poteaux, afin de bien protéger contre la pluie les récoltes abritées sous le hangar ; souvent même on ferme ce dernier sur l'une de ses faces, du côté des vents pluvieux, par une cloison légère en planches ou un mur en maçonnerie ou en pisé.

En raison de la quantité considérable d'eau fournie par la couverture des hangars, il est indispensable de les munir de gouttières avec tuyaux de descente ; on évite ainsi l'établissement d'un pavage à l'aplomb des égouts de la toiture. Les eaux recueillies pourront être écartées, mais, comme elles seront souvent très utiles, il sera préférable de les conduire à des mares ou mieux de les conserver dans des citernes ; on devra donc prévoir, suivant les cas, des caniveaux ou une canalisation souterraine.

Pour que les hangars soient économiques et commodes, on doit leur donner une hauteur déterminée qui, en principe, est d'autant plus grande qu'ils sont plus importants ; il faut qu'ils aient en moyenne 6 mètres à la partie la plus basse de la toiture, afin qu'on puisse y abriter des voitures chargées de gerbes de céréales ou de foin ; une hauteur moindre est insuffisante, et une plus grande est ordinairement inutile et rend difficile, parfois même dangereux, le *tassage* de la récolte. L'écartement des fermes est de 3 à 5 mètres, suivant l'importance du hangar, de manière qu'il soit toujours possible de ranger sous chaque travée une voiture chargée (chariot ou charrette).

A moins de conditions spéciales, le type de hangar que nous recommanderons d'une manière générale sera composé de travées de 5 mètres environ, en nombre variable suivant l'importance de la surface à couvrir ; ces travées seront constituées par des fermes en sapin d'une douzaine de mètres de portée, formant auvent d'un côté (fig. 276). Cet auvent, de $3^m,50$ à 4 mètres, augmentera beaucoup l'aire abritée et donnera devant le hangar un emplacement supplémentaire considérable, couvert et entièrement libre puisqu'il n'y aura aucun poteau ; cet emplacement sera très commode pour effectuer les battages et y remiser les chariots ou les charrettes, chargés ou non, quand le hangar sera occupé par les récoltes. Dans certains cas, et lorsque la situation du hangar le permettra.

Fig. 275. — Hangar Veauvy avec auvents.

on pourra adopter des auvents pour les deux façades ; c'est cette disposition que la figure 275 représente.

Pour rendre aussi efficace que possible l'abri offert par les hangars, il est avantageux de clore complètement leurs deux pignons ainsi que, s'il s'agit de hangars n'ayant qu'un auvent, la façade postérieure des travées extrêmes (la première et la dernière) ; en général aucun accès n'est en effet indispensable par ces parties ; quant au reste de la façade postérieure, on le fermera partiellement par une cloison partant des sablières et s'arrêtant au-dessus du sol à une hauteur suffisante ($3^m,50$, par exemple) pour que les voitures, après leur déchargement, puissent sortir de ce côté. Toutes ces cloisons seront en planches ou mieux en frises de sapin ; celles des travées extrêmes reposeront sur de petits murs en maçonnerie de $0^m,50$ ou $0^m,60$ de hauteur ; elles seront enduites, comme du reste toutes les pièces de charpente exposées directement à la pluie, avec l'un des produits conservateurs dont nous avons parlé à propos des peintures. La figure 276 représente un hangar de ce type, construit par la maison Veauvy, mais dans lequel les pignons sont ouverts et la façade postérieure est complètement close.

Les hangars agricoles, comme nous l'avons dit, sont presque toujours entièrement en bois et on n'en trouve que très rare-

Fig. 276. — Hangar Veauvy avec auvent.

ment ayant une partie de leur charpente en fer ; ceux exclusivement métalliques ne sont pas encore très répandus ; généralement de grandes dimensions, on ne les rencontre que dans les exploitations importantes.

Très souvent les hangars sont établis à forfait par des constructeurs spéciaux ; dans ce cas leur prix, qui est basé sur la surface couverte et la portée, varie, pour ceux en bois, entre 10 fr. 50 et 11 ou 12 francs le mètre superficiel. Ces prix sont légèrement majorés quand la surface couverte est inférieure à un minimum, à 200 ou 300 mètres superficiels par exemple, ainsi que quand la portée dépasse une douzaine de mètres et la hauteur sous égout une certaine hauteur, ordinairement 5 mètres, mais ils sont presque toujours réduits quand il s'agit de travaux importants ; ils comprennent le montage et supposent une couverture en tuiles ou en ardoises, mais, comme ils s'entendent en gare de départ du constructeur, il faut y ajouter les frais de transport des charpentes et des matériaux. Ils ne comprennent pas la fourniture et la mise en place des dés, des poteaux, ni les travaux accessoires, comme

laconstruction de cloisons, la fourniture et la pose de gouttières
ou de tuyaux de descente, la peinture des charpentes, etc.

Le cultivateur doit, lorsqu'il a un hangar à faire construire, déterminer les dimensions qu'il désire lui donner,
en faire le croquis et en demander ensuite le prix de revient,
à forfait, aux maisons s'occupant de cette spécialité s'il s'agit
d'un travail important, ou traiter au mieux avec des charpentiers locaux dans le cas contraire.

II. — Grains et graines.

Le blé, l'avoine et d'une manière générale toutes les graines
que le cultivateur produit ou dont il a besoin, sont conservés
dans des locaux appelés *greniers*, qui doivent être sains,
plutôt obscurs et à l'abri des rongeurs, des oiseaux et des
insectes. On réserve généralement pour cet usage la partie
supérieure des bâtiments occupés par les animaux ou servant
de magasins.

Les grains sont quelquefois en tas élevés et représentent
alors une charge considérable ; pour cette raison les planchers des greniers doivent être solidement établis et pouvoir
résister à des charges de 500 à 600 kilos par mètre carré ; le
blé de bonne qualité, en couches de $0^m,60$ de hauteur, représente une charge d'environ 480 kilos par mètre superficiel ;
ordinairement, à cause du poids du grain et surtout pour sa
bonne conservation, on donne peu de hauteur au tas. Les
greniers n'ont donc pas besoin d'être élevés de plafond et il
suffit qu'un homme puisse y circuler avec un sac sur les épaules.
Afin d'empêcher les petits rongeurs et la vermine de s'y
installer, il est avantageux de remplacer les planchers en bois
par des carrelages ou une aire en ciment raccordée par une
partie courbe avec les murs ; il faut en effet éviter les angles
obscurs, qui servent de refuge aux insectes et sont d'un
nettoyage difficile ; pour le même motif, les murs doivent être
soigneusement enduits.

L'éclairage et l'aération des greniers sont assurés par
quelques fenêtres, ou par des châssis vitrés ou grillagés ; leur
accès doit être commode, aussi bien par l'escalier qui les des-

sert que par la disposition de certaines fenêtres ou trappes. par lesquelles on monte ou descend les sacs de grains ; la figure 277 montre la disposition des baies d'un grenier installé à la partie supérieure d'un local servant de magasin ou de remise. Il faut prévoir une poulie au-dessus de l'une des portes-fenêtres, afin que les sacs puissent être emmagasinés facilement ; pour les charger sur les voitures, il est plus simple de les faire glisser directement dans celles-ci, en utilisant pour

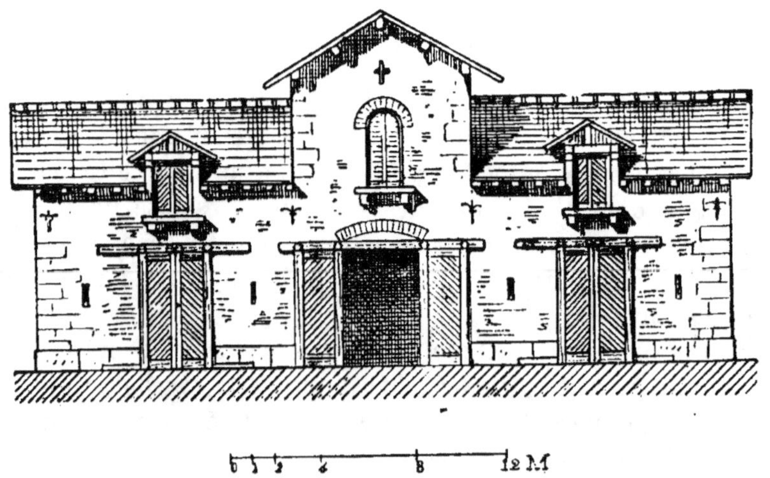

Fig. 277. — Magasin avec grenier.

cela une sorte de plan incliné, formant pont, constitué par quelques planches.

Les grains que le cultivateur garde quelque temps sont disposés en tas réguliers de $0^m,50$ à $0^m,60$ ou $0^m,70$ de hauteur (suivant leur degré de dessiccation) entre lesquels on ménage de petits passages pour la circulation ; on doit réserver quelques emplacements libres pour pouvoir les pelleter lorsqu'ils viennent à s'échauffer et effectuer certaines opérations (ensachage, pesage, nettoyage ou triage).

Il n'est pas utile de donner de trop grandes dimensions aux greniers, car, en général, le cultivateur a intérêt à vendre ses céréales dès qu'elles sont battues ; il est préférable pour lui de les conserver en meules ou dans des granges et de les faire battre au moment des livraisons ; le grain demande en effets certains soins qu'il est beaucoup plus facile et beaucoup plus économique de donner dans les greniers industriels, à manutention mécanique. En tout cas, on peut, connaissant la quantité de grain à emmagasiner, déterminer très facilement la surface occupée par les tas, sachant la hauteur qu'ils devront avoir ; cette hauteur pourra être d'autant plus grande que le grain sera plus sec.

On emploie aussi, pour la conservation des grains, des chambres spéciales hermétiquement closes, de grande capacité et souvent de construction métallique, appelées *silos* ; comme ce procédé n'est pas utilisé par la culture et est plutôt industriel ou commercial qu'agricole, nous n'en parlerons pas.

III. — Foin.

Les locaux dans lesquels on emmagasine le foin portent le nom de *fenils* ; on conserve également le foin en *meules*, comme la paille ou les céréales, et aussi en l'ensilant.

I. *Fenils*. — Les fenils ne présentent aucune disposition spéciale ; ce sont des bâtiments analogues aux granges, dans lesquels on abrite indifféremment des céréales ou du foin ; ils peuvent être cependant moins bien conditionnés que ces dernières, car le foin n'est pas exposé, comme les céréales, aux dégâts causés par les oiseaux et les rongeurs. Le foin tassé naturellement pèse, suivant sa nature et la hauteur des tas, de 70 à 120 kilogrammes le mètre cube ; on peut donc facilement calculer la quantité qui pourra être emmagasinée dans un bâtiment donné.

Quand on ne dispose pas de fenils, on conserve le foin en *meules carrées*, dans lesquelles on coupe, avec un *couteau à foin*, les quantités qui sont nécessaires aux besoins journaliers de la ferme ; cette manière de procéder permet de ne pas découvrir les tas. On pourrait aussi utiliser les hangars, mais on préfère en général ne pas immobiliser ces constructions, et, quand on n'a pas de fenils, on met ordinairement le foin en meules ; quelquefois aussi on le loge au-dessus des remises, des écuries ou des étables ; il faut seulement que ces dernières n'aient pas plus de $3^m,50$ à 4 mètres de hauteur, de manière à ce qu'on puisse l'emmagasiner commodément, en le faisant passer directement des voitures dans le hangar.

II. *Ensilage.* — L'*ensilage*, dont la pratique provient des pays où la rigueur du climat ne permet pas de sécher les foins, est souvent appliqué dans nos régions pour les regains que le mauvais temps empêche de faner avant l'hiver. Les regains gagnent à être ensilés, car, si l'ensilage propoque une perte de matières sèches, il donne une compensation par l'augmentation de la valeur nutritive de la matière alimentaire ; en outre, quand on compare les frais de main-d'œuvre et de logement des fourrages ensilés à ceux des foins secs, on trouve que les avantages des deux systèmes sont à peu près les mêmes. On applique l'ensilage aux fourrages verts ainsi qu'au maïs cultivé comme fourrage.

On distingue l'*ensilage doux* et l'*ensilage acide*, suivant la manière dont est conduite la fermentation ; l'ensilage acide peut provoquer des accidents, tels que des diarrhées, et doit être abandonné. L'ensilage doux, qui, par conséquent, doit être seul pratiqué, a comme fermentation principale la fermentation alcoolique ; dans l'ensilage acide, c'est au contraire la fermentation acétique qui domine.

Dans l'ensilage doux, la présence de l'air détermine une fermentation très active et par suite une élévation de température qui dépasse 57° et tue le *mycoderma vini*, arrêtant ainsi la fermentation acétique ; la fermentation alcoolique opère alors seule. La nature de l'ensilage dépend donc de la température qui donne les résultats suivants : au-dessous de 50° l'ensilage est acide ; de 50 à 55° l'ensilage est à peine acide, la fermentation alcoolique domine ; de 55 à 60° l'ensilage est dit doux, la conserve reste verte ; de 60 à 70° l'ensilage reste doux, mais la conserve devient brunâtre ; au-dessus de 70° cette dernière est en partie consumée. Il faut donc, dans l'ensilage, chercher à maintenir une température comprise entre 55 et 60°.

Si l'ensilage n'est pas plus souvent employé, cela tient aux difficultés que l'on rencontre pour obtenir une bonne conserve, c'est-à-dire avoir et maintenir une température convenable.

L'ensilage peut se faire en terre, dans des silos en maçonnerie, ou à l'air libre en meules comprimées.

Le fourrage coupé doit être frais, c'est-à-dire qu'il ne doit pas avoir subi un commencement de fanage, ni avoir été mouillé ; le maïs vert est au préalable haché, au moyen de puissants hache-maïs, en fragments d'une dizaine de centimètres.

1º *Ensilage à air libre.* — Voici la manière la plus simple de conserver les fourrages naturels et artificiels, notamment les regains, par l'*ensilage à air libre* : on entasse le produit à conserver par couches horizontales, sur une aire plane et saine, de manière à former un tas rectangulaire ou mieux carré (afin d'avoir un moins grand développement de surfaces à l'air), à parois verticales, qu'on recouvre de fortes planches sur lesquelles on place quelques madriers ; on charge ensuite le tout à raison de 1 000 à 1 500 kilos par mètre superficiel, bien que souvent avec des charges plus faibles, de 700 à 800 kilos, on obtienne aussi de bons résultats. Cette pression est ordinairement obtenue au moyen de grosses pierres ou de terre, mais il faut attendre deux ou trois jours avant d'opérer le chargement, afin que la fermentation puisse se déclarer et atteindre les 55º qui sont nécessaires pour arrêter la fermentation acide ; la charge a pour effet de chasser l'air de la masse. Dans ces tas, les surfaces latérales s'altèrent souvent, sur 15 à 20 centimètres, et ne peuvent pas alors être consommées.

Pour le maïs, qui peut être entier bien que l'ensilage se fasse mieux, plus régulièrement et avec une pression moindre lorsqu'il a été haché, les tas ont 3 mètres au moins de hauteur ; quand les tiges sont entières, leurs têtes doivent être dirigées vers l'intérieur de la meule. Il faut, aussitôt le tas achevé, mettre une charge de 400 à 500 kilogrammes par mètre carré et la porter, au bout de quelques jours, à 800 ou 1 000 kilos. On recommande, dans ce cas comme dans le précédent, d'accoter les silos à des murs ou à des bâtiments pour augmenter leur stabilité et réduire la surface des côtés en contact avec l'air.

On a proposé, lorsque l'on a fréquemment recours à l'ensilage, l'usage d'appareils permettant d'exercer directement sur les meules elles-mêmes les pressions nécessaires. Le système Reynolds, dont l'invention remonte à une trentaine d'années, consiste à former, sur un plancher en madriers, des tas ayant 4 mètres de largeur et une longueur variable. Ces tas (fig. 278) sont recouverts d'un deuxième plancher sur lequel reposent, tous les 4 mètres, des poutres moisées servant de support, à leurs extrémités, à des galets sur lesquels passent des chaînes qui sont fixées à des tendeurs formés essentiellement d'une tige présentant deux vis à filet contraire, commandant chacune une chape ; c'est à ces chapes que sont accrochées les chaînes. En tournant la vis du tendeur on obtient une certaine pression et, lorsqu'elle est arrivée à bout de course, on arrête les chaînes avec des broches passées dans les maillons, puis on desserre le tendeur et l'on recommence une nouvelle compression. Un tendeur avec son jeu de poulies suffit pour comprimer tout un silo, même important. Ces tendeurs permettent d'obtenir une pression de 8 000 kilogrammes sur les deux chaînes, c'est-à-dire, pour une surface de 4 × 4, de 500 kilos par mètre carré.

Reynolds a établi son appareil de manière à pouvoir l'appliquer aussi aux *meules carrées* ordinaires.

Il existe d'autres appareils pour produire la compression nécessaire à un bon ensilage : l'appareil Cochard est formé d'un levier en fer mesurant 3 mètres de longueur, à l'extrémité duquel sont attachées, à $0^m,10$ les unes des autres, trois courtes chaînes terminées par des crochets. La chaîne du milieu est accrochée à la chaîne passant sur le tas, et les deux autres sont attachées alternativement à la chaîne fixée au plancher ; à chaque oscillation imprimée au levier, on rapproche progressivement les deux planchers. La tension réalisée sur la chaîne est d'environ 2 000 kilogrammes lorsque l'ouvrier agit de tout son poids sur le levier, c'est-à-dire exerce un effort de 60 à 70 kilos ; la pression peut s'obtenir en agissant simultanément avec plusieurs appareils ou successivement avec le même. Les chaînes doivent être réparties de manière à fournir pratiquement une pression de 600 kilogrammes environ par mètre carré.

Dans le dispositif de Blunt, la pression est encore obtenue
au moyen d'un grand levier, chargé à l'une de ses extrémités
d'un contrepoids et attaché à l'autre à une courte chaîne
retenue dans le sol; la chaîne, qui passe sur le tas à comprimer,
vient s'accrocher à quelques centimètres de celle-ci. Afin que
le levier conserve toujours la même inclinaison, et par suite

Fig. 278. — Silo Reynolds.

donne une pression constante, une sorte de tendeur à vis
permet, en raccourcissant la chaîne, de compenser l'effet
du tassement.

Le fourrage ensilé se découpe avec un *couteau à foin* ou une
bêche bien tranchante ; il a une forte odeur qui ne déplaît pas
aux animaux, mais il faut le faire consommer aussitôt sorti
du silo car il ne se conserve pas à l'air.

On ensile de même le sorgho, le moha, la moutarde, etc.

2° *Ensilage en terre.* — On a recours à ce système quand
le sol est perméable et sain : il consiste à pratiquer une fosse
ayant 1 ou 2 mètres de profondeur, 2^m,50 de largeur au fond

et une longueur en rapport avec la quantité de fourrage à ensiler. On peut facilement calculer cette longueur connaissant la quantité de fourrage à conserver et le poids du mètre cube de ce dernier ; pour le maïs vert en meule ce poids est voisin de 320 kilogrammes lorsqu'il est entier et de grandeur moyenne ; il est sensiblement double, c'est-à-dire d'environ 650 kilogrammes, si le maïs a été préalablement haché en fragments de 1 à 2 centimètres.

On dresse et dame convenablement les parois et le fond de la fosse, puis on y entasse le fourrage par couches successives ; le tas peut dépasser le niveau du sol d'un mètre et plus, mais il doit être protégé par un lit de paille qu'on recouvre d'une couche de terre de 0^m,30 ; quand il s'est affaissé, au bout de quelques jours, on augmente l'épaisseur de cette couche qu'on porte à 0^m,80. Il faut avoir soin de boucher les fentes qui peuvent se produire par suite d'un tassement irrégulier du fourrage.

Quand on redoute l'humidité, on établit la conserve directement sur le sol ; on lui donne la forme d'un tronc de prisme ayant comme dimensions 2 mètres de hauteur et 2^m,50 environ de largeur à la base ; la terre qui sert à la recouvrir est prise tout autour de manière que l'emprunt ainsi fait constitue un petit fossé et contribue à son assainissement.

3° *Silos en maçonnerie.* — On emploie aussi pour les fourrages des silos identiques à ceux que nous décrivons pour les racines, mais qu'il est inutile de construire en contrebas. On fait également usage de silos du type sui

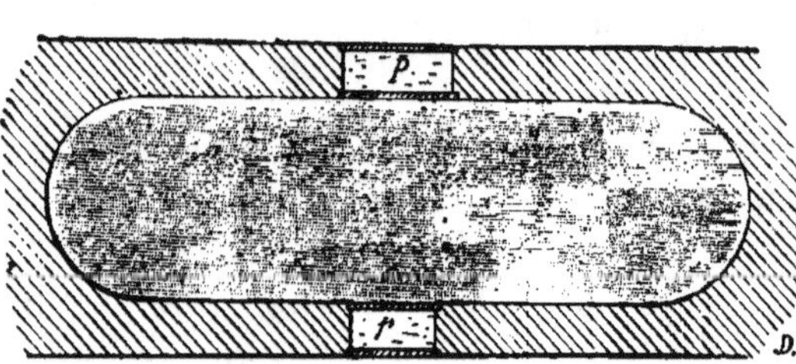

Fig. 279. — Silo permanent pour fourrage

vant, qui donne de bons résultats surtout dans les régions froides de l'Est : un gros mur de 0^m,50 ou 0^m,60 d'épaisseur, soigneusement cimenté (fig. 279), forme une enceinte ouverte par en haut ayant 2^m,50 à 3 mètres de largeur et une longueur en fonction de la quantité de fourrage qu'elle devra contenir ; suivant l'importance du silo et la disposition des locaux à desservir, une ou deux ouvertures P et *p*, fermées par de doubles portes, permettent aux charrettes, aux wagonnets ou aux brouettes de venir chercher très facilement la conserve.

Le remplissage de cette sorte de fosse se fait en y jetant directement, par en haut et pêle-mêle, le fourrage à ensiler ; celui-ci est apporté par des charrettes, qui doivent pouvoir accéder à l'aide d'une rampe à la partie supérieure du silo, disposition très facile à réaliser dans les pays de montagne. La pression est ensuite obtenue par une charge de pierres, placée sur un solide plancher formé de madriers, à raison de 800 kilogrammes environ par mètre superficiel. Quand on veut utiliser la conserve, il suffit de pénétrer dans le silo même, en démontant l'une des doubles portes, celles intérieures pouvant du reste n'être formées que par de simples cloisons mobiles en planches.

Un silo de ce type représente quelques frais d'installation, mais il réduit ensuite considérablement la main-d'œuvre par rapport à celle exigée pour la confection des silos à l'air libre ; il assure en outre une réussite plus régulière et évite les pertes résultant de l'altération de la conserve au contact de l'air, altération qui la rend inutilisable et se manifeste, sur une épaisseur de 15 ou 20 centimètres, sur toutes ses parties exposées à l'air. Bien entendu, il faut établir ces silos à l'abri de la pluie, sous un appentis ou un hangar.

IV. — Racines et tubercules.

On conserve aussi les racines et les tubercules dans des *silos*, mais ces derniers appartiennent à des types complètement différents de ceux que nous venons de voir. Ces silos, dont l'usage est très ancien, peuvent être *temporaires* ou *permanents* ; les premiers sont employés à peu près exclusivement pour les betteraves, les seconds servent indifféremment pour les pommes de terre, les carottes, etc., et bien entendu pour les betteraves.

1° *Silos temporaires.* — Ce genre de silos s'obtient en creusant dans une terre saine une longue tranchée dont les parois sont inclinées suivant une pente qui dépend de la nature du terrain ; la terre extraite, mise en dépôt sur les côtés, servira plus tard pour recouvrir le silo. Les racines, tout au moins sur les bords de la fouille, sont rangées soigneusement, mais au milieu on se contente généralement de les jeter pêle-mêle ; arrivé au niveau du sol, le tas est terminé de manière à former une surface courbe, sur laquelle en étend ordinairement un peu de paille qu'on recouvre avec la terre extraite de la tranchée. Lorsque le silo est important, il est bon de ménager de place en place des cheminées de ventilation qui, en l'aérant, empêchent son élévation de température et le développement de certaines fermentations ; ces cheminées peuvent être constituées par des sortes de fagots, de petites bottes de paille, ou mieux de véritables conduits composés de trois ou quatre planches clouées.

Quand le terrain est insuffisamment sain, on ne fait pas de fosse et on établit le silo directement sur le sol ; en outre, pour l'assainir et favoriser l'écoulement de l'eau, on creuse tout autour un petit fossé dont la terre sert à le couvrir ; le silo se trouve donc sur une sorte de plate-forme. On recouvre ensuite les racines d'un léger lit de paille, puis d'une couche de terre ; l'épaisseur de cette couche doit être suffisante pour les protéger contre les gelées.

Les dimensions à donner à un silo se calculent aisément lorsqu'on sait que, au moment de la récolte, on peut mettre, par mètre cube, environ 630 kilos de pommes de terre et 580 de carottes ou de betteraves partiellement rangées. En général il faut plutôt augmenter la longueur des tas que leur largeur ou leur hauteur, car ils s'échauffent facilement et alors les racines fermentent et sont perdues ; c'est pour cette raison, et aussi pour qu'ils restent moins longtemps entamés, que dans beaucoup d'exploitations on préfère les petits silos aux grands.

Les silos temporaires sont ceux qu'on emploie le plus souvent pour les betteraves ; on peut en effet les faire sur place, dans les champs mêmes où les racines sont récoltées, ce qui réduit la main-d'œuvre au minimum et surtout permet de les

soustraire plus rapidement aux atteintes des gelées. Pour
la consommation journalière, le silo est entamé par l'une de
ses extrémités, qu'on découvre, et les racines sont ensuite
enlevées de proche en proche.

2º *Silos permanents.* — Quand on ne veut pas recommencer
tous les ans ce travail et qu'on a à emmagasiner de grandes
quantités de racines à la fois, on fait usage de silos permanents
en maçonnerie (fig. 280). Ces silos sont de longues constructions étroites, ayant environ 3 mètres de hauteur totale,
mais dans lesquelles 2 mètres se trouvent au-dessous du niveau
du sol afin de les maintenir à une température constante et de
les préserver contre les gelées ; c'est également pour cette
raison qu'on les couvre avec des matières mauvaises con-
ductrices de la chaleur, comme le chaume, ou qu'on dispose des
paillassons sous la couverture.

Les racines sont jetées dans le silo par de longues ouvertures
basses ménagées dans les murs latéraux ; pour en faciliter
l'aération et la bonne conservation, on les dispose ensuite en
tas, de chaque côté d'un passage central. Les racines sont
sorties, au fur et à mesure des besoins, par une porte qui se
trouve suivant l'un des pignons, à laquelle on accède par une
rampe ménagée dans le sol ; la disposition de cette rampe,
ainsi que celle de la porte, dépendent des appareils employés
pour les transporter, lesquels sont ordinairement des brouettes,
de petits tombereaux ou des wagonnets circulant sur une voie
posée au milieu du passage central dans toute la longueur du
silo ; le choix de ces appareils est subordonné à la largeur
de ce dernier et à l'importance de la consommation journalière. Quant aux ouvertures latérales, elles sont fermées
par des trappes que l'on garnit de paillassons ou de fumier
pendant les grands froids

On fait également des silos rappelant celui représenté dans
la figure 280, mais dans lesquels le toit est composé d'un
certain nombre de travées mobiles, montées sur rails, et dont
les murs sont arasés à quelques décimètres au-dessus du niveau
du sol ; pour les remplir il suffit de déplacer successivement les
différentes parties composant le toit et d'y vider directement
les tombereaux ou les wagonnets chargés de racines. Dans bien

des installations on pourrait profiter d'une manière très simple des avantages de ce procédé en adaptant pour la toiture des *combles shed* (combles à pentes inégales); le pan le plus oblique de la couverture serait formé d'éléments mobiles qu'il suffirait de relever pendant le remplissage du silo.

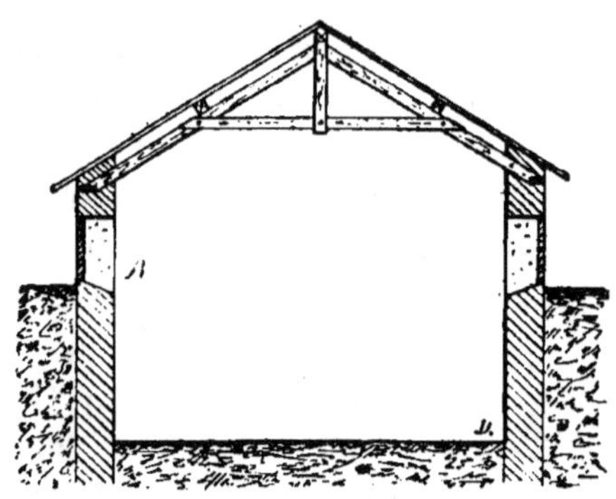

Fig. 280. — Silo permanent pour racines ou tubercules.

Quel que soit leur type, les silos permanents doivent être sains; aussi on donne toujours à leur aire une certaine pente et ordinairement on dispose sur les côtés des rigoles ou quelques gros drains.

On construit parfois d'excellents silos en creusant directement des galeries dans le sol. Il en existe de semblables à l'École de Grignon; leur largeur, qui est de 3 mètres, permet aux voiture d'y entrer et leur longueur atteint, pour certains d'entre eux, une quarantaine de mètres; ils sont creusés à flanc de coteau dans des sables calcaires qui présentent une cohésion suffisante pour qu'on n'ait pas eu à les maçonner. Ces galeries sont aérées par des cheminées et protégées du froid par des portes garnies de paillassons.

V. — LOGEMENT DU MATÉRIEL. — FUMIÈRES

I. — Véhicules et matériel.

Le cultivateur doit disposer d'abris commodes pour remiser les appareils de transport et le matériel de l'exploitation; ces abris présentent des dispositions différentes suivant le but particuler qu'ils doivent remplir.

En principe, ils consistent en hangars ouverts (fig. 281), à moins qu'ils ne soient spécialement affectés à des machines relativement délicates, utilisées chaque année pendant quelques semaines seulement, comme les semoirs, les faucheuses, les faneuses, les râteaux, les moissonneuses simples ou lieuses, etc.; pour ces dernières ces abris doivent être fermés de manière que les animaux, notamment les volailles, ne puissent y pénétrer.

Les machines agricoles n'exigent qu'une hauteur sous plafond de 2^m,50 à 3 mètres, aussi peut-on installer, au-dessus des remises qui leur sont réservées, d'excellents fenils, de très bons greniers ou des magasins pour les engrais ou les produits divers dont l'exploitant a besoin ; le peu de hauteur de ces remises rend en effet très commode l'emmagasinage

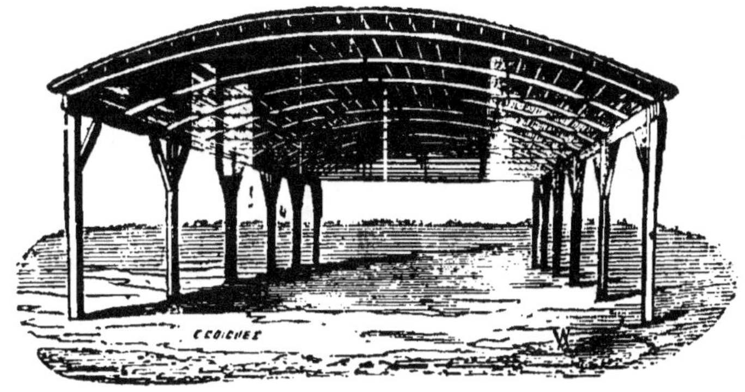

Fig. 281. — Hangar Pombla.

des récoltes ou des produits dans les locaux qui les surmontent. A l'intérieur, le long des murs, on placera des casiers qui serviront à ranger les *pièces de rechange*, ainsi que celles qui, après chaque campagne, doivent être démontées ; les pièces de grandes dimensions, comme les scies des faucheuses ou des moissonneuses, les palonniers et les flèches, seront accrochées à des potences ou à des supports scellés dans les murs; on devra en outre réserver un emplacement spécial pour l'outillage nécessaire au montage et au démontage partiel de ces machines. Avec quelques soins et en adoptant des dispositions pratiques, ces dernières seront toujours prêtes à fonctionner ; on pourra en effet les entretenir facilement en bon état, les rentrer et les sortir commodément ; elles feront par suite un meilleur travail et dureront plus longtemps.

Au point de vue des dimensions superficielles de ces remises,

dont les portes doivent être très larges puisqu'une moisson-
neuse-lieuse en ordre de marche exige un passage de 3^m,50 à
4 mètres de largeur, nous nous reporterons aux données
suivantes, extraites d'un ouvrage de M. Ringelmann :

Surfaces occupées par différentes machines.

Désignation.	Longueur (mètres).	Largeur (mètres).	Surface (mètres carrés).
Semoir en ligne, à avant-train..	3	2,50	7,50
Distributeur d'engrais..........	3	2,50	7,50
Faucheuse....................	4	1,50	6,00
Moissonneuse (tablier relevé)...	4	2,00	8,00
Moissonneuse-lieuse (sur chariot de transport)................	4	3,00	12.00
Faneuse.....................	3	2,50	7,50
Râteau à cheval..............	3	2,50	7,50
Batteuse....................	5	3,00	15,00
Presse à fourrage à vapeur....	5	2,00	10,00
Locomobile..................	4	2,00	8,00
Araire......................	2 à 3	1,00	2,00 à 3,00
Charrue....................	3	1,00	3,00
Scarificateur, extirpateur et cultivateur....................	2	2,00	4,00
Herses (sont souvent adossées verticalement aux murs ou même accrochées)..........	1,50 .	3,00	4,50
Rouleau, avec flèche..........	3	2,00	6,00
Houe à cheval (multiple).......	3	2,50	7,50
Chariot et tombereau..........	4 à 5	2,00	8,00 à 10,00
Brouette....................	2	1,00	2,00

Les remises fermées, du type de celles dont nous venons
de parler, ne sont nécessaires que pour les machines proprement dites et pour les instruments qui ne servent que d'une
manière intermittente. Pour les appareils de transport, ainsi
que pour les instruments employés à la préparation du sol,
des hangars ouverts suffisent.

Comme il faut que les instruments dont on a besoin puissent
être sortis sans qu'on ait à en déplacer d'autres, il est recommandable de les placer tous, autant que possible, sur un seul
rang ; dans ces conditions la disposition la plus avantageuse
pour les charrues, scarificateurs, herses et rouleaux, consiste
à les aligner sous un appentis, de 3 mètres environ de portée,

adossé à un mur quelconque et soutenu de distance en distance
par des poteaux ; en face de chacun des emplacements réservés
à chaque outil, quelques supports scellés dans les murs permettront d'accrocher les pièces de rechange relatives à cet outil
ou celles dont momentanément on ne se sert pas ; avec cette
disposition, qui, aux dimensions près, est applicable aux véhicules, il est recommandable que chaque instrument porte
un numéro d'ordre, celui de l'inventaire par exemple, numéro
qui sera inscrit sur ses principales pièces susceptibles d'être
démontées ainsi que sur l'emplacement qui lui est affecté sous
la remise.

Les chariots, les charrettes et les tombereaux, dont on
a besoin à chaque instant, doivent être, comme les instruments précédents, facilement accessibles. On peut les remiser
sous des hangars spéciaux, du type de celui représenté dans la
figure 281 par exemple, ou au contraire sous ceux servant
à abriter les récoltes. Dans le premier cas, une hauteur de
3 mètres est suffisante, et comme leur longueur varie entre
4 et 5 mètres, la disposition la plus commode consiste à les
placer dos à dos, sur deux rangs, avec, entre les deux rangs,
des supports pour accrocher les accessoires appartenant
à chaque véhicule (flèches, limonières, cornes, ridelles,
clayons, etc.). Cette manière de placer les voitures suppose
que la remise est accessible par ses deux façades et qu'elle a
une portée de 8 à 10 mètres, bien qu'il n'y ait pas grand
inconvénient à laisser les flèches et les limonières dépasser
un peu l'aplomb des égouts du toit, d'autant plus que les chariots et les charrettes, étant presque constamment en service,
sont très souvent dehors. Comme la largeur des appareils de
transport est voisine de 2 mètres, il faudra donner au moins
5 mètres aux travées si l'on veut remiser, sous chacune
d'elles, deux véhicules placés l'un à côté de l'autre.

Le prix de construction des hangars variant relativement
peu avec leur hauteur, on préfère en général ne pas en affecter
de spéciaux aux appareils de transport et on leur donne une
hauteur suffisante pour qu'on puisse y abriter, tout au moins
momentanément, des chariots ou des charrettes encore
chargés; dans ce cas, la disposition la plus économique est

celle qui permet de placer dos à dos, sous chaque travée, deux véhicules non déchargés. Nous n'entrerons pas dans la description de ces hangars, qui rentrent dans les types de ceux dont nous avons parlé à propos des granges et des fenils.

II. — Fumières et fosses à purin.

On conserve le fumier en tas, sur des *plates-formes* ou dans des *fosses* ; chacun de ces deux systèmes a ses avantages propres et convient surtout, le premier pour les régions froides et humides, le second pour les régions chaudes et sèches.

I. *Plates-formes.* — Les plates-formes peuvent être *convexes* ou *concaves*. Une plate-forme convexe consiste en une aire résistante et imperméable (fig. 282), présentant une légère pente du milieu vers les côtés, entourée d'un caniveau R destiné à recueillir le liquide suintant du fumier A et à le conduire à une fosse étanche appelée *citerne* ou *fosse à purin*. Une plate-forme concave au contraire est creuse ; les pentes convergent vers une rigole centrale, formant thalweg, qui reçoit les purins et les conduit encore à la citerne où on les recueille ; ces pentes, comme dans le cas précédent, doivent être assez fortes en raison des difficultés que le purin rencontre pour s'écouler sous le fumier ; on leur donne au moins un centimètre par mètre, mais mieux 3 ou 4.

Les plates-formes doivent être installées de manière que les eaux de pluie, provenant des cours ou des toitures, ne viennent pas se mélanger au purin, ni délayer le fumier ; pour cela, on surélève un peu la partie de la cour où elles sont installées, ou on les entoure de rigoles d'isolement. L'aire sur laquelle le tas est élevé doit être étanche (afin d'éviter toute contamination de la nappe d'eau souterraine et toute perte de matière fertilisante par infiltration dans le sol) et résistante, pour n'être pas détériorée par les animaux et les voitures qui viennent, à des époques déterminées, enlever le fumier.

Les plates-formes sont habituellement placées à proximité des logements des animaux et occupent généralement le centre même de la cour de ferme ; suivant la configuration de cette dernière et les conditions locales, elles sont concaves ou convexes. Un semblable emplacement, au milieu même des bâtiments, est commode, mais n'est pas recommandable, par suite des inconvénients que le voisinage immédiat du fumier présente pour les différents locaux de la ferme ; on l'adopte cependant dans bien des exploitations, en raison des avantages qu'il offre au point de vue de l'enlèvement journalier des litières. Dans les exploitations importantes et bien comprises, cette considération est secondaire par suite des moyens employés pour transporter les fumiers ; aussi, pour

Fig. 282. — Plate-forme à fumier.

celles-ci, on devra toujours installer la fumière à quelque distance des bâtiments, dans une cour ou un clos spécial.

La largeur des plates-formes, bien qu'elle puisse être quelconque, ne dépasse pas ordinairement 8 mètres ; une largeur plus grande rend difficile la confection des tas et le chargement des voitures. Quant à la longueur, elle dépend de la quantité de fumier à conserver et est facile à calculer quand on connait cette dernière.

Le rendement en fumier des animaux est assez variable, il dépend notamment de l'abondance des litières, c'est-à-dire de la valeur des pailles, et varie par suite avec les années ainsi qu'avec la situation et le genre de cultures des exploitations. Le tableau ci-dessous donne, d'après Bobierre la quantité moyenne de fumier fournie annuellement par les diverses espèces d'animaux de la ferme, en tenant compte de leur poids :

	Quantité en kilogrammes.	En mètres cubes de 500 kilogr.	
1 cheval (de 500 kilogr.)......	10 200	20 mètres cub. (environ).	
1 bœuf (de 600 kilogr.)........	9 400	20	—
1 bœuf à l'engrais (600 kilogr.).	25 300	50	—
1 vache (de 400 kilogr,)........	11 400	20	—
1 mouton (de 40 kilogr.).......	550	1	—
1 porc (de 100 kilogr.)........	1 100	2	—

D'autre part M. **Wéry**, dans son « Agenda agricole », indique qu'on peut évaluer comme il suit la production annuelle du fumier :

	Kilogrammes.	Mètres cubes.
Bœuf engraissé à l'étable	16 000	36
Bœuf au pâturage	»	»
Bœuf de travail	10 000	25
Cheval	10 000	25
Jeune bétail au pâturage	4 000	12
Jeune bétail à l'étable	8 600	21
Mouton	600	2
Porc	1 200	4
Porc à l'engraissement	1 800	6
Vache à l'étable	12 000	30
Vache en partie au pâturage (le jour)	6 000	15

On peut aussi calculer approximativement la quantité de fumier produit par les animaux, au moyen de formules plus ou moins compliquées qu'on trouve dans les agendas et les aide-mémoire spéciaux ; l'une des plus simples est $Q = K (L + F)$, dans laquelle Q désigne le poids de fumier produit, $L + F$ celui des litières augmenté de celui des fourrages, et K un coefficient que l'on prend en général égal à 2 mais auquel on donne aussi les valeurs 2,25, 2,20, 1,60 et 1,10 suivant qu'il s'agit plus spécialement d'animaux à l'engrais, d'animaux en stabulation permanente, de moutons ou d'animaux de travail.

On peut enfin avoir très simplement le poids du fumier produit chaque année en multipliant par 25 le poids total des animaux, ou mieux par 20 ou 22 celui des chevaux, 15 ou 20 celui des bœufs de travail, 27 ou 30 celui des vaches, 10 ou 15 celui des moutons et des porcs, et 25 ou 30 et même 35 celui des bœufs à l'engrais.

Comme nous l'avons dit, tous ces nombres ne sont qu'approximatifs et ne doivent être adoptés, dans l'établissement des projets de plates-formes ou de fosses à fumier, qu'en l'absence d'autres plus précis se rapportant au cas particulier dans lequel on se trouve ; ils suffisent cependant pour calculer les dimensions à donner à une fumière, quand on sait que les tas doivent être formés dans un temps déterminé, en deux mois par exemple, et que leur hauteur doit être comprise entre 2^m,50 et 3^m,50 au maximum ; quant à leur largeur et à leur longueur, elles dépendent presque toujours de la forme et des dimensions relatives de la cour affectée à la fumière.

Le volume du fumier peut être aisément converti en poids, sachant que le mètre cube de fumier, tel qu'il se trouve sur la plate-forme, pèse en moyenne 650 kilos, le poids du fumier frais étant de 500 kilos et celui du fumier fait de 800 kilos environ le mètre cube.

Voici les renseignements que M. Wéry donne à ce sujet dans son « Agenda agricole » :

Fumier pailleux, sortant des étables......... 3-400 kilogrammes.
   —   frais et bien tassé..................... 700   —
   —   à demi consommé.................... 800   —
   —   très consommé, humide et comprimé. 900   —

Et il ajoute : « On peut estimer à 500 kilogrammes le poids du mètre cube de fumier mixte frais et à 800 kilogrammes le poids du mètre cube de fumier convenablement consommé. »

Dans les petites et dans les moyennes exploitations le fumier est ordinairement amené chaque jour à la fumière au moyen d'un traîneau très simple traîné par un cheval ; ce véhicule primitif a l'avantage d'être facile à charger et à décharger ; son principal inconvénient, qui est celui de demander une traction excessive, disparaissant devant le peu de longueur des parcours ; dans les exploitations dont il s'agit, la fumière est en effet toujours à proximité des bâtiments occupés par les animaux.

De manière à réduire au minimum la main-d'œuvre, on ménage parfois dans les tas, pendant leur confection, une rampe qui permet aux véhicules de s'y engager.

Dans les exploitations importantes, dans lesquelles les différents services sont desservis par de petits chemins de fer, on peut aussi faire monter les wagonnets directement sur le fumier en installant une voie mobile raccordée avec la voie principale par une courbe et un *dérailleur* ; nous avons eu l'occasion de faire autrefois une semblable installation à l'école de Grignon.

Lors de son transport dans les champs, le fumier est chargé sur des véhicules, tombereaux ou chariots, qui viennent se ranger le long de la plate-forme, lorsqu'elle n'est pas trop large, ou, dans le cas contraire, s'engagent sur elle ; c'est pour cela que son aire doit être très résistante. On la compose souvent d'une couche de béton, de 20 centimètres d'épaisseur au moins, en mortier hydraulique, afin qu'elle soit non seulement résistante mais aussi imperméable ; le fond de la fouille peut être en béton plus grossier; quand on ne regarde pas à la dépense, on la constitue par un bon pavage jointoyé en mortier de ciment. Si on redoute des infiltrations dans le sol, soit par suite de sa nature même, soit par suite de la proximité de puits, de citernes ou d'abreuvoirs, on doit établir ces aires sur une couche d'argile soigneusement pilonnée, de 30 à 40 centimètres d'épaisseur. Les caniveaux qui entourent le tas doivent avoir 10 centimètres de profondeur au maximum et au moins 60 centimètres ou 1 mètre de largeur, afin de recueillir convenablement le purin, sans gêner le passage des voitures ; une pente de 1 centimètre par mètre, vers la fosse à purin, suffit pour l'écoulement du liquide qu'ils recueillent; ces caniveaux sont établis en bons pavés avec joints en mortier hydraulique.

Pour la bonne confection du fumier, on partage en général la plate-forme en deux ou trois parties égales et symétriques, formant en quelque sorte autant de plates-formes distinctes, afin de pouvoir faire deux ou trois tas ; l'un deux est en chargement et chaque jour on y conduit le fumier, les autres, terminés, sont formés de fumier qui, convenablement soigné et arrosé, se décompose en attendant qu'il soit charrié dans les champs. Avec la disposition à deux tas, qui est la plus répandue, la fosse à purin doit être installée entre les deux plates-formes, de manière à réduire au minimum le développement des rigoles et de manière, également, qu'on puisse facilement, au moyen d'une seule pompe, effectuer les arrosages réclamés par le fumier. Quant à la rigole d'isolement, qui sert à écarter les eaux de ruissellement de la cour, elle peut être supprimée si cette dernière est convenablement disposée ou si l'aire de la fumière est légèrement surélevée.

Quand on tient à avoir des fumiers de nature différente, ou plus ou moins décomposés, il est absolument nécessaire de faire plusieurs tas, par exemple quatre, A, A′, B et B′ (fig. 283), placés les uns à la suite des autres, ou mieux en rectangle, autour d'une fosse à purin centrale D ; l'un des tas est en chargement et les autres en fumiers plus ou moins décomposés. Si les tas sont sur une même ligne, on place la pompe P et la fosse à purin D sur le côté ; dans ce cas, trois suffisent généralement.

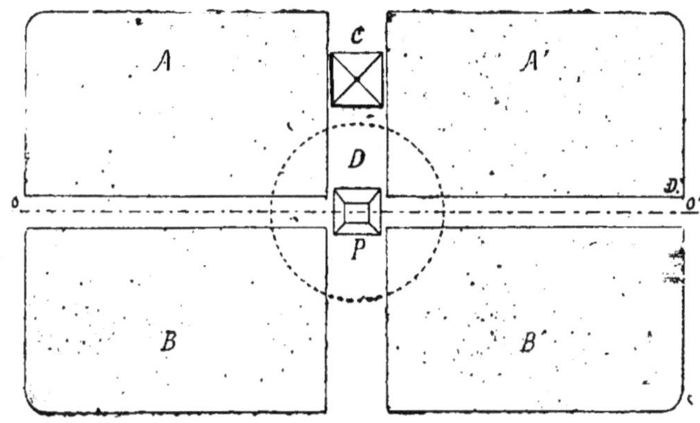

Fig. 283. — Plan d'une plate-forme à fumier.

Il y avait autrefois à Grignon une plate-forme circulaire et continue ; le fumier frais, disposé en rampe, était amené par un bout, le fumier fait, bon à charrier, se trouvant de l'autre. Le tas était donc formé progressivement d'un côté, pour être enlevé de l'autre, après un temps de séjour déterminé. Cette disposition n'existe plus maintenant ; elle a d'abord été remplacée par une plate-forme ordinaire double, avec fosse, pompe à purin et cabinet au centre, puis plus récemment par une plate-forme à quatre tas, du type de celle représentée par la figure 283. La fosse à purin, de forme circulaire, est placée au centre, en D ; elle est surmontée d'un pylône P, que nous décrivons page 436, qui supporte la pompe destinée à l'arrosage du fumier et à la vidange de la fosse ; deux cabinets, dont nous avons donné la description page 295 et dont l'emplacement de l'un est indiqué en C, sont placés symétriquement de chaque côté du pylône et complètent l'installation.

II. *Fosses à fumier.* — Elles dérivent de ces véritables trous dans lesquels, dans les petites fermes, on jette le fumier et les ordures ménagères.

Dans les très petites exploitations, dans celles dans lesquelles une fumière de 4 ou 5 mètres de largeur suffit, on donne aux fosses, qui sont toujours rectangulaires, une profondeur de 1 mètre ou de 1m,50 et, à toutes leurs parois, un profil vertical ou sensiblement. Avec de semblables dimensions il n'est en effet pas nécessaire, pour charger les voitures, qu'elles s'engagent sur la fumière même, ce qui rend inutile la présence d'une rampe d'un côté ; d'autre part, en adoptant pour les fosses la forme d'un parallélipipède droit, on double leur volume sans augmenter proportionnellement leur prix de revient, ce qui permet de réduire leurs dimensions. Il n'est pas indispensable de clore ces petites fosses, même partiellement, en raison de leur peu de profondeur et de la gêne qui en résulte pour l'enlèvement du fumier, mais leur fond doit présenter une légère pente afin d'assurer l'écoulement du purin vers une citerne *ad hoc*, construite à côté. La figure 283 représente une fosse de ce genre mais entourée, sur trois côtés, par un petit mur *m* et dont le fond est disposé en rampe.

Dans les exploitations plus importantes les fumières ont des dimensions beaucoup plus grandes et il devient nécessaire que les voitures puissent y descendre pour être chargées ou déchargées. Les fosses à fumier, qui, dans ce cas, se ramènent presque toutes aux deux types que nous allons étudier, deviennent alors des sortes de chemins creux, étanches et résistants.

Le premier type, que représente la figure 284 mais auquel on donne généralement une largeur proportionnellement plus grande que celle indiquée, convient surtout pour les grandes exploitations ; il consiste en une fosse rectangulaire, ayant au milieu une profondeur comprise entre 1m,50 et 2m,50 au maximum, formée par deux plans inclinés convergents dont la pente, qui ne doit pas dépasser 10 centimètres par mètre, est ordinairement de 7 à 8 centimètres afin que les voitures puissent descendre dans la fosse et en remonter aisément. Cette fosse, dont les dimensions relatives dépendent de celles de la cour de la ferme, est entourée sur deux de ses côtés par un petit mur A, de 0^m,80 ou 1 mètre de hauteur, afin d'éviter les accidents qui peuvent se produire lorsqu'elle est vide, de faciliter la confection du tas au-dessus du niveau du sol et, dans certains cas, d'y parquer momentanément les animaux ; il est bon de protéger ce mur par quelques bornes B qui empêchent les véhicules de le détériorer.

Dans le thalweg formé par la réunion des deux plans composant l'aire de la fosse, se trouve une rigole d'écoulement R qui conduit le purin à une citerne placée contre le tas, de

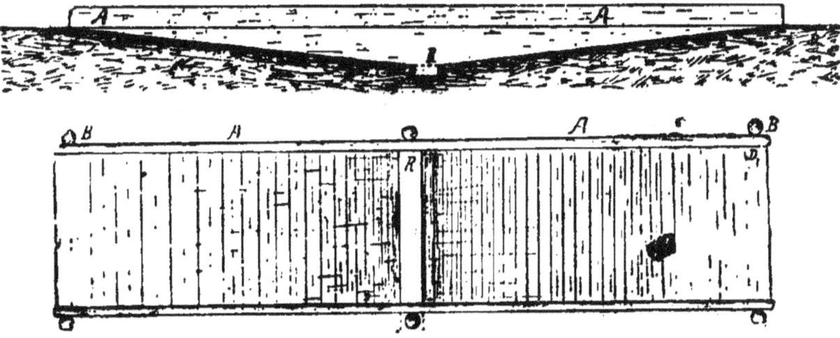

Fig. 284. — Fosse à fumier (coupe transversale et plan).

manière qu'il soit facile d'arroser le fumier avec la pompe établie sur le pylône qui surmonte directement la citerne. Cette rigole est souvent recouverte par une forte grille ou un simple plancher à claire-voie soigneusement goudronné.

Les fumières du second type conviennent plus spécialement pour les moyennes et les petites exploitations. Elles ne comprennent que l'une des moitiés de la fosse que nous venons de voir ; elles ne permettent donc de faire qu'un tas et par suite de n'avoir qu'une catégorie de fumier, ce qui est un inconvénient dans beaucoup de fermes.

Ces fumières (fig. 285) sont formées essentiellement par une aire présentant une inclinaison de 7 à 10 centimètres par mètre, limitée sur trois côtés par des parois verticales. A la partie la plus basse de la fosse à fumier se trouvent des barbacanes la faisant communiquer avec une citerne étanche A, placée à son extrémité, qui sert à recueillir le purin ; lorsque le niveau du liquide dépasse celui des barbacanes, le fumier baigne dans le purin, tout au moins en partie. Pour les motifs que nous avons signalés plus haut, il faut entourer ces fumières par un petit mur *m* ; on peut ainsi, comme cela se pratique quelquefois, y parquer de temps en temps les animaux de l'espèce bovine, lesquels contribuent par leur piétinement à la bonne confection du fumier.

Dans certaines régions on abrite les fumiers sous des hangars ; on préfère souvent alors, afin de leur donner une hauteur moindre, le système des fosses à celui des plates-formes.

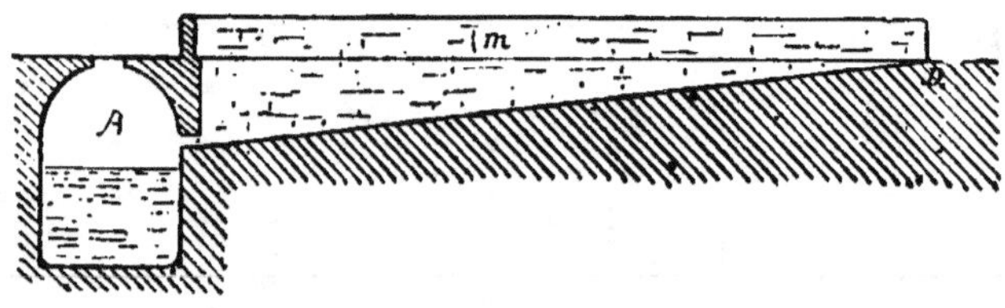

Fig. 285. — Fosse à fumier et citerne à purin.

Dans les pays du Midi ces hangars servent à protéger le fumier contre l'ardeur du soleil et à éviter sa dessiccation ; dans les régions froides et surtout pluvieuses ils empêchent le fumier d'être constamment mouillé, l'eau ayant alors pour effet de le laver et d'entraîner les principes fertilisants solubles qu'il renferme, ainsi que d'arrêter les fermentations dont il est l'objet. Quelquefois on conserve même le fumier dans des locaux attenant aux écuries ou aux étables, disposition qu'on rencontre notamment en Hollande.

La figure 286 représente une fosse à fumier couverte, avec citerne et pompe à purin, dont la disposition rappelle celle que nous venons de décrire. Cette fosse communique avec une citerne présentant une très bonne forme, mais que nous ne pouvons recommander d'une manière générale parce qu'elle nécessite, de la part de ceux qui sont chargés de sa construction, un matériel et certaines connaissances que l'on ne rencontre pas toujours dans les campagnes. Avec les fosses couvertes on peut, dans les pays à climats extrêmes, obtenir d'aussi bons fumiers que dans les régions tempérées.

Il n'y a pas de précautions spéciales à prendre dans la construction des fosses à fumier ; leur aire, comme celle des plates-formes, doit être résistante et imperméable ; quant à leurs murs, ils doivent être en maçonnerie hydraulique.

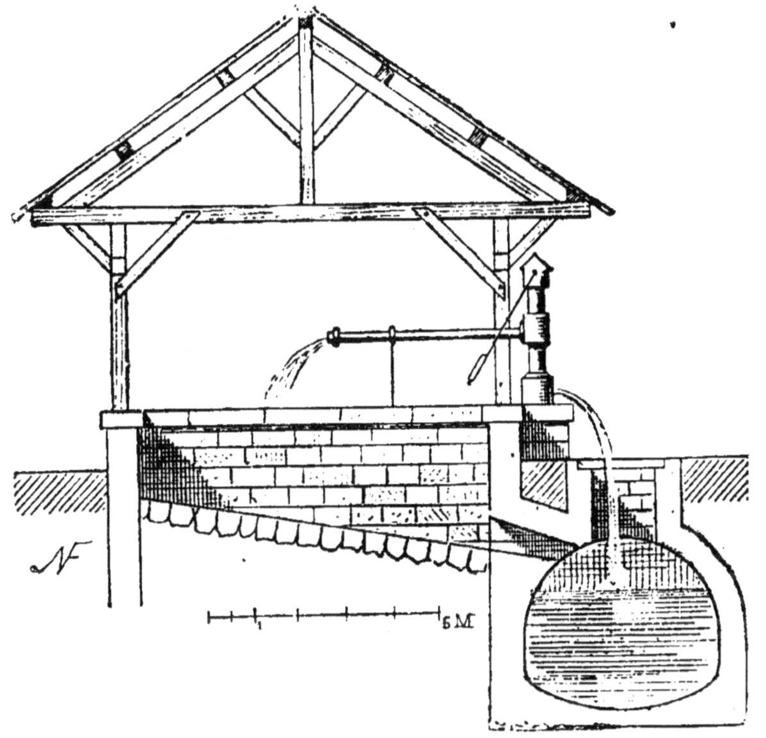

Fig. 286. — Fosse à fumier couverte, avec citerne et pompe à purin.

III. *Citernes à purin*. — Les citernes ou fosses à purin sont destinées à recueillir le liquide qui suinte des fumiers ainsi que les urines provenant des logements des animaux (*lisier*). Le purin est employé pour arroser le fumier, afin de l'enrichir et de le maintenir dans un état d'humidité convenable ; il est également utilisé comme engrais liquide, pour l'arrosage des prairies et des champs.

La première considération dont il faut tenir compte dans l'établissement d'une citerne à purin est celle de sa capacité ; elle est très souvent insuffisante, aussi voit-on dans un grand nombre d'exploitations, surtout pendant la saison pluvieuse, les cours envahies par le purin qui ruisselle même jusque sur les chemins les plus voisins ; ceci provient également, dans bien des cas, non seulement de l'insuffisance de capacité de la citerne, mais aussi de l'installation défectueuse de la fumière, qui reçoit une partie des eaux des toitures ainsi que celles provenant des cours. Pour calculer les dimensions à donner à une fosse à purin, il faut connaître le nombre des animaux de différentes espèces logés dans la ferme et, en l'absence d'indications précises, se servir ensuite du tableau ci-dessous, ou de tableaux analogues, qui donnent approximativement les quantités d'urine fournie chaque jour par bête :

1 cheval donne par jour................	4^{kg},500 d'urine.
1 bœuf...............................	14 à 15^{kg} —
1 vache....... ,....................	12^{kg},500 —
1 mouton............................	0^{kg},500 —
1 porc..............................	3^{kg},500 —

Dans son « Agenda agricole », M. Wéry indique, comme quantités d'urines produites annuellement par les animaux de la ferme, les nombres suivants :

	Kilogrammes.	Mètres cubes.
Bœuf ou vache....................	3 000	3
Cheval.........................	1 000	1
Mouton (lot de 5)................	500	1/2
Porc............................	500	1/2

Ces quantités sont du reste très variables et dépendent notamment du poids des bêtes, de leur alimentation, etc., etc. Pour le cheval, on admet un nombre très bas parce qu'on suppose qu'il est une grande partie du temps dehors ; pour les vaches, on compte qu'elles donnent journellement autant d'urine que les bœufs. Les animaux à l'engrais produisent évidemment beaucoup plus d'urine que ceux qui sont au travail, comme les chevaux ou les bœufs de labour ; le peu d'urine donnée par les moutons est absorbé par les litières, aussi ne faut-il pas en tenir compte dans l'établissement d'une citerne à purin. Enfin, suivant la nature des litières et du sol des locaux, ainsi que suivant l'état et la longueur des canalisations qui amènent les urines à la fosse à purin, une plus ou moins grande partie de ces dernières est évaporée ou absorbée par le sol avant d'arriver jusqu'à la citerne ; cette quantité varie ordinairement entre la moitié et le tiers de l'urine totale produite. Si V désigne le volume total annuel des urines ainsi calculée et si la fosse à purin est vidée complètement trois fois par an (son contenu, étendu d'une certaine proportion d'eau servant par exemple à l'arrosage de prairies), sa capacité devrait être égale à $\dfrac{V}{3}$; mais comme au maximum les deux tiers seulement de ces urines arriveront jusqu'à la fosse, on n'aura besoin de lui donner que $\dfrac{2}{3} \cdot \dfrac{V}{3}$ ou les $\dfrac{2}{9}$ de V.

Lorsque les fosses sont prismatiques, leur volume v a pour expression $v = S \times h$, S étant leur surface et h leur profondeur; il ne faut pas chercher à augmenter beaucoup cette dernière, car dans ce cas, par suite de la charge, il se produit des fissures et des infiltrations dans le sol; de plus les pompes à purin, dont l'état d'entretien laisse toujours à désirer, fonctionnent alors mal ou pas du tout ; la profondeur la plus convenable, qu'il ne faut pas dépasser, est de 3 mètres environ. Leur largeur doit être inférieure ou au plus égale à 4 mètres, en raison, au delà de cette dimension, des difficultés que l'on rencontre pour les couvrir et de la dépense qui en résulte ; quant à leur longueur, elle dépend de la capacité qu'on veut leur donner. D'une manière générale nous recommanderons les citernes prismatiques (de largeur inférieure à 4 mètres et de profondeur moindre que 3 mètres) couvertes par une voûte surbaissée ou plus simplement en plein cintre, avec cloison transversale de manière à avoir en quelque sorte deux fosses élémentaires indépendantes ; les citernes de ce type ont l'avantage d'être simples, de ne pas nécessiter pour leur construction de connaissances spéciales ni un matériel particulier, et de pouvoir être exécutées facilement avec les moyens dont on dispose à la campagne. Le minimum de maçonnerie de la fosse, pour une même surface S et pour la même profondeur (3 mètres par exemple), est obtenu quand la section est carrée.

On peut aussi adopter la forme cylindrique qui permet de

donner une épaisseur moindre aux parois et, par suite, de réduire encore le cube de la maçonnerie. Les figures 202 (page 298) et 288 (page 436) représentent des fosses d'une construction plus compliquée mais d'une forme préférable ; elles ne présentent aucun angle rentrant et la partie basse qui se trouve au milieu en permet la vidange complète à la pompe. D'un nettoyage facile, elles sont moins sujettes aux infiltrations que les fosses rectangulaires.

Ces citernes, étant destinées à emmagasiner le purin et le lisier, sont toujours à proximité de la fumière et, autant que possible, des locaux servant de logement aux animaux ; on les place ainsi pour faciliter les arrosages que le fumier nécessite. Elles doivent toujours être étanches et couvertes afin d'empêcher les accidents et les émanations désagréables qu'elles dégagent. Pour les citernes de section rectangulaire, on peut établir un véritable plancher composé de solives en fers à double T, supportant de petites voûtes en briques, ou, ce qui est préférable quand la largeur de la fosse le permet, faire une voûte en plein cintre ou surbaissée pour supprimer l'emploi du fer ; il est indispensable, en tout cas, de soustraire ce dernier à l'action des gaz et de l'humidité permanente de la fosse en le noyant dans une maçonnerie en mortier hydraulique. Dans les installations peu importantes on remplace ce genre de couverture par un plancher en madriers. Plusieurs ouvertures doivent être ménagées dans cette voûte : la principale, fermée en temps ordinaire par un tampon, est destinée à servir de passage aux ouvriers lors des nettoyages et des réparations ; on lui donne d'habitude 1 mètre sur $0^m,65$; c'est en somme un véritable regard dont le cadre ainsi que les plaques, sont en ciment armé, en fonte, en pierre naturelle ou artificielle. Par une autre ouverture passent les tuyaux de la pompe, et s'il doit y avoir au-dessus, comme cela arrive souvent, un cabinet d'aisances, une troisième ouverture devient nécessaire. Il faut en outre des passages pour les tuyaux d'amenée du purin et du lisier, et, enfin, on prévoit quelquefois un conduit d'aération pour la ventilation de la fosse. Si l'on veut y jeter les cadavres des petits animaux, le purin étant un excellent dissolvant pour ceux-ci, on dispose l'ouverture principale de manière qu'elle soit d'un accès facile, mais il est préférable de les enfouir dans le fumier ou ailleurs.

Installation. — Le niveau supérieur de la citerne à purin doit être un peu au-dessous du niveau inférieur de la fumière, afin qu'elle puisse recueillir tout le liquide qui suinte du fumier. Généralement prismatiques, ces fosses, suivant les ressources locales, sont en briques ou en maçonnerie hydraulique avec revêtement en ciment, mais on en fait également en ciment armé et en béton ; le béton présente l'avantage de donner une construction monolithe pour laquelle on peut adopter une forme quelconque ; il faut avoir soin que tous leurs angles rentrants soient bouchés par des arrondis en ciment pour empêcher les infiltrations, qui se produisent souvent dans ces parties, et également pour faciliter les nettoyages en cas de réparation. L'épaisseur des murs se calcule comme celle des murs de soutènement et leur profil doit être le même, ces murs ayant à résister à la poussée des terres quand la citerne est vide ; ils sont d'autant plus stables qu'ils sont plus lourds, aussi préfère-t-on pour ce motif les faire en pierres dures, en meulière par exemple, pierre qui donne, avec de bons mortiers, des maçonneries très résistantes. Quant au fond, le plus simple est de le constituer par une couche de bon béton, de 20 ou de 25 centimètres d'épaisseur, ou un peu moins dans les petites installations ; afin de faciliter la vidange de la citerne et son nettoyage, il est avantageux de lui donner la forme d'une cuvette ou mieux une série de pentes convergeant vers une partie plus creuse, formant poche, ménagée directement sous le regard.

Les fosses cylindriques sont très recommandables quand elles n'ont pas de trop grandes dimensions ; elles présentent le maximum de solidité, toutes choses égales, et le maximum de capacité pour le minimum de maçonnerie ; les plus faciles à construire n'ont que 2^m,50 à 3 mètres de diamètre. Quand le diamètre ne dépasse pas ces nombres, le mieux est de les couvrir par une voûte sphérique, ayant pour clef un châssis en fer formant regard. Ces fosses peuvent être en maçonnerie hydraulique ordinaire, en ciment armé, en béton ou en briques, ces dernières étant plus simples et moins coûteuses tout en présentant cependant une résistance suffisante.

Pour confectionner une citerne cylindrique en béton, on place au centre de la fouille une solide pièce de bois autour de laquelle on pourra déplacer un cintre spécial ; le béton est soigneusement tassé entre la fouille et ce cintre, et il suffit de faire tourner ce dernier au fur et à mesure de la confection de la citerne. Les briques donnent une construction facile, qui s'établit rapidement. Il est évident qu'on pourrait employer très avantageusement le ciment armé et qu'il suffirait alors d'une épaisseur de paroi de quelques centimètres seulement ; nous citons plus loin, dans le chapitre *Citernes et réservoirs* (page 450), un réservoir de 4ᵐ,80 de diamètre et de 7ᵐ,50 de hauteur n'ayant qu'une épaisseur moyenne de 10 centimètres, réservoir qui se trouve, au point de vue de la résistance, dans de bien plus mauvaises conditions qu'une citerne à

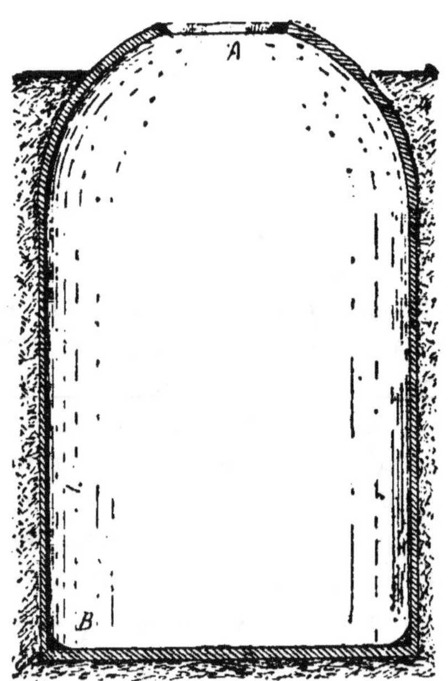

Fig. 287. — Citerne à purin cylindrique.

purin, qui est à l'abri des variations de température et qui est solidement maintenue de tous les côtés par des terres.

Comme exemple de fosse à purin cylindrique en briques, nous signalerons celle que M. Camille Benoist a fait construire autrefois dans une ferme qu'il exploite à Serville, près Dreux (fig. 287). Son diamètre est de 3 mètres et sa contenance d'une quarantaine de mètres cubes ; elle est couverte par une véritable calotte sphérique, surmontée d'un pylone en fer supportant une pompe à chapelet destinée à l'arrosage du fumier et au remplissage des tonneaux d'épandage. La paroi

circulaire est formée de briques posées de champ et la partie
sphérique par des briques placées à plat ; le fond est en pavés
jointoyés au ciment. Voici, à titre de document, le prix auquel
était revenu, à cette époque, cette fosse, qui est on ne peut
plus économique et absolument pratique, quoique d'une construction un peu légère et d'une profondeur plus grande que
celle que nous conseillons :

Forage de la citerne....................................	50 francs.
Briques premières de rebut, 4000, à 40 fr. le mille....	160 —
Chaux, 9 hectolitres, à 3 francs......................	27 —
Façon (murs et voûte)..., ...	92 —
Pavage du fond..	10 —
Jointoiement extérieur en Portland...................	11 —
Total.........................	350 francs.

Ces données seront utiles à consulter pour une installation
analogue, mais dans un avant-projet il faudra, bien entendu,
ne se préoccuper que des prix de main-d'œuvre et de fournitures spéciaux à la localité ; il ne serait plus possible maintenant de faire établir une semblable citerne avec si peu de
dépenses.

Nous rappellerons enfin qu'on a autrefois préconisé les
fosses coniques ; comme elles présentent une résistance
moindre que les fosses circulaires, qu'elles sont plus difficiles
à construire et n'offrent aucun avantage sérieux qui permette
de les faire préférer, nous n'insisterons pas sur leurs dispositions et leur construction.

Si l'importance de l'exploitation nécessite une fosse de
très grandes dimensions, nous conseillerons l'emploi de deux
fosses de dimensions moindres, ne communiquant entre elles
que par leur partie supérieure, de manière à être indépendantes. De semblables fosses sont plus faciles à construire et
moins sujettes aux infiltrations ; de plus on peut les nettoyer
et les réparer commodément, puisqu'il est toujours possible
d'en isoler une et de ne se servir que de l'autre.

Quand le purin doit être employé principalement pour
l'arrosage des prairies, il est bon de pouvoir l'étendre d'eau
afin qu'il ne *brûle* pas les jeunes plantes arrosées, comme cela

arrive souvent ; il faut dans ce cas, pour opérer cette dilution, disposer d'une fosse spéciale à côté de la citerne proprement dite. Cette fosse peut être à ciel ouvert, mais doit communiquer avec la citerne afin que le purin y arrive facilement par un simple jeu de bonde ou de vanne ; si on craint que cette dernière ne fonctionne mal en raison des conditions dans lesquelles elle se trouve et de son usage int mittent, à des intervalles parfois assez longs, on supprime toute communication entre les deux fosses et on fait les mélanges en utilisant la pompe à purin.

Dans certaines situations particulières, il est avantageux d'acheter des vidanges provenant des villes et de les utiliser pour les arrosages. Il faut alors établir, à quelque distance des bâtiments, une fosse spéciale bien étanche et fermée, dans laquelle on peut étendre ces vidanges d'une certaine quantité d'eau avant leur utilisation ; cette fosse peut avantageusement être munie d'un agitateur commandé par un manège afin d'obtenir un mélange bien homogène lors des

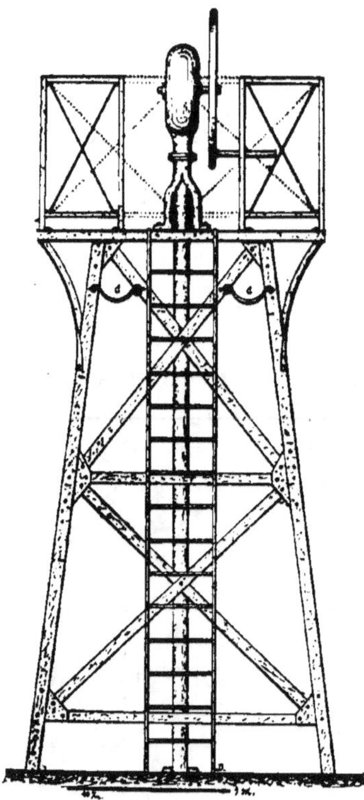

Fig. 288. — Pylône de la citerne à purin de Grignon.

arrosages. Quand on dispose déjà d'une fosse de dilution, on l'utilise pour faire ces mélanges.

Comme nous l'avons dit, les citernes à purin sont généralement surmontées d'un pylône en bois ou en fer, sur lequel est installée une pompe servant à l'arrosage du fumier et au remplissage des tonneaux d'épandage. Dans les petites exploitations on se contente de pompes très simples en fonte, placées directement sur la citerne ; mais dans les moyennes et les

grandes exploitations on remplace ces pompes par des pompes
à chapelet, qui doivent être installées à une hauteur un peu
supérieure à celle des tas. La figure 288 représente le pylône
en fer qui, dans la nouvelle installation de la fumière de
Grignon, a remplacé l'ancienne charpente en bois de la pompe
à purin ; il est placé en P (fig. 283) et occupe le milieu du
rectangle formé par les quatre tas de fumier. Construit en
fers cornières et en fers méplats, ce pylône, qui peut être donné
comme modèle, car, tout en étant très simple, il remplit parfaitement le but auquel il est destiné, supporte une plate-forme
carrée, en forte tôle, mesurant 1^m,75 en tout sens, située à
3^m,20 au-dessus du sol ; cette plate-forme, au milieu de laquelle
se trouve une pompe à chapelet et à laquelle on accède par
une échelle fixe en fer, est entourée par un garde-fou. Le
pylône est consolidé par des croisillons en fers méplats et
des équerres en forte tôle, qui lui donnent une grande rigidité.
Quatre colliers c, placés aux quatre coins supérieurs de la
charpente, servent, lors de l'arrosage du fumier, à soutenir le
tuyau employé pour cet usage ; chaque collier correspond à
l'un des tas. Comme nous avons exécuté rigoureusement à
l'échelle le dessin du pylône que nous venons de décrire, nous
nous dispenserons de donner les dimensions de ses différentes
parties.

VI. — CITERNES, RÉSERVOIRS ET ABREUVOIRS.

Les eaux nécessaires à toute exploitation agricole proviennent de ruisseaux, de cours d'eau ou, le plus souvent, de
sources, de puits ou de mares ; quelquefois les eaux sont rares,
on est alors obligé de recueillir soigneusement dans des citernes
celles qui ruissellent à la surface des toits pendant les pluies.

On a pu déterminer très exactement, dans les villes, la
quantité d'eau nécessaire à chaque habitant, ainsi que celle
qu'il faut pour certains animaux ; à la campagne une quantité
moindre suffit. La différence de consommation provient surtout de ce que l'eau ne se trouvant généralement pas sous
pression dans les différents locaux de la ferme, il y a moins de
gaspillage.

Le tableau ci-dessous donne la consommation journalière de l'eau, à la ville et à la campagne, ainsi que la quantité totale nécessaire par période de deux mois ; à moins d'indications contraires on admettra en effet qu'une citerne doit pouvoir contenir une réserve d'eau suffisante pour cette période de temps :

Consommation journalière, à la ville. par :	litres.	à la campagne. litres.	Soit par 2 mois. (à la campagne). litres.
Homme....................	30	10	600
Cheval....................	75	50	3 000
Bœuf ou vache..........	75	30	1 800
Mouton..................	»	2	120
Porc	»	5	300

Ces nombres ne sont donnés qu'à titre d'indication et peuvent varier notablement.

On a également constaté, dans les villes, qu'il faut trois litres d'eau par jour et par mètre carré de chaussée et qu'une voiture demande en moyenne quarante litres pour son entretien journalier. Bien que tous ces chiffres n'aient rien d'absolu, ils permettent cependant de déterminer d'une manière très suffisamment exacte les quantités d'eau dont il est nécessaire de disposer.

En se servant de ces données on peut calculer approximativement le volume à donner à une citerne ou à un réservoir, pour qu'il puisse suffire aux besoins d'une exploitation pendant un temps déterminé. Si la citerne doit pouvoir emmagasiner l'eau nécessaire à la consommation journalière pendant une période de deux mois, son volume V, exprimé en mètres cubes, aura pour expression, en désignant par n, n', n''... les nombres de personnes, de chevaux, de bœufs, etc., aux besoins desquels elle doit suffire :

$$V = n \times 0{,}6 + n' \times 3 + n'' \times 1{,}8 + \ldots\ldots\ldots$$

les coefficients 0,6, 3, 1,8 sont, d'après notre tableau précédent, les volumes en mètres cubes nécessaires par période de deux mois par homme, cheval, bœuf, etc. Ce nombre V représente non seulement le volume à donner à la citerne, mais aussi la quantité d'eau dont l'exploitant doit pouvoir disposer.

I. *Citernes*. — Les *citernes* sont des bassins étanches, destinés à constituer des réserves d'eau et en particulier à recueillir celles provenant des toitures; dans ce dernier cas elles occupent des parties basses. Quand elles sont alimentées par un moteur, on les place au contraire sur des parties élevées, de manière que les eaux qu'elles contiennent puissent être distribuées sous pression. Les citernes sont cylindriques ou rectangulaires ; elles sont toujours couvertes afin que les eaux qu'elles renferment soient à l'abri des matières étrangères qui pourraient y tomber, ainsi que de la lumière, cette dernière nuisant à leur bonne conservation en provoquant le développement de certaines végétations aquatiques, notamment d'algues. On les construit en maçonnerie hydraulique et, pour réduire l'épaisseur des murs au minimum tout en conservant leur étanchéité, on les fait quelquefois en deux épaisseurs, avec corroi d'argile au milieu, ou, plus simplement, on se contente de tasser derrière la maçonnerie une épaisse couche de terre glaise. Les parements intérieurs des murs doivent être recouverts d'un enduit de ciment, appliqué en prenant toutes les précautions que nous avons indiquées page 192 à propos de ces derniers ; il faut en outre boucher soigneusement tous les angles rentrants par des arrondis d'une vingtaine de centimètres de rayon, pour empêcher les infiltrations qui tendent toujours à se produire dans ces parties, et qui auraient pour résultat d'affouiller le sol et d'amener des tassements qui produiraient la destruction de la citerne.

Les citernes sont couvertes par une ou plusieurs voûtes, suivant leurs dimensions et leur forme, voûtes qui doivent être à leur tour recouvertes d'une couche de terre afin de conserver à l'eau une température toujours constante, aussi basse que possible, et d'empêcher l'action des gelées ; on donne ordinairement 70 à 80 centimètres d'épaisseur à cette couche.

L'emploi de poutres en fer n'étant pas recommandable pour soutenir les voûtes couvrant les citernes, on doit, lorsque la portée ne permet pas la construction d'une voûte unique, surbaissée ou en plein cintre, reposant sur les mûrs latéraux, avoir recours aux *voûtes d'arête* ou faire une couverture en ciment armé. Il faut prévoir un trop plein, une entrée pour l'arrivée de l'eau, une sortie pour le tuyau de départ de la canalisation alimentée par la citerne, à moins que l'eau n'y soit puisée directement par une pompe, ainsi qu'une ou plusieurs cheminées d'aération, suivant les dimensions de la citerne ; enfin un regard fermé, mesurant 70 ou 80 centimètres sur 1 mètre, en pierre naturelle ou artificielle, est indispensable pour le passage des ouvriers chargés des nettoyages ou des réparations. On facilitera les nettoyages en donnant une très faible pente au fond de la citerne et en y ménageant, à la partie la plus basse, une sorte de cuvette ainsi qu'une bonde de fond quand on pourra, sans de trop grands travaux, faire une canalisation spéciale de vidange.

Il est recommandable de diviser les citernes en deux compartiments, de manière à pouvoir faire les nettoyages et les réparations qu'elles comportent sans avoir à interrompre les services qu'elles assurent ; la canalisation d'amenée doit alors pouvoir alimenter indifféremment les deux compartiments ; quant à la canalisation de distribution, elle part d'une chambre pouvant communiquer avec les deux compartiments, ensemble ou séparément. Dans les installations importantes, on dispose souvent une échelle en fer soigneusement galvanisée pour faciliter la descente des ouvriers lors des nettoyages et des réparations.

La figure 289 représente avec beaucoup de détails la coupe longitudinale et le plan d'une citerne de 200 mètres cubes réalisant les différentes conditions que nous venons de mentionner ; cette citerne, dont nous avons emprunté les dessins au traité d'hygiène rurale d'Imbeaux et Rolants, est entièrement en béton ordinaire, sauf la couverture et le pilier médian qui sont en béton armé ; d'une construction simple, son prix de revient ne dépasse guère 5 000 francs.

La profondeur des citernes ne doit pas être supérieure à 3 ou 4 mètres ; au delà de cette profondeur elles perdent de leur étanchéité et des infiltrations dans le sol sont à redouter ; de plus, lorsqu'elles alimentent une canalisation sous pression, les variations de niveau, qui sont très appréciables, exercent une influence sensible sur le débit de la canalisation. Si l'eau y est puisée directement par une pompe, il ne faut pas non plus,

dans l'intérêt du bon fonctionnement de cette dernière, avoir
une citerne trop profonde.

Lorsque l'eau est rare et qu'il ne s'agit que des besoins d'un
ménage ou d'une petite exploitation, on peut faire des citernes

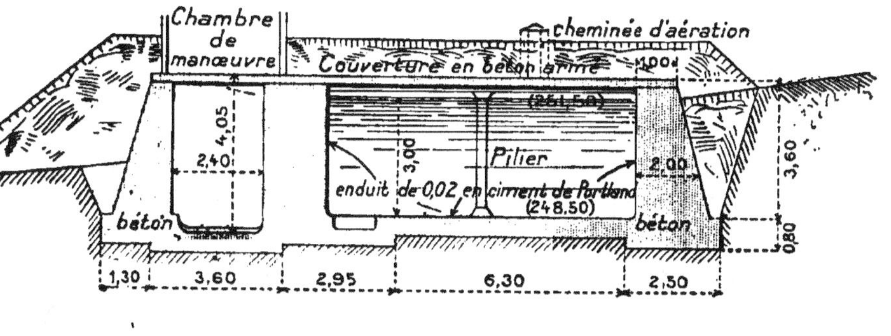

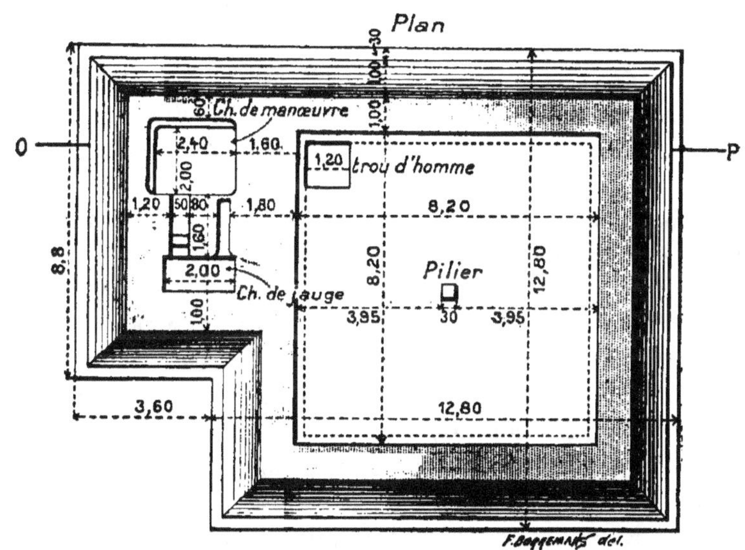

Fig. 289. — Citerne de 200 mètres cubes (coupe longitudinale
et plan).

beaucoup moins compliquées que celles que nous venons de
décrire : les plus simples sont cylindriques et couvertes par une
partie ayant la forme d'une calotte sphérique ; elles rappellent alors la citerne représentée par la figure 287 ; quelquefois
on trouve plus pratique de leur donner une forme prismatique

et de les couvrir par une voûte en plein cintre. La figure 290 représente une citerne d'un type spécial, adopté pour les maisons de garde de la Compagnie d'Orléans ; nous avons emprunté cette figure, ainsi que la description qui l'accompagne, au traité d'hygiène rurale mentionné précédemment : «La capacité de cette citerne est d'environ 9 mètres cubes. Sur l'aqueduc d'amenée, on intercale une grille et un filtre vertical en gravier. Au sommet de l'ovale est un puits fermé par deux volets en tôle. On tire l'eau avec un seau suspendu à un cordage avec poulie. Une pompe serait plus commode et ne coûterait pas plus cher que le puits et on n'aurait pas l'inconvénient du seau qui peut être souillé au dehors. La citerne ovale en béton de ciment est moulée à l'aide d'un cintre formé de sept zones horizontales reposant sur un châssis ; chaque zone est composée de trois panneaux assemblés au moyen de boulons ; entre les joues d'un assemblage se trouve un coin que l'on enlève pour le décintrement. La dimension des éléments est telle qu'on peut les retirer par le puits. Ce système est un peu compliqué et ne sera avantageux à appliquer qu'en série. »

Les citernes, comme les puits du reste et d'une manière générale tous les réservoirs, devront être pourvues d'une pompe pour y prendre l'eau, à moins que cette dernière ne soit sous pression et ne s'écoule naturellement par une canalisation spéciale ; il ne faudra jamais y puiser directement avec des seaux, car ceux-ci souillent l'eau et sont toujours une cause de contamination pour la nappe souterraine.

Afin d'avoir des eaux aussi propres que possible, il est bon de disposer sur le tuyau d'amenée un petit bassin de décantation que les eaux franchiront avant d'entrer dans la citerne et où les matières lourdes qu'elles peuvent avoir entraînées se déposeront ; ce bassin de décantation devra communiquer avec la citerne par sa partie supérieure. On peut aussi employer le dispositif que représente la figure 291 et qui rend les plus grands services lorsque les eaux proviennent de toits ; son principe est basé sur ce que les premières eaux de pluies provenant de toitures, après une période de sécheresse, entraînent toujours avec elles beaucoup d'impuretés ; il a pour objet de

les détourner de la citerne. Pour arriver à ce résultat on
dispose sur le tuyau d'amenée A un citerneau B, ayant à
sa partie basse un orifice *o'*, communiquant avec une canalisation permettant de le vider ; le tuyau d'amenée présente

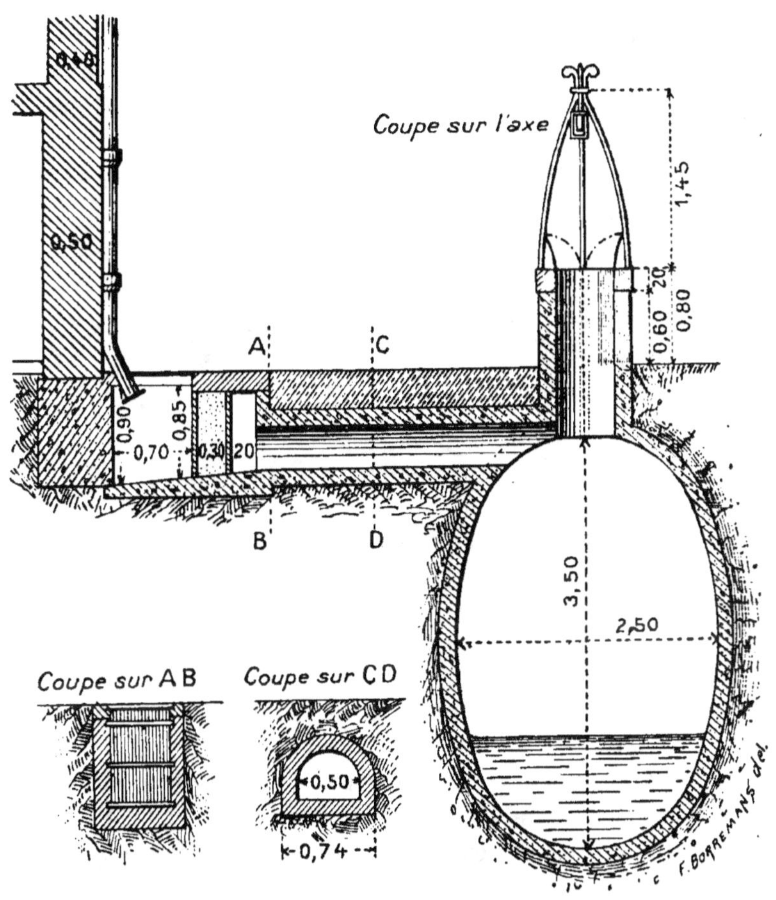

Fig. 290. — Citerne d'une maison de garde de la Compagnie
d'Orléans.

aussi, en *o*, un orifice qui peut être obturé par un clapet
commandé par un flotteur F. Le robinet de vidange de ce
citerneau étant partiellement ouvert et par suite celui-ci vide,
les premières eaux, lors d'une pluie, trouvent l'orifice *o* ouvert
et s'écoulent dans le citerneau qui se remplit jusqu'à ce que le

flotteur ferme le clapet qu'il commande ; l'eau continue alors son chemin et s'écoule dans la citerne, excepté la très petite quantité qui est nécessaire pour remplacer dans le citerneau l'eau qui s'en échappe.

Après chaque pluie le bassin se vidant doucement est prêt à fonctionner pour la pluie suivante. Cet appareil très simple écarte donc automatiquement les premières eaux, sans en occasionner une perte appréciable ; on peut du reste régler l'importance de cette perte, ou la supprimer totalement, en ouvrant plus ou moins, ou en fermant complètement le robinet de vidange placé sur la canalisation *o'*.

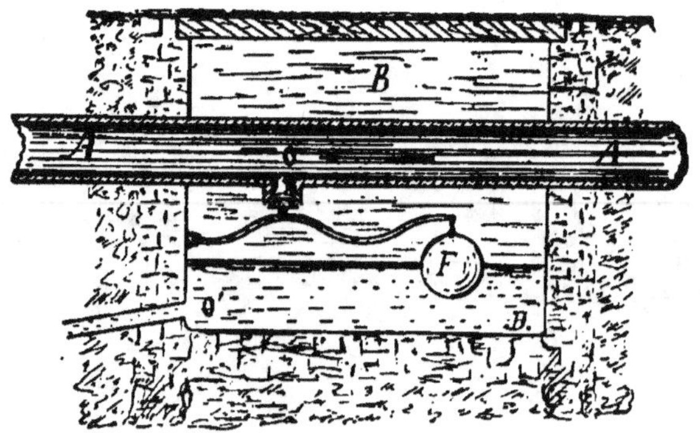

Fig. 291. — Bassin séparateur.

Pour obtenir des eaux plus pures encore, il faut les obliger à traverser, de bas en haut, un citerneau de 0ᵐ,80 à 1 mètre de hauteur et de 0ᵐ,70 de diamètre environ, garni intérieurement d'une couche de sable et de charbon ayant 0ᵐ,50 à 0ᵐ,60 d'épaisseur, ou des filtres plus ou moins parfaits du genre de celui représenté par la figure 292.

On construit aussi des *citernes* spéciales, dites *filtrantes*, dont il existe de nombreux modèles ; nous en indiquerons le principe en décrivant les anciennes *citernes-filtres* de Venise (fig. 293).

Ces citernes étaient composées d'un réservoir tronconique en maçonnerie, avec revêtement intérieur *a* en argile, formant une sorte de grande cuvette *b* remplie de sable ; au milieu de celle-ci était un puits central C en maçonnerie également, à l'intérieur duquel l'eau pouvait pénétrer par la partie inférieure ; le tout était recouvert par un dallage. Les eaux arrivaient par un canal circulaire *e* sans radier, s'infiltraient dans le sable où elles s'accumulaient pour pénétrer ensuite dans le puits ; ce dernier débouchait à l'air libre et on y puisait l'eau avec des seaux.

On donne ordinairement aux citernes employées exclusivement à recueillir les eaux de pluie une contenance telle qu'elles puissent recevoir toutes les eaux provenant d'une

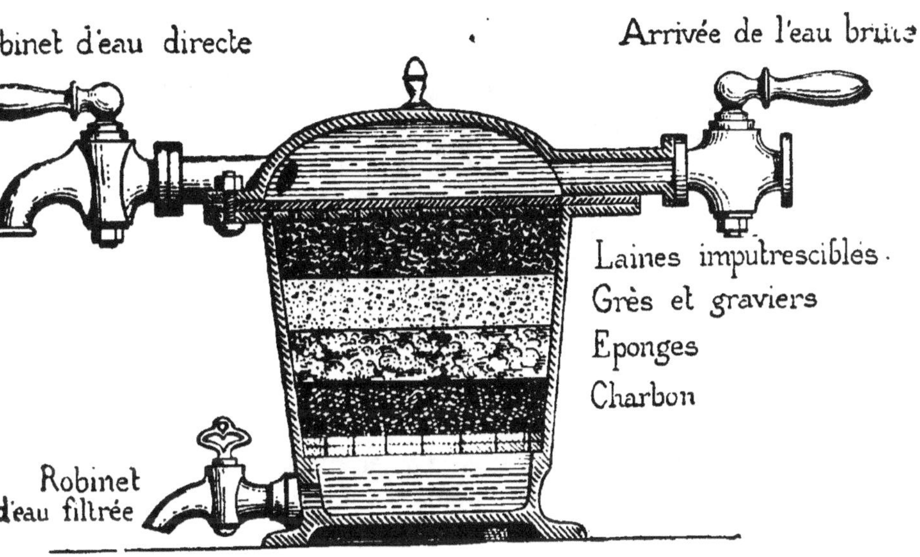

Fig. 292. — Filtre Marcaire.

même averse ; le pluviomètre permet facilement de déterminer cette quantité qu'il faut prendre après les plus grandes pluies.

Les eaux de ruissellement sont les seules, dans beaucoup de régions, dont on puisse disposer ; tous les toits doivent alors être pourvus de gouttières avec tuyaux de descente et les eaux soigneusement recueillies au moyen de canalisations convenables.

Quand la surface des toits est insuffisante et que les eaux de pluie sont les seules disponibles, on les recueille en établissant sur le sol même des surfaces imperméables et inclinées formant d'immenses pluviomètres. Ces aires, souvent composées d'un léger béton recouvert d'un enduit de ciment, sont excellentes quand elles sont bien faites, mais si le travail n'a pas été soigné, il s'y produit des tassements, puis des fendillements ; on en fait aussi avec des tuiles mécaniques, formant sur le sol de véritables couvertures analogues à celles des maisons.

La surface à donner à ces aires, pour recueillir un volume

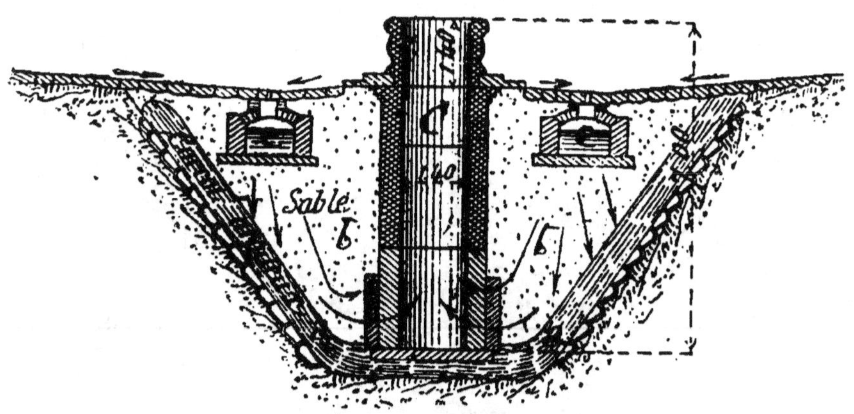

Fig. 293. — Ancienne citerne filtrante de Venise.

d'eau déterminé, est aisée à calculer, puisque ce volume est sensiblement égal à celui obtenu en multipliant la surface de l'aire par la hauteur moyenne d'eau tombée pendant un temps donné.

II. *Réservoirs.* — Les réservoirs peuvent être établis au niveau du sol, mais ordinairement on les installe sur un pylône afin qu'ils fournissent sous pression l'eau qu'ils contiennent ; dans ce dernier cas on les désigne plus spécialement sous le nom de *châteaux d'eau* (fig. 294).

Les réservoirs se trouvent dans de moins bonnes conditions que les citernes au point de vue de la conservation de l'eau qu'ils contiennent ; cette dernière est exposée aux variations de température, notamment à la chaleur en été ; souvent même elle n'est pas à l'abri de la lumière. Il faudra donc réserver les réservoirs pour les installations industrielles, ou pour celles dans lesquelles l'eau, en raison d'une consommation continuelle, n'y séjourne que peu de temps ou ne sert qu'aux arrosages.

Lorsque l'eau provient d'un point plus élevé que celui où se trouve le réservoir, qui, dans ce cas, ne sert qu'à l'emmagasiner, elle y est amenée par la gravité.

Quand on est obligé d'employer une machine élévatoire

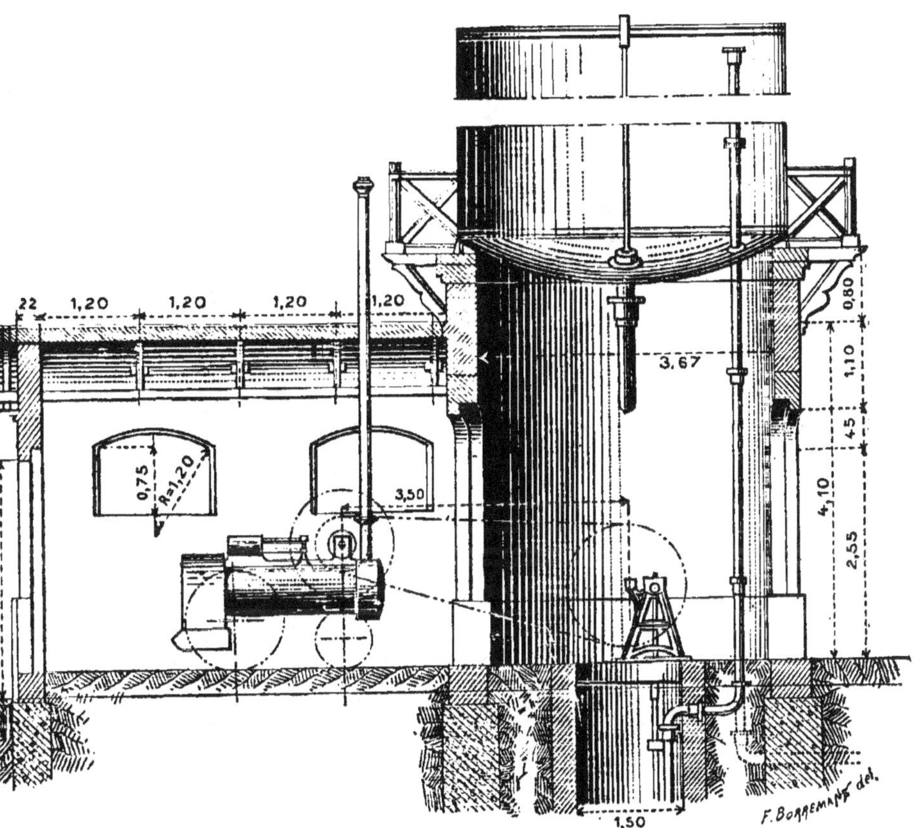

Fig. 294. — Château d'eau avec machine élévatoire.

comme cette dernière doit toujours être près du lieu où l'eau est puisée, deux cas sont à envisager : si le réservoir peut être construit directement au-dessus de la prise d'eau, on installe la machine élévatoire sous le réservoir, dans la tour le supporttant, ou dans un pavillon annexé à cette dernière ; dans le cas contraire, il faut faire deux installations séparées, d'une part un château d'eau analogue à ceux représentés figures 294 et 295 ou plus simple, et d'autre part un petit pavillon pour la machine élévatoire et son moteur. La figure 294 représente

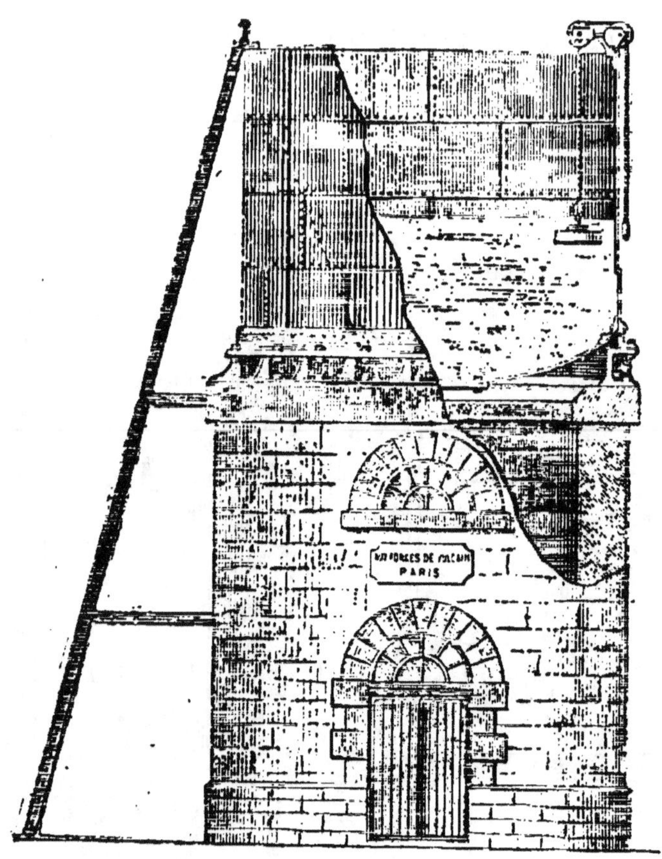

Fig. 295. — Château d'eau.

une installation du premier genre, d'un type adopté par la Compagnie des chemins de fer du Nord, avec réservoir de 50 mètres cubes construit directement sur le puits; le pavillon annexe pourrait être supprimé ou tout au moins ses dimensions considérablement réduites si, au lieu d'une locomobile, on employait un petit moteur à vapeur vertical ou mieux un moteur à essence ou à gaz.

Le château d'eau le plus simple est celui qu'on trouve installé chez presque tous les maraîchers ; il consiste en un réservoir prismatique ou plus souvent cylindrique, en tôle galvanisée ou goudronnée de 2 à 3 millimètres d'épaisseur, supporté à une certaine hauteur au-dessus du sol par un petit plancher formé de quelque solives en fer reposant sur deux murs parallèles. Ces sortes de réservoirs sont ordinairement de capacité assez faible et se trouvent tout établis dans le commerce ; ceux de forme cylindrique sont plus simples de fabrication et, à égalité d'épaisseur de tôle, plus résistants ; on les emploie de préférence à ceux de forme rectangulaire que l'on réserve pour le cas où on les loge dans un bâtiment, dans un grenier ou dans un magasin par exemple, parce qu'ils occupent moins de place.

Les réservoirs dont se servent les maraîchers pour l'arrosage ne sont en général ni couverts, ni protégés contre les froids, aussi faut-il les vider en hiver. Si l'eau est employée à des usages domestiques ou à l'alimentation d'animaux, il est bon de les couvrir et de les protéger par une enveloppe en maçonnerie ou simplement en bois, avec garniture intérieure en matières isolantes ; l'eau, étant ainsi à l'abri des froids, peut y séjourner quelque temps sans inconvénient. On agrémente souvent d'ornement variés ces châteaux d'eau qui se présentent alors sous forme de tours. Les réservoirs de grande capacité, dans lesquels l'eau séjourne peu de temps, peuvent seuls être dispensés d'une enveloppe protectrice.

Les réservoirs doivent être d'un accès facile, à cause des visites, des nettoyages et des réparations qu'ils nécessitent ; dans ce but une échelle est fixée à leur paroi extérieure ; il est bon qu'elle ne descende pas jusqu'au niveau du sol et ne commence qu'à une hauteur d'environ 2 mètres, afin de n'être accessible qu'avec le secours d'une échelle mobile qu'on enlève après chaque nettoyage ou réparation. Les réservoirs de grande capacité comportent en outre une échelle intérieure.

On fabrique aussi d'excellents réservoirs de toutes dimensions en ciment armé ; les plus grands, qui sont les plus avantageux, doivent être contruits sur place. La figure 296 représente un réservoir de ce genre installé en 1900, pour le service de l'École de Grignon, par M. Leclerc, architecte de l'École. Comme la figure le montre, ce réservoir, qui est cylindrique, comprend deux parties : l'une A en maçonnerie hydraulique (meulière et mortier de chaux hydraulique), de 36 mètres cubes de capacité, ayant une épaisseur moyenne de 1 mètre et 4 mètres de hauteur ; l'autre B, construite sur la première et pour ainsi dire indépendante, en ciment armé. Cette seconde partie a 7^m,50 de hauteur, 4^m,80 de diamètre et cube 135 mètres, avec une épaisseur moyenne de paroi de 0^m,10 ; elle communique avec la première par un orifice rectangulaire *o* dont les bords sont relevés de manière à former une sorte de bassin de décantation pour les eaux, qui arrivent à la partie supérieure du réservoir ; ces eaux, qui maintenant proviennent normalement d'une citerne construite à un niveau plus élevé, étaient, il y a quelques années, exclusivement refoulées par une pompe commandée par un moteur à gaz. La paroi séparant le réservoir en deux parties, ainsi du reste que sa couverture qui présente un regard pour les nettoyages et les réparations, sont aussi en ciment armé ; à l'intérieur comme à l'extérieur sont scellées deux échelles en fer, la première est galvanisée et la seconde simplement peinte à l'huile ; un tuyau

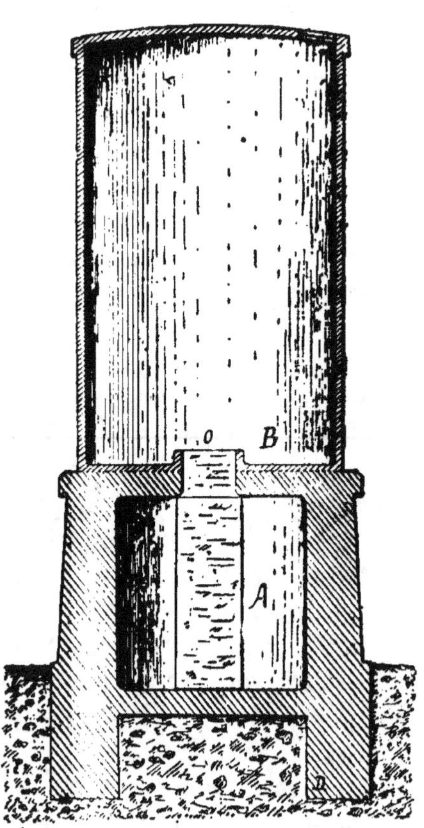

Fig. 296. — Réservoir en ciment armé de l'École de Grignon.

de distribution, avec crépine, part du réservoir inférieur.

Par suite de la grande capacité de ce réservoir (171 mètres cubes) et du peu de temps pendant lequel l'eau y séjourne, il a été inutile de le protéger contre les gelées ; enfin, se trouvant à flanc de coteau, il n'a pas été nécessaire de le surélever.

Pour connaître la hauteur de l'eau à l'intérieur des réservoirs et bassins fermés ou d'un accès difficile, c'est-à-dire leur contenu, on peut avoir recours à une disposition très simple consistant en un flotteur quelconque, flottant à la surface de l'eau et relié à un petit câble passant sur une ou deux poulies de renvoi ; à l'autre extrémité de ce câble est attaché un contrepoids qui se déplace devant une règle graduée en mètres et décimètres, ou mieux en mètres cubes, dont la longueur est égale à la profondeur du réservoir ; la position du contrepoids devant la règle donne la hauteur d'eau dans le réservoir, et par suite le volume qu'il contient ; c'est cette disposition qui est représentée sur la figure 295. Si le réservoir se trouve à une certaine distance du groupe moteur et pompe, employé pour remplir le réservoir, il faut ajouter au flotteur un avertisseur ; l'avertisseur le plus simple consiste en une sonnerie électrique, installée dans le local où se trouve le moteur, commandée par un contact fonctionnant quand le contrepoids du flotteur, étant en bas de sa course, vient reposer sur lui.

On peut encore se servir d'un appareil très pratique, appelé *hydromètre*, qui permet de connaître, à distance et à chaque instant, la hauteur d'eau dans le réservoir. L'hydromètre Decoudun comprend essentiellement une cloche métallique communiquant, par un tube en cuivre rouge de très petit diamètre, avec un indicateur à cadran gradué en volumes ou en hauteur d'eau. La cloche est immergée au fond du réservoir et l'indicateur est installé dans la chambre du moteur, ou dans tout autre endroit où il est nécessaire de connaître la hauteur de l'eau dans le réservoir ; quant au tube qui établit la communication entre ces deux organes, il suit un parcours quelconque. Tout l'appareil (cloche et tube) étant rempli d'air, la pression de l'eau, qui est fonction de sa hauteur dans le réservoir, est transmise par l'air au cadran de l'indicateur, qui l'exprime en mètres et décimètres. Cet appareil est très simple, d'une installation facile et d'un prix relativement peu élevé ; on peut de plus, en branchant sur le tube principal d'autres tubes communiquant avec des indicateurs, connaître en différents endroits la hauteur d'eau dans un même réservoir, et par suite le volume qu'il contient.

Outre un indicateur de niveau, tout bassin, réservoir ou citerne, doit avoir un trop-plein pouvant évacuer rapidement et sans inconvénient les eaux qui pourraient y arriver lorsqu'il est plein ; il faut que le tuyau d'évacuation du trop-plein puisse débiter autant d'eau que celui d'amenée, de manière à éviter les débordements qui auraient pour conséquence de produire, autour du bassin on du réservoir, des infiltrations et des affouillements dans le sol, puis des tassements dans la maçonnerie.

Il est également très pratique de disposer d'une bonde de fond, avec évacuation spéciale, pour vider les bassins, quels qu'ils soient, lors des nettoyages et des réparations. Lorsque l'eau est distribuée sous pression on peut ordinairement utiliser pour cela la canalisation de distribution, en lui donnant un diamètre suffisant au départ et en disposant convenablement un jeu de robinets ou de vannes à l'endroit où l'eau peut être évacuée.

III. *Abreuvoirs.* — On appelle ainsi les auges en maçonnerie, en pierre naturelle ou artificielle, en bois ou en métal, qui servent à abreuver le bétail ; on donne également le nom d'*abreuvoirs* aux mares et bassins qui permettent non seulement d'abreuver les animaux mais aussi de les baigner.

Les abreuvoirs du premier genre ne présentent rien de particulier, ce sont de grandes auges basses, dont la longueur dépend du nombre d'animaux qui doivent pouvoir y boire en même temps. Les plus simples sont en pierre artificielle ou en briques avec revêtement en ciment ; ceux en pierre naturelle sont très bons mais beaucoup plus coûteux. Dans les pays de montagne on en rencontre beaucoup en bois, ils sont alors presque toujours formés d'un tronc de sapin creusé ; les abreuvoirs métalliques, en tôle ou en fonte, sont moins recomman-

dables, car ils ont l'inconvénient de s'oxyder lentement, surtout lorsqu'ils sont en tôle.

Les abreuvoirs du second genre, c'est-à-dire ceux permettant de baigner les animaux, sont en général du type de celui
représenté par la figure 297 ; ils sont essentiellement constitués par un bassin dont le fond (rendu imperméable par une
couche plus ou moins épaisse d'argile et résistant par un
pavage ou un cailloutage) présente une pente, de 8 à 10 centimètres par mètre, de manière que la profondeur augmente progressivement pour atteindre environ 1^m.50 à la partie la plus
creuse. Ces bassins, qui sont entourés par de petits murs bas

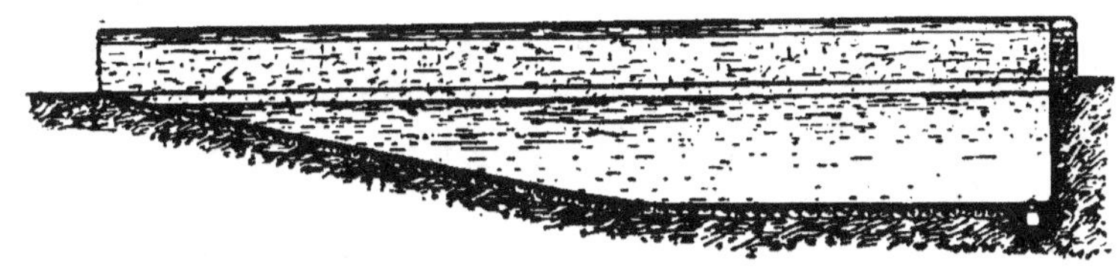

Fig. 297. — Coupe transversale d'un abreuvoir.

formant garde-fou afin d'empêcher les accidents, sont limités
sur les côtés par des murs de soutènement, derrière lesquels
on fait un corroi d'argile quand on redoute leur manque d'étanchéité ; ces murs, soigneusement jointoyés, sont en maçonnerie
hydraulique et sont quelquefois revêtus d'un enduit étanche
en mortier de ciment ; des anneaux, scellés dans les garde-fous
permettent d'y attacher les animaux devant prendre des bains
prolongés. Quand on le peut il est recommandable de disposer,
le long de ces garde-fous, des auges pour abreuver le bétail ;
l'eau de ces auges, dont le trop-plein se déverse alors dans
l'abreuvoir, reste constamment très propre, tandis que celle
de ce dernier est toujours plus ou moins souillée par les animaux en raison des bains qu'ils y prennent.

Les dimensions à donner aux abreuvoirs dépendent de
leur fréquentation et de la somme disponible pour leur construction. Il est indispensable qu'ils soient pourvus d'une bonde
de fond, permettant de les vider sans difficulté lors des curages
périodiques qu'ils nécessitent, et qu'ils ne présentent qu'une
faible pente, le pavage du fond devenant facilement glissant ;

pour remédier à cet inconvénient on pourra bien souvent remplacer avantageusement le pavage par une couche bien tassée de gros cailloux. Leur alimentation en eau varie avec la provenance de cette dernière ; lorsqu'on dispose d'eau courante, le mieux est de s'en servir pour alimenter des auges ordinaires qui serviront à abreuver le bétail et d'envoyer ensuite cette eau à l'abreuvoir proprement dit ; dans ce dernier cas l'abreuvoir doit être pourvu non seulement d'une bonde de vidange, mais aussi d'un déversoir formant trop-plein, de manière à ce que les eaux en excès aient un écoulement naturel.

Dans certaines situations spéciales, on forme d'excellents abreuvoirs en plaçant, sur les berges d'une rivière ou d'un étang, des barrières en bois limitant une partie où on pourra sans danger mener boire les animaux. Si le cours d'eau ou l'étang est dangereux, ces barrières devront être soigneusement établies et constituées par un certain nombre de traverses fixées à de solides pieux ; dans le cas contraire, on se contentera presque toujours de simples perches attachées bout à bout, qu'on laissera flotter à la surface de l'eau et qu'on ne retiendra que par quelques piquets. Le sol de ces sortes d'abreuvoirs, dont la pente ne devra pas dépasser une dizaine de centimètres par mètre, sera pavé ou mieux caillouté afin d'être résistant sans être glissant.

VII. — SERRES.

Les serres sont classées d'après les usages auxquels elles sont affectées (*serres à multiplications*, *serres pour le forçage* (fig. 298), *serres à fleurs* (fig. 299, etc.), ainsi que suivant le type auquel elles appartiennent ; sous ce dernier rapport on distingue les *serres mobiles* ou *volantes* et les *serres permanentes* ou *fixes* ; les premières sont de simples abris qu'on retire dès qu'ils ne sont plus utiles, tandis que les secondes sont au contraire de véritables constructions.

Les serres proprement dites, c'est-à-dire les serres permanentes, se présentent sous deux aspects différents, celles à un versant et celles à deux versants ou *serres hollandaises* (fig. 298);

l les serres à deux versants sont beaucoup plus claires que
celles à un versant, aussi sont-elles très répandues dans les
pays où la lumière laisse à désirer sous le rapport de la suffi-
sance, notamment en Angleterre et en Hollande, d'où leur nom
de *serres hollandaises*.

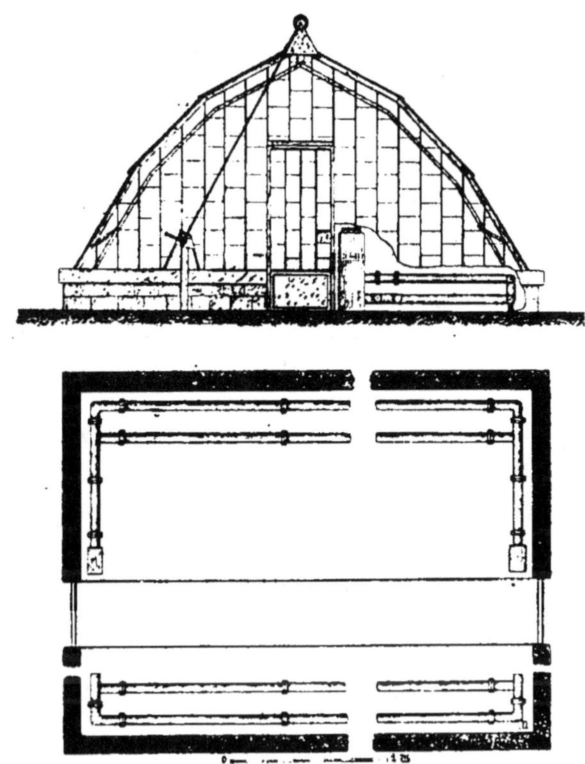

Fig. 298. — Serre hollandaise de l'École nationale d'horticulture
de Versailles (élévation et plan).

Les serres doivent être orientées de manière à emmagasiner le maximum de chaleur solaire ; les serres à un versant,
qui conviennent essentiellement pour les cultures forcées et
qui sont toujours adossées à un mur ou à une construction
quelconque, devront donc être exposées en plein midi ; celles à
deux versants, qui sont ordinairement plus froides que les
précédentes, auront au contraire une orientation nord-sud, de
manière à présenter une section aussi faible que possible aux

vents du nord pendant l'hiver et à recevoir le soleil sur leurs façades principales, le matin sur l'une d'elles et l'après-midi sur l'autre. Il faudra, bien entendu, choisir pour les serres, quelles qu'elles soient, un emplacement abrité et, pour réduire les causes de refroidissement, les faire aussi basses que possible en établissant en contre-bas, au-dessous du niveau du sol, toutes les parties non vitrées ; on est obligé cependant, dans l'intérêt de la solidité de la construction et de la conservation des vitrages, d'installer ces derniers sur de petits murs de quelques décimètres de hauteur.

Les petites serres sont économiques d'installation et faciles à chauffer ; la température convenable, une fois atteinte, y est aisément maintenue, et comme la condensation y est moindre que dans les grandes serres, elles sont plus humides. Ces dernières, par unité de volume d'air chauffé et toutes choses égales, coûtent moins de construction et de chauffage que les petites, la surface vitrée augmentant moins rapidement que le volume couvert ; elles offrent seulement de nombreuses causes de refroidissement quand elles sont mal installées ou mal construites. Dans les serres très longues du type de celles dont on se sert notamment pour le forçage de la vigne, il est assez difficile d'obtenir une bonne répartition de la chaleur dans toute leur longueur, c'est-à-dire une température égale, aussi on les divise généralement en compartiments de 30 à 40 mètres. Lorsque les serres présentent une certaine pente suivant leur grand axe, l'inconvénient que nous venons de signaler y est moins appréciable, à la condition toutefois de placer leur appareil de chauffage à la partie la plus basse de la serre. La division en compartiments est très pratique et elle permet d'obtenir, dans une même serre, des *serres froides, tempérées* ou *chaudes*.

La construction des serres comprend essentiellement deux parties, la maçonnerie et le vitrage. La maçonnerie est toujours très peu importante, elle se réduit à un mur et à des soubassements pour les serres adossées, et simplement à des soubassements pour les serres hollandaises ; à l'intérieur, des cloisons en briques soutiennent les terres de chaque côté du passage, dans les serres en contre-bas, ainsi qu'autour des appareils de chauffage qui sont presque toujours au-dessous du niveau du sol ou tout au moins en partie au-dessous de ce niveau. La maçonnerie doit être faite très soigneusement en raison de l'humidité permanente qui règne dans les serres et, sous ce rapport, l'emploi de mortiers hydrauliques est tout indiqué. Les soubassements, qu'on fait souvent en briques avec revêtement intérieur en ciment, peuvent être avantageusement établis sur des fondations en béton ; il faut que leur surface soit bien unie afin de ne pas offrir de refuges aux insectes.

Le vitrage est supporté par une charpente légère formée de fermettes en bois ou en fer, chacun de ces matériaux ayant certains avantages qui les font préférer suivant les cas. Le bois, étant moins bon conducteur de la chaleur que le fer, est plus chaud et provoque une condensation moindre ; mais on lui reproche de durer moins longtemps que celui-ci, souvent de *travailler*, ce qui détermine la dislocation des vitrages et par suite une perte de chaleur, et enfin de réduire la surface vitrée, ses dimensions en section étant toujours beaucoup plus grandes que celles des charpentes métalliques. Les bois les plus recommandables sont le cœur de chêne, le pin maritime et le pitchpin.

Le fer donne des constructions plus élégantes que le bois en raison de la faible section des pièces et des formes quelconques qu'il peut prendre ; à égalité de surface totale la surface vitrée est plus grande que dans les serres à charpentes en bois et, par suite, ces dernières se trouvent dans de meilleures conditions pour emmagasiner les rayons lumineux et calorifiques ; on peut enfin remédier en partie à l'inconvénient du fer d'être bon conducteur de la chaleur, en le recouvrant de certaines préparations calorifuges. Le fer, qui permet en outre de donner aux vitrages un profil parabolique souvent adopté, doit être préféré au bois pour les grandes serres.

La partie vitrée forme une surface continue, avec châssis spéciaux d'aération, ou est composée de châssis indépendants ; ce second système, qui est employé pour former des abris mobiles, ne convient que pour les petites serres, car il est plus coûteux et moins chaud que le premier. Le vitrage est formé de verres à vitre de bonne qualité et doit pouvoir résister à la grêle ainsi qu'à la pression exercée en hiver par le vent et la neige ; on a été amené à adopter le verre double le verre demi-double et le verre jardinier, car ils répondent aux deux conditions précédentes et ne sont pas trop dispendieux ; des verres plus épais seraient plus résistants et conserveraient mieux la chaleur, mais ils seraient lourds et d'un prix trop élevé ; on n'emploie que rarement le verre cathédrale et le verre strié. Les verres sont placés dans les feuillures des *petits bois* et sont maintenus de place en place par quelques pointes de vitrier, quand ces derniers sont en bois, ou par de petits coins en fer quand ils sont métalliques ; ils sont ensuite soigneusement mastiqués. Les barres du vitrage sont généralement dans le sens de la pente et les vitres se recouvrent les unes les autres de quelques centimètres ; pour réduire le plus possible les joints qu'elles forment ainsi et avoir une surface jointive et continue, on a intérêt à employer des feuilles aussi longues que possible, bien que les plus courantes aient environ $0^m,70$ de longueur et $0^m,40$ de largeur.

On a imaginé différentes dispositions ayant pour objet de faciliter la pose des vitres, ainsi que leur remplacement, par la suppression du masticage. La maison Bellard construit notamment un système dans lequel les petits bois, disposés ordinairement suivant la pente, sont remplacés par des coulisses spéciales placées horizontalement ; les feuilles de verres, qui sont simplement posées dans ces coulisses sans aucun mastic, sont faciles à mettre en place et à remplacer. Nous dirons enfin qu'on construit également des serres à *double vitrage.*

L'eau de pluie qui tombe sur le vitrage est recueillie dans des gouttières et conduite dans un bassin intérieur où elle sert aux arrosages et où elle entretient une humidité permanente très favorable à la végétation. A l'intérieur il se produit toujours sur les vitres une certaine condensation, variable avec les saisons ; l'eau ruisselle à leur surface et coule jusqu'aux murs de soubassement, où il faut la recueillir, car autrement elle s'infiltrerait dans la maçonnerie et nuirait beaucoup à sa conservation. Cette eau de condensation est également reçue dans de petites gouttières en zinc ou en ciment et est conduite dans le bassin qui reçoit déjà les eaux pluviales.

Chauffage. — Les procédés employés pour le chauffage des serres sont nombreux et variés ; parmi les plus répandus il faut signaler le chauffage à air chaud, qui n'est pas recommandable parce qu'il donne des coups de feu et une chaleur trop sèche, le chauffage à la vapeur qui ne donne de bons résultats que dans certains cas particuliers, et le chauffage par circulation d'eau chaude à basse pression ou par *thermosiphon*, le meilleur et le plus pratique parce qu'il permet d'obtenir économiquement une température constante, douce et régulière.

Le chauffage par thermosiphon comprend une chaudière à foyer intérieur et un circuit continu et fermé, formé par des tuyaux en cuivre ou en fonte, partant de la partie supérieure de la chaudière pour y revenir à la partie inférieure ; la chaudière est placée en contre-bas et la circulation de l'eau dans la tuyauterie se fait naturellement, simplement par la différence de densité entre l'eau chaude de la chaudière et l'eau relativement froide contenue dans les tuyaux, à son retour à cette dernière.

Comme le chauffage est produit par rayonnement, le circuit des tuyaux devra passer dans toutes les parties à chauffer (fig. 298) ; son intensité dépendra, toutes choses égales, de la surface rayonnante, c'est-à-dire du nombre et du diamètre des tuyaux. Suivant la température à obtenir et surtout suivant les dimensions de la serre à chauffer, le nombre des tuyaux varie entre 1 et 5 ou 6 ; quant à leur diamètre, tout au moins pour ceux en fonte, il est généralement de $0^m,10$. Les tuyaux de grand diamètre présentent l'avantage de donner une température plus régulière en raison de la réserve d'eau qu'ils contiennent et les effets d'un chauffage irrégulier sont moins à redouter. La température étant fonction de la surface des tuyaux, on emploie parfois des *tuyaux à ailettes*, qui présentent, par mètre de longueur, une surface rayonnante beaucoup plus grande que les tuyaux ordinaires ; comme leur prix est notablement plus élevé que celui de ces derniers, on se contente en général d'en placer quelques-uns de distance en distance. Les tuyaux à ailettes rendent en outre les plus grands services lorsque l'on doit, dans une même serre, obtenir des températures différentes dans certaines parties (serres chaude, tempérée ou froide) ; grâce à eux on peut réaliser les conditions désirées sans modifier le circuit général, il suffit pour cela de remplacer simplement quelques tuyaux ordinaires par d'autres à ailettes.

Lorsque la longueur du circuit est très grande et qu'il comprend plusieurs tuyaux, quatre par exemple, il est recommandable que la circulation de l'eau se fasse en sens contraire dans chacun d'eux ; les tuyaux de la canalisation de retour sont toujours en effet à une température beaucoup plus basse que ceux de la canalisation d'allée ; il en résulterait un chauffage inégal si on n'avait soin de disposer le circuit de manière que deux des tuyaux soient parcourus dans un sens et les deux autres en sens contraire. Quelques tuyaux à ailettes, placés dans la partie de la canalisation la plus éloignée de la chaudière, compenseront les effets du refroidissement de l'eau dans le circuit. Comme nous l'avons dit, la circulation a lieu à basse pression ; une augmentation de cette dernière aurait pour effet d'entraîner des ruptures dans les appareils de chauffage et de produire une chaleur trop vive ; on évite toute possibilité d'augmentation de pression en disposant sur la chaudière, et dans le circuit, quelques soupapes de sûreté convenablement réglées.

Les tuyaux en cuivre sont recommandables, ce métal ne s'oxydant pas et étant très bon conducteur de la chaleur, mais on les emploie peu en raison de leur prix élevé. Les tuyaux, quels qu'ils soient, forment un faisceau placé au-dessus du sol, sur de petits murs en briques ou soutenu par des supports spéciaux en fer fixés aux soubassements ; ils doivent être pourvus de robinets de purge permettant de les vider lorsqu'ils ne servent pas, et de quelques clapets d'arrêt afin de pouvoir, en cas d'urgence, faire certaines réparations pendant l'hiver en arrêtant la circulation dans quelques-uns d'entre eux sans interrompre pour cela le chauffage ; cette dernière disposition est surtout intéressante dans les grandes installations.

On a construit des serres permettant non seulement le chauffage de l'air qu'elles renferment mais aussi de leur sol. Ces serres sont en principe construites sur des sortes de caves basses et voûtées, parcourues par le faisceau des tubes de chauffage ; comme on n'en rencontre que très rarement, nous n'insisterons pas sur leurs dispositions.

Les chaudières employées pour le chauffage des serres sont en

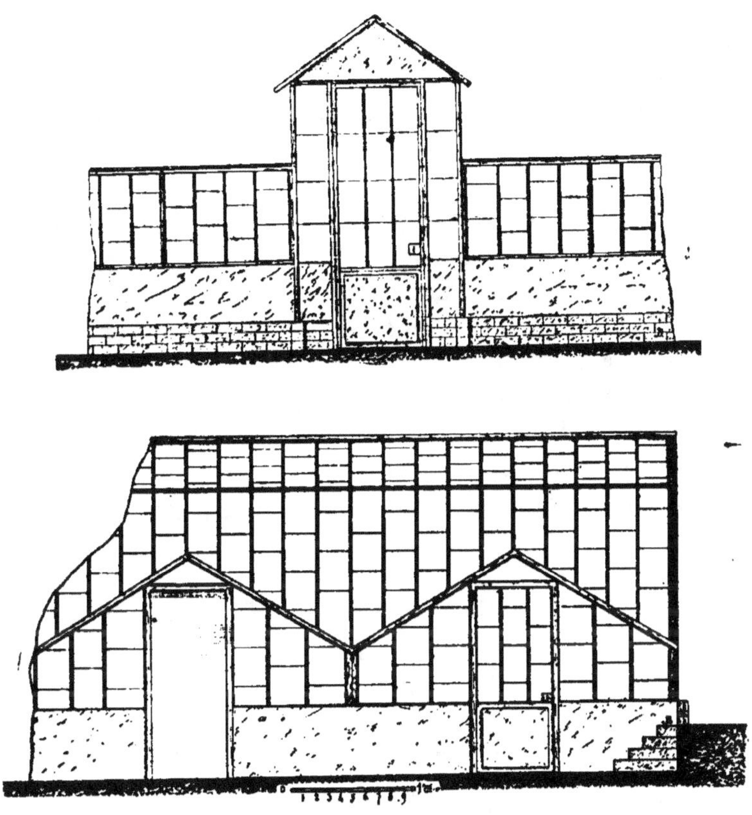

Fig. 299. — Serre à fleurs de l'École nationale d'horticulture de Versailles (élévations longitudinale et latérale).

fer, en fonte, en acier ou en cuivre ; elles sont horizontales ou verticales, en fer à cheval ou tubulaires. Nous ne les décrirons pas, car il en existe de très nombreux et très bons modèles ; nous rappellerons seulement que chaque modèle donne un nombre de calories déterminé et ne permet de chauffer qu'une certaine longueur de tuyaux d'un diamètre donné ; il suffira de consulter les catalogues spéciaux des constructeurs de ces appareils pour avoir ces renseignements.

26.

Les serres sont complétées par des dispositions permettant des les abriter avec des *claies à ombrer* en été et des paillassons en hiver ; ces dispositions doivent être telles qu'on puisse recouvrir, dans les serres hollandaises tout au moins, chaque versant séparément, suivant la température et l'intensité solaire. La figure 298 montre le moulinet commandant le treuil avec lequel on relève les claies ou paillassons d'une serre hollandaise ; la disposition représentée n'est pas recommandable, parce qu'on ne peut pas couvrir un versant sans couvrir l'autre.

Dans certaines serres, notamment dans les serres à vignes, des fils de fer tendus à quelques décimètres des vitrages permettent de palisser les plantes qui y poussent.

La figure 299 représente, en élévations principale et latérale, une serre à fleurs de l'École nationale d'horticulture de Versailles ; comme cette figure le montre, cette serre est formée d'une série de petites serres élémentaires donnant dans un couloir central, vitré et chauffé, en contre-bas, auquel on accède par un escalier composé de quelques marches en pierre.

VIII. — CLÔTURES ET CHEMINS.

I. — Clôtures.

Les clôtures peuvent être limitatives ou morales ; dans ce cas elles n'ont besoin que d'être apparentes sans être continues. Ordinairement elles sont en outre défensives, notamment contre les animaux, elles doivent alors être continues et adaptées au but qu'elles ont à remplir ; la loi refuse son appui aux premières quand elles sont violées d'une manière inconsciente. Les clôtures augmentent la valeur d'une propriété, et ce d'autant plus qu'elles sont plus efficaces ; elles exemptent de certaines servitudes les terrains qu'elles entourent, telles que celles du parcours et de la vaine pâture, et procurent de nombreux avantages comme ceux de la chasse qu'elles dispensent du permis et permettent en tout temps, du défrichement sans autorisation, etc. ; elles doivent alors être complètes.

Dans les pays de grande culture le bornage remplace partiellement les clôtures.

Les clôtures peuvent être en bois ou en fer, être formées
par des murs, des haies, des fossés où la combinaison de ces
systèmes. Nous ne nous occuperons que des clôtures présentant
un intérêt agricole par leur bon marché, la facilité de leur
installation et nous laisserons de côté celles trop coûteuses
employées surtout dans les propriétés d'agrément.

I. *Murs de clôture.* — Les murs donnent des clôtures
parfaites qui, malheureusement, sont coûteuses d'établissement ou d'entretien quand ils ont été construits à l'économie ;
de plus, comme on n'emploie pas toujours pour leur construction de bons matériaux, on est obligé de leur donner une épaisseur relativement considérable, 40 ou 50 centimètres environ.
Les règles générales de construction des murs, que nous avons
étudiées précédemment (pages 64 et suivantes), s'appliquent
aux murs de clôture, dont la hauteur, à la campagne, est ordinairement comprise entre 2 et 3 mètres ; dans les villes, cette
hauteur, qui est fixée par des règlements ou des usages locaux,
est fonction du nombre de leurs habitants.

Pour réduire le prix de revient des murs de clôture on ne fait
souvent en bonne maçonnerie que leurs soubassements et, de
distance en distance, des chaînes de 90 centimètres ou un mètre
de largeur ; les intervalles compris entre les chaînes sont
ensuite remplis en maçonnerie quelconque, composée parfois
de matériaux trouvés sur place simplement hourdés en mortier de terre.

Ces murs peuvent être couverts en tuiles spéciales, dites
tuiles chaperon, ou en tuiles ordinaires ; les tuiles constituent
d'excellents chaperons, mais comme elles sont exposées à être
brisées par malveillance, on préfère souvent, pour les murs des
parcs notamment, faire les *chaperons* en mortier de chaux, en
plâtre ou mieux en mortier bâtard, avec égouts en pierre ou en
tuiles plates ; quelquefois on pique dans le mortier des débris
de verre afin de rendre la clôture plus efficace ; les chaperons
ont une ou deux pentes, mais ceux des murs non mitoyens n'ont
qu'un égout.

On fait aussi des murs de clôture très légers, en briques

pleines ou mieux creuses, posées à plat ou de champ, auxquels on donne une résistance suffisante en plaçant de distance en distance des poteaux constitués par des poutrelles en fer à double T ; ces poutrelles, qui doivent être soigneusement scellées dans le massif des fondations, sont souvent réunies à leur partie inférieure et à leur partie supérieure par des sablières également en fer à double T ou en fer en U ; les sablières basses ne sont pas indispensables, mais celles de la partie supérieure sont très utiles. Il faut, avec ces sortes de murs qui ont l'avantage d'occuper très peu de place, faire un petit soubassement en bonne maçonnerie. Pour leur couverture, il existe des chaperons spéciaux très pratiques en produits céramiques et en pierre artificielle moulée. Quant aux fers qui entrent dans leur construction, il est indispensable qu'ils aient reçu au moins deux couches de peinture à l'huile avant leur emploi.

Nous signalerons enfin que pour les murs de clôture on fabrique des briques creuses spéciales, de grandes dimensions, qui dispensent de l'emploi des poutrelles en fer ; ces murs qui sont aussi d'une grande solidité n'ont pas besoin, comme les précédents du reste, d'être enduits.

Quand on peut utiliser les murs en les recouvrant d'espaliers, on rentre en partie dans les dépenses qu'ils occasionnent par la plus-value qu'ils donnent à la propriété. Comme les murs interceptent la vue, on les remplace, dans les propriétés d'agrément et suivant certaines perspectives, par des grilles en fer ou des *sauts-de-loup.*

II. *Haies et fossés.* — Les haies vives, qui sont quelquefois fruitières, servent plus souvent de défense ou d'abri. Les haies vives de défense doivent être épineuses, aussi on les fait ordinairement en aubépine ou en épine noire ; les jeunes plants sont placés sur une seule ligne à une douzaine de centimètres en moyenne les uns des autres ; pendant leur croissance, il faut les ébouqueter plusieurs fois afin d'obliger la partie inférieure de la haie à se garnir. Leur prix de revient est de 0 fr. 40 à 0 fr. 50 le mètre et on compte 0 fr. 05 par mètre courant pour leur entretien annuel. Ces haies ont une hauteur qui varie entre 1 et 2 mètres au maximum ; quelquefois on les combine avec un fossé ou avec des ronces artificielles pour obtenir une clôture plus parfaite.

Les haies d'abri ont parfois 4 mètres de hauteur et sont ordinairement en résineux ou en arbrisseaux à feuillage persistant, afin d'être efficaces en toutes saisons. Pour ces haies, comme pour les précédentes du reste, il faut choisir des essences se plaisant dans le sol où elles devront végéter.

On reproche avec raison aux haies vives de nuire aux récoltes par leur ombrage et leurs racines, de servir d'abri aux mauvaises plantes et de refuge aux insectes ; enfin, on leur reproche également d'être longues à créer. Comme autre inconvénient, elles présentent celui d'occuper beaucoup de terrain ; une haie en bon état a en effet un mètre environ de largeur et la loi impose comme servitude qu'elles soient à $0^m,50$ des riverains ; cet inconvénient leur est du reste commun avec les fossés. Toutes ces raisons les font abandonner comme clôtures dans les pays où le terrain a une certaine valeur.

Les *haies sèches*, composées ordinairement de branchages entrelacées, sont relativement coûteuses pour être efficaces, de plus elles sont de faible durée ; elles constituent donc des clôtures précaires et peu recommandables, aussi nous ne nous en occuperons pas ; du reste on ne les rencontre qu'accidentellement.

Les *fossés* donnent des clôtures médiocres, à moins qu'ils ne soient combinés avec les haies ou qu'on ne leur donne une grande profondeur ; ils sont relativement dispendieux d'établissement et d'entretien, et doivent, ce qui n'est pas toujours possible, présenter une certaine pente si l'on veut que l'eau n'y séjourne pas. Ils sont seulement recommandables lorsque, tout en servant de clôture, ils peuvent contribuer à l'assainissement des cultures.

III. *Clôtures à tenseurs. — Grillages.* — Les clôtures les plus économiques et les plus faciles à poser sont celles que l'on nomme *clôtures à tenseurs* ; elles sont formées essentiellement de pieux placés de distance en distance, servant de support à des fils de fer, simples ou câblés, à des rubans (clôtures à tenseurs lisses) ou à des ronces artificielles, tendus les uns au-dessus des autres.

On se sert également beaucoup des clôtures en grillages, surtout dans les pays giboyeux ; pour les jardins et enclos des habitations on préfère ordinairement les treillages.

Ronces artificielles. — Les ronces artificielles, d'invention américaine, sont très efficaces en même temps que très économiques et de longue durée ; étant difficiles à franchir, elles conviennent parfaitement pour les propriétés, jardins ou clos.

On emploie très souvent la ronce artificielle pour parfaire les clôtures en grillage, comme nous le verrons plus loin ; on s'en sert également pour clore les pâturages, mais, dans ce cas, elle n'est recommandable que pour les animaux de l'espèce bovine. Pour les chevaux et les poulains, elle occasionne trop souvent des blessures graves et des tares indélébiles, par suite du tempérament vif de ces animaux qui, n'apercevant pas les fils, viennent s'y jeter et s'y blesser ; elle n'a que peu d'action pour les moutons, en raison de l'épaisseur de leur toison qui s'accroche aux pointes.

Quand elle vient à être cassée et à traîner sur le sol, il faut la réparer immédiatement car les animaux se prennent dans les fils et elle devient très dangereuse.

La ronce ordinairement employée est composée de deux fils de fer ou d'acier galvanisés, quelquefois trois, enroulés ensemble

Fig. 300. — Ronce française.

et présentant de distance en distance des picots appelés aussi piquants ou pointes. Il existe trois types de ronces suivant la nature de ces pointes : la ronce peut avoir des piquants en tôle d'acier, dans ce cas elle est à trois fils et est dite *française* (fig. 300), les picots sont à trois branches et sont pris entre les fils ; les picots peuvent être simplement des étoiles dans lesquelles le câble est passé (ronce système Bire), ou enfin des pointes formées par des piquants en fil de fer tordu autour de l'un des fils du câble (fig. 301), ou les prenant tous ; cette ronce, qui est la plus dangereuse et aussi la plus employée, est dite *américaine*.

Les ronces sont supportées de place en place par des poteaux en bois, en fer ou en ciment armé, distants de 1^m,50 à 2^m,50 pour le gros bétail, suivant la solidité et la durée que l'on veut donner à la clôture. Elles sont fixées aux poteaux, quand ils

Fig. 301. — Ronce américaine.

sont en bois, au moyen d'attaches en fer galvanisé appelées *conduits, cavaliers* ou *crochets à deux pointes* (fig. 302); pour les poteaux en fer on se sert d'attaches spéciales. Dans les clôtures de ce genre il est bon de placer, tous les 150 mètres, des poteaux plus forts, avec jambe de force, auxquels on peut attacher les fils au moyen de plaques formant pince, serrées par des boulons ; les poteaux intermédiaires, qui ne sont plus alors que de simples supports, peuvent être espacés de 4 à 5 mètres.

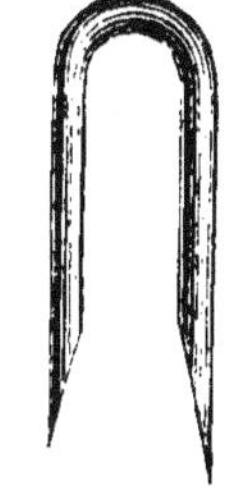

Fig. 302. — Conduit.

Les poteaux en fer ordinairement employés sont formés par des fers cornières pour les angles et par des fers à simple T pour les poteaux intermédiaires ; quelquefois ils sont pointus et dans ce cas on les enfonce au marteau ; d'autres fois ils sont terminés, ainsi du reste que leurs jambes de force, par des semelles ou patins en fer ou en fonte ; quand ils doivent être scellés, on les termine en queue d'aronde. Quant aux poteaux en bois, ils sont analogues à ceux dont on se sert pour les clôtures en treillages.

Les clôtures à poteaux en fer coûtent plus cher à établir mais durent beaucoup plus longtemps ; on préfère les poteaux à patin aux poteaux à pointe parce qu'ils sont d'un meilleur usage. On fait aussi maintenant d'excellents poteaux en ciment armé.

En général, les clôtures des propriétés ou des parcs à bestiaux comprennent, suivant leur hauteur, trois ou quatre ronces, écartées de 30 à 40 centimètres ; pour le petit bétail, on doit espacer les ronces de 0^m,20, ce qui en exige 5 ou 6 rangées.

Souvent on place de ces ronces au-dessous des autres clôtures, à 1ᵐ,20 ou à 1ᵐ,50 du sol, pour les rendre plus parfaites et en empêcher l'escalade.

Les ronces, dont le prix varie avec le cours du fer et le numéro des fils, sont tendues, comme les câbles et les fils de fer ordinaires, soit au moyen de *raidisseurs*, soit au moyen d'outils spéciaux.

A   B

Fig. 303. — A, raidisseur Collignon ; B, raidisseur pour ronces.

Il existe un grand nombre de modèles de *raidisseurs* ; ceux qu'on emploie ordinairement pour tendre les fils de fer, appelés raidisseurs Collignon, du nom de leur inventeur, consistent en un petit tambour que l'on tourne au moyen d'une clef (A, fig. 303).

Pour les ronces artificielles il faut se servir de raidisseurs du type B (fig. 303), ou mieux enlever les picots qu'elles présentent ; on utilise aussi les *tendeurs universels* pour les tendre.

Les tendeurs universels sont pratiques et deviennent économiques quand on a un grand nombre de fils à tendre ; ils ont seulement l'inconvénient d'exiger une ligature après chaque tension, ce qui n'existe pas avec les tendeurs ordinaires qu'on laisse après les fils et dont on peut faire usage plus tard pour les retendre.

Un de ces appareils, appelé « Grip » (fig. 304), se compose essentiellement d'un levier L, présentant en A et en B deux griffes qui pincent automatiquement et alternativement le fil à tendre ; en C se trouve un anneau qui permet d'accrocher l'appareil, soit à un poteau après lequel est attaché ensuite le fil une fois tendu, soit à l'extrémité d'un autre fil. En animant le levier L d'un mouvement alternatif de va-et-vient, les griffes saisissent successivement le fil qu'elles attirent peu à peu ; quand la tension voulue est obtenue, il suffit de faire la ligature et d'enlever l'outil, qui est prêt à tendre d'autres fils.

Un autre appareil, le tendeur universel Magerand (fig. 305), est formé d'une crémaillère, présentant à l'une de ses extrémités une chaîne D, qui permet de l'accrocher à un poteau ou à l'un des bouts du fil à tendre (dans ce dernier cas il est plus simple de se servir de la pince A) ; sur cette crémaillère peut se déplacer, sous l'action d'un mouvement de va-et-vient imprimé au levier de l'appareil, un coussinet pourvu d'une pince C. Dans ces conditions, l'une des extrémités du fil étant prise en A et l'autre en C, on opère une première tension en amenant progressivement C vers A ; si elle ne suffit pas, on arrête le fil avec la pince B, on dégage la pince C qu'on ramène en arrière

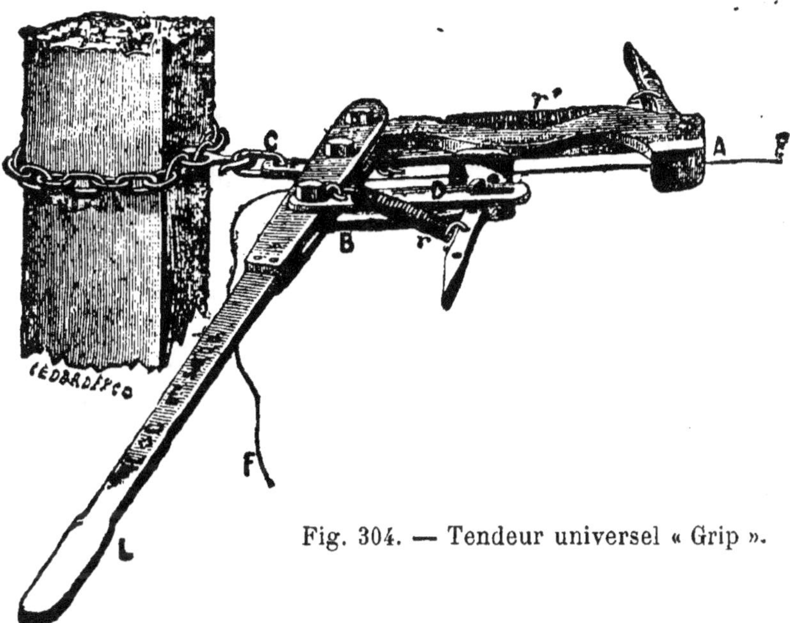

Fig. 304. — Tendeur universel « Grip ».

et on opère une nouvelle tension, correspondant encore à la longueur de la crémaillère.

Les tendeurs universels fonctionnent bien ; leur prix, qui n'est pas très élevé, dépend de leur force, c'est-à-dire du numéro des fils qu'ils peuvent tendre ; ils sont surtout pratiques pour les clôtures, car, lorsque les fils sont appliqués le long des murs, leur fonctionnement devient généralement incommode.

Enfin on opère aussi la tension des ronces, câbles, fils, etc., de la manière suivante : on attache à l'une de leurs extrémités un bout de chaîne et on pratique, dans les poteaux auxquels ils doivent être fixés, des trous d'un diamètre suffisant pour permettre le passage de ces bouts de chaîne ; avec une barre de fer, ou un crochet tendeur spécial, passé dans l'un des maillons et s'appuyant sur le poteau, on exerce une certaine pesée ; il suffit alors de mettre dans l'anneau convenable de la chaîne, en travers du trou, une broche ou une cheville en fer pour maintenir la tension obtenue ; si cette dernière ne suffit pas, on recommence la première manœuvre. Cette manière de procéder est très employée pour les parcs à bestiaux, qui sont toujours limités par de très solides pieux.

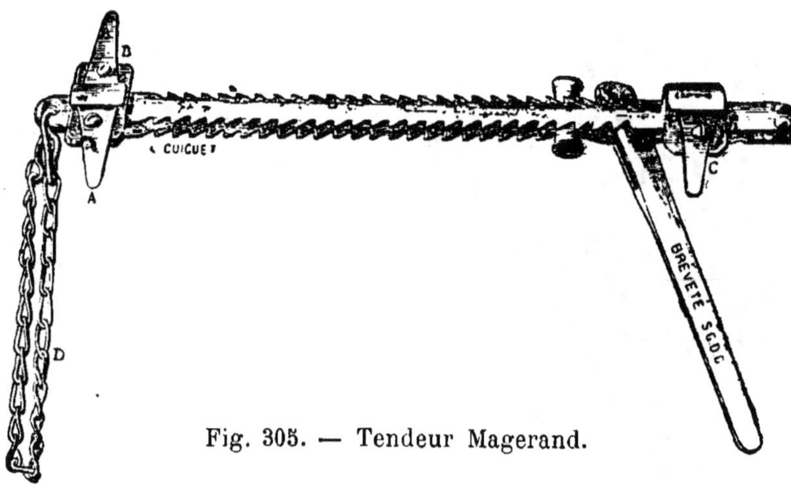

Fig. 305. — Tendeur Magerand.

Clôtures à tenseurs lisses. — Pour les chevaux, nous avons dit que les clôtures en ronces artificielles n'étaient pas recommandables à cause des accidents qu'elles occasionnaient ; il faut absolument avoir recours, pour ces animaux, aux clôtures en *câbles* ou en *feuillards*, tout au moins pour la partie supérieure. Pour la partie inférieure, on peut se contenter de fils simples de $0^m,004$ à $0^m,005$ de diamètre ; on peut même, dans certains cas, se servir exclusivement de ces fils ; ils suffisent à la rigueur pour les parcs à bestiaux dans les pays d'élevage. Bien entendu les barrières en bois ou en ciment armé sont préférables quand on ne regarde pas à une certaine dépense.

Les câbles les plus simples sont composés de trois ou quatre fils enroulés (fig. 306) ; leur grosseur dépend du numéro des fils qui les composent. Ces câbles sont résistants mais ne se voient pas suffisamment de loin, les jeunes animaux se jettent

parfois contre eux; il est préférable d'employer des *câbles plats*,
qui sont plus apparents. Les câbles plats, dont la largeur varie
ordinairement entre 0^m,015 et 0^m,030, sont formés d'un véritable treillis en fils de fer ; leur prix est assez élevé, mais il ne
faut pas regarder à un supplément de dépense lorsqu'il s'agit
d'éviter des accidents à des animaux dont la valeur est toujours
assez élevée.

Les clôtures en *feuillards* présentent à peu près les mêmes
avantages que celles en câbles plats ; elles sont d'une résistance suffisante tout en étant moins coûteuses, mais il faut

Fig. 306. — Câble pour clôtures.

préférer les feuillards galvanisés, ceux qui ne le sont pas devant
être peints. La largeur des feuillards qu'on emploie d'habitude
varie entre 0^m,020 et 0^m,040; on les pose à plat ou mieux on les
tord pour les rendre plus apparents.

Parcs à bestiaux. — Pour les parcs à bestiaux il est recommandable de confectionner les clôtures de la manière suivante :
sur de forts poteaux en ciment armé, en bois ou en fer, on fixe
trois ou quatre rangées de gros fils de fer galvanisés (n° 20 ou 22)
ou mieux de câbles lisses espacés de 0^m,25 à 0^m,30 ; à la partie
supérieure on place une grosse ronce artificielle, s'il s'agit de
bovins, et un câble plat ou un feuillard pour les parcs destinés
aux équidés ; pour ces derniers on peut avantageusement,
si on ne recule pas devant un supplément de dépenses, remplacer les fils inférieurs par des câbles plats ou des feuillards,
qui peuvent du reste être moins larges que le câble ou le feuillard supérieur.

Les barrières en bois ou en ciment armé constituent d'excellentes clôtures pour les parcs à bestiaux ; leur seul inconvénient est leur prix de revient relativement élevé. Désignées
parfois sous le nom de *lissages*, elles sont composées de
poteaux, écartés de 2^m,50 à 3 mètres, réunis par une, deux ou
trois *lisses* ou traverses ; lorsqu'il n'y a qu'une lisse, on remplace celles inférieures par quelques rangs de fils de fer, de

câbles ou de feuillards. Les barrières sont plus ou moins solides suivant le soin apporté à leur établissement, ainsi que suivant l'écartement et les dimensions des pièces qui les constituent ; on leur donne ordinairement $1^m,20$ ou $1^m,30$ de hauteur. Autrefois exclusivement en bois, on les fait maintenant en ciment armé en raison de la solidité et surtout de la grande durée que présentent les ouvrages ainsi fabriqués.

Grillages. — *Clôtures de chasse contre le gibier.* — Ces clôtures servent à protéger les récoltes contre les dégâts occasionnés par le gibier, et en particulier par les lapins ; ce sont de véritables filets en fil de fer. On emploie ordinairement le *grillage*, dit *mécanique*, en fils de fer galvanisés, contre le gibier et on place en dessus, pour préserver le grillage, une ou deux ronces artificielles. Ces grillages, qui sont à *simple*, *double* ou *triple torsion*, sont faits à la main ou mécaniquement ; les premiers sont plus résistants mais on les emploie peu à cause de leur prix très élevé ; pour cette dernière raison, on préfère des grillages mécaniques à grandes mailles, c'est-à-dire à mailles de $0^m,037$ à $0^m,041$, en fils n° 8 ou n° 10, d'une hauteur variant de $0^m,80$ à $1^m,20$; on les pose avec soin en les enterrant à la partie inférieure de $0^m,10$ à $0^m,15$.

Quelquefois on compose le grillage de deux parties, l'une inférieure à mailles plus petites, de $0^m,031$ à $0^m,037$, l'autre à mailles plus grandes, de $0^m,041$ à $0^m,051$. Pour le grand gibier, il est inutile d'enterrer le grillage ; on peut en outre adopter des mailles plus larges, allant jusqu'à $0^m,057$, mais en fil plus fort (n° 10 au moins) ; on doit seulement donner à ces clôtures une hauteur de $1^m,20$ à $1^m,50$.

Les grillages sont fixés, au moyen de petits fils n° 5 ou 6, à des pieux ordinairement en bois, quelquefois en fer ou même en ciment armé, espacés de 3 à 5 mètres, réunis par des fils de fer galvanisés (n° 16 à 18) bien tendus ; à la partie supérieure il est bon de mettre une ou deux rangées de ronces artificielles pour en empêcher l'escalade.

Pour les lapins et par raison d'économie, on fait des clôtures plus basses, mais, dans ce cas, il faut replier légèrement la partie supérieure du grillage, du côté où se tient le gibier, de manière à l'empêcher de le franchir ; la hauteur peut alors n'être que de 0^m,70. Il est bon, pour maintenir le grillage ainsi incliné, de fixer de place en place, après les poteaux, des supports spéciaux en fer formant console ou potence.

Les clôtures en grillages mécaniques, soigneusement posées, reviennent à un prix assez élevé, mais leur entretien est à peu près nul et elles conservent toujours une partie de leur valeur, notamment celle du grillage et des fils de fer.

Elles pourraient être également employées pour le bétail, mais comme elles sont plus coûteuses que celles à tenseurs, qui sont suffisantes pour celui-ci, on préfère dans ce cas ces dernières.

Numéros. (jauge de Paris).	Diamètres en millimètres.	Longueurs approximatives d'un kilogr. en mètres.	Poids de 100 mètres de longueur en kilogr.
27	8,2	2,4	41,10
26	7,6	2,8	35,30
25	7,0	3,3	30,00
24	6,4	4,0	25,10
23	5,9	4,7	21,20
22	5,4	5,6	17,80
21	4,9	7,0	14,70
20	4,4	8,5	11,80
19	3,9	11	9,30
18	3,4	14	7,00
17	3,0	18	5,50
16	2,7	23	4,50
15	2,4	28	3,50
14	2,2	34	2,90
13	2,0	42	2,40
12	1,8	50	2,00
11	1,6	62	1,60
10	1,5	71	1,40
9	1,4	83	1,20
8	1,3	100	1,00
7	1,2	115	0,90
6	1,1	135	0,75
5	1,0	163	0,61
4	0,9	201	0,45
3	0,8	255	0,39
2	0,7	333	0,30
1	0,6	454	0,22

Nous complétons le paragraphe des clôtures en grillages et à tenseurs, par un tableau relatif aux fils de fer galvanisés du commerce, qu'il sera utile de consulter dans les projets d'installation de clôtures en fils de fer ; les longueurs d'un kilogramme de fils, ainsi du reste que les poids de 100 mètres, ne sont qu'approximatifs et peuvent varier légèrement avec les usines dont ils proviennent.

Les ronces artificielles se font ordinairement en fils n°s 14, 15 ou 16 et les grillages en fils n°s 6 à 12, les numéros inférieurs étant réservés surtout pour les grillages à mailles serrées, de 0^m,010 à 0^m,012, et les numéros supérieurs pour ceux à grandes mailles. Sur commande on peut faire établir des grillages en fil de fer d'un numéro quelconque, mais pour chaque dimension de mailles on trouve toujours, dans le commerce, des grillages tout faits en plusieurs numéros.

Clôtures en métal déployé. — Nous terminerons ce chapitre par quelques mots sur les *clôtures en métal déployé*. Ces clôtures, qui sont très répandues, sont constituées par des treillis à mailles losanges obtenus par le découpage en lanières et la distension de feuilles plus ou moins épaisses de tôle d'acier. Nous avons du reste déjà parlé du *métal déployé* à propos de certains travaux de maçonnerie dans lesquels il entre sous forme d'armature, lattis, ossature, etc. ; bien entendu, il n'est pas alors apporté autant de soins à sa fabrication que dans le cas qui nous occupe. Sa résistance et sa rigidité, la régularité et l'indéformabilité de ses mailles, en font une excellente clôture.

Le métal déployé est fabriqué en mailles et lanières de différentes dimensions ; on emploie très souvent, comme clôture, les mailles de 75 et de 40 millimètres, en numéros correspondant à des dimensions de lanières, exprimées également en millimètres de 3×3 et de $4,5 \times 3$. On le vend en grandes feuilles plus ou moins hautes, qui se fixent, suivant les cas, sur des poteaux en bois brut ou équarri, reliés par des traverses, ou sur des montants en fer, réunis de même par des traverses ; les fers plats, les fers cornières et les fers à simple T sont ceux dont on se sert le plus généralement comme montants.

La résistance de ces clôtures, qui est très grande, dépend de leur type, des dimensions et de l'écartement des poteaux et des traverses, de la grandeur des mailles ainsi que de la section des lanières qui les constituent. Le métal déployé, destiné à être

utilisé comme clôture, est fabriqué avec soin, de manière à
ce qu'il ne présente pas d'aspérités dangereuses ; il doit être
peint ou galvanisé. En bandes basses il sert à entourer les
parterres, les corbeilles, etc., et, sous forme de corselets, on
l'emploie pour protéger les jeunes arbres.

IV. *Treillages*. — Les *treillages* sont généralement en
châtaignier fendu et consistent en *montants m* (fig. 307)
appelés aussi *palis*, *échalas*, etc., placés les uns à côté des autres, à quelques centimètres de distance, et réunis entre eux par des fils de fer ou des *lisses*. Lorsque tous les montants ont la même hauteur, le treillage est dit ordinaire (B, fig. 307) ; s'ils sont alternativement de deux longueurs différentes,

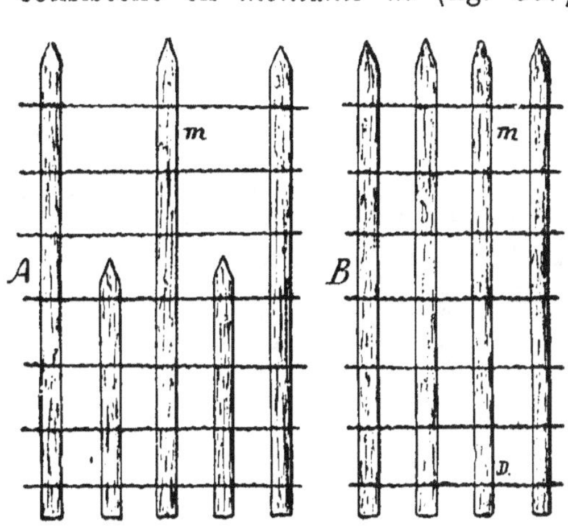

Fig. 307. — A, treillage doublé ; B, treillage
ordinaire.

le treillage est dit *doublé, redoublé* ou *garni* (A, fig. 307).

Les treillages sont fabriqués à la machine et sont appelés
treillages à la mécanique, ou *sont cousus* sur place, à la main,
et sont alors désignés sous le nom de *treillages à la main* ; l'écartement des *montants* est ordinairement compris entre 1 et 10 centimètres, et leur hauteur varie entre 1 et 2 mètres, celles généralement adoptées étant de 1^m,10, 1^m,20 ou 1^m,30. Les treillages se vendent en rouleaux d'une dizaine de mètres, qu'il
suffit de dérouler et de maintenir verticalement par des pieux
pour former clôture, ou se confectionnent sur place. Les pieux,
qui sont presque toujours en châtaignier ou en robinier, qu'on
appelle vulgairement acacia, sont *ronds* ou *fendus* ; ils doivent
avoir comme longueur la hauteur du treillage qu'ils ont à maintenir, augmentée, pour la partie enfoncée en terre, de 0^m,30 à
0^m,50, 0^m,30 convenant pour les treillages de 1 mètre et 0^m,50

pour ceux de 2 mètres ; leur écartement est de 1ᵐ,50 pour les premiers et de 1 mètre pour les seconds, avec des écartements intermédiaires pour les hauteurs comprises entre ces limites (1 et 2 mètres). Les pieux ont généralement leur partie inférieure superficiellement carbonisée afin de les préserver de la

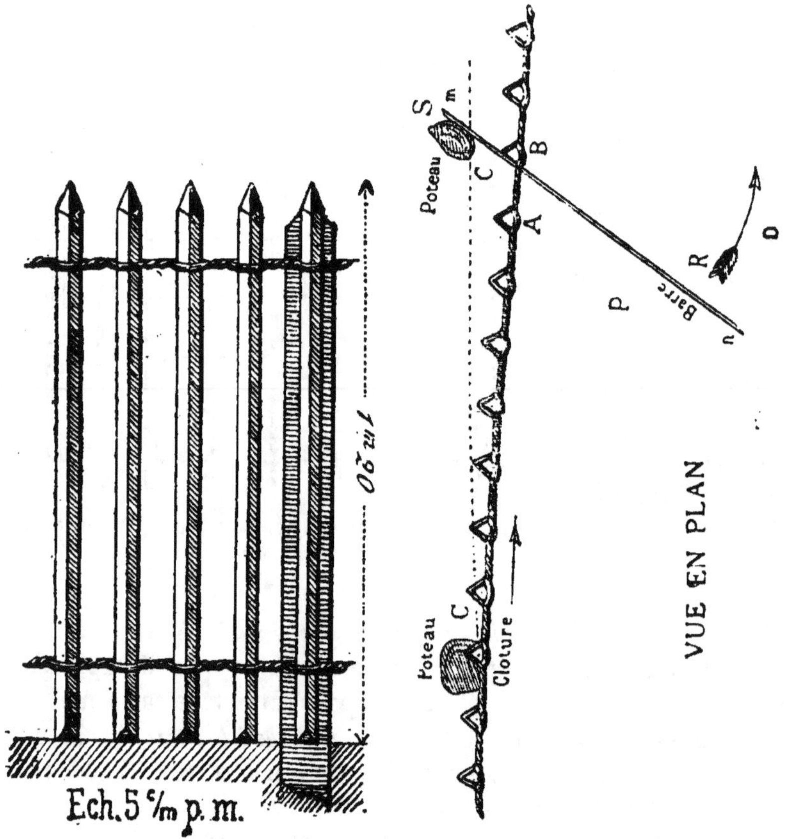

Fig. 308. — Clôture Peignon.

Fig. 309. — Pose de la clôture Peignon.

pourriture ; quand ils sont en place, ils doivent être arasés à quelques centimètres au-dessous de la partie supérieure du treillage.

Lorsque le treillage est posé et fixé à chaque pieu, on lui donne ordinairement de la rigidité en plaçant, en haut et en bas, deux lattes, appelées *lisses* ou *coulisses*, auxquelles on l'attache avec du fil de fer.

On fabrique aussi sur place des treillages très solides en fixant séparément chaque montant aux lisses, de manière à

Fig. 310. — Clôture en bois.

former de véritables panneaux rigides ; les lisses sont alors sur trois ou quatre rangs, suivant la hauteur du treillage.

A propos des treillages nous signalerons les *clôtures* Peignon (fig. 308) qu'on a beaucoup employées et qu'on emploie encore dans les chemins de fer. Les barreaux ou montants sont en châtaignier fendu sur mailles et ont par suite une section triangulaire ; dans le type moyen il y a huit barreaux au mètre. Ces

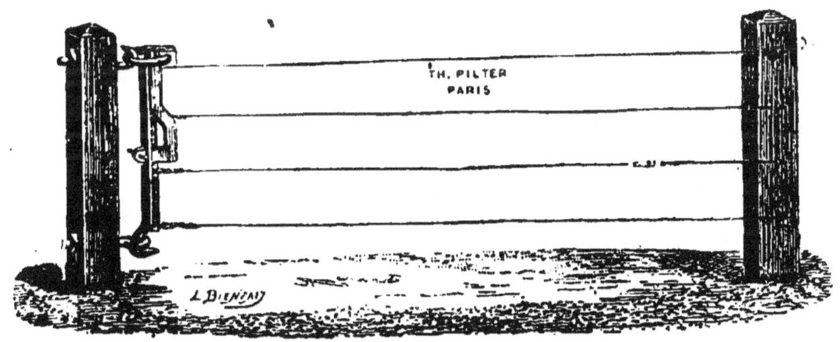

Fig. 311. — Porte économique en fil de fer.

barreaux sont réunis entre eux par de gros fils de fer câblés, placés sur deux rangs pour les clôtures de 1^m,20 et au-dessous, et sur trois pour celles comprises entre 1^m,20 et 1^m,50 ; la force des câbles permet de tendre ces clôtures et de leur donner une raideur suffisante qui dispense de les maintenir par des coulisses. La figure 308 représente l'un des modèles de ce genre de clôture le plus communément employé et la figure 309 son mode de pose.

Dans les pays où le bois est commun on confectionne des barrières continues en planches, formées de lisses assemblées ou clouées sur des poteaux ; il existe un grand nombre de types de clôtures en bois de ce genre. La figure 310 montre une clôture faite très simplement avec des débris de planches, servant à clore des pâturages, dont nous avons relevé autrefois le croquis dans les environs de Bulle.

V. *Portes.* — Les clôtures doivent présenter des ouvertures, qu'il faut pouvoir fermer, permettant le passage des piétons et des voitures ; on se sert pour cela de portes, dites *cavalières* dans le premier cas et *charretières* dans le second ; les premières n'ont que 0^m,70 à 0^m,80 de largeur, tandis que les secondes mesurent 2^m,50 à 3 mètres. Ordinairement les portes ont des caractères communs avec les clôtures qu'elles complètent ; c'est ainsi que les baies, dans les murs de clôture, sont presque toujours fermées par des portes pleines, quelquefois cependant par des grilles en fer. Pour les clôtures à tenseurs, il existe des fermetures spéciales très légères (fig. 311) formées de quelques

Fig. 312. — Types de portes de parc.

câbles ou ronces qu'on tend instantanément par la simple manœuvre d'un levier ; pour celles en grillages et en treillages, les portes sont généralement formées par des cadres, en fer pour les premières et en bois pour les secondes, sur lesquels sont tendus des grillages ou cloués des barreaux.

La figure 312 représente trois types de portes mixtes, en fer et en bois, établies par la Société des clôtures économiques de Voutenay ; ces sortes de portes sont celles qu'on rencontre le plus communément, notamment dans les propriétés d'agrément ; elles ont en partie l'élégance des grilles, tout en étant beaucoup moins coûteuses, et conviennent aussi bien pour les murs que pour les autres genres de clôture.

Dans les clôtures en grillages, établies pour empêcher le passage du gibier, on place de distance en distance des sortes de marchepieds composés de quelques marches, formés de planchettes et de pieux enfoncés en terre, l'un de ces derniers, de plus grande hauteur, tenant lieu de rampe ; ces passages, qui remplacent avantageusement les portes cavalières qu'on ne prend pas toujours soin de fermer, sont très simples et très économiques d'installation.

II. — Routes et chemins.

Le cultivateur a non seulement à entretenir les routes ou chemins qui donnent accès dans les diverses parties de son exploitation, mais il est quelquefois obligé aussi d'en établir de nouveaux. Les chemins bien construits et en bon état permettent de réduire le nombre et l'importance des attelages, la résistance à la traction des véhicules étant moindre ; de plus l'usure de ces derniers est plus faible. Dans certaines régions le mauvais état des chemins en automne a fait adopter avec raison, pour les charrois importants, l'emploi de wagonnets roulant sur rails.

1° *Tracé.* — Les chemins doivent être autant que possible en ligne droite, mais il est nécessaire qu'ils présentent, dans le sens de la longueur, une très légère pente assurant l'écoulement des eaux pluviales ; les travaux de terrassement nécessités par leur établissement doivent être en outre réduits au minimum. Comme leur pente ne doit pas être trop forte et ne pas dépasser 0^m,05 ou 0^m,06 par mètre, on est presque toujours obligé d'adopter des tracés sinueux, suivant sensiblement les courbes de niveau du sol; la plupart des chemins ruraux sont dans ce cas. Quand le terrain, trop accidenté, rend indispensable un mouvement de terre, on doit faire le tracé d'après les règles que nous avons indiquées à propos des terrassements (cube de terre à remuer minimum, égalité entre les déblais et les remblais). Nous n'indiquerons pas la pente minimum à adopter pour assurer l'écoulement des eaux de pluie, parce qu'elle varie beaucoup et dépend de la nature du sol, du profil en travers adopté et de la présence de fossés ; l'état des chemins, dans la région où la route doit être établie, donnera à ce sujet de précieuses indications. En résumé, les conditions principales du tracé sont donc: *direction* de préférence *rectiligne*, *pente très faible* mais *suffisante* pour assurer l'écoulement de l'eau, *travaux de déblais et de remblais* aussi réduits que possible.

La *largeur* des chemins est fonction de leur importance ; les chemins ruraux n'ont que la largeur nécessaire pour le passage d'une voiture, soit 3 mètres environ. Il est bon, avec une semblable largeur, de ménager de distance en distance des *garages* permettant le croisement de deux véhicules, à moins qu'il n'y ait pas d'inconvénients, quand deux voitures se rencontrent, à ce qu'elles pénètrent sur les champs riverains. Quand la circulation oblige à donner aux chemins une largeur permettant le croisement des voitures on leur donne 5 à 6 mètres.

L'état des chemins dépend des soins apportés pendant leur construction, de la nature des matériaux employés à leur confection et surtout de la présence de l'eau d'une manière permanente. L'eau a pour effet de désagréger les chaussées et de déterminer rapidement la formation d'*ornières* et même d'affaissements partiels ; pour cette cause, les routes sont établies en dos d'âne et dès qu'elles sont un peu importantes, on les borde par des fossés, parfois même on les surélève. La figure I, 313 donne le profil en travers d'une route établie à flanc de coteau ; le fossé C reçoit les eaux du côté gauche de la route ainsi que celles provenant des suintements du sol ; de l'autre côté il n'a pas été nécessaire de faire de fossé, les eaux s'écoulant sur le talus D. Comme les fossés augmentent beaucoup la largeur des chemins, on les remplace souvent, dans les agglomérations,

par des rigoles ou par des caniveaux en terre R ou en pierre C′ (II, fig. 313), qui limitent la route et déterminent des banquettes formant trottoirs.

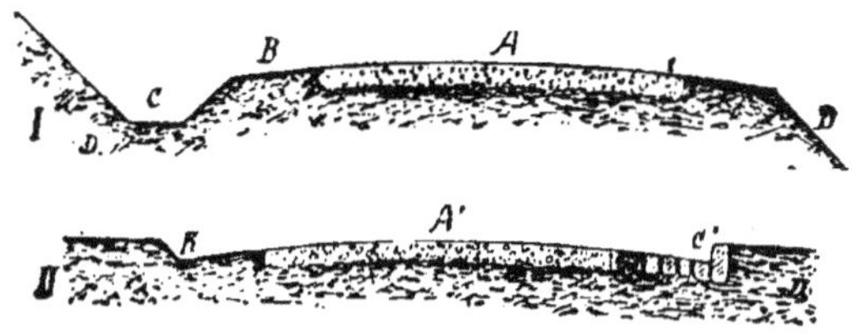

Fig. 313. — Profils en travers de routes.

La pente d'un chemin, suivant son profil en travers, dépend de diverses circonstances, mais principalement de la nature des matériaux qui servent à l'établir : pour les *chemins de terre*, qui sont étroits et généralement dépourvus de fossés, il faut leur donner une pente de 6 centimètres par mètre, de manière à les assainir et à les empêcher de se creuser trop rapidement ; pour les chemins empierrés ordinaires, 5 centimètres suffisent, et pour les routes bien établies, pavées ou soigneusement macadamisées, on peut ne donner que 4 centimètres de pente par mètre.

2° *Construction.* — Prenons en premier lieu le cas suivant, celui de l'établissement d'un chemin de terre : une fois l'axe du chemin jalonné sur le terrain, on reporte à droite et à gauche de cet axe, par un piquetage, la demi-largeur qu'il doit avoir ; on pratique ensuite une fouille sur les bords, de manière à lui donner la forme en dos d'âne, la terre extraite étant rejetée sur le milieu (qu'on ne fouille pas afin de ne pas l'ameublir), puis régalée convenablement. La fouille est conduite de telle façon que la terre qui en provient, et qui sert à exhausser le milieu du chemin, lui donne la pente transversale de 5 ou 6 centimètres par mètre qui est nécessaire à l'écoulement de l'eau.

Lorsque le chemin doit être empierré, *ferré* comme on dit souvent, il faut faire au milieu, sur une largeur de 2 mètres, une fouille appelée *encaissement* ; dans l'encaissement on fait un *blocage*, de 15 à 20 centimètres d'épaisseur, en débris de grosses pierres, de pavés par exemple, qu'on cale soigneusement les uns contre les autres ; le blocage est ensuite recouvert d'une couche de pierres cassées, et enfin, autant que possible, cylindré. L'expérience a montré que les dimensions les plus convenables des pierres cassées, employées pour les empierrements, correspondent à celles qui passent dans un anneau de 6 centimètres de diamètre ; la vérification des dimensions des pierres se fait en prenant au hasard quelques pierres dans les tas et en s'assurant qu'elles passent dans cet anneau.

Lorsque le chemin devient une véritable route, qu'il a 5 ou 6 mètres de largeur, afin de réduire son prix de revient on n'en empierre que le milieu, sur 3 mètres de largeur, et on l'assainit par des fossés latéraux, dont la terre sert pour les remblais.

Les fossés ont 50 centimètres de profondeur et 50 centimètres de largeur au plafond ; comme leur forme est celle d'un trapèze régulier, si l'inclinaison de leurs parois est de 45°, leur largeur sera de $1^m,50$; une route de 6 mètres de chaussée aurait donc 9 mètres de largeur totale. Le blocage a 25 centimètres environ d'épaisseur et est recouvert d'une couche de 10 centimètres de pierres cassées, on peut donc calculer facilement la profondeur à donner à l'encaissement ; cette profondeur est toujours faible puisque la terre des fossés, rejetée de chaque côté, donne déjà, dans l'exemple dont nous venons de parler, une couche de 33 centimètres d'épaisseur, le volume de terre extraite, par mètre de fossé, étant de 500 litres $\left(\dfrac{0,50+1,50}{2} \times 0,50 \right)$ en négligeant le foisonnement de la terre. On donnera à la chaussée 4 ou 5 centimètres de pente transversale et aux parties latérales en terre, appelées *accotements*, 5 à 6 centimètres ; la figure 313 donne, en I et en II, deux profils de routes établies dans ces conditions, la chaussée étant en A et A' et les accotements en B.

Nous ne parlerons pas des routes pavées, les pavages revenant à un prix trop élevé et présentant une résistance inutile pour les chemins ruraux ; on les réserve pour les cours, les caniveaux ou pour certaines parties des routes fatiguant beaucoup.

3° *Entretien des chemins.* — Les premières dégradations qui se produisent dans les chemins empierrés portent le nom de *flaches* ; elles consistent en dépressions dans lesquelles l'eau s'accumule et où il se forme rapidement de la boue ; elles ont pour origine un affaissement de la chaussée ou une usure anormale et rapide des matériaux qui la constituent, provenant, soit de la qualité de ces derniers, soit d'une circulation plus active. Ces dégradations se réparent en faisant un rechargement partiel de la manière suivante : la flache est fouillée au tout au moins piquée au pic, de manière à rendre sa surface rugueuse et à faciliter l'adhérence des matériaux neufs aux anciens ; on la recouvre alors de pierres cassées, plutôt petites, que l'on dame ou cylindre suivant l'importance de la réparation. Les *ornières* ou *frayés*, qui ont pour origine l'usure déterminée par le passage continuel des roues des voitures aux mêmes endroits, se réparent d'une manière analogue, par un rechargement partiel.

Quand il y a usure complète de la chaussée, il faut faire un *rechargement* sur toute sa surface, avec ou sans blocage. Ordinairement il suffit de piquer la surface à recharger et d'y appliquer une couche de pierres cassées ; s'il faut refaire le blocage, on doit aussi refaire l'encaissement.

Le cultivateur entretient et établit lui-même ses chemins, aux époques de l'année où les travaux de culture lui permettent d'avoir à bon compte de la main-d'œuvre; pour les travaux importants, il a généralement avantage à traiter à forfait avec un entrepreneur de travaux publics, en spécifiant dans le marché certaines garanties.

Ponts et ponceaux. — Lorsqu'un chemin a à franchir un fossé ou un ruisseau, la manière la plus simple et la plus pratique d'établir un passage consiste à disposer dans le fossé ou le lit du ruisseau des *buses* à emboîtement, en béton comprimé ou en ciment armé, d'un diamètre convenable ; il existe de très bons et très nombreux modèles de ces buses, et on en trouve couramment dans le commerce ayant jusqu'à un mètre de diamètre; on en fabrique également d'ovoïdes. Comme il n'en faut que quelques mètres pour un passage ordinaire, on utilise ordinairement celles que l'on trouve sur place et, si leur diamètre n'est pas suffisant, on en place deux et même parfois trois les unes à côté des autres ou sur deux rangs. Ces buses doivent être maçonnées aux deux extrémités de la canalisation de manière que l'eau, à l'entrée et à la sortie de cette dernière n'entraîne pas la terre et ne les mette pas à nu ; une fois posées, le chemin s'établit très facilement, en prenant plus ou moins de précautions suivant l'épaisseur de la couche de terre qui les recouvre. Pour les travaux peu importants, on emploie des tuyaux quelconques, en grès vernissé ou en fonte par exemple.

On peut aussi opérer autrement et jeter en travers du fossé ou du ruisseau deux ou plusieurs poutres, ayant une section suffisante pour résiter aux charges qu'elles auront à supporter, sur lesquelles on disposera un tablier formé de madriers placés les uns à côté des autres ; les formules que nous avons données (page 121) permettraient d'effectuer ce calcul, qu'on ne se donne généralement pas la peine de faire. On remplace souvent les poutres en bois par des poutres en fers à double T ; les tableaux des pages 148 à 150 donneront immédiatement les fers à choisir lorsqu'on connaîtra la portée et la charge à soutenir. Pour réduire cette dernière et empêcher les affouillements, on établira des *culées* sur lesquelles reposeront les poutres, ou on fera tout au moins un revêtement aux berges du fossé ou du ruisseau à franchir.

Lorsque des eaux, provenant d'un fossé par exemple, devront traverser une route, on opérera comme nous venons de le voir et on mettra, sous la chaussée, des buses en béton ou en ciment armé, ou une canalisation en tuyaux de fonte ou de grès. Si le débit du fossé oblige à adopter des buses d'un diamètre plus grand que celui de celles dont on dispose, on en placera plusieurs les unes à côté des autres comme nous venons de le dire à propos des fossés.

Quand on a à sa disposition des pierres plates de grandes dimensions ou des dalles, il pourra être économique de faire un véritable petit ponceau, avec pieds-droits en pierres brutes ou grossièrement équarries pour supporter le tablier. Quant aux affouillements, on les empêchera en empierrant ou pavant le radier.

IX. — EXÉCUTION DES TRAVAUX. — DEVIS.

Nous terminerons cet ouvrage en donnant quelques indications sur la manière adoptée pour évaluer les dépenses nécessitées par l'exécution des travaux de construction, ainsi que sur la façon dont ils doivent être conduits ; le cultivateur ne doit pas en effet entreprendre de travaux sans connaître les dépenses auxquelles il s'engage.

Nous avons déjà donné quelques-unes des considérations qu'il faut faire intervenir à propos des travaux relatifs aux constructions rurales (pages 252 à 255 et 284). Nous voulons indiquer maintenant comment on doit procéder pour leur exécution et comment on peut se rendre compte d'une manière exacte des dépenses qu'ils occasionnent; pour cela une étude préalable, appelée *projet*, est indispensable ; nous renverrons, pour l'établissement et la rédaction des *projets*, aux instructions très complètes que donnent MM. Provost et Rolley dans leur ouvrage *La Pratique du génie rural*, auquel nous n'avons emprunté que quelques-uns des paragraphes suivants, qui intéressent plus spécialement l'agriculteur.

Les travaux d'une certaine importance devront être l'objet d'une étude consciencieuse et seront ordinairement exécutés sous la direction d'un architecte ou d'un ingénieur, par un ou plusieurs entrepreneurs avec lesquels le fermier, qui alors devra être en même temps propriétaire, passera des *marchés*. Le *projet* fera connaître les dispositions et les conditions d'exécution des travaux, les dépenses qu'ils occasionneront, ainsi que, parfois, les motifs justifiant leur intérêt, les dispositions adoptées, etc.

Un projet complet, comme le sont la plupart des projets administratifs, comprend : un *devis descriptif* avec *cahier des charges* ; des *dessins* (plans, élévations, coupes, profils, etc.) ; un *avant-métré* ; une *série, bordereau* ou *analyse des prix* ; un *détail* ou un *devis estimatif* et un *mémoire explicatif*. Suivant les circonstances et l'importance des travaux, ces pièces ne sont pas toutes nécessaires ; il est évident qu'un agriculteur qui fait exécuter sous sa direction des bâtiments dont il a reconnu l'intérêt ou l'urgence n'a besoin que de certaines d'entre elles.

Un *devis descriptif* détaillé est indispensable si on ne veut pas dépasser la dépense prévue, et si on tient à une exécution conforme à celle que l'on désire. Dans ce devis sera mentionnée, avec tous les détails nécessaires, la description des travaux à faire et, s'il y a lieu : la *provenance* et la *qualité des matériaux*, le *mode d'exécution et d'évaluation des ouvrages* ainsi que les *clauses et conditions spéciales* qu'on croirait devoir y faire figurer ; dans certains cas il sera complété par un *cahier des charges générales*. Ce cahier, qui règle ordinairement les conditions que doivent remplir les entrepreneurs, n'a d'intérêt que pour les travaux importants ou ceux exécutés pour le compte des grandes administrations ; il comprend parfois aussi certaines clauses relatives à leur exécution qui n'ont pas trouvé place ailleurs. Suivant sa rédaction le cahier des charges s'applique à tous les travaux (terrasse, maçonnerie, charpente, etc.), ou au contraire est particulier à chacune des industries du bâtiment et ne contient que des clauses spéciales à chacune d'elles.

La *provenance et la qualité des matériaux*, ainsi que le *mode d'exécution et d'évaluation des ouvrages*, ne sont à signaler qu'autant qu'ils présentent quelque chose de particulier, qu'ils ne sont pas mentionnés à la série des prix adoptée pour base d'estimation des travaux ou qu'ils ne sont pas conformes aux règles et indications spécifiées à ladite série à propos de la valeur unitaire de chacun d'eux. Dans la série des prix de la Société centrale des architectes (édition 1911), nous trouvons par exemple, au numéro d'ordre 1120, que la maçonnerie en meulière et mortier n° 2 de chaux hydraulique E, en élévation jusqu'à 14 mètres et pour des murs à deux parements, d'épaisseur comprise entre $0^m,40$ et $0^m,80$, vaut 43 francs le mètre cube, meulière fournie et avant tout rabais ; plus loin, à propos des mortiers, nous voyons que le mortier n° 2 de chaux E est un mortier renfermant, par mètre cube de sable de rivière, 297 kilogrammes de chaux hydraulique naturelle de Saint-Quentin pesant 900 kilogrammes le mètre cube ; enfin des observations indiquent les conditions que doivent remplir les matériaux employés et les plus-values, ou moins-values, à appliquer dans la plupart des cas qui peuvent se présenter. Il est évident qu'avec une semblable série, dans laquelle tous les ouvrages sont décrits avec toute la clarté nécessaire, les numéros d'ordre de ces derniers dispenseront presque toujours d'insister sur la provenance et la qualité des matériaux, ainsi que sur le mode d'exécution et d'évaluation des travaux.

Nous ne reparlerons pas des *dessins*, ni de leur exécution qui est du ressort de l'architecte ou de l'ingénieur ; ils constituent le meilleur procédé pour se rendre compte de l'importance des travaux à faire, de la disposition et de la physionomie de la construction à élever, etc. ; ils remplacent des descriptions toujours longues et peu claires.

Tous les *projets* doivent être complétés par un *avant-métré*, c'est-à-dire par une évaluation quantitative détaillée des travaux à exécuter ; cette évaluation nécessite une grande habitude des *séries de prix* et une connaissance approfondie des règles en usage dans cette matière.

Les *séries, bordereaux* ou *analyses des prix* sont des tables qui donnent, pour chaque nature de travail, sa valeur unitaire. Ces séries doivent être établies d'une manière précise, car la valeur d'un ouvrage dépend non seulement de la nature des matériaux qui le constituent, mais aussi de leurs conditions de mise en œuvre ; tous les prix nécessaires à l'estimation des travaux doivent y figurer. Pour les travaux peu variés, comme ceux de terrassement, un simple bordereau suffit ; pour ceux très divers des habitations urbaines modernes les séries deviennent de grosses brochures ou même de véritables volumes. La série de la Société centrale des architectes, qui est basée sur les usages, prix de façons et de matériaux dans la ville de Paris, et est adoptée pour le règlement des travaux des bâtiments civils, est très complète et prévoit tous les cas qu'on peut couramment rencontrer ; elle ne laisse place à aucun aléa, mais, en raison de son importance et des connaissances qu'elle suppose, elle exige une grande habitude pour rechercher et établir les prix exacts qu'il y a lieu d'appliquer aux ouvrages élémentaires dans chaque cas particulier. Cette série pourra être prise pour type en y apportant, bien entendu, les rabais qu'elle comporte suivant l'importance des travaux et les circonstances locales ; elle pourra bien souvent aussi servir de base à l'établissement de bordereaux de prix relatifs à des constructions spéciales.

Connaissant l'importance de chaque ouvrage, donnée par l'*avant-métré* et exprimée, suivant sa nature, en mètres cubes, carrés ou linéaires, et sa valeur unitaire fournie par la *série des prix*, il est facile d'avoir son prix de revient ; ce travail donne lieu à l'établissement du *devis* ou *détail estimatif*, qu'il est intéressant de diviser en autant de chapitres ou de paragraphes que le projet comprend de natures de travaux différents, de manière à connaître séparément les dépenses auxquelles s'élèvent : la terrasse, la maçonnerie, la charpente, la ferronnerie, etc., etc. Si nous avons à bâtir un pavillon de 10 mètres de façade et de $9^m,20$ de profondeur, ne comportant ni cave ni étage, l'*avant-métré* nous fournira, aux dispositions près, des renseignements comme les suivants :

1° *Fouille en rigoles pour les fondations.*

Longueur totale	$36^m,00$	
Largeur........................	$0^m,60$	$32^{mc},400$
Profondeur......	$1^m,50$	

2° *Fondations en béton de cailloux et mortier n° 2 de chaux hydraulique C. Les fondations sont arasées à $0^m,20$ au-dessous du niveau du sol.*

Longueur......................	$36^m,00$	
Largeur.......................	$0^m,60$	$28^{mc},080$
Profondeur....................	$1^m,30$	

3° *Maçonnerie en meulière et mortier n° 2 de chaux hydraulique C des murs de soubassement (un parement).*

Les murs de fondations sont arasés à $0^m,50$ au-dessus du sol.

Longueur......................	$36^m,00$	
Épaisseur.....................	$0^m,50$	$12^{mc},600$
Hauteur	$0^m,70$	

4° *Même maçonnerie, deux parements, au-dessus des soubassements. Les murs sont arasés au niveau des sablières qui sont à 4 mètres du sol.*

Longueur.......	$36^m,00$	
Épaisseur.....................	$0^m,40$	$50^{mc},400$
Hauteur	$3^m,50$	
A déduire pour les baies (suivant un détail qui serait indiqué).........................	$5^{mc},100$	

$$45^{mc},300$$

Toutes les parties de la construction étant ainsi évaluées, l'application des prix de série donne leur valeur ; ce travail est l'objet du *devis* ou *détail estimatif*, ou d'une simple *récapitulation des dépenses*.

Les travaux que nous venons de détailler donneraient lieu à la récapitulation suivante :

Récapitulation :

NATURE DES TRAVAUX.	QUANTITÉ	PRIX DE L'UNITÉ.	DÉPENSE.
	m. c.	fr.	fr.
Fouilles en rigoles, chargement et transport à la brouette à 30 mètres...................	32,400	3,60	116,64
Maçonnerie :			
1° En béton des fondations..	28,080	17 »	477,36
2° En meulière et mortier de chaux hydraulique (1 parement)...................	12,600	25 »	315 »
3° En meulière et mortier de chaux hydraulique (2 parements)...................	45,300	26 »	1177,80
Etc., etc.			

Ces prix, qui comprennent le bénéfice de l'entrepreneur, ne présentent rien d'absolu et ne sont donnés qu'à titre d'exemple. Au montant du *détail estimatif* on doit toujours ajouter une certaine somme pour les *travaux imprévus* (environ le dixième de la dépense) ainsi que pour les *honoraires* et *frais de déplacement* de l'architecte ou de l'ingénieur.

Comme types de disposition d'*avant-métré* et de *détail estimatif* nous donnerons les deux suivants qui sont adoptés par le Service des Améliorations agricoles pour ses projets :

Avant-métré des travaux à exécuter.

DÉSIGNATION des TRAVAUX.	DIMENSIONS.			QUANTITÉS		OBSERVATIONS.
	LONGUEUR.	LARGEUR.	HAUTEUR ou épaisseur.	PARTIELLES.	DÉFINITIVES.	

Détail estimatif.

DÉSIGNATION des TRAVAUX à exécuter.	NUMÉROS des prix d'application.	PRIX de l'unité.	QUANTITÉS.	DÉPENSE		OBSERVATIONS.
				par ARTICLE.	par OUVRAGE.	

Les numéros des prix d'application, qui figurent au *détail estimatif*, sont les numéros d'ordre de la série adoptée ou ceux de l'*analyse* ou *bordereau des prix* qui accompagne le projet.

Il est évident qu'un projet établi en adoptant la marche que nous venons d'indiquer représente un travail considérable, mais il donne à celui qui le fait exécuter de grandes garanties, puisque tous les ouvrages y sont décrits et estimés. Parfois cependant on le complète par des *sous-détails* qui donnent la valeur unitaire d'une façon ou d'un ouvrage en fonction des éléments qui le composent ; voici quelques exemples de sous-détails :

1º *Prix d'un mètre cube de terrasse dans la marne ou le tuf.*

	Fr.
Fouille en rigoles et jet sur berge..............	2,35
Chargement sur brouette......................	0,60
Transport à la brouette à 30 mètres (1 relai)....	0,65
Total.......................	3,60

2° Prix d'un mètre cube de mortier de chaux hydraulique.

	Fr.
1 m. cube de sable de rivière à 9 fr. le m. cube.	9,00
200 kilogr. de chaux hydraulique à 41 fr. la tonne.	8,20
Temps passé pour la confection, 6 heures à 0^{fr},60.	3,60
Total......................	20,80

Des calculs analogues donneraient les prix des différents ouvrages qui entrent dans les travaux de construction ; les prix de série sont le résultat de semblables calculs, que des observations complètent ; c'est ainsi qu'au chapitre « Maçonnerie » de la série de la Société centrale des architectes, nous trouvons : « Les prix de règlement ci-après, établis pour les travaux exécutés dans Paris, sont composés : 1° des déboursés de fourniture ; 2° de 10 p. 100 de faux-frais sur les fournitures ; 3° des déboursés de main-d'œuvre augmentés de 10 p. 100 pour assurances des accidents et frais de direction par maîtres-compagnons et appareilleurs ; 4° de 10 p. 100 de faux-frais sur les déboursés de main-d'œuvre tels qu'ils sont comptés ci-dessus ; 5° de 10 p. 100 de bénéfice appliqués sur l'ensemble. Et, comme *observations générales* : 1° Tous les prix qui vont suivre s'appliquent à des travaux faits avec DES MATÉRIAUX DE PREMIÈRE QUALITÉ DANS L'ESPÈCE INDIQUÉE ET AVEC TOUTE LA PERFECTION POSSIBLE D'EXÉCUTION ; ils comprennent le nettoyage et l'enlèvement de tous les résidus provenant du travail exécuté ; 2° ils sont calculés pour une unité de travail ; 3° ils ne comprennent aucun intérêt d'argent pour délais de paiement.» Cette série est très adoptée pour le règlement des travaux parce qu'elle est complète et bien étudiée, mais, comme elle a été établie pour des conditions spéciales, elle est l'objet de très forts rabais lorsqu'elle est appliquée à des constructions rurales. Quant aux sous-détails, ils ne figureront généralement pas dans les projets et ils ne serviront qu'à l'établissement des prix unitaires.

Le *mémoire explicatif* est un véritable rapport dont l'objet est de faire connaître les raisons qui ont motivé le projet et les dispositions du devis. Le fermier qui fait construire n'a généralement pas besoin d'un semblable rapport, car ce sera presque toujours sur ses indications et conformément à ses instructions, après discussion et acceptation, que les travaux seront exécutés.

Comme nous l'avons dit, le propriétaire, pour les travaux importants, passe un *marché* avec ses entrepreneurs ; on appelle ainsi la convention qu'il fait avec ces derniers au sujet de leur exécution. Voici les principaux modes de marchés auxquels il pourra avoir recours et dont certains sont communément adoptés par les grandes administrations.

Dans l'*adjudication sur rabais* les entrepreneurs, après avoir pris connaissance du devis descriptif, du cahier des charges et de la série des prix adoptés pour l'estimation des ouvrages, font des offres en indiquant les rabais qu'ils consentent sur les prix de ladite série ; celui qui fait le plus fort rabais est déclaré adjudicataire. Quand un *détail estimatif* accompagne le projet et fixe l'importance probable des dépenses, les entrepreneurs sont généralement fondés à réclamer une certaine indemnité quand il existe un écart trop grand, en plus ou en moins, entre les prévisions et le coût réel des travaux.

L'*adjudication restreinte* est analogue à l'adjudication sur rabais, mais elle écarte les entrepreneurs dont la capacité ou les garanties seraient jugées insuffisantes. L'*adjudication restreinte sur offre de prix* ne diffère de celle dont nous parlons que par la série des prix qui est dressée par les entrepreneurs eux-mêmes ; celui dont la série est la plus avantageuse est déclaré adjudicataire.

Le *marché de gré à gré* consiste à s'entendre à l'amiable avec un entrepreneur sur le vu de l'étude du projet, sans faire appel à la concurrence.

Dans les *marchés par voie de concours* il n'est indiqué par un devis-programme que les conditions à réaliser ; ce sont les entrepreneurs reconnus compétents qui font connaître comment et à quel prix ils entendent les réaliser. L'entrepreneur dont le projet (qui peut ne pas être le moins coûteux) donne la meilleure solution aux conditions à remplir est déclaré adjudicataire.

Enfin nous dirons que les travaux aléatoires ou imprévus sont ordinairement exécutés *en régie* ; le forage des puits, la construction des piles ou culées de pont, tous les travaux qui comportent des épuisements appartiennent à cette catégorie. Dans ce système toutes les fournitures faites par l'entrepreneur pour l'exécution des travaux (matériaux, main-d'œuvre, etc.) sont soigneusement notées et lui sont remboursées à des prix unitaires fixés d'avance, ou à leur valeur réelle augmentée d'un pourcentage pour ses frais généraux, ses faux-frais et le bénéfice auquel il a droit.

Choix du mode de passation de marché. — Voici, à titre d'exemple et d'après MM. Provost et Rolley, les travaux qui paraissent le mieux correspondre aux divers modes de marché.

Adjudication avec rabais : constructions ordinaires ; terrassements ; empierrements ; conduites.

Adjudication restreinte : drainage, irrigation, puits et forage.

Concours : installations mécaniques, hydrauliques et électriques ; ciment armé.

Dans un même projet il faudra faire, par suite, autant de lots que de parties ou de modes de marché. Ainsi dans un projet de laiterie on pourra avoir les lots suivants :

1er lot. Bâtiment d'usine : adjudication sur rabais.

2e lot. Puits foré : adjudication restreinte.

3e lot. Pompe : concours.

4e lot. Installation des appareils de laiterie : concours.

Nous ajouterons que pour les travaux simples et sans aléa, comme ceux de terrassement ou de construction de hangar par exemple, le fermier peut traiter de gré à gré et *à forfait* avec des entrepreneurs consciencieux, bien que les *travaux à forfait* ne soient pas à conseiller d'une manière générale parce que leur exécution, la qualité et la mise en œuvre des matériaux laissent souvent à désirer. Les seuls avantages des *marchés à forfait* sont, quand ils sont bien établis, d'éviter toute plus-value ou augmentation de dépenses et de dispenser le propriétaire des soucis de faire diriger ou de surveiller lui-même les travaux. Les ouvrages faits à la série au contraire, et payés à leur juste valeur et en fonction de leur importance, assurent toujours à ceux qui les exécutent un certain bénéfice et ne donnent pas lieu aux économies que, dans les travaux à forfait, les entrepreneurs cherchent toujours à réaliser même parfois aux dépens d'une bonne construction.

Enfin lorsqu'il s'agit de réparations, ou quand plusieurs entrepreneurs concourent à l'exécution d'un même ouvrage, le fermier doit constater ou faire constater par des *attachements* l'importance exacte des travaux exécutés par chacun d'eux. Les *attachements*, qui se font par écrit et au moyen de croquis cotés si cela est nécessaire, consistent d'une manière générale dans la constatation d'ouvrages qui ne seront plus apparents ou deviendront inaccessibles quand ils seront achevés ; ainsi par exemple, lorsque des modifications sont apportées à une distribution d'eau ou de gaz, il faut faire un attachement afin de constater, avant que la tranchée ait été comblée ou que les peintres aient recouvert de peinture la canalisation transformée, l'importance des travaux et des fournitures faites ; il en est de même pour les murs de fondation, dont on doit vérifier la hauteur et l'épaisseur, car ces constatations deviennent impossibles quand la construction est terminée. Dans les travaux de ravalement des murs il faut faire également des attachements pour connaître, lorsque le travail est achevé, l'importance respective des parties qui ont été refaites entièrement ou qui n'ont été que simplement recrépies.

En s'aidant des indications contenues dans ce dernier chapitre, le propriétaire pourra, selon les circonstances et leur importance, faire exécuter en connaissance de cause et au mieux tous les travaux de construction que comporte une exploitation rurale.

TABLE ALPHABÉTIQUE DES MATIÈRES

TABLE DES MATIÈRES

DEUXIÈME PARTIE

Des bâtiments agricoles.

4276-13. — Corbeil. Imprimerie Crété.